Bornemann · Laurie · Wagon · Waldvogel
Vom Lösen numerischer Probleme

Folkmar Bornemann · Dirk Laurie
Stan Wagon · Jörg Waldvogel

Vom Lösen numerischer Probleme

Ein Streifzug entlang der
„SIAM 10 × 10-Digit Challenge"

Mit 56 Abbildungen und 44 Tabellen

 Springer

Prof. Dr. Folkmar Bornemann
Zentrum Mathematik - M3
Wissenschaftliches Rechnen
Technische Universität München
Boltzmannstr. 3
85747 Garching, Deutschland
E-mail: bornemann@ma.tum.de

Prof. Dr. Stan Wagon
Department of Mathematics
and Computer Science
Macalester College
1600 Grand Ave.
St. Paul, MN 55105, USA
E-mail: wagon@macalester.edu

Prof. Dr. Dirk Laurie
Department of Mathematical Sciences
Mathematics Division
University of Stellenbosch
7602 Stellenbosch, South Africa
E-mail: dpl@sun.ac.za

Prof. Dr. Jörg Waldvogel
ETH Zürich
Seminar für Angewandte Mathematik
Rämistr. 101
8092 Zürich, Schweiz
E-mail: waldvogel@math.ethz.ch

Additional material to this book can be downloaded from http://extras.springer.com
The SIAM 100-Digit Challenge: A Study in High-Accuracy Numerical Computing
© 2004 Society for Industrial and Applied Mathematics. Published by Springer with
permission. German edition © 2007 by Springer.

Bibliografische Information der Deutschen Bibliothek

Die Deutsche Bibliothek verzeichnet diese Publikation in der Deutschen Nationalbibliografie;
detaillierte bibliografische Daten sind im Internet über http://dnb.ddb.de abrufbar.

Mathematics Subject Classification (2000): 65-01, 65Bxx, 65E05, 65Gxx, 65Y20

ISBN-10 3-540-34114-5 Springer Berlin Heidelberg New York
ISBN-13 978-3-540-34114-7 Springer Berlin Heidelberg New York

Umschlaggestaltung: WMXDesign GmbH, Heidelberg
Herstellung: LE-TeX Jelonek, Schmidt & Vöckler GbR, Leipzig
Satz: Datenerstellung durch die Autoren
Gedruckt auf säurefreiem Papier   175/3100YL - 5 4 3 2 1 0

Geleitwort

Jeder misst sich gern. Ich erinnere mich noch gut, wie ich im Februarheft der *SIAM News* 2002 erstmals etwas über die „SIAM 100-Digit Challenge" las. Nick Trefethens kurzer Beitrag[1] stellte die 10 Probleme seiner Herausforderung vor und schloss mit der Bemerkung: „Hinweis: Es
ist schwer! Sollte irgendjemand insgesamt 50 Ziffern herausfinden, werde ich beeindruckt sein." Für einen unverbesserlich computerorientierten
Mathematiker wie mich war das ein unübersehbares Signal zum Angriff,
eine unwiderstehliche Versuchung. Es lief darauf hinaus, dass ich mich gemeinsam mit zwei weiteren Kollegen beteiligte. Leider verfehlten wir bei
wenigstens einem der 10 Probleme das korrekte Ergebnis und bekamen
deshalb auch keine Anerkennung.[2] Dennoch war es eine sehr lohnende
und vergnügliche Übung.

Das vorliegende Buch zeigt detailliert, wie jedes der Probleme gelöst
werden kann, geschrieben von Autoren, welche anders als ich zu siegreichen Teams gehörten, die alle 10 Probleme erfolgreich gemeistert hatten.
Ja besser noch: Für jedes Problem werden gleich mehrere Lösungsansätze
vorgestellt, auch solche, die auf Wunsch eine Genauigkeit von tausenden
Ziffern zu erreichen erlauben oder die Lösung weit größerer verwandter
Probleme gestatten. Im Verlauf streifen die Autoren so gut wie jede wich-
tigere Technik moderner numerischer Mathematik: numerische lineare Algebra, numerische Quadratur, Grenzwertextrapolation, Fehlerkontrolle, Intervallarithmetik, Kurvenintegration, iterative Verfahren, globale Optimierung, Langzahlarithmetik, evolutionäre Algorithmen, Eigenwertlöser und
vieles andere mehr (die Aufzählung ließe sich viel weiter fortsetzen).

---

[1] Auf S. 1 findet sich der vollständige Text.

[2] Jonathan Borwein verrät im *Mathematical Intelligencer*, in seiner lesenswerten Rezension [Bor05] der englischen Originalausgabe dieses Buchs, dass er und Greg
Fee die anderen Mitglieder des Teams gewesen seien und dass sie 85 Ziffern
abgeliefert hätten.

Dem vorliegenden Werk wird es beschieden sein, ein Klassiker der rechnerorientierten Wissenschaft zu werden – ein Festmahl in 10 Gängen. Vom übergeordneten Standpunkt aus bietet das Buch eine zwingende Antwort auf die Frage „Was ist numerische Mathematik?". Wir begreifen durch dieses Buch, dass numerische Mathematik weit mehr ist als eine Ansammlung wilhelminischer Maximen über die Notwendigkeit sorgsamen Umgangs mit Rundungsfehlern. Stattdessen lernen wir aus erster Hand, welch großen und wachsenden Stamm raffinierter Algorithmen und mathematischer Kunstgriffe im Dienste effizienter Berechnungen dieses Gebiet umfasst. So hat Nick Trefethen einst bemerkt [Tre98], dass, „wenn Rundungsfehler verschwänden, 95% der numerischen Mathematik bestehen bliebe."

Wie bereits gesagt, beschreiben die Autoren des Buchs Techniken, die in etlichen Fällen erweitert werden können, um die Resultate der 10 Probleme auf eine Genauigkeit von tausenden von Ziffern zu berechnen. Einige werden sich fragen, warum sich jemand um solch ungeheure Präzision kümmern wollte, wo doch in der physikalischen „Wirklichkeit" kaum eine Größe auf mehr als 12 Ziffern genau bekannt sei. So reichte beispielsweise ein auf 20 Dezimalziffern korrekter Wert von π aus, um den Umfang eines Kreises um die Sonne mit den Ausmaßen der Erdbahn auf die Breite eines Atoms genau zu berechnen. Warum also sollte sich jemand darum kümmern wollen, ein numerisches Resultat auf 10 000 Ziffern genau zu berechnen?

In der Tat haben unlängst Arbeiten in der experimentellen Mathematik ein wichtiges Feld bereitet, auf dem numerische Resultate von sehr großer Präzision benötigt werden, in einigen Fällen auf eine Genauigkeit von tausenden von Dezimalziffern. Insbesondere werden Genauigkeiten auf dieser Skala benötigt, um Algorithmen zur Aufdeckung ganzzahliger Relationen[3] auf die Entdeckung neuer mathematischer Identitäten anzuwenden. Ein solcher Algorithmus liefert für n reelle Zahlen x_i ($1 \leqslant i \leqslant n$), welche in der Form hochgenauer Gleitkommazahlen vorliegen, n ganze Zahlen a_i, welche nicht alle null sind, so dass $a_1 x_1 + a_2 x_2 + \cdots + a_n x_n = 0$.

Mit das bekannteste Beispiel dieser Art ist eine 1995 entdeckte neue Formel für π:

$$\pi = \sum_{k=0}^{\infty} \frac{1}{16^k} \left(\frac{4}{8k+1} - \frac{2}{8k+4} - \frac{1}{8k+5} - \frac{1}{8k+6} \right).$$

Diese Formel wurde mit Hilfe eines Computerprogramms gefunden, welches den PSLQ-Algorithmus zur Aufdeckung ganzzahliger Relationen im-

---

[3] Diese Algorithmen finden sich unter den *Top 10*, die Jack Dongarra und Francis Sullivan [DS00] zusammengestellt haben. In ihre Hitliste wurden Algorithmen aufgenommen, welche nach ihrer Ansicht „den stärksten Einfluss auf die Entwicklung und Praxis von Wissenschaft und Technik des 20. Jahrhunderts" hatten.

plementierte. In diesem Fall wurde eine Präzision von etwa 200 Dezimalziffern verwendet. Darüberhinaus benötigte die Rechnung einen Eingabevektor von mehr als 25 mathematischen Konstanten, jede auf 200 Ziffern genau gegeben. Der mathematische Stellenwert dieser speziellen Formel liegt darin, dass sie die direkte Berechnung von binären oder hexadezimalen Ziffern von π von jeder beliebigen Stelle an gestattet. Der Algorithmus ist dabei sehr einfach, kommt fast ohne jeden Speicher aus und benötigt keine Langzahlarithmetik [BBP97, AW97, BB04, BBG04]. Seit 1996 wurden zahlreiche weitere Formeln dieses Typs gefunden, so auch etliche Formeln für Größen aus der Quantenfeldtheorie [Bai00].

Man sollte betonen, dass eine große Auswahl von Algorithmen der numerischen Mathematik in der experimentellen Mathematik zum Einsatz kommt. Nicht wenige dieser Algorithmen sind in diesem Buch beschrieben. Besonders wichtig sind die hochgenaue numerische Quadratur (d.h. die hochgenaue numerische Auswertung bestimmter Integrale) und die hochgenaue Auswertung von Grenzwerten und unendlichen Reihen. Diese Algorithmen benötigen natürlich Langzahlarithmetik, verlangen aber oft auch nach mathematischer Raffinesse und erheblicher Kunstfertigkeit im Umgang mit Formeln.

Kurzum, die meisten Techniken dieses Buchs, wenn nicht sogar alle, besitzen Anwendungen weit jenseits der klassischen Gebiete der angewandten Mathematik, auf die sich die numerische Mathematik seit langem hauptsächlich stützte. Es ist von großem Wert, diese Techniken zu erlernen, und es macht in vielen Fällen sogar Spaß, mit ihnen zu arbeiten. Jeder Bissen dieses zehngängigen Festmahls ist ein Hochgenuß.

David H. Bailey
Chief Technologist
Computational Research Department
Lawrence Berkeley National Laboratory, USA

Vorwort

Dieses Buch führt seine Leser auf einen packenden Streifzug durch einige der wichtigsten und leistungsfähigsten Gebiete zeitgenössischer numerischer Mathematik. Ein erstes ungewöhnliches Merkmal dieses Streifzugs ist seine Gliederung nach Problemen und nicht nach Methoden: Es lohnt wirklich zu begreifen, dass numerische Probleme oft zu einer großen Methodenvielfalt führen. So lösen wir beispielsweise ein Irrfahrtsproblem (Kapitel 6) mit neun verschiedenen Methoden, die so unterschiedlich sind wie hochdimensionale lineare Algebra, eine von symbolischen Algorithmen gelieferte Dreitermrekursion, elliptische Integrale oder Fourieranalysis. Dabei erhalten wir in IEEE-Arithmetik die volle Genauigkeit von rund 16 Ziffern und, ins Extrem getrieben, in Langzahlarithmetik 10 000 Ziffern.

Ein weiteres ungewöhnliches Merkmal ist unser sorgsames Bemühen, die Gültigkeit jeder einzelnen Ziffer eines numerischen Resultats stichhaltig zu rechtfertigen. Die dabei eingesetzten Methoden reichen von sorgfältig entworfenen Computerexperimenten und aposteriorischen Fehlerschätzungen zu rechnergestützten Beweisen auf der Basis von Intervallarithmetik. In der Praxis reichen die ersten beiden Methoden üblicherweise völlig aus und gestatten das erwünschte Vertrauen ins Ergebnis. Intervallmethoden hingegen, obgleich mathematisch schön streng, würden oft keinen weiteren Nutzen bringen. Dennoch passiert es zuweilen, dass einer der besten Zugänge zu einem Problem einen Beweis entlang des Wegs liefert (so in Kapitel 4), ein Umstand von beträchtlichem mathematischen Interesse.

Ein Leitmotiv dieses Buchs ist, dass typischerweise zwei Optionen zur Lösung eines numerischen Problems vorliegen: Entweder lässt man eine einfache Methode mit roher Gewalt über Nacht und unbeaufsichtigt auf einem Höchstleistungsrechner mit Unmengen Speicherplatz vor sich hin werkeln oder man verbringt seine Tage mit vertieftem Nachdenken, unter Zuhilfenahme von mathematischer Theorie und einer guten Bibliothek, und hofft, eine raffiniertere Methode zu finden, die das Problem in weniger als einer Sekunde auf einer handelsüblichen Maschine löst. Selbstverständlich werden in der Praxis die beiden Optionen in Problemgröße und Schwierigkeit verschieden skalieren und die Wahl wird von Faktoren wie Arbeitszeit, Interesse, Wissen und den zur Verfügung stehenden Rechnern beinflusst werden. Ein Beispiel eines theoriegeleiteten Umwegs, welcher einen letztlich bei weitem effizienteren Lösungszugang liefert als der direkte Weg, ist auf dem Umschlag des Buchs illustriert. Die dem ersten Kapitel entnommene Graphik zeigt, dass viele reelle Probleme sehr viel einfacher werden, wenn man die reelle Achse verlässt und sich in die komplexe Ebene begibt.

Die Wegmarken unseres Streifzugs sind die 10 Probleme des fesselnden Wettbewerbs, mit dem Nick Trefethen aus Oxford im Februarheft der *SIAM News* 2002 die rechnerorientierte mathematische Öffentlichkeit herausforderte. Das Ergebnis jedes Problems ist eine reelle Zahl, von der die Teilnehmer einige Ziffern berechnen sollten. Die Auswertung war einfach: für jede korrekte Ziffer gab es einen Punkt, maximal 10 je Problem. Die volle Punktzahl lag also bei 100. Als der Staub sich einige Monate später legte, hatten 94 Teams aus 25 Ländern ihre Lösungen eingesendet. Zwanzig von ihnen hatten die volle Punktzahl erzielt, fünf weitere schafften 99 Punkte. Die ganze faszinierende Geschichte (mit der Nennung aller Gewinner) erzählen wir im einleitenden Kapitel „Die Geschichte". Hier findet sich auch ein freimütiges Interview mit Nick Trefethen.

Dieser jetzt als *SIAM 100-Digit Challenge* bekannte Wettbewerb war aus verschiedenen Gründen bemerkenswert. Die Probleme waren recht verschiedenartig, so dass ein Experte in einem speziellen Gebiet zwar wenig Mühe mit einem oder zweien von ihnen hatte, er oder sie aber eine Menge Zeit investieren musste, um hinreichend viel zur Lösung der anderen Probleme zu lernen. Verlangt waren einzig und allein Ziffern, keine Beweise der Existenz und Eindeutigkeit der Lösung, keine Beweise der Konvergenz der Methode oder der Korrektheit des Resultats. Dennoch werden ernsthafte Teams einige Mühe in theoretische Untersuchungen gesteckt haben. Moderne Software hat auf diese Art Probleme einen enormen Einfluss und so ist es äußerst nützlich, die wichtigsten Softwarewerkzeuge an diesen Problemen zu erproben und auf diese Weise ihre Stärken und Schwächen kennenzulernen.

Dieses Buch eignet sich für Studenten nach Abschluss ihres Grundstudiums und könnte als Grundlage eines Seminars oder für Projektarbeiten dienen. Tatsächlich wurden die Probleme ursprünglich beginnenden Doktoranden der Universität Oxford gestellt, um sie aufzufordern, über die Grundtechniken der numerischen Mathematik hinauszudenken. Wir haben uns bemüht, die Vielfalt mathematischer und algorithmischer Werkzeuge zu zeigen, die ins Spiel kommen, wenn man der vorliegenden oder ähnlichen numerischen Herausforderung gegenübersteht:

- hochdimensionale numerische lineare Algebra
- rechnergestützte Funktionentheorie
- spezielle Funktionen und das arithmetisch-geometrische Mittel
- Fourieranalysis
- asymptotische Entwicklungen
- Konvergenzbeschleunigung
- Diskretisierungen mit exponentieller Konvergenzrate

- Computeralgebra
- globale Optimierung
- Monte-Carlo Verfahren und evolutionäre Algorithmen
- Chaos und Schattenorbits
- Stabilität und Genauigkeit
- Fehleranalyse: a priori und a posteriori
- Langzahl-, Signifikanz-, und Intervallarithmetik

Wir hoffen, unsere Leser zu einer umfassenden Sichtweise der Mathematik zu ermuntern. Denn eine Lehre dieses Wettbewerbs ist sicherlich, dass Überspezialisierung den Blick desjenigen zu sehr verengt, der ein ernsthaftes Interesse an computergestützten Berechnungen hat.

Die Kapitel zu den 10 Problemen können unabhängig voneinander gelesen werden. Da Konvergenzbeschleunigung eine wichtige Rolle für viele der Probleme spielt, haben wir eine Diskussion der grundlegenden Methoden als Anhang A mit aufgenommen. Anhang B fasst unsere Bemühungen zusammen, die Lösungen auf extrem hohe Genauigkeiten zu berechnen. Anhang C enthält Programmtext, mit welchem die 10 Probleme in einer Anzahl von Programmierumgebungen gelöst werden können. Und im Anhang D haben wir schließlich eine Auswahl weiterer Probleme zusammengestellt, welche als interessante Herausforderung derjenigen Leser dienen sollen, die einige der Techniken dieses Buchs gemeistert haben.

Ganz im Sinne reproduzierbarer numerischer Resultate finden sich die vollständigen lauffähigen Programmtexte aller Verfahren, Beispiele, Tabellen und Figuren sowie weiteres Material auf der begleitenden Webseite:

$$\texttt{www.numerikstreifzug.de}$$

Wir vier Autoren, aus vier Ländern, drei Kontinenten, zwei Hemisphären, kannten einander vor diesem Wettbewerb nicht und fanden erst über E-Mail zusammen, um dieses Buch vorzuschlagen und zu schreiben. Es erforderte tausende E-Mails und den regen Austausch von Dateien, Programmen und Zahlen. Diese Zusammenarbeit stellt einen unerwarteten Lohn für unsere Teilnahme an der *SIAM 100-Digit Challenge* dar.

Notation und Terminologie. Wenn wir davon sprechen, dass zwei reelle Zahlen auf d Ziffern übereinstimmen, müssen wir klarstellen, was gemeint ist. In diesem Buch sehen wir vom Runden ab und fordern, dass eine Beschneidung auf die ersten d signifikanten Ziffern die gleichen Ziffernfolgen ergibt. Für diesen Typ von Übereinstimmung in allen gezeigten Ziffern verwenden wir das Zeichen $\doteq$, wie etwa in $\pi \doteq 3.1415$.

Intervalle nahe beieinanderliegender Zahlen wie z.B. $[1.234567, 1.234589]$ notieren wir in diesem Buch kurz mit 1.2345_{67}^{89}.

Danksagungen. Zuallererst gedenken wir dankbar unseres unerwartet verstorbenen Kollegen John Boersma (1937–2004). Er hatte alle Kapitel mit dem scharfen Blick des Experten durchgesehen und uns auf viele Stellen hingewiesen, an denen unsere Darstellung oder die Mathematik verbessert werden konnte.

Wir danken Nick Trefethen für seinen Ansporn und Rat. Unser Dank gilt jenen zahlreichen Mathematikern und Mitgliedern anderer Teams, die ihre Lösungen und Einsichten mit uns geteilt haben. Insbesondere möchten wir Paul Abbott, Claude Brezinski, Brett Champion, George Corliss, Jean-Guillaume Dumas, Peter Gaffney, Yifan Hu, Rob Knapp, Andreas Knauf, Danny Lichtblau, Weldon Lodwick, Oleg Marichev, Fred Simons, Rolf Strebel, John Sullivan, Serge Tabachnikov und Michael Trott danken.

Wurde eine Lösungsmethode von mehreren Teams verwendet oder findet sie sich in der verfügbaren Literatur, so haben wir davon abgesehen, einzelne Namen zu erwähnen und zu würdigen. Wir wollen nirgends nahelegen, dass bestimmte Ideen von uns stammten, auch wenn sich etliche solche in diesem Buch finden. Obwohl jedem Kapitel der Name des Autors voransteht, der es letztlich geschrieben hat, kam es in jedem Fall unter substantieller Mitwirkung auch der anderen Autoren zustande.

Folkmar Bornemann, Technische Universität München

Dirk Laurie, Universität Stellenbosch, Südafrika

Stan Wagon, Macalester College, St. Paul, USA

Jörg Waldvogel, ETH Zürich, Schweiz

Vorwort zur deutschen Ausgabe

Diese deutsche Ausgabe folgt dem korrigierten Zweitdruck (Frühjahr 2006) des englischen Originals [BLWW04]. Zwar wurde die eine oder andere Kleinigkeit aktualisiert bzw. ergänzt (vor allem in §9.6 und §10.7.1) und so manche erläuternde Fußnote oder vertiefende Literaturangabe hinzugefügt, größere Änderungen gab es jedoch nur im Kapitel 7: Für die exakte Lösung des Problems stelle ich nun statt der ursprünglich vom LinBox-Team verwendeten algebraischen Methoden die neue, im wesentlichen *numerische* und weitgehend in Maschinenarithmetik laufende Methode [Wan06] von Zhendong Wan vor. Diese entspricht besser dem Charakter des Buchs und verleiht der Argumentation im Bailey'schen Geleitwort zusätzliches Gewicht: Die exakte Lösung eines mathematischen Problems erfordert hier seine *numerische* Lösung auf die astronomische Genauigkeit von 194 779 Ziffern. Um Missverständnissen gleich vorzubeugen: Derartige Genauigkeiten sind ein Nebenschauplatz, im Vordergrund steht die Lösung schwieriger numerischer Probleme auf technische Genauigkeiten in Maschinenarithmetik.

Von ein paar Ausnahmen abgesehen, habe ich darauf verzichtet, für die im Literaturverzeichnis aufgeführten Lehrbücher systematisch nach deutschen Äquivalenten zu suchen. Es könnte sich hierbei ohnehin nur um eine subjektive Wahl handeln, welche die Favoriten von so manchem Lehrenden bzw. Lernendem ignoriert. Weiter wurde der Programmtext im englischen Original belassen. Eine Umbenennung der Variablennamen wäre viel zu aufwändig und zudem sehr fehlerträchtig gewesen – vom Sinn einmal ganz abgesehen, sind doch die zahlreichen Befehle von Maple, Mathematica, Matlab, Octave und PARI/GP ohnehin unabänderlich englisch. Schließlich habe ich bei der Angabe von Zahlen auch den Dezimalpunkt unangetastet gelassen und nicht durch das im Deutschen so traditionsreiche Dezimalkomma ersetzt. Meines Erachtens hat sich Letzteres (außerhalb des kaufmännischen Bereichs) durch die Allgegenwart von Computern ohnedies überlebt und sollte in der wissenschaftlichen Literatur nicht mehr verwendet werden.

Ich danke meinen Testlesern Carolyn Kalender und Bernhard Langwallner. Mit großer Sorgfalt haben sie zahlreiche Druckfehler und Formulierungsschwächen aufgespürt und hatten stets konstruktive Alternativen zur Hand. Sie sorgten auch dafür, dass mein Umgang mit der reformierten deutschen Rechtschreibung weniger willkürlich ausfiel.

Clemens Heine vom Springer-Verlag hatte die Idee, eine deutsche Ausgabe des Buchs zu verlegen. Die Zusammenarbeit mit ihm und Agnes Herrmann war stets so erfreulich, dass ich nie bereut habe, mich darauf eingelassen zu haben.

München, im Juli 2006   *Folkmar Bornemann*

Inhaltsverzeichnis

1 Ein verwickelter Schwanz ....

Welchen Wert hat $\displaystyle\lim_{\epsilon\to 0}\int_\epsilon^1 x^{-1}\cos(x^{-1}\log x)\,dx$?

2 Verlässlichkeit im Chaos ....

Ein Photon bewegt sich in der x–y Ebene mit Geschwindigkeit 1. Zur Zeit $t = 0$ startet es von $(x,y) = (1/2, 1/10)$ aus in genau östliche Richtung. Um jeden ganzzahligen Gitterpunkt (i,j) der Ebene ist ein kreisförmiger Spiegel vom Radius 1/3 errichtet. Wie weit entfernt von $(0,0)$ befindet sich das Photon zur Zeit $t = 10$?

3 Wie weit entfernt ist Unendlich? ....

Die unendlich-dimensionale Matrix A mit den Elementen $a_{11} = 1, a_{12} = 1/2, a_{21} = 1/3, a_{13} = 1/4, a_{22} = 1/5, a_{31} = 1/6$, usw., bildet einen beschränkten Operator auf ℓ^2. Welchen Wert hat $\|A\|$?

4 Denke global, handle lokal ....

Welchen Wert hat das globale Minimum der Funktion

$$e^{\sin(50x)} + \sin(60e^y) + \sin(70\sin x) + \sin(\sin(80y))$$
$$- \sin(10(x+y)) + (x^2 + y^2)/4?$$

5 Eine komplexe Optimierung ....

Es sei $p(z)$ das kubische Polynom, welches die Funktion $f(z) = 1/\Gamma(z)$ auf dem komplexen Einheitskreis in der Supremumsnorm $\|\cdot\|_\infty$ bestapproximiert. Welchen Wert hat $\|f - p\|_\infty$?

Ein Floh startet in $(0,0)$ eine asymmetrische Irrfahrt auf dem ganzzahligen zweidimensionalen Gitter: In jedem Schritt hüpft er mit Wahrscheinlichkeit $1/4$ nach Norden bzw. Süden, mit Wahrscheinlichkeit $1/4 + \epsilon$ nach Osten und mit Wahrscheinlichkeit $1/4 - \epsilon$ nach Westen. Die Wahrscheinlichkeit, dass der Floh im Laufe seiner Wanderschaft den Ausgangspunkt $(0,0)$ jemals wieder erreicht, beträgt $1/2$. Welchen Wert hat die Abweichung ϵ?

Es sei A die $20\,000 \times 20\,000$ Matrix, deren Elemente sämtlich Null sind bis auf die Primzahlen $2, 3, 5, 7, \ldots, 224737$ in der Hauptdiagonalen und die Elemente $a_{ij} = 1$ für $|i - j| = 1, 2, 4, 8, \ldots, 16384$. Welchen Wert hat das $(1,1)$-Element von A^{-1}?

Eine quadratische Platte $[-1,1] \times [-1,1]$ hat die Temperatur $u = 0$. Zur Zeit $t = 0$ wird die Temperatur entlang einer der vier Seiten auf $u = 5$ erhöht, während sie entlang der anderen drei Seiten auf $u = 0$ gehalten wird und sich dann gemäß $u_t = \Delta u$ Wärme in der Platte ausbreitet. Wann wird die Temperatur $u = 1$ im Zentrum der Platte erreicht?

Für welchen Wert $\alpha \in [0,5]$ nimmt das parameterabhängige Integral $I(\alpha) = \int_0^2 (2 + \sin(10\alpha))x^\alpha \sin\left(\alpha/(2 - x)\right)\, dx$ sein Maximum an?

Ein Partikel startet im Mittelpunkt eines 10×1-Rechtecks eine Brown'sche Bewegung, also eine zweidimensionale Irrfahrt mit infinitesimal kleiner Schrittweite. Mit welcher Wahrscheinlichkeit trifft es eher auf die Enden als auf die Seiten des Rechtecks?

Die Geschichte

Probleme, die es lohnt zu jagen,
Zeigen es, indem zurück sie schlagen.

Piet Hein

Der „Wettbewerb der 100 Ziffern" nahm 2001 seinen Anfang, als Nick Trefethen von der Universität Oxford an die SIAM[1] mit der Idee herantrat, zehn anspruchsvolle Probleme des numerischen Rechnens in Form eines Wettbewerbs zu veröffentlichen. Die Verantwortlichen bei SIAM waren von dieser Idee sofort begeistert und der Wettbewerb wurde offiziell im Februarheft der *SIAM News* 2002 gestartet. Hier ist eine Übersetzung des vollen Wortlauts von Trefethens Herausforderung:

> Jeden Oktober treffen ein paar neue Doktoranden in Oxford ein, um ihre Forschungen für eine Promotion in numerischer Mathematik aufzunehmen. Zu zweit arbeitend beteiligen sie sich in ihrem ersten Semester an einem informellen Kurs, „Problem Solving Squad" genannt. Sechs Wochen lang gebe ich ihnen wöchentlich ein in wenigen Sätzen formuliertes Problem, dessen Ergebnis eine einzige reelle Zahl ist. Der Auftrag lautet, diese Zahl auf so viele Ziffern genau zu berechnen, wie sie es schaffen.

> Zehn dieser Probleme finden sich weiter unten. Ich möchte sie der Leserschaft als Herausforderung anbieten. Wer kann sie lösen?

> Ich werde 100 $ an das Individuum oder Team zahlen, das mir vor dem 20. Mai 2002 den genauesten Satz numerischer Ergebnisse abliefert. Mit den Lösungen sollten ein paar Bemerkungen, Programme oder Grafiken eingesendet werden, aus denen für mich hervorgeht, wie die Ergebnisse

---

[1] *Society for Industrial and Applied Mathematics*, die 1951 gegründete US-amerikanische Gesellschaft für industrielle und angewandte Mathematik mit weltweit über 10 000 Mitgliedern.

erhalten wurden. Die Auswertung wird einfach: Jede korrekte Ziffer ergibt einen Punkt, bis zu zehn je Problem, so dass maximal 100 Punkte erreichbar sind."

Nun zum Kleingedruckten: Jeder Teilnehmer darf weit und breit Einfälle und Rat von Freunden und aus der Literatur einholen, aber die Kerngruppe jedes teilnehmenden Teams sollte aus nicht mehr als einem halben Dutzend Mitgliedern bestehen. Alle Teilnehmer müssen mir versichern, dass sie keine Hilfe von Studenten aus Oxford oder anderen erhalten haben, welche diese Probleme bereits kennen.

Hinweis: Es ist schwer! Sollte irgendjemand insgesamt 50 Ziffern herausfinden, werde ich beeindruckt sein. Die zehn wundersamen Zahlen werden im Augustheft der *SIAM News* bekanntgegeben, zusammen mit den Namen der Gewinner und ihrer stärksten Verfolger.

– Nick Trefethen, Universität Oxford

Zum Ablauf der Frist lagen Einsendungen von 94 Teams aus 25 Ländern vor. Die Teilnehmer kamen aus allen Bereichen der reinen und angewandten Mathematik, darunter Forscher renommierter Universitäten, Lehrer weiterführender Schulen und Studienanfänger. Die Beiträge waren gewiss einfach zu bewerten und der Ausgang wurde kurz nach Ablauf der Frist bekanntgegeben: Es gab 20 Teams mit voller Punktzahl und 5 weitere mit 99 Punkten.

Trefethen veröffenlichte einen detaillierten Bericht [Tre02] der Begebenheit im Augustheft der *SIAM News* und vermittelte darin sehr schön die Freude, welche die Teilnehmer beim Arbeiten an den Problemen hatten. Im Laufe weniger Monate nach Abschluss des Wettbewerbs setzten viele Teams ihre Lösungen ins Internet; die Adressen dieser Seiten finden sich auf der Webseite dieses Buchs.

In einem interessanten Leserbrief an die *SIAM News*, abgedruckt im Dezemberheft, thematisierte Joseph Keller von der Universität Stanford folgenden Punkt:

Ich finde es bemerkenswert, dass kein Beweis der Korrektheit der Lösungen erbracht wurde. Das Übergehen solcher Beweise ist zwar landläufige Praxis im wissenschaftlichen Rechnen, aber von einem Wettbewerb zum Berechnen genauer Ziffern hätte man sich mehr erhoffen dürfen.

Diese in der Tat wichtige Frage hat einen Gutteil unserer Arbeit an diesem Buch geleitet. So liefern wir Beweise für die meisten der Probleme und beschreiben für die anderen die überwältigende Fülle an Evidenz, welche keinen Raum für Zweifel mehr lässt (aber zugegebenermaßen einen Beweis im streng mathematischen Sinne knapp verfehlt).[2] Einige Antworten auf Kellers Brief erschienen im Februarheft der *SIAM News* 2003, ein Jahr nach dem Start des Wettbewerbs.

---

[2] „Wenn ich *der* Evidenz nicht traue, warum sollte ich dann irgendeiner Evidenz trauen?" Ludwig Wittgenstein, *Über Gewißheit*, Suhrkamp, Frankfurt a.M., 1970.

Abb. 1. *Jedes siegreiche Team erhielt 100 $ und eine attraktive Urkunde.*

Die Gewinner

Zwanzig Teams erzielten 100 Punkte und wurden mit dem *1. Preis* ausgezeichnet:

- Paul Abbott, University of Western Australia, Nedands, und Brett Champion, Yufing Hu, Danny Lichtblau und Michael Trott, Wolfram Research, Inc., Champaign, Illinois, USA
- Bernard Beard, Christian Brothers University in Memphis, Tennessee, USA, und Marijke van Gans, Isle of Bute, und Brian Medley, Wigan, Vereinigtes Königreich („Das Team vom CompuServe-SCIMATH Forum")
- John Boersma, Jos K. M. Jansen, Fred H. Simons und Fred W. Steutel, Eindhoven University of Technology, Niederlande
- Folkmar Bornemann, Technische Universität München, Deutschland
- Carl DeVore, Toby Driscoll, Eli Faulkner, Jon Leighton, Sven Reichard und Lou Rossi, University of Delaware, Newark, USA
- Eric Dussaud, Chris Husband, Hoang Nguyen, Daniel Reynolds und Christian Stolk, Rice University, Houston, Texas, USA
- Martin Gander, Felix Kwok, Sebastien Loisel, Nilima Nigam und Paul Tupper, McGill University, Montreal, Kanada
- Gaston Gonnet, ETH Zürich, Schweiz, und Robert Israel, University of British Columbia, Vancouver, Kanada
- Thomas Grund, Technische Universität Chemnitz, Deutschland
- Jingfang Huang, Michael Minion und Michael Taylor, University of North Carolina, Chapel Hill, USA
- Glenn Ierley, Stefan L. Smith und Robert Parker, University of California, San Diego, USA
- Danny Kaplan und Stan Wagon, Macalester College, St. Paul, Minnesota, USA

- Gerhard Kirchner, Alexander Ostermann, Mechthild Thalhammer und Peter Wagner, Universität Innsbruck, Österreich
- Gerd Kunert und Ulf Kähler, Technische Universität Chemnitz, Deutschland
- Dirk Laurie, University of Stellenbosch, Südafrika
- Kim McInturff, Raytheon Corp., Goleta, California, USA, und Peter S. Simon, Space Systems/Loral, Palo Alto, California, USA
- Peter Robinson, Quintessa Ltd., Henley-on-Thames, Vereinigtes Königreich
- Rolf Strebel und Oscar Chinellato, ETH Zürich, Schweiz
- Ruud van Damme, Bernard Geurts und Bert Jagers, University of Twente, Niederlande
- Eddy van de Wetering, Princeton, New Jersey, USA

Fünf Teams erzielten 99 Punkte und wurden mit dem 2. *Preis* ausgezeichnet:

- Niclas Carlsson, Åbo Akademi University, Finnland
- Katherine Hegewisch und Dirk Robinson, Washington State University, Pullman, USA
- Michel Kern, INRIA Rocquencourt, Frankreich
- David Smith, Loyola Marymount University, Los Angeles, California, USA
- Craig Wiegert, University of Chicago, Illinois, USA

Interview mit Nick Trefethen

Viele Gesichtspunkte der Geschichte waren nur Trefethen selbst bekannt gewesen. Wir sind daher dankbar, dass er zustimmte, uns seine Ansichten über den Wettbewerb und allgemeinere Aspekte numerischen Rechnens im Rahmen des folgenden Interviews mitzuteilen.

Lloyd Nicholas Trefethen ist Professor für numerische Mathematik an der Universität Oxford, Mitglied des Balliol College sowie der Royal Society und Leiter der *Numerical Analysis Group* der Universität Oxford. Er wurde in den Vereinigten Staaten geboren und studierte in Harvard und Stanford. Er hatte Positionen am Courant Institut in New York, am MIT und an der Cornell University inne, bevor er 1997 den Lehrstuhl in Oxford übernahm. Im Jahre 1985 wurde er mit dem ersten Leslie-Fox Preis ausgezeichnet.

Trefethens einflussreiche Schriften zur numerischen und angewandten Mathematik umfassen fünf Bücher und über 100 Aufsätze. Sein Werk umspannt die Gebiete der theoretischen sowie praktischen numerischen Mathematik. Von allgemeinerem Interesse sind seine Essays wie etwa „The Definition of Numerical Analysis" [TB97, Anhang], „Maxims about Numerical Mathematics, Computers, Science, and Life" [Tre98] und „Predictions for Scientific Computing 50 years from Now" [Tre00].

Es haben sich 94 Teams aus 25 Ländern am Wettbewerb beteiligt, von Chile bis Kanada, von Südafrika bis Finnland. Wie viele Leute waren es?

Es gab Teams jeder Größe bis zur erlaubten Maximalzahl von sechs, insgesamt etwa 180 Teilnehmer. Die meisten von ihnen erzielten 40 Punkte oder mehr. Und das sind nur diejenigen, von denen ich wusste! Sicherlich gab es noch andere, die sich an einigen der Probleme versucht haben und es mir nicht mitteilten. Ich hörte Gerüchte, dass Soundso nachts lange aufgeblieben wäre. Habe er mir denn keine Zahlen zugesendet?

Gab es Länder, aus denen Sie Einsendungen erwartet hatten, aber keine bekamen?

Nein, das würde ich nicht sagen. Ich erhielt Einsendungen aus sechs anglophonen Ländern und hatte nicht erwartet, viel aus der nicht englischsprachigen Welt zu hören, in der die *SIAM News* nicht so weit verbreitet sind. Daher war es eine hübsche Überraschung, Einsendungen aus aller Herren Länder wie China, Russland, Spanien, Slovenien, Griechenland, Argentinien, Mexiko und Israel zu empfangen.

Welchen Hintergrund und welche Ausbildung hatten die Teilnehmer? Gab es einen signifikanten Unterschied zwischen denen mit und denen ohne Erfolg?

Wir hatten allerart Teilnehmer, von Amateuren und Studenten bis zu Mathematikern von Weltrang. Aber man muss zugeben, dass im Großen und Ganzen die meisten Teams an Universitäten verankert waren und an den höher bewerteten Teams typischerweise ein promovierter Experte für numerisches Rechnen beteiligt war. Ein wesentliches Merkmal des Erfolgs war Zusammenarbeit. Mehr als die Hälfte der Teams bestand aus einer einzelnen Person, aber nur fünf dieser Einzelkämpfer schafften es unter die Gewinner.

Wolfram Research (Mathematica) hatte ein siegreiches Team ins Rennen geschickt und Gaston Gonnet, einer der Gründer von Maple, war Teil eines solchen Teams. Gab es Teams anderer Unternehmen für mathematische Software?

Cleve Moler, der Schöpfer von Matlab und leitende Wissenschaftler von MathWorks, hatte zur Zeit des Wettbewerbs in Stanford den Kurs CS 138 für Studenten im Grundstudium gelehrt und im März 2002 Problem 1 als Teil der Hausaufgabe für die Abschlussprüfung gestellt. Ich weiss zwar nicht, wie seine Studenten abschnitten, aber ich kann Ihnen versichern, dass Cleve alle Ziffern richtig herausbekam.[3]

---

[3] In seinem aus diesem Kurs hervorgegangenen Buch [Mol04] stellt Moler das Problem 1 als Aufgabe 6.19 auf S. 183. Er gibt dort Hinweise, welche die in §1.3 diskutierte Lösungsmethode skizzieren.

Viele Teams benutzten Mathematica, Maple und Matlab. Welche andere Software wurde verwendet, gab es da ungewöhnliche Entscheidungen?

Ja, die drei Ms waren in der Tat sehr beliebt. Es gab aber auch eine Fülle an C und C++, an Fortran und anderen Programmierumgebungen einschließlich Java, Visual Basic, Turbo-Pascal, GMP, GSL, Octave und Pari/GP. Ein Teilnehmer packte die Probleme mit Excel an, war aber nicht besonders erfolgreich.

Kannten Sie alle Resultate, als Sie die Probleme vorstellten?

Ich kannte acht von ihnen auf volle 10 Ziffern. Meine Lücken waren die komplexe Gammafunktion (Problem 5) und das zwischen den Spiegeln hin- und hergeworfene Photon (Problem 2). Ich fürchte, in den letzten verbleibenden Wochen schwirrten in meinem Kopf so viele Ziffern herum, dass ich etwas recht Dummes tat. Kurz vor Einsendeschluss schickte ich eine Erinnerung an das NA Digest im Internet, an das ich ein P.S. anfügte, von dem ich annahm, dass es die Leute amüsieren würde:

```
Hinweis. Die korrekten Ziffern sind 56403899311367472691
912742241578531422571912395447463420783437038375837979 32
36749526330686862143 3534. (Nicht in dieser Reihenfolge.)
```

Wie ich sagte, kannte ich zu dieser Zeit noch nicht einmal alle 100 Ziffern! Für meinen kleinen Spaß nahm ich die mir bekannten etwa 90 Ziffern und füllte sie zufällig auf. Es kam mir nie in den Sinn, dass die Leute diesen Fingerzeig ernst nähmen und versuchten, ihre Resultate mit ihm zu überprüfen. Sie taten es und einige der letztlichen Gewinner stellten fest, dass sie anscheinend zuviele 4-en und 7-en, aber zuwenige 2-en und 5-en hatten. Es ist mir sehr unangenehm, einen solchen Missgriff gemacht und sie beunruhigt zu haben.

Sollten „Ziffern" Ihrer Meinung nach in einem solchen Wettbewerb als gerundet oder abgeschnitten gelten?

Was für ein Schlamassel, so ohne jede tiefe Bedeutung, aber es verursacht solches Kopfzerbrechen in der Praxis! (Nick Higham behandelt diese Dinge sehr gründlich in seinem großen Buch *Accuracy and Stability of Numerical Algorithms* [Hig96].) Nein, ich habe keine Meinung, was als „Ziffer" gelten sollte, aber ich wünschte sehr, ich hätte eine klare Regelung getroffen, als ich den Wettbewerb vorstellte.

Warum wuchs die Liste der Gewinner mit voller Punktzahl von 18 auf 20 innerhalb der ersten paar Tage, nachdem Sie die Ergebnisse bekannt gemacht hatten?

Hauptsächlich aus Gründen, die im Zusammenhang mit genau der Problematik von Rundung kontra Abschneiden standen. Würden Sie glauben, dass es sieben Teams gab, die 99 von 100 Punkten erzielten? Nachdem ich die Liste mit 18 Gewinnern in Umlauf gebracht hatte, haben mich zwei von diesen sieben überzeugt, dass ich eines ihrer Ergebnisse missdeutet hatte. Zwei weiteren gelang es nicht, mich zu überreden.

Können Sie uns sagen, an welchen Aufgaben die Teams scheiterten, welche die volle Punktzahl um ein oder zwei Punkte verfehlten? Stimmten diese mit Ihrer eigenen Einschätzung der Schwierigkeit überein? Welche Probleme waren Ihrer Ansicht nach die schwierigsten?

Die Störenfriede waren die gleichen zwei, die ich bereits erwähnte: die komplexe Gammafunktion und das zwischen den Spiegeln hin- und hergeworfene Photon. Letzteres überrascht ein wenig, da es nicht besonders schwer ist, wenn man begriffen hat, dass man eine Arithmetik erweiterter Genauigkeit benötigt.

Gibt es irgendwelche anderen Beobachtungen aus den eingesendeten Lösungen, welche die relative Schwierigkeit der Probleme bewerten helfen?

Beim Zusammenstellen der Einsendungen sah ich schnell, welche Probleme die meisten Schwierigkeiten bereitet hatten. Neben der Gammafunktion war ein weiterer hartnäckiger Kandidat das Aufheizen der Platte (Problem 8). Es war auch interessant zu beobachten, für welche Probleme die Leute viele zusätzliche Ziffern vorlegten, 50 oder 500 an der Zahl. Von dieser Warte aus erwies sich die Norm der unendlichen Matrix (Problem 3) als besonders schwer. Als der Wettbewerb endete, waren nur etwa 18 Ziffern des Resultats bekannt, im Vergleich zu 50 oder mehr für die meisten der anderen Probleme.

Welche Erfahrung vor oder nach dem Wettbewerb lässt Sie glauben, dass die Probleme wirklich schwer waren?

Die Probleme entstanden für einen Kurs im Problemlösen, den die Anfänger unter unseren Doktoranden in numerischer Mathematik in Oxford besuchen. (Ich verdanke die Idee Don Knuth, der mir einst erzählte, dass er sie von Bob Floyd hatte, der sie von George Forsythe hatte, der sie von George Pólya hatte.) Jede Woche gebe ich ihnen, ohne weitere Hinweise, ein Problem und sie sollen jeweils zu zweit soviele Ziffern des Ergebnisses herausfinden, wie sie können. Beim Gestalten der Probleme habe ich mein Bestes gegeben, sie für diese Gruppe hochtalentierter aber etwas unerfahrener junger Leute zur Herausforderung zu machen.

In Ihrem Bericht in den SIAM News haben Sie angedeutet, dass einige der Probleme vielleicht hätten schwerer sein sollen. So hätten Sie beispielsweise die Zielzeit im Problem 2 von 10 auf 100 Sekunden erhöhen können. Gibt es weitere solche Variationen anderer Probleme, welche diese schwerer gemacht hätten? Oder war es letztlich gut so, dass so viele Teams alle 100 Ziffern herausbekommen haben?

Meiner Ansicht nach wären fünf siegreiche Teams sachgerechter als zwanzig gewesen. Wie Sie darauf hinweisen, enthielten einige der Probleme einen Parameter, den ich versucht hatte so einzustellen, dass das Problem schwer, aber nicht zu schwer ist. Eine Abänderung einiger Zahlen in beispielsweise den Funktionen der Probleme 1, 4 und 9 hätte diese noch tückischer gemacht. Im Ganzen habe ich den Unterschied zwischen einem Paar frischer Doktoranden mit einer Woche Zeit und einem Team erfahrener Mathematiker mit Monaten vor sich zum Probieren unterschätzt.

Was war Ihre Motivation, die Herausforderung öffentlich zu machen? Welches Ergebnis erwarteten Sie? Kam das heraus, was Sie gewollt hatten?

Ich mag diese Art von hemdsärmligem praktischen Rechnen und wollte, dass auch andere ihren Spaß haben. Allzu oft verlieren sich Numeriker in der Theorie und vergessen, wie befriedigend es ist, wirklich Zahlen auszurechnen.

Wie reagierten die Verantwortlichen der SIAM, als Sie den Wettbewerb erstmalig vorschlugen?

Sie waren von Anfang an begeistert. Ausgefallene Ideen werden von Gail Corbett, der Herausgeberin von *SIAM News*, ganz wunderbar unterstützt.

Sie haben alle von der Teilnahme ausgeschlossen, die diese Probleme als Mitglieder der „Problem Solving Squad" in Oxford bereits kannten. Stammten alle Probleme aus diesem Kurs und waren daher bereits an Doktoranden erprobt worden? Haben Sie irgendeines der Probleme für den Wettbewerb verändert oder waren es genau solche, die Sie den Doktoranden bereits gestellt hatten?

Ja, alle Probleme stammten aus dem Kurs und ich habe nichts weiter verändert als hier und da eine Formulierung. Ich hätte es nicht gewagt, unerprobte Probleme vorzustellen und mich der Gefahr auszusetzen, einen Fehler zu machen.

Welche Art von Problemen, sei es aus dem Wettbewerb oder nicht, bereiten den Doktoranden die meisten Schwierigkeiten?

Leider sind heutige Studenten in Funktionentheorie oft recht unterbelichtet, so dass sich Probleme in der komplexen Ebene immer als sehr schwer herausstellen. Ich persönlich kann mir nicht vorstellen, dass man ohne komplexe Veränderliche in den mathematischen Wissenschaften weit kommen kann, aber so ist es nun einmal.

Wie viele Ziffern bekommen die Doktoranden üblicherweise heraus?

Bei einem typischen Treffen unseres Kurses mag es vier Teams geben, die ihre Resultate an der Tafel präsentieren, und sie haben 4, 6, 8 bzw. 10 Ziffern herausgefunden. Sie würden staunen, wie oft die Resultate genau in dieser Reihenfolge erscheinen: monoton steigend! Ich gehe einmal davon aus, dass die Doktoranden, die den Verdacht haben, dass ihre Ergebnisse nicht so genau sind, sich schnell freiwillig melden, um ihre Präsentation hinter sich zu bringen. Diejenigen aber, die es gut gemacht haben, sind erfreut, bis zum Ende zu warten. In einem Jahr hatten wir einen hervorragenden Studenten, der zwei Wochen in Folge nahezu exakte Lösungen hatte; wir nannten ihn den „Hendrik der hundert Ziffern".

Wie beurteilen Sie üblicherweise die Korrektheit der Ziffern? Wie taten Sie es beim Wettbewerb?

Zu Hause in Oxford berechne ich fast immer mehr Ziffern im voraus, als es die Doktoranden schaffen. Bei dem Wettbewerb war die Auswertung jedoch viel einfacher. In den Wochen vor Einsendeschluss begann ich für die 10 Probleme eine große Datei mit den numerischen Resultaten der Teams zusammenzustellen. Ich führte darin nacheinander all die von ihnen als korrekt behaupteten Ziffern auf. Hier ist ein Auszug für Problem 8 mit veränderten Namen:

```
Argonne    0.4235 ·
Berlin     0.4240113870 3
Blanc      0.2602370772 04
Blogg      0.4240113870
Cambridge  0.4240114
Cornell    0.4240113870 33688363797433366859326
CSIRO      0.3368831975
IBM        0.4240113870 336883
Jones      0.282674
Lausanne   0.42403
Newton     0.42401139
Philips    0.4240113870
Schmidt    0.4240074597 42
Schneider  0.4240113870 33688363797433668593 2564512478
Smith      0.4240113870 3369
Taylor     0.4240113870
```

Wer hätte im Angesicht von 80 Zeilen mit Daten wie diesen, gestützt auf unterschiedliche Algorithmen, welche in verschiedenen Programmiersprachen auf verschiedenen Rechnern in verschiedenen Ländern gelaufen waren, daran zweifeln können, dass die 10 korrekten führenden Ziffern 0.4240113870 sein müssen?

Was ist Ihre Meinung über den Leserbrief von Joe Keller an SIAM News, in welchem er das Fehlen eines Korrektheitsbeweises bemängelte, und über die Antworten von einigen der Teilnehmer des Wettbewerbs?

Joe Keller ist eines meiner großen Vorbilder gewesen, seit ich als Doktorand an einem seiner Kurse teilgenommen habe. Nun, ich bin sicher, Joe weiß, dass es den Wettbewerb zerstört hätte, wenn man von den Teilnehmern Beweise verlangt hätte. Aber das bedeutet natürlich nicht, dass ich nicht etwas in meinem Artikel zu den Aussichten auf Beweise und garantierte Genauigkeiten im numerischen Rechnen hätte sagen können. Ich wünschte, ich hätte es getan, denn Gewissheit ist ein Ideal, das wir in keiner Ecke der Mathematik je aus dem Auge verlieren dürfen. Die Antworten auf Joes Brief haben mich energischer „verteidigt", als ich es selbst wohl getan hätte.

Glauben Sie, dass die Ankündigung eines Preisgelds eine Rolle für das verursachte Interesse gespielt hat? Hatten Sie wirklich ursprünglich nur ein Budget von insgesamt 100 $?

Und ob es das hat! Jeder Hauch von Geld (oder Sex) sorgt dafür, dass wir uns aufrichten und Notiz nehmen. Mein „Budget" bestand aus dem Konto der Familie Trefethen. Aber ist es nicht lustig? Nachdem ich die Urkunden an die Gewinner versendet hatte, musste ich feststellen, dass es einigen von ihnen um das Geld als solches ging, nicht nur um ein Zeichen der Anerkennung, auch wenn sie bestenfalls hoffen konnten, ein fünftel oder sechstel der Summe einzustreichen. Vermutlich ist es ein besonderes Gefühl, Geld zu gewinnen, das mit Urkunden und Publizität nicht erreicht werden kann.

Sie hatten entschieden, das Preisgeld von 100 $ dreimal zu vergeben. Aber dann sprang ein anonymer Spender in die Bresche und ermöglichte die Auszahlung des Preisgelds an jedes Team. Ist der Spender ein Mathematiker? Kennen Sie ihn persönlich? Was genau hat den Spender an diesem Wettbewerb beeindruckt?

Ich war entzückt, als ich eines Tages aus heiterem Himmel sein Angebot erhielt! Nun da der Wettbewerb bereits der Vergangenheit angehört, hat der Spender nichts mehr dagegen, seinen Namen zu verraten. Er heißt William Browing und ist Gründer und Präsident der Firma *Applied Mathematics, Inc.* in Gales Ferry, Connecticut, USA. Ich habe Dr. Browing bisher nicht getroffen, weiß aber aus unserer E-Mail Korrespondenz, dass es ihn gefreut hat, unser Gebiet auf diese Weise zu fördern. In einer seiner Mitteilungen schrieb er:

> Ich stimme Ihnen hinsichtlich der Befriedigung und Wichtigkeit zu, Zahlen tatsächlich zu berechnen. Ich kann Ihnen gar nicht sagen, wie oft ich sehe, dass Zeit und Geld verschwendet werden, nur weil jemand sich nicht darum schert, die Zahlen „laufen zu lassen".

Waren Sie vom Rücklauf überrascht, und wenn ja, warum?

Die Hartnäckigkeit der Leute hat mich überrascht, ihre Entschlossenheit, die ganzen 100 Ziffern herauszubekommen. Ich hatte mir vorgestellt, dass ein typischer Teilnehmer ein Dutzend Stunden mit dem Wettbewerb verbrächte und drei oder vier Probleme löste. Nun gut, es mag sein, dass einige von ihnen mit dieser Absicht begannen. Aber dann kamen sie nicht mehr los.

Wieviel Verkehr an E-Mails haben die Teilnehmer verursacht?

Megabytes! Die 94 Einsendungen entsprachen etwa 500 E-Mail Mitteilungen. Leute reichten ihre Resultate in der Form 30-seitiger Dokumente ein, brachten sie dann auf den neuesten Stand und schickten Verbesserungen, stellten mir Fragen, und so weiter. Einige Wochen vor Abgabeschluss hatte es den Anschein, als müsste ich all meine Zeit darauf verwenden. Das hatte ich zwar nicht geplant, aber es war ein großer Spaß.

Gab es irgendwelche Gruppen im Internet, welche die Probleme offen diskutierten? Haben Sie das Netz nach ihnen durchforstet und sie dann gebeten, sich ruhig zu verhalten?

Ich habe zwar das Netz nicht systematisch durchforstet, hatte aber von einer Gruppe von Leuten in Deutschland gehört, die ihre Ideen im Internet in Umlauf brachten. Ich trat mit der Bitte an sie heran, es nicht länger in aller Öffentlichkeit zu tun, der sie auch nachkamen.

Wie wichtig war das Internet für den Wettbewerb? Fanden die Leute dort Ideen, Software, usw.?

Es war entscheidend, um die Nachricht vom Ereignis zu verbreiten. Die drei vom SCIMATH Team hatten sich über das Internet gefunden und sind sich, so weit ich weiß, bislang nicht persönlich begegnet. Ich denke, das Internet hat vielen Teilnehmern auch in fachlicher Hinsicht geholfen. Für junge Leute heutzutage ist es einfach ein Teil des Lebens. In Oxford haben wir zwar eine der besten Bibliotheken zur numerischen Mathematik, aber Sie treffen unsere Doktoranden nicht häufig dort an.

Wo wurde der Wettbewerb außer in den SIAM News and dem NA-Net noch publik gemacht?

Es gab etwa ein halbes Dutzend weiterer Stellen. Die beiden, die mir am besten in Erinnerung geblieben sind, waren die *MathWorld* Webseite von Wolfram Research und eine Notiz von Barry Cipra in *Science* mit der Überschrift „Decimal Decathlon".

Welcher menschliche Aspekt der Geschichte hat Sie am meisten erstaunt?

Wie sehr die Leute diesen Problemen verfallen waren! Ich bekam zahlreiche Mitteilungen, in denen sich die Leute für das Vergnügen bedankten, das ich ihnen bereitet hatte. Einige fragten gar, ob ich es zu einem regelmäßigen Ereignis machen würde. (Nein, das werde ich nicht.)

Was war die größte Enttäuschung?

Ich wünschte, es hätte mehr Einsendungen aus meiner Wahlheimat Großbritannien gegeben.

Was war die größte Überraschung unter den eingereichten Lösungen?

Eines Tages erhielt ich eine Mitteilung von Jean-Guillaume Dumas von der Forschergruppe *LinBox*, der mir berichtete, dass die exakte Lösung von Problem 7 mit der Hilfe von 182 Prozessoren in vier Tagen Laufzeit bestimmt worden war. Er zeigte, dass das Ergebnis ein Quotient zweier ganzer Zahlen mit einer Länge von je 97 389 Ziffern ist. Wow!

Haben Sie bei der Durchsicht der Lösungen etwas Neues an Mathematik gelernt?

Bei jedem Problem gab es Überraschungen und neue Ideen, denn wie dieses Buch zeigt, besitzen die Probleme zahlreiche Verbindungen zu anderen Themen. Aber wenn ich ehrlich sein soll, muss ich Ihnen sagen, dass einem beim Bewerten von tausenden Seiten an Mathematik innerhalb weniger Tage keine Zeit bleibt, um neue Dinge ordentlich zu lernen.

Einige Leute könnten sagen, dass die Berechnung von mehr als sechs führenden Ziffern, was wirkliche Anwendungen angeht, reine Zeitverschwendung sei. Was meinen Sie?

Diese Frage interessiert mich wirklich sehr und ich habe einige meiner Ansichten im Begriff des *Zehn-Ziffern-Algorithmus* herausdestilliert: „Zehn Ziffern, fünf Sekunden und nur eine Seite". Ich schreibe gerade etwas über Zehn-Ziffern-Algorithmen, also sehen Sie es mir bitte nach, wenn ich jetzt nicht mehr dazu sage.[4]

Sie sagten, dass Rundungsfehler nur eine kleine Rolle im Vergleich zur Entwicklung von Algorithmen spielen und diese Auffassung sich in der Wahl der Probleme niedergeschlagen habe, von denen nur eines hochgenaue Arithmetik erfordere. Können Sie etwas mehr zu diesem Punkt sagen?

In meinem Essay „The Definition of Numerical Analysis" [TB97, Anhang] in den *SIAM News* von 1992 habe ich ausgeführt, dass die Beherrschung von Rundungsfehlern nur einen kleinen Teil der numerischen Mathematik ausmacht, vielleicht etwa 5% oder 10%. Das Hauptgeschäft dieses Gebiets ist die Entwicklung von Algorithmen, die schnell konvergieren. Die Ideen hinter diesen Algorithmen wären auch dann genauso notwendig,

---

[4] Mittlerweile hat Trefethen einen lesenswerten Aufsatz [Tre05] mit dem Titel „Ten Digit Algorithms" fertiggestellt.

wenn Computer in exakter Arithmetik arbeiten könnten. Also ja, es passt demnach, dass nur eines der 10 Probleme, das mit dem zwischen den Spiegeln hin- und hergeworfenen Photon, danach verlangt, sorgfältig über Rundungsfehler nachzudenken.

In Ihrem Bericht in den SIAM News fragten Sie, vermutlich ironisch, ob die Probleme je auf 10 000 Ziffern genau gelöst werden könnten. Glauben Sie, dass eine solche Arbeit irgendeinen Wert über die reine Ziffernjagd hinaus hätte?

Die Menschheit hat stets Fortschritte gemacht, wenn sie Herausforderungen meisterte, seien sie nun real oder künstlich.

Wettbewerbe wie Ihrer, in denen ein Mathematiker ankündigt, „Seht her, hier ist ein schwieriges Problem, von dem ich weiß, wie es gelöst wird. Ich frage mich, ob ihr das auch könnt?", waren recht verbreitet zu den Zeiten Fermats, der Bernoullis und Eulers. Heutzutage sehen wir nicht mehr viele in dieser Art, insbesondere nicht im numerischen Rechnen. Sollte es mehr davon geben? Sollte eine Fachzeitschrift der numerischen Mathematik überlegen, eine Rubrik mit Problemen im Stile dieses Wettbewerbs zu eröffnen?

Das ist eine sehr interessante Frage, denn Sie haben sicherlich recht, dass es früher einen anderen Stil gab, als Wissenschaften von einer kleinen Elite betrieben wurden und noch kein Berufsfeld waren. Ja, ich denke schon, dass uns auch heute mehr solche Herausforderungen zum Wettstreit gut täten. Aber Fachzeitschriften dürften wohl nicht das richtige Medium dafür sein, da sie so träge sind.

Können irgendwelche wichtige Lehren aus dem Wettbewerb gezogen werden?

„Huckleberry Finn" beginnt mit einigen Bemerkungen zu diesem Thema.[5]

Welche Auswirkung hat dieser Wettbewerb?

Mao Zedong oder Zhou Enlai sollen auf die Frage nach der Auswirkung der Französichen Revolution geantwortet haben: „Es ist zu früh, um es zu sagen!"

Welche Art von Aktivitäten entwickelten sich nach Ablauf des Wettbewerbs? Kennen Sie irgendwelche Webseiten, Publikationen oder Vorträge?

Ja, es gab mindestens ein Dutzend Vorträge und technische Berichte, da die Teilnehmer so mit diesen Problemen erfüllt waren und ihre guten Ideen

---

[5] Mark Twain beginnt sein Vorwort zu „Huckleberry Finn" mit den berühmten Worten: „Leute, die versuchen in dieser Erzählung eine Absicht zu entdecken, werden vor Gericht gestellt; Leute, die versuchen, in ihr eine Lehre zu entdecken, werden verbannt; Leute, die versuchen, in ihr eine Handlung zu entdecken, werden erschossen."

mitteilen wollten. Und natürlich ist dieses Buch das höchst ungewöhnliche Resultat des Wettbewerbs.

Wie reagierten Sie, als Sie hörten, dass ein Buch geplant ist?
Ich war verblüfft und hocherfreut.

Sie haben uns gesagt, dass dieser Wettbewerb uns eine Welt gezeigt hätte, die soweit von v. Neumann entfernt wäre wie von Gauß. Was lässt Sie soetwas feststellen?

Ich hatte mir vorgestellt, dass dieser Wettbewerb Lösungen mit 10 Ziffern zutage fördern würde, die eine Art Kulmination des Fortschritts in Algorithmen und Software der letzten 50 Jahre wären. Was aber tatsächlich geschah, scheint diese Entwicklung eher zu tranzendieren als zu kulminieren. Meines Erachtens zeigt uns der Wettbewerb und seine verblüffenden Nachwehen, der 10 000-ziffrige Mix aus schnellen Algorithmen, symbolischem Rechnen, Intervallarithmetik und globaler Zusammenarbeit, den dieses Buch entfaltet, dass wir eine Welt betreten haben, die auch für die Giganten der jüngsten Vergangenheit wie Turing, v. Neumann oder Wilkinson nicht wiederzuerkennen wäre. Es ist eine Welt, die kaum weniger von v. Neumann entfernt zu sein scheint, der über Computer und Düsenflugzeuge Bescheid wusste, als von Gauß, der zur Zeit Napoleons lebte.

Würden Sie es wieder tun?
Unbedingt.

Kommentare einiger Teilnehmer

Wir haben die siegreichen Teams um einige Kommentare gebeten, die wir hier zusammenfassen wollen. Die Vielfalt der Zugänge ist bemerkenswert. Einige Teilnehmer programmierten aus einer Art Sportsgeist heraus alles von Grund auf selbst. Die meisten Teams benutzten aber von einer gewissen Stelle an Softwarepakete. Aus den Antworten geht hervor, dass die Hauptmotivation für den teils großen Aufwand allein in der Genugtuung bestand, ein schwieriges Problem gelöst zu haben. Aber die Anerkennung war auch ganz nett, so dass alle Teilnehmer, wie wir, Nick Trefethen für seinen Wettbewerb und die Veröffentlichung des Ausfalls danken.

Ein weiterer allgemein vorgebrachter Punkt war, dass die Probleme, welche im Sinne einer analytischen Herausforderung wenig boten, nicht unbedingt bevorzugt wurden. Dennoch können uns alle Probleme etwas über das numerische Rechnen lehren und wir hoffen, diese Eigenheit mit unserem Buch nahezubringen.

Warum haben Sie teilgenommen?

- Ich dachte, es wäre ein guter Weg, um für die numerische Mathematik an unserem Fachbereich zu werben. *(Driscoll)*
- Ich hatte bereits an einer Menge Wettbewerbe teilgenommen und tue es gerne. *(Loisel)*
- Nachdem ich die Probleme überflogen hatte, kam ich nicht mehr davon los und verbrachte meine Freizeit damit, bis ich sie alle geknackt hatte. *(van de Wetering)*
- Wegen der generellen Eigenheit des Wettbewerbs und des Wunsches an einigen der Probleme einige neue Funktionalitäten der Entwicklungsversion von Mathematica auszutesten. *(Lichtblau)*
- Ich besuchte eine Veranstaltung zur Numerik von Differentialgleichungen, die von Dr. Rossi unterrichtet wurde (der dann das Irrfahrtsproblem gelöst hat). Wir studierten gerade das Thema „Quadratur", als der Wettbewerb bekannt wurde, und Dr. Rossi versprach die Note A für diejenigen Studenten, die das Quadraturproblem auf 10 Ziffern genau lösen könnten. Ich schaffte es nicht. Aber, ich begann mich für den Wettbewerb zu interessieren und besuchte fortan die wöchentlichen Treffen des Teams. *(Faulkner)*
- Meine Hauptmotivation bestand darin, dass ich schon immer am Lösen von Problemen interessiert war. In diesem Zusammenhang bedaure ich noch immer, dass die Rubrik „Probleme und Lösungen" von *SIAM Review* Ende 1997 eingestellt wurde, just zu dem Zeitpunkt als ich in den Vorruhestand ging. Diese Rubrik spielte eine wichtige Rolle als ein Forum, in welchem Wissenschaftler ein Publikum mit weitgefächertem Fachwissen auf ihre mathematischen Probleme aufmerksam machen konnten. Ich glaube, dass die Herausgeber der Zeitschrift die Rolle der Rubrik als ein solches Forum unterschätzten, als sie entschieden, sie fallen zu lassen. Die vier Mitglieder unseres Teams sind pensionierte Mathematiker von der Technischen Universität Eindhoven, an der wir uns ein großes Büro teilen, in dem wir uns regelmäßig treffen können. Nach etwa einem Monat hatten wir sechs der Probleme gelöst und waren am überlegen, unsere Lösungen einzusenden (eingedenk der Bemerkung von Trefethen, dass er beindruckt wäre, „sollte irgendjemand insgesamt 50 Ziffern herausfinden"). Glücklicherweise taten wir das nicht, sondern machten weiter, bis wir alle 10 Probleme gelöst hatten. *(Boersma)*

War der Wettbewerb die Mühe wert?

- Ja, wegen der vollen Punktzahl und da die Studenten des Teams nun über eine Promotion in numerischer Mathematik nachdenken. *(Driscoll)*
- Wegen der Genugtuung, die Probleme gelöst zu haben. *(van de Wetering)*
- Es hat Spaß gemacht und ich habe eine Menge dabei gelernt. *(Kern)*

- Wir waren in der Lage, Vorzüge der von Mathematica verwendeten Arithmetik unter Beweis zu stellen, und konnten zudem einiges vom Nutzen der dünnbesetzten linearen Algebra zeigen, die sich damals in Mathematica im Entwicklungsstadium befand. *(Lichtblau)*
- Der Wettbewerb hat meinen Blick auf die rechnergestützte Mathematik völlig verändert. Zu der Zeit hatte ich bereits eine Vorlesung zur numerischen linearen Algebra gehört und besuchte eine Veranstaltung zur Numerik von Differentialgleichungen. Ich begriff, dass selbst wenn man weiß, wie eine QR-Zerlegung berechnet wird, das noch lange nicht bedeutet, dass man irgendetwas über numerische lineare Algebra wüsste. *(Faulkner)*
- Ja, ganz bestimmt. Es hat viel Spaß bereitet. Die Probleme des Wettbewerbs bildeten eine gute Mischung, die sowohl mit analytischen wie mit numerischen Methoden gelöst werden wollte. Ich jedenfalls bevorzugte die analytisch orientierten Probleme 1, 5, 6, 8, 9 und 10. Außerdem hat die Verwendung eines Pakets zur Computeralgebra (in unserem Fall Mathematica) wesentlich zum erfolgreichen Abschneiden beigetragen. *(Boersma)*

Welche Einsicht hat Sie am meisten zufrieden gestellt?

- Ich fand Vergnügen daran, mit nichtnumerischen (also analytischen) Methoden voranzukommen. Es hat großen Spaß gemacht, nützliche Tricks wie Konvergenzbeschleunigung und Fehlerschätzungen ausfindig zu machen. Außerdem hat es etwas sehr befriedigendes, mit unabhängigen Methoden einander entsprechende Ziffern herauszubekommen. *(van de Wetering)*
- Das ganze Teil. Der Weg von „Wie kann ich es anpacken?", als ich einen ersten Blick auf die Probleme geworfen hatte, bis zu „Ja, es geht!" am Ende. *(Kern)*
- Ein Trick mit partieller Integration beschleunigte die Konvergenz für Problem 1. Es hat sich nicht als die eleganteste Lösung herausgestellt, aber es hat uns den Weg geebnet. *(Driscoll)*
- Ich mochte das Problem mit der Norm der unendlichen Matrix. Ich hatte eine Routine geschrieben, die Ax für jeden Vektor x ausrechnen konnte, ohne die Matrix aufzustellen. Das gestattete mir, eine $50\,000 \times 50\,000$-Matrix in der Vektoriteration mit Shift zu verwenden, was nur wenige Sekunden Laufzeit benötigte. Ich benutzte auch eine Art hierarchischer Technik, indem ich den Eigenvektor des $25\,000 \times 25\,000$ Falls als Startvektor des $50\,000 \times 50\,000$ Falls verwendete und auf diese Weise nur wenige Iterationen benötigte. *(Loisel)*
- Dass ich eine hübsche Lösung für Problem 3 gefunden hatte, die nicht auf rohe Gewalt und Extrapolation angewiesen war. Kurzum, ein wenig Nachdenken hat sich bei diesem Problem ausgezahlt. *(Strebel)*

- Ich fand es klasse zu beobachten, wie sich meine Professoren mit diesen Problemen genauso herumschlugen, wie wir Studenten im Grundstudium es mit den Problemen tun, die sie uns stellen. *(Faulkner)*
- Ich habe das meiste an den Lösungen der Probleme 6, 10 und 5 gelernt. Zuerst war ich von den Problemen 6 und 10 etwas abgeschreckt, da meine Kenntnisse in Wahrscheinlichkeitstheorie recht oberflächlich sind. Ich fühlte mich erst wieder wohl, nachdem ich die richtigen analytischen Ausdrücke zur weiteren Handhabung gefunden hatte. Steutel und mir gelang es, Problem 6 auf allgemeine asymmetrische zweidimensionale Irrfahrten zu verallgemeinern. Wir dachten sogar daran, eine Arbeit über dieses verallgemeinerte Problem zu schreiben. Wie auch immer, im Januar 2003 machte uns Folkmar Bornemann darauf aufmerksam, dass das verallgemeinerte Problem bereits in Veröffentlichungen von Henze [Hen61] und Barnett [Bar63] abgehandelt worden war, was unserer Arbeit ein jähes Ende bereitete! All das ist nun in höchst zufriedenstellender Weise in das Kapitel 6 des vorliegenden Buchs eingeflossen. *(Boersma)*

Welches Problem war für Sie am schwierigsten?

- Problem 5. Im Grunde genommen habe ich es mit roher Gewalt gelöst und habe wegen der letzten beiden Ziffern gezittert. *(Driscoll)*
- Problem 5 war die einzige Aufgabe, für die ich Nachforschungen anstellen musste, da ich diese Art Problem nie zuvor angepackt hatte. Es war das letzte Problem, das ich in Angriff nahm. Aber mit dem Gefühl, bereits 9 von 10 Problemen gelöst zu haben, war ich hinreichend motiviert, mir auch dieses vorzuknöpfen. *(Robinson)*
- Probleme 3 und 5, letzteres aber nur weil es uns nicht gelang, den „richtigen" Zugang zu finden. *(Lichtblau)*
- Problem 5 war mit Abstand das schwierigste; Jos Janson und ich brauchten über einen Monat, um es zu knacken. Unsere Rechnungen lieferten fallende Maxima von $|f(z) - p(z)|$, was zeigte, dass wir immer noch nicht das beste Polynom gefunden hatten. Schließlich stießen wir in der Literatur auf ein hinreichendes und notwendiges Kriterium, dass $p(z)$ das Polynom der Bestapproximation von $f(z)$ auf $|z| = 1$ ist. Dieses Kriterium konnte als ein Algorithmus implementiert werden, der das beste Polynom $p^*(z)$ und sein zugehöriges Maximum$|f(z) - p^*(z)|$ extrem schnell lieferte. *(Boersma)*

Waren irgendwelche Probleme besonders leicht für Sie?

- Problem 10. Ich kenne mich recht gut mit konformen Abbildungen aus und wusste sofort, dass es auf einen Dreizeiler in Maple hinausläuft. *(Driscoll)*

Hatten Sie ein Lieblingsproblem? Oder eines, welches Sie gar nicht mochten?

– Ich würde sagen, ich mochte Problem 1. Es ist wirklich nicht offensichtlich, dass der Grenzwert überhaupt existiert. *(Kern)*
– Auf eine seltsame Weise bevorzuge ich Problem 10, das im Kern gar kein numerisches Problem ist. Es ist natürlich ein Problem aus der Physik. Es erinnerte mich auch an die Anfänge der Fourieranalysis. Es ist spaßig, dass das Resultat eine sehr schnell konvergente Reihe ist (man braucht für die Lösung nur das erste Reihenglied). *(van de Wetering)*
– Probleme 4 und 9 haben mich wenig gereizt. *(Robinson)*
– Ich mochte Problem 6. Es führt recht schnell zu sehr interessanter Numerik und zu einigen schwierigen theoretischen Fragen. Außerdem gibt es effektive Methoden zu seiner Lösung aus der ganzen Bandbreite von recht elementar bis sehr tiefliegend – nur die direkte Summation ist wohl der einzige garantierte Fehlschlag. *(Driscoll)*
– Problem 2 mochte ich am wenigsten, da es keine raffinierte Methode gibt, um es zu lösen. *(Strebel)*

Waren Sie sich Ihrer Ziffern sicher?

– Für die meisten Probleme hatte ich mehr als eine Methode. Aber man kann sich nie 100% sicher sein. Es gibt immer die Möglichkeit, dass eine Ziffer versehentlich unter den Tisch fällt oder man ein Problem missversteht. *(van de Wetering)*
– Ich hatte entweder zwei Methoden, um das Problem zu lösen, oder eine unabhängige Kontrolle des Ergebnisses, so dass ich meiner Sache einigermaßen sicher war. *(Strebel)*
– Problem 10 hat mich frustriert. Ich ahnte, dass es einen geschickten Lösungsweg geben müsste, gelangte aber nur zu einer langsam konvergenten doppelten unendlichen Reihe. Schließlich blieb ich bei einer auf rohe Gewalt angewiesenen Methode stecken. Es hätte mich also nicht im geringsten gewundert, bei diesem Problem falsch zu liegen. *(Robinson)*

Haben Sie irgendwelche Bemerkungen zu den Ziffern, die Ihnen durch die Lappen gingen?

– Ich verfehlte die letzte Ziffer in Problem 2. Ich muss zugeben, dass ich eine Weile brauchte, um zu begreifen, dass das Problem richtig schwierig ist. Ich begann mit einem Programmteil zur Geometriemodellierung aus einem Gittergenerator, den ein Kollege geschrieben hatte. Aber da dieser nur einfache Genauigkeit nutzte, wusste ich, dass ich auf Maple zurückgreifen müsste. Ich programmierte alles in Maple und studierte die Abhängigkeit der Resultate vom Parameter `Digits`. So fand ich heraus, dass ich eine Menge Stellen benötigte und verwendete `Digits := 40`. Nur dass ich aus irgeneinem Grunde für die Rechnung, die ich in meinen Bericht kopierte, Digits := 20 verwendete. Und da war es geschehen, die letzte Ziffer war falsch. *(Kern)*

Etliche Teams bestanden zum Teil oder im Ganzen aus Nichtmathematikern. Wenn Sie nicht in erster Linie Berufsmathematiker sind, glauben Sie, dass diese Art Übung für die weitere Welt der angewandten Mathematik oder des wissenschaftlichen Rechnens von Wert ist?

— Ich denke, dass es eine wertvolle Übung für alle angewandten Wissenschaften ist. Es macht deutlich, dass Konvergenz nicht immer einfach daherkommt und dass, wenn eine Blackbox ein Ergebnis ausspuckt, man sich wirklich die Details ansehen muss, um einen Anhaltspunkt zu gewinnen, ob das Ergebnis gut, schlecht oder völlig falsch ist (das gilt insbesondere in meinem Arbeitsbereich der Finanzwirtschaft). Zudem glaube ich, dass es wirklich lohnt zu begreifen, dass lösbare Probleme oft eine große Vielzahl von Methoden zulassen. *(van de Wetering)*

Hatten Sie irgendwelche ungewöhnlichen Quellen aufgetrieben?

— Einzig für Problem 5 hatte ich ernsthaft die Literatur durchforstet. In diesem Fall stellte sich das Wissen um Nick Trefethens Werk auf diesem Gebiet als irreführend heraus: Die Methoden seiner Arbeiten können nicht wirklich etwas liefern, was auch nur annähernd auf 10 Ziffern genau wäre. Ich verschwendete einige Stunden auf diesem Holzweg. *(Driscoll)*

Noch irgendwelche weiteren Kommentare?

— Es war ein Vergnügen, die Gelegenheit zu erhalten, in meiner Freizeit an diesen Wettbewerbsproblemen zu arbeiten. Der Reiz dieser Probleme besteht darin, dass sie eine Menge Stoff abdecken, größtenteils nichttrivial sind, aber von der Hand des Experten so ausgearbeitet wurden, dass sie wenig Zusatzaufwand verlangen: Kein hochspezialisiertes Wissen, Software oder Hardware ist nötig, um sie in der gestellten Form zu knacken. *(van de Wetering)*
— Wir hatten einen eingefleischten Nutzer von Matlab (mich) und einen von Maple (DeVore). Unsere Zugänge waren fast ausnahmslos völlig verschieden. Obwohl letztlich bis auf Problem 2 alle Probleme mit Hilfe von Standard-Matlab absolut machbar waren, hat mir Maple einigen zusätzlichen Respekt abgenötigt. Speziell im Hinblick auf die Probleme 1 und 9 möchte ich sagen, dass numerische Integrale Maple zwar nur teuflisch schwer abzuschwatzen sind, aber die abgepackten Angebote von Matlab auf diesem Gebiet nicht einmal der Rede wert sind. *(Driscoll)*
— Im Großen und Ganzen habe ich die Erfahrung sehr genossen und spüre, dass ich eine Menge für das Team beigetragen habe. Der Fachbereich Mathematik der University of Delaware ist ein großartiger Platz

Tabelle 1. *Anzahl der Teams mit k korrekten Ziffern für Problem j.*

korrekte Ziffern:	0	1	2	3	4	5	6	7	8	9	10	Mittelwert
Problem 1 (87 Teams)	5	2	1	4	4	–	3	2	–	11	55	8.2
Problem 2 (80 Teams)	2	–	3	–	4	3	6	2	1	1	58	8.6
Problem 3 (78 Teams)	1	1	6	1	–	–	1	–	2	15	51	8.8
Problem 4 (84 Teams)	–	3	–	–	–	–	–	–	1	–	80	9.7
Problem 5 (69 Teams)	5	7	5	6	5	1	1	1	1	15	22	6.3
Problem 6 (76 Teams)	11	2	3	–	1	3	1	–	3	1	51	7.6
Problem 7 (78 Teams)	–	1	4	1	5	–	–	–	1	14	52	8.8
Problem 8 (69 Teams)	6	–	3	1	7	1	1	2	–	–	48	7.9
Problem 9 (80 Teams)	3	2	3	1	2	1	1	4	6	4	53	8.4
Problem 10 (62 Teams)	–	2	1	1	3	1	2	1	–	–	51	8.9

für Studienanfänger, weiß ich doch, dass nicht alle Universitäten ihren Studenten ermöglichen, auf diese Weise eingebunden zu werden. Ich bin zwar kein glatter Einserkandidat, aber ich konnte einige dieser Probleme bewältigen. Wenn ich also einen Rat erteilen möchte, dann den, dass Professoren ihre Studenten einbinden sollten, damit sie die Herausforderungen der Mathematik kennenlernen. Man weiß nie, von wo die bedeutenden Ideen kommen werden. *(Faulkner)*

Zur relativen Schwierigkeit der Probleme

Ein Weg zur Bewertung der relativen Schwierigkeit liegt in einem Blick auf die Statistik, wie die Teams bei den einzelnen Problemen abschnitten. So macht Tabelle 1 deutlich, dass Problem 4 offensichtlich das einfachste und Problem 5 das schwierigste gewesen war. Betrachten wir die Anzahl der Teams, welche die volle Punktzahl von 10 für ein Problem um genau einen Punkt verfehlten, so sehen wir, dass die Probleme 1, 3 und 7 recht schwierig waren. Der Mittelwert der erreichten Punktzahl wiederum zeigt die Widerspenstigkeit der Probleme 6 und 8. Und an Problem 10 hat sich die kleinste Anzahl von Teams überhaupt versucht, vermutlich wegen der technischen Schwierigkeit, sich mit Brown'scher Bewegung zu befassen. Wie auch immer, die allgemeine Streuung der Resultate über die ganze Tabelle liefert einen weiteren Hinweis darauf, dass der Wettbewerb geschickt konzipiert gewesen war.

Ein verwickelter Schwanz

Dirk Laurie

*Die kürzeste und beste Verbindung zweier Wahr-
heiten im Reellen verläuft oft durch das Komplexe.*

Jacques Hadamard (1945)

„Mein Schwatz ist lang und traurig", sagte die
Maus und wandte sich seufzend an Alice.
„Das ist fürwahr ein langer Schwanz", bestätigte
Alice und sah verwundert zum Schwanz der Maus
hinunter, *„aber warum nennst du ihn traurig?"*

Lewis Carroll (1865)

Problem 1

Welchen Wert hat $\displaystyle\lim_{\epsilon\to 0}\int_\epsilon^1 x^{-1}\cos(x^{-1}\log x)\,dx$?

1.1 Auf den ersten Blick

Dieses Problem scheint wirklich alle möglichen Gemeinheiten für uns be-
reit zu halten. Der Graph des Integranden sieht beängstigend aus, man
werfe nur einen Blick auf Abb. 1.1 (das Stück nahe 0 haben wir unterschla-
gen, damit der Graph noch auf die Seite passt). Es ist kaum vorstellbar,
dass der erforderliche Grenzwert existiert. Dennoch verlassen wir uns zunächst darauf, dass Professor Trefethen nichts Unmögliches verlangte. Im
Laufe des Kapitels werden wir die Existenz dann tatsächlich auch beweisen
können (siehe S. 34).

Fassen wir den Grenzwert als das Integral

$$S = \int_0^1 x^{-1}\cos(x^{-1}\log x)\,dx \tag{1.1}$$

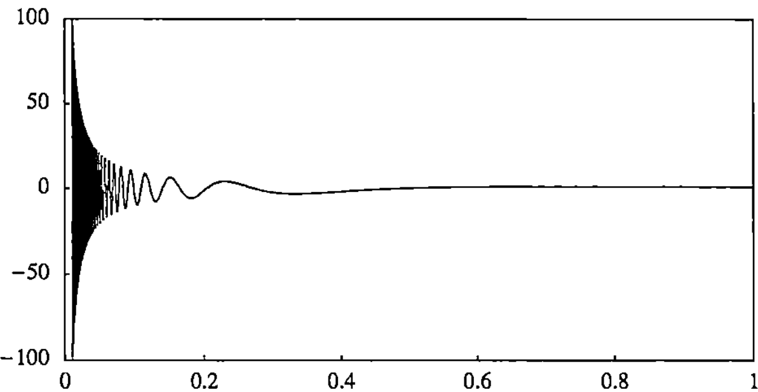

Abb. 1.1. *Ein Integrand mit einem verwickelten Schwanz.*

auf, so liegen zwei Eigenheiten vor, die jede für sich genommen die numerische Integration bereits schwierig macht:

- Der Integrand ist in der Nähe der linken Grenze unbeschränkt.
- Der Integrand oszilliert unendlich oft im Integrationsintervall.

Für den Rest dieses Kapitels fassen wir Integrale wie (1.1) als uneigentliche Riemann-Integrale auf, da das entsprechende Lebesgue-Integral in Ermangelung absoluter Integrierbarkeit nicht existiert.

1.2 Allgemeine oszillatorische Integrale

Wir beginnen mit der Betrachtung allgemeiner Integrale $\int_a^b g(x)\,dx$, deren Integrand g unendliche viele Extremstellen im Intervall (a, b) hat. Solche Integrale verweigern sich den üblichen Quadraturformeln (Gauß-Quadratur usw.), die ein polynomartiges Verhalten von g voraussetzen, und stürzen selbst jene automatischen Integratoren in Schwierigkeiten, die das Integrationsintervall adaptiv zerlegen.

Zur Vereinfachung wollen wir annehmen, dass a der einzige Häufungspunkt der Extremstellen von g ist. Die Grundstrategie für solche unendlich oszillatorischen Integrale (die auf Longman [Lon56] zurückgeht; siehe auch [Eva93, Kap. 4]) wird zwar üblicherweise für unendliche Integrationsbereiche formuliert (siehe [PdDKÜK83, S. 80]), aber endliche Intervalle können genauso behandelt werden:

1. Wähle eine Folge $a_k \to a$ mit $b = a_0 > a_1 > a_2 > a_3 > \cdots$. Diese Folge zerlegt $(a, b]$ in die Teilintervalle $(a_k, a_{k-1}]$, $k = 1, 2, 3, \ldots$.
2. Integriere g über jedes der Teilintervalle. Dem liegt die Idee zugrunde, dass für eine hinreichend feine Unterteilung der Integrand g sich auf den einzelnen Teilintervallen nicht länger unerfreulich verhält und dort dann jedes vernünftige numerische Verfahren funktionieren wird. Setze

$$s_k = \int_{a_k}^{a_{k-1}} g(x)\,dx.$$

3. Summiere die unendliche Reihe $\sum_{k=1}^{\infty} s_k$. Das Resultat ist der gesuchte Wert des Integrals.

Man beachte, dass eine Singularität in a (wie sie in unserem Fall vorliegt) das Problem nicht schwieriger macht: Die Unterteilung häuft sich in a, was stets ein guter Weg zur Beherrschung einer Singularität ist. (Eine Singularität in b hätte dem Problem hingegen eine weitere Schwierigkeit hinzugefügt.)

Damit diese Strategie funktioniert, müssen die Reihenglieder s_k entweder sehr schnell gegen Null konvergieren (was selten genug passiert) oder sich hinreichend harmlos verhalten, so dass ein Algorithmus zur Extrapolation der Folge der Teilsummen anwendbar ist. Sinnvolle Möglichkeiten zur Wahl der Unterteilungspunkte a_k sind:

- Die Nullstellen von g. Das war die urpsrüngliche Wahl von Longman.
- Die Extremstellen von g.
- Ist $g(x) = f(x)w(x)$ mit einem monotonen w, so ist es gewöhnlich einfacher, und auch effektiver, die Extremstellen von f statt derjenigen von g zu verwenden.

Im Fall einer Funktion über dem Intervall $[a, \infty)$, für welche der Abstand aufeinanderfolgender Nullstellen sich einem konstanten Wert h nähert, hat Lyness [Lyn85] dargelegt, dass es auf das Finden der Nullstellen nicht ankommt: Wählt man die Unterteilungspunkte äquidistant im Abstand h, so funktioniert die Methode immer noch. Lyness erwähnt zwar nicht wirklich die Verwendung der Extremstellen anstatt der Nullstellen, kommt dem aber nahe, wenn er die Mitte zwischen aufeinanderfolgenden Nullstellen des Integranden als Unterteilungspunkte vorschlägt.

Wir sollten noch etwas dazu sagen, wie heikel die Verwendung der Nullstellen von g als Unterteilungspunkte ist. Die Schwierigkeit entsteht, weil (anders als bei der Menge der Extremstellen) die Menge der Nullstellen nicht invariant gegen die Verschiebung des Graphen von g nach oben oder unten ist. Nur eine einzige Position führt zu Nullstellen in regelmäßigen Abständen; alle anderen führen auf ein humpelndes Muster von abwechselnd zu kurzen und zu langen Schritten. Also sollten wir eigentlich nicht die Nullstellen von g verwenden, sondern die Lösungen der Gleichung $g(a_k) = c$ für das korrekte c. In vielen Fällen ist die Wahl von c offensichtlich: Wenn der Wert von g an den Extremstellen grundsätzlich ± 1 ist, dann ist $c = 0$ offenbar sinnvoll; ist jedoch $\lim_{x \to a} g(x) = g_0$, dann ist die Wahl $c = g_0$ der einzige Weg, um überhaupt zu einer unendlichen Folge s_k zu gelangen.

Im allgemeinen ist die Verwendung der Extremstellen die bessere Wahl. Sie ist robuster und die Reihenglieder sind kleiner. Es ist zwar richtig, dass

wir anders als bei der Verwendung der Nullstellen nicht garantieren können, dass die Reihe alternierend ist, aber nichtsdestoweniger ist sie es in
der Praxis gewöhnlich doch.

1.3 Dieses spezielle oszillatorische Integral

Kommen wir auf den vorliegenden Fall zurück, so können wir offensichtlich schlicht die Nullstellen von g verwenden. Mithin erfüllen die Unterteilungspunkte

$$a_k^{-1} \log a_k = - \left(k - \tfrac{1}{2}\right) \pi, \quad k = 1, 2, 3, \ldots.$$

Im Fall der Extremstellen ersetzen wir $k - 1/2$ durch k. Zur Lösung dieser
nichtlinearen Gleichung werden wir in §1.5 mehr zu sagen haben.

Für $k = 1, 2, 3, \ldots, 17$ berechnen wir die Nullstellen des Integranden
und ermitteln

$$s_k = \int_{a_k}^{a_{k-1}} x^{-1} \cos(x^{-1} \log x) \, dx.$$

Danach wiederholen wir das Ganze mit den Extremstellen des Cosinus-
Faktors statt der Nullstellen.

Der Integrand ist über jedem einzelnen Teilintervall äußerst harmlos
und so gut wie jedes numerische Verfahren wird daher funktionieren: Wir
wählen die Romberg-Integration (siehe Anhang A, S. 299), die fester Bestandteil fast jedes einführenden Numeriklehrbuchs seit Henricis Klassiker [Hen64] von 1964 ist. Romberg-Integration liefert die ersten 17 Glieder der beiden Reihen mit insgesamt 2961 bzw. 3601 Funktionsauswertungen. Die Resultate (berechnet auf einer Maschine mit doppeltgenauer IEEE-
Arithmetik, also mit etwas weniger als 16 signifikanten Ziffern) finden sich
im linken Teil der Tabelle 1.1.

Beide Reihen konvergieren sehr langsam: Die Glieder der ersten verhalten sich wie $O(k^{-1})$, die der zweiten wie $O(k^{-2})$. Jedoch sind beide Reihen
alternierend, was theoretisch bedeutsam ist, da man darauf einen Konver-
genzbeweis aufbauen kann, siehe §1.8. Es ist aber auch praktisch bedeutsam, da so gut wie jeder brauchbare Extrapolationsalgorithmus funktionieren wird. So liefert eine schlichte Iteration der Δ^2-Methode von Aitken
(siehe Anhang A, S. 309) die im rechten Teil der Tabelle 1.1 aufgelisteten
Glieder der beschleunigten Reihen.

In beiden Fällen scheinen die Reihenglieder rasant gegen Null zu streben und ihre Summen, 0.3233674316777786 bzw. 0.3233674316777784, werden vermutlich ein ganzes Stück genauer sein als die verlangten 10 Ziffern.
Wir misstrauen der letzten Ziffer und erhalten

$$S \doteq 0.32336\,74316\,77778,$$

ein in allen 15 gezeigten Ziffern korrektes Resultat.

Tabelle 1.1. *Die ersten 17 Reihenglieder, die durch Integration zwischen den Nullstellen bzw. Extremstellen entstehen. Außerdem sind jene Glieder aufgeführt, die sich aus der Beschleunigung der Reihen mittels Iteration der Δ^2-Methode von Aitken ergeben.*

s_k zw. Nullstellen	s_k zw. Extremstellen	Beschl. (zw. Nullst.)	Beschl. (zw. Extremst.)
0.5494499236517820	0.3550838448097824	0.5494499236517820	0.3550838448097824
−0.3400724368128824	−0.0431531965722963	−0.2100596710635879	−0.0384770911855535
0.1905558793876738	0.0172798308777912	−0.0078881065973032	0.0076628418755175
−0.1343938122973787	−0.0093857627537754	0.0328626109424927	−0.0009933325213392
0.1043876588340859	0.0059212509664411	−0.0408139994356358	0.0001062999924531
−0.0855855139972820	−0.0040870847239680	−0.0002275288448133	−0.0000160316464409
0.0726523873218591	0.0029962119905360	0.0000467825881499	0.0000010666342681
−0.0631902437669350	−0.0022935621330502	−0.0000029629978848	−0.0000001739751838
0.0559562976074883	0.0018138408858293	0.0000004098092536	0.0000000090009066
−0.0502402983462061	−0.0014714332449361	−0.0000000298386656	−0.0000000013911841
0.0456061367869889	0.0012183087499507	0.0000000036996310	0.0000000000923884
−0.0417708676657172	−0.0010257939520507	−0.0000000002614832	−0.0000000000089596
0.0385427179214103	0.0008758961712063	0.0000000000282100	0.0000000000011693
−0.0357870041817758	−0.0007568532956294	−0.0000000000024653	−0.0000000000000529
0.0334063038418840	0.0006607085396203	0.0000000000001224	0.0000000000000079
−0.0313283690781963	−0.0005819206203306	−0.0000000000000221	−0.0000000000000007
0.0294984671675406	0.0005165328013114	−0.0000000000000018	−0.0000000000000000

1.4 Komplexe Integration

Die Kenntnis der analytischen Fortsetzung einer reellen Funktion, von der reellen Achse weg in die komplexe Ebene hinein, ist von unschätzbarem Wert. Sie liefert numerische Methoden von großer Kraft und Vielseitigkeit.

Unter Verwendung der Euler'schen Formel $e^{ix} = \cos x + i \sin x$ erhalten wir

$$S = \int_0^1 \mathrm{Re}\left(\frac{e^{(i \log x)/x}}{x} \right) dx = \int_0^1 \mathrm{Re}\left(e^{((i/x)-1)\log x} \right) dx$$

$$= \int_0^1 \mathrm{Re}\left(x^{i/x-1} \right) dx.$$

Nach dem Cauchy'schen Integralsatz hängt das Kurvenintegral zwischen zwei Punkten der komplexen Ebene nicht vom Integrationsweg ab, solange jedenfalls der Weg und seine betrachtete Alternative beide in einem einfach zusammenhängenden Gebiet liegen, in welchem die Funktion analytisch ist. Somit dürfen wir oben die reelle Variable x durch eine komplexe Variable z ersetzen, wenn wir sorgfältig einen geeigneten Integrationsweg wählen.

Wie man der perspektivischen Ansicht in Abb. 1.2 entnimmt, ist in unserem Fall der Integrand äußerst harmlos, sobald wir uns von der reellen

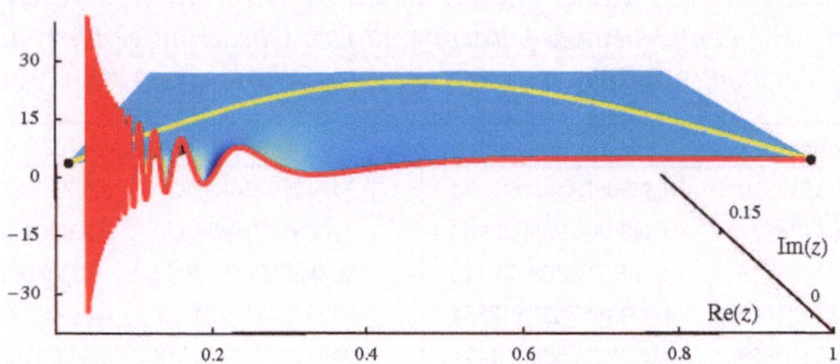

Abb. 1.2. *Der Integrand des Problems 1 in der komplexen Ebene. Die rote Linie zeigt die ursprüngliche Formulierung, in welcher der Integrationsweg entlang der reellen Achse verläuft. Die gelbe Linie zeigt den Weg, welchen wir für die Integrationsmethode im Komplexen verwenden.*

Achse weg in den positiven Quadranten begeben. Ein brauchbarer Integrationsweg wendet der reellen Achse sofort den Rücken zu, um dann später im Punkt $(1,0)$ zu ihr zurückzukehren.

Wenn wir den Weg durch $z = z(t)$, $t \in [a,b]$, mit $z(a) = 0$ und $z(b) = 1$ parametrisieren, erhalten wir

$$S = \operatorname{Re} \int_a^b z(t)^{i/z(t)-1} z'(t)\, dt. \tag{1.2}$$

Auch dieses Integral ist ein uneigentliches Riemann-Integral entlang von $z(t) = t$, was dem Integrationsweg der ursprünglichen Problemformulierung entspricht, aber es wird, sofern wir den Integranden in $t = 0$ stetig fortsetzen, zu einem eigentlichen Integral entlang eines Wegs in der Art von Abb. 1.2.

Wir betrachten beispielsweise die einfache Parabel

$$z(t) = t + it(1-t), \quad z'(t) = 1 + i - 2it, \quad t \in [0,1]. \tag{1.3}$$

Abbildung 1.3 zeigt eine Darstellung des Realteils des Integranden in (1.2). Die Oszillationen kann man zwar noch unterm Mikroskop sehen, aber die Amplitude verschwindet zusehends mit $t \to 0$. Diese Funktion eignet sich unmittelbar zur Integration durch vorgefertigte Software.

Eine Sitzung mit Octave

```
>> function y=func(t);
>> z=t+i*t.*(1-t); y=real(z.^(i./z-1).*(1+i*(1-2*t)));
>> endfunction
>> quad('func',0,1)

ans = 0.323367431677773
```

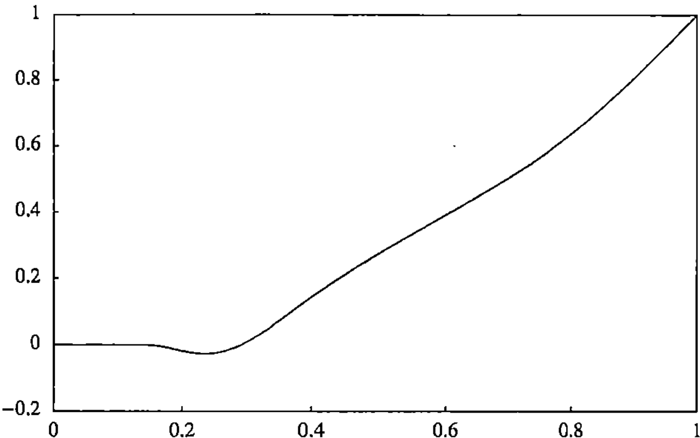

Abb. 1.3. *Integrand entlang des Wegs $z(t) = t + it(1 - t)$.*

Es ist ermutigend, dass die ersten 14 Ziffern mit dem früher berechneten Ergebnis übereinstimmen. Wir wollen es jetzt mit mehr Ziffern versuchen. Dazu verwenden wir die Langzahlarithmetik von PARI/GP. Hier müssen wir den Fall $t = 0$ extra behandeln, da PARI/GP anders als Octave eine geschlossene Quadraturformel benutzt (d.h. eine, die den Integranden in den Endpunkten des Integrationsintervals auswertet).

Eine Sitzung mit PARI/GP

```
? func(t) = if(t==0,return(0),\
  z = t+I*t*(1-t); real(z^(I/z-1)*(1+I*(1-2*t))))
? intnum(t=0,1,func(t))


0.3233674316777787613993700868
```

Tatsächlich können wir durch eine Rechnung in noch längerer Arithmetik bestätigen, dass $S \doteq 0.32336\,74316\,77778\,76139\,937008$.

1.5 Lambert'sche W-Funktion

Um die Zerlegung von $(0, 1]$ für die Unterteilungsmethode von §1.2 zu finden, müssen wir für die Punkte a_k mehrere Gleichungen der Form

$$a_k^{-1} \log a_k = -b_k$$

lösen. Das ist zwar keine besonders schwierige Aufgabe, da die linke Seite monoton ist und man immer Bisektion verwenden kann, aber es stellt sich heraus, dass sich die Lösung mit Hilfe einer speziellen Funktion, die es verdiente besser bekannt zu sein, in geschlossener Form schreiben lässt. Es sei $z = b_k$ und $w = -\log a_k$, dann gilt

$$we^w = z. \tag{1.4}$$

Für $z \in [0, \infty)$ hat diese Gleichung eine eindeutige reelle Lösung $w = W(z)$.

Die Funktion $-W(-z)$ war bereits Euler bekannt, der sie als konfluenten Fall einer Funktion zweier Variablen erhielt, die zuvor von Lambert untersucht worden war. Obwohl sich die Geschichte der Funktion W bis zum Jahr 1758 zurückverfolgen lässt, taucht sie im berühmten *Handbook of Mathematical Functions* [AS84] nicht auf. Der Name *Lambert'sche W-Funktion*, unter dem sie neuerdings bekannt ist, wurde ihr in den frühen 1990er Jahren von den Entwicklern von Maple gegeben.[1] Einen reizvollen Überblick über Geschichte, Eigenschaften und Anwendungen der Lambert'schen W-Funktion liefert der Aufsatz von Corless et al. [CGH$^+$96], welcher auch unsere Quelle für die im folgenden aufgeführten Fakten ist.[2]

Euler kannte die Maclaurin'sche Entwicklung von W :

$$W(z) = z - \frac{2^1}{2!}z^2 + \frac{3^2}{3!}z^3 - \frac{4^3}{4!}z^4 + \cdots. \tag{1.5}$$

Für $z_0 \neq 0$ lässt sich die Taylorentwicklung von $W(z)$ in Potenzen von $z - z_0$ leicht finden, da die Ableitungen von W durch

$$\frac{d^n}{dz^n}W(z) = \frac{p_n(W(z))}{e^{nW(z)}(1 + W(z))^{2n-1}}, \qquad n = 1, 2, 3, \ldots, \tag{1.6}$$

gegeben sind, wobei die Polynome p_n die Beziehungen $p_1(w) = 1$ und

$$p_{n+1}(w) = (1 - 3n - nw)p_n(w) + (1 + w)p_n'(w), \qquad n = 1, 2, 3, \ldots$$

erfüllen. Es sei angemerkt, dass p_n ein Polynom vom Grad $n - 1$ ist. Man sollte der Versuchung widerstehen, den Ausdruck (1.6) durch Substitution von $e^{W(z)} = z/W(z)$ zu „vereinfachen", da die Formel dann völlig unnötig eine hebbare Singularität bekäme.

Einige Programmierumgebungen stellen Implementierungen der Lambert'schen W-Funktion zur Verfügung. Andererseits ist es aber einfach, ein eigenes Unterprogramm zu schreiben. In [CGH$^+$96] findet sich der Vorschlag, die nichtlineare Gleichung (1.4) iterativ zu lösen, aber eine Kombination von Iteration mit der Taylorentwicklung

$$W(z) = W(z_k) + \frac{1}{1!}(z - z_k)W'(z_k) + \frac{1}{2!}(z - z_k)^2W''(z_k) + \cdots$$

---

[1] Die Entwickler von Mathematica entschieden sich für den Namen `ProductLog`.

[2] Exzellenter Ausgangspunkt für Informationen zur Lambert'schen W-Funktion ist ebenso `http://www.apmaths.uwo.ca/~rcorless/frames/PAPERS/LambertW/`.

ist sogar noch einfacher. Für eine gegebene Approximation w_k berechnen wir $z_k = w_k e^{w_k}$, so dass also $w_k = W(z_k)$. Danach addieren wir solange weitere Glieder der Taylorentwicklung, bis keine Verbesserung mehr erzielt wird oder ein zusätzliches Glied nicht länger der Mühe wert wäre. An welcher Stelle genau der Abbruch erfolgen sollte, wird von den Details der Implementierung abhängen, insbesondere davon, um wieviel teurer die Berechnung von e^z im Vergleich zu Multiplikation und Division ist.

Man beachte, dass der Faktor $e^{W(z_k)}$ in (1.6) bereits während der Berechnung von z_k ermittelt wurde. Wenn wir den Nenner $q_n(W(z)) = e^{W(z)n}(1 + W(z))^{2n-1}$ abspeichern, so können wir jede weitere Ableitung in $n + 1$ Multiplikationen und einer Division berechnen. Natürlich sollten wir die Koeffizienten der Polynome p_n vorab bis zum höchsten benötigten Grad aufgestellt haben.

Wie in [CGH$^+$96] bemerkt wird, braucht nur die letzte Iteration in der vollen verlangten Genauigkeit ausgeführt zu werden. In unserer PARI/GP-Implementierung der Auswertung von W auf d Ziffern verwenden wir acht Glieder der Taylorentwicklung mit einem Anfangswert, der auf $d/7.5$ Ziffern genau ist und aus einem rekursiven Aufruf des Programms stammt. Auf der untersten Ebene verwenden wir den Startwert $w_0 = \log(1 + z)$. Dies ist völlig sachgerecht für die Auswertung von W als reellwertiger Funktion von $z \geqslant 0$. Bei sehr hohen Genauigkeiten benötigt unsere Routine weniger Zeit als zwei Auswertungen von e^z. Für die Feinheiten der Auswertung von W als mehrblättriger komplexer Funktion verweisen wir auf [CGH$^+$96].

1.6 Transformation auf eine Halbachse

Als Faustregel kann man sich merken, dass die Integration beschränkter Funktionen über unendlichen Intervallen einfacher ist als die Integration unbeschränkter Funktionen über endlichen Intervallen. Die einfachste Transformation in dieser Hinsicht ist $u = 1/x$ und führt auf ein Integral, das mit der Kurvenintegralmethode gelöst werden kann. Eine weitere naheliegende Transformation ist $t = -\log x$, welche das folgende Integral liefert:

$$S = \int_0^\infty \cos(te^t)\, dt. \tag{1.7}$$

Auf den ersten Blick scheint die Transformation nichts gebracht zu haben, da eine Integration zwischen den Nullstellen oder den Extremstellen genau die gleichen unendlichen Reihen wie zuvor liefert. Auch sieht der Integrand nur unwesentlich weniger hässlich aus (siehe Abb. 1.4).

Der transformierte Integrand besitzt jedoch eine einfachere Form und eignet sich daher besser für analytische Manipulationen. Insbesondere erhalten wir mittels partieller Integration äquivalente Ausdrücke, in denen

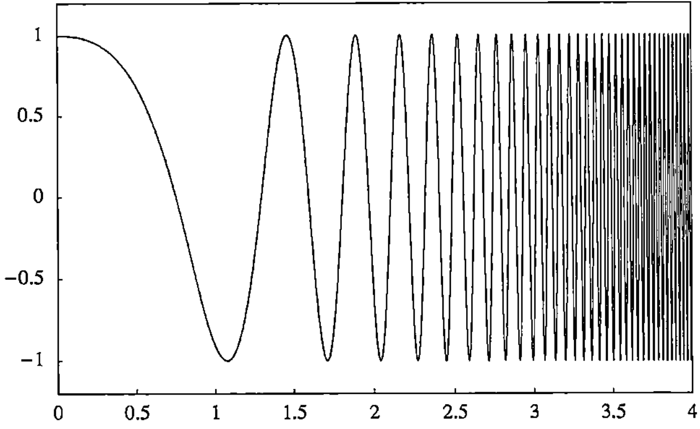

Abb. 1.4. *Integrand nach der Transformation $t = -\log x$.*

der Integrand mit wachsendem t rasch abfällt. Für die ersten paar Terme kann noch direkt mit (1.7) gearbeitet werden; möchte man aber zu einer allgemeinen Formel gelangen, so ist es einfacher, das Integral $\int_0^\infty \cos(xe^x)\,dx$ als Re $\int_0^\infty e^{iW^{-1}(x)}\,dx$ aufzufassen. Dies erlaubt uns, aus einem raffinierten Trick zur wiederholten partiellen Integration Vorteil zu schlagen.

Es sei I_0 ein Integral der Form $I_0 = \int e^{cg(x)}\,dx$ mit $f = g^{-1}$, d.h. $f(g(x)) = x$ für alle x im Integrationsbereich. Aufgrund der Identität $g'(x)f'(g(x)) = 1$ erhalten wir

$$I_0 = \int f'(g(x))g'(x)e^{cg(x)}\,dx = c^{-1}f'(g(x))e^{cg(x)} - c^{-1}I_1,$$

$$I_1 = \int \frac{d}{dx}(f'(g(x)))e^{cg(x)}\,dx = \int f''(g(x))g'(x)e^{cg(x)}\,dx$$

$$= c^{-1}f''(g(x))e^{cg(x)} - c^{-1}I_2,$$

$$I_2 = \int \frac{d}{dx}(f''(g(x)))e^{cg(x)}\,dx = \int f'''(g(x))g'(x)e^{cg(x)}\,dx$$

sowie allgemein

$$\int e^{cg(x)}\,dx = -e^{cg(x)}\left(-c^{-1}f'(g(x)) + (-c)^{-2}f''(g(x))\right.$$

$$\left. + \cdots + (-c)^{-k}f^{(k)}(g(x))\right) + (-c)^{-k}\int f^{(k+1)}(g(x))g'(x)e^{cg(x)}\,dx.$$

Im vorliegen Fall haben wir $c = i$, $f(y) = W(y)$, $g(x) = xe^x$, und alle Ableitungen von f verschwinden, wenn das Argument gegen unendlich

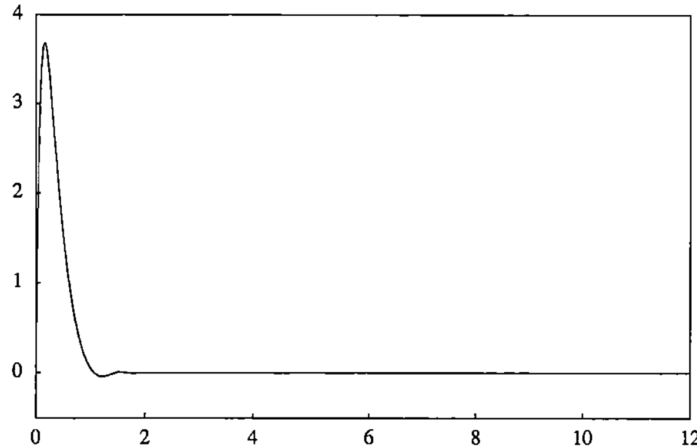

Abb. 1.5. *Integrand des Restterms nach dreifacher Anwendung partieller Integration.*

geht. Setzen wir die Ableitungen $W^{(k)}(0)$ ein, die wir der Maclaurin'schen Entwicklung (1.5) entnehmen, so bleibt uns

$$\int_0^\infty e^{ixe^x}\,dx = i\,1^0 - i^2 2^1 + i^3 3^2 - \cdots + i^k(-k)^{k-1}$$
$$+ i^k \int_0^\infty W^{(k+1)}(xe^x)e^x(1+x)e^{ixe^x}\,dx.$$

Brechen wir diese Entwicklung bei $k = 3$ ab und nehmen den Realteil, so finden wir mit Hilfe von (1.6), dass

$$S = 2 - \int_0^\infty \left(\frac{6}{(1+t)^3} + \frac{18}{(1+t)^4} + \frac{25}{(1+t)^5} + \frac{15}{(1+t)^6} \right) e^{-3t}\sin(te^t)\,dt.$$

Der transformierte Integrand hat zwar eine unangenehm große Steigung im Ursprung und formt eine hässliche Spitze, fällt aber recht schnell ab (siehe Abb. 1.5). Für 16 Ziffern reicht es, den Bereich $0 \leqslant t \leqslant 12$ zu betrachten. Romberg-Integration ist noch angemessen; der Integrand ist jedoch nicht mehr so einfach und wir benötigen 131 073 Funktionsauswertungen, um die Resultate der bisherigen Methoden zu bestätigen.

1.7 Darstellung als divergente Reihe

Setzen wir den Prozess der partiellen Integration unbegrenzt fort und ignorieren den Restterm, so erhalten wir die unendliche Reihe

$$2^1 - 4^3 + 6^5 - 8^7 + \cdots . \tag{1.8}$$

Diese Reihe ist zwar von niederschmetternder Einfachheit, aber auch gewaltig divergent. Derartige divergente Reihen mit einfachen analytischen

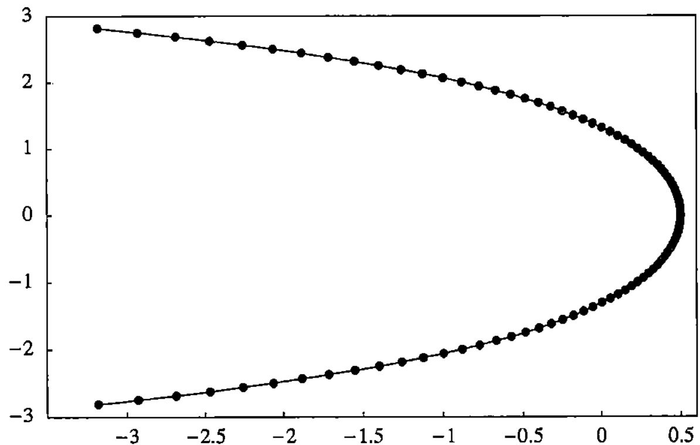

Abb. 1.6. *Integrationsweg für (1.10). Die Stützstellen sind bezüglich der Parametrisierung äquidistant gewählt.*

Termen als Glieder können formal in andere Ausdrücke umgewandelt werden, die gewöhnlich äquivalent zur ursprünglich gesuchten Größe sind. Solch ein Vorgehen liefert natürlich nur eine heuristische Motivation für eine Identität, die dann noch einer Rechtfertigung durch andere Mittel bedarf.

Universelle Methoden zur Konvergenzbeschleunigung (wie die in Anhang A vorgestellten) beeindrucken diese Reihe nur wenig. Wie im Fall der Kurvenintegralmethode von §1.4 führt uns jedoch der Umstand, einen analytischen Ausdruck der Reihenglieder zu besitzen, zu einer besseren Methode. Eine konvergente alternierende Reihe erfüllt die Identität

$$\sum_{k=1}^{\infty}(-1)^{k-1}a_k = \frac{i}{2}\int_C f(z)\csc(\pi z)\,dz \qquad (1.9)$$

unter folgenden Voraussetzungen (siehe Theorem 3.7):

1. Der Integrationsweg C zerlegt die komplexe Ebene in das offene Gebiet Ω_R, das die Punkte $1, 2, 3, \ldots$ enthält, und das offene Gebiet Ω_L, das die übrigen ganzen Zahlen enthält, wobei C gegen den Uhrzeigersinn um Ω_R verläuft.
2. Es gilt $a_k = f(k)$, wobei f in Ω_R analytisch ist und geeignet für $z \to \infty$ abfällt.

Die Gestalt der divergenten Reihe (1.8) legt daher nahe, das Kurvenintegral

$$\frac{i}{2}\int_C (2z)^{2z-1}\csc(\pi z)\,dz \qquad (1.10)$$

zu betrachten.

Tabelle 1.2. *Approximation des Kurvenintegrals (1.10) mittels Trapezsumme der Schrittweite h. Zudem wird die Anzahl der Auswertungen des Integranden aufgeführt.*

h^{-1}	Anz. Auswert.	Approximation von S
2	11	0.334486489324265
4	23	0.323398015778690
8	45	0.323367431981211
16	91	0.323367431677779
32	181	0.323367431677779

Für die rasche Konvergenz des Kurvenintegrals eignet sich der parametrisierte Weg (siehe Abb. 1.6)

$$(x,y) = (1 - \tfrac{1}{2}\cosh t, -t), \qquad -\infty < t < \infty.$$

Für 16 Dezimalziffern reicht die Berücksichtigung des Bereichs $|t| \leqslant 2.8$. Werten wir das Kurvenintegral mittels der Trapezsumme[3] zur Schrittweite h in der Variablen t aus, so erhalten wir die Resultate in Tabelle 1.2. Es ist ermutigend festzustellen, dass die Resultate mit den bereits erhaltenen übereinstimmen.

Obwohl die Übereinstimmung auf 14 Ziffern hochgradig suggestiv ist, haben wir doch keinen Beweis der Gültigkeit dieser Methode. Im allgemeinen gibt es unendlich viele analytische Funktionen, die vorgegebene Werte in den positiven ganzen Zahlen interpolieren, und wir können nur im Fall konvergenter Reihen garantieren, dass (1.9) von der Wahl des Interpolanten unabhängig ist. Als Kuriosität und Herausforderung formulieren wir daher die *Vermutung*: Das uneigentliche Riemann-Integral (1.1) und das Kurvenintegral (1.10) besitzen den gleichen Wert.

1.8 Transformation auf ein Fourierintegral

Die am besten verstandenen unendlich-oszillatorischen Integrale sind Fourierintegrale. In §9.5 werden wir diese Integrale in größerer Ausführlichkeit diskutieren; hier beschränken wir uns darauf zu zeigen, dass das vorliegende Problem auch auf diesem Weg gelöst werden kann.

Das wesentliche Merkmal eines Fourierintegrals ist das Auftreten eines Faktors der Form $\sin(at + b)$. Im vorliegenden Fall haben wir den Faktor

---

[3] In §3.6.1 erklären wir, warum Trapezsummen so außerordentlich gute Resultate für Kurvenintegrale analytischer Funktionen liefern: Die Konvergenz erfolgt *exponentiell schnell*.

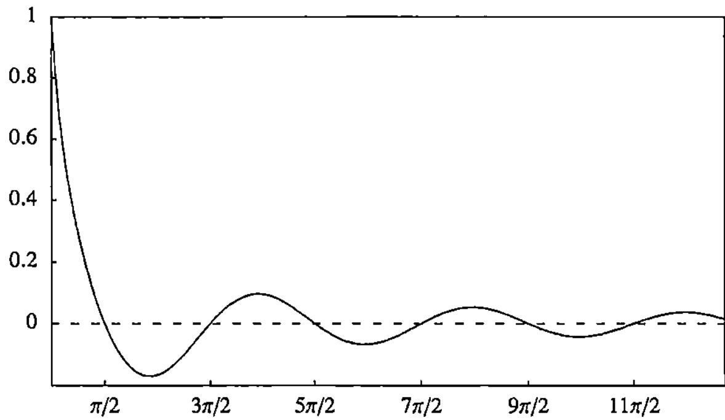

Abb. 1.7. *Integrand nach Transformation mit der Lambert'schen W-Function.*

$\cos(te^t)$, so dass wir die Transformation $u = te^t$, das heißt also $t = W(u)$, benötigen. Das ergibt den Ausdruck[4]

$$S = \int_0^\infty W'(u) \cos u \, du. \tag{1.11}$$

W' kann leicht aus (1.6) berechnet werden. Was oszillatorische Integranden über unendlichen Intervallen anbetrifft, verhält sich dieser Integrand völlig harmlos, wie der Graph in Abb. 1.7 zeigt.

In diesem Stadium unserer Diskussion können wir endlich beweisen, dass das ursprüngliche Integral konvergiert. Da die Nullstellen jetzt äqui-distant sind, reicht es zu zeigen, dass der Vorfaktor von $\cos u$ für hinrei-chend großes u monoton gegen Null fällt. In diesem Fall liefert die Inte-gration zwischen den Nullstellen eine alternierende Reihe mit monoton gegen Null strebenden Gliedern. Tatsächlich ist die Funktion $W'(u) = e^{-W(u)}/(1 + W(u))$ ein Produkt zweier monoton fallender Funktionen und als solche daher selbst monoton fallend.

Die Methode von Ooura und Mori [OM99] (siehe §9.5 für eine ausführli-che Beschreibung) arbeitet mit der Strategie des iterativen Verdoppelns des Parameters M wie in Tabelle 1.3 gezeigt. Wie wir sehen, sind sowohl die Anzahl der Funktionsauswertungen als auch die Anzahl korrekter Ziffern in etwa zu M proportional. Gestützt auf diese Beobachtung verlassen wir

---

[4] Die Routine NIntegrate zur numerischen Integration in Mathematica stellt für solche Fourierintegrale eine Option zur Verfügung, die im wesentlichen die Me-thode von Longman aus §1.2 implementiert. Problem 1 wird dann auf 13 korrekte Ziffern mittels des folgenden kurzen Programmtexts gelöst:

```
NIntegrate[ProductLog'[u] Cos[u], {u, 0, ∞}, Method → Oscillatory]
0.3233674316777859
```

Tabelle 1.3. *Approximation von S durch Anwendung der Methode von Ooura und Mori auf das Integral (1.11). Zusätzlich wird die Anzahl der Auswertungen des Integranden aufgeführt.*

M	Anz. Auswert.	Approximation von S
2	6	0.333683545675313
4	13	0.323277481884531
8	26	0.323367418739372
16	53	0.323367431677750
32	111	0.323367431677779

uns auf alle Ziffern bis auf die letzte (die von Rundungsfehlern verschmutzt sein könnte) und stellen fest, dass

$$S \doteq 0.32336\,74316\,7777.$$

1.9 Auf dem Weg zu 10 000 Ziffern

Hochgenaues Rechnen ist eine Kunst, die man am besten Experten überlässt. Glücklicherweise haben solche Experten proprietäre Software wie Maple und Mathematica, oder freie Software wie GNU MP, CLN, GiNaC, PARI/GP und zweifellos viele weitere mehr geschrieben. Soweit es die grundlegende Arithmetik und die elementaren Funktionen betrifft, können wir uns darauf verlassen, dass die Experten ihr Bestes gegeben haben. Auch wenn ein Experte es vielleicht besser als ein anderer Experte gemacht haben sollte, dürfte ein gewöhnlicher Nutzer solcher Pakete nicht darauf. hoffen, dagegen antreten zu können.

Hier ist ein Beispiel von Zeitmessungen für einige handelsübliche Aufgaben auf meinem Computer. Für $x = \sqrt{3}$ führt Tabelle 1.4 die Laufzeiten in Uhrtakten (ein Uhrtakt ist die kleinste auf dem Computer messbare Zeit, etwa 0.002 Sekunden) auf, wie sie ginsh (ein einfache, interaktive und taschenrechnerartige Schnittstelle zu GiNaC) für drei Genauigkeitsstufen meldet. Zwei naheliegende Beobachtungen aus dieser Tabelle gelten im allgemeinen für alle Implementierungen mehrfach-genauer Arithmetik:

- Die Kosten einer Operation in d-ziffriger Arithmetik wachsen schneller als d wächst.
- Die Auswertung transzendenter Funktionen ist um ein vielfaches teurer als die arithmetischen Operationen.

Der zweite Band des Klassikers „The Art of Computer Programming" von Donald Knuth [Knu81, §4.3.3] enthält eine umfassende Diskussion mehrfach-genauer Arithmetik.

Tabelle 1.4. *Laufzeit (in Uhrtakten) verschiedener hochgenauer Berechnungen.*

Ziffernanzahl:	10 000	20 000	40 000
$x \cdot x$	1	3	12
$\sqrt{x}$	3	11	49
$1/x$	6	24	70
$\cos x$	249	1038	3749
e^x	204	694	2168

Der übliche Weg zur Beurteilung der Komplexität einer d-ziffrigen Rechnung besteht im Auffinden eines Exponenten p, so dass die Zeit $t(d)$ für wachsendes d wie $O(d^p)$ skaliert. Im Fall der Multiplikation ist die bekannteste schnelle Methode die von Karatsuba mit $p = \log_2 3 \doteq 1.6$ – dies ist die von GiNaC verwendete Methode.

Knuth beschreibt mehrere Algorithmen, die zwei Zahlen in der Zeit $O(d^p)$ mit $p = 1 + \epsilon$ für beliebig kleines ϵ multiplizieren können, was asymptotisch optimal ist. Für relativ kleine Werte von d beschreibt jedoch ein Wert von p, der deutlich größer als 1 ist, das beobachtete Verhalten der optimalen Methoden besser. Der Übergangspunkt, von welchem an eine optimale Methode in der Praxis besser als die Methode von Karatsuba ist, liegt üblicherweise nahe bei $d = 10\,000$.

Es ist auch bekannt [Bre76], dass die meisten gebräuchlichen transzendenten Funktionen in der Zeit $O(M(d) \log d)$ ausgewertet werden können, wobei $M(d)$ die Zeit einer d-ziffrigen Multiplikation bezeichnet.

Das Übergewicht der Formel $O(d^p)$ bedeutet nicht, dass die tatsächliche Formel für $t(d)$ von so einfacher Form ist – das große O kehrt Faktoren wie $\log d$, $\log \log d$, usw., sowie einige möglicherweise recht große Konstanten unter den Teppich. Allerdings liefert uns die vereinfachte Formel eine Faustregel: Wenn d eine geometrische Progression bildet, dann sollte $t(d)$ es ungefähr auch tun. Man kann diese Argumentation sogar ohne Berechnung von p nutzen. Zum Beispiel haben wir im Fall von e^x die Zeiten $t(10\,000) = 204$ und $t(20\,000) = 694$, und prognostizieren daher, dass $t(40\,000)$ nahe bei $694^2/204 \doteq 2361$ liegen sollte, was auch tatsächlich der Fall ist. Da Terme der Form $\log d$ letztlich durch eine Potenz von d modelliert werden, neigt dieses Vorgehen zur Überschätzung der benötigten Zeit, was grundsätzlich erst einmal nicht schlecht ist.

Wir wollen nun das Verhalten der vielversprechenderen Algorithmen für Problem 1 im Hinblick darauf beurteilen, wie sehr die Laufzeit für größeres d wächst.

Integration über Teilintervalle und Extrapolation (§1.3)

Nehmen wir an, wir fänden zum Nulltarif eine Quadraturformel, die das
Integral über einem Teilintervall auf d Ziffern genau mit $O(d)$ Stützstellen
auswerten könnte (das ist zwar optimistisch, aber ich werde darlegen, dass
diese Methode ohnehin nicht konkurrenzfähig wäre), und wir kämen mit
$O(d)$ Teilintervallen aus. Das führt auf $O(d^2)$ Auswertungen des Integranden.

Komplexe Integration (§1.4)

Wenn wir mit 10 000 Ziffern rechnen, können wir uns den Luxus einer
adaptiven Quadraturroutine nicht leisten; wir benötigen etwas für die vorliegende Aufgabe Maßgeschneidertes. Die Grundtechnik ist folgende:

1. Wähle den Integrationsweg sorgfältig.
2. Parametrisiere den Weg so, dass die Trapezsumme auf der Parameter-
   achse eine asymptotische optimale Quadraturformel ist, d.h. eine Formel, für welche die Anzahl der korrekten Ziffern etwa proportional zur
   Anzahl der Funktionsauswertungen ist (siehe §3.6.1).

Was im einzelnen zu tun ist, wollen wir hier nicht weiter ausführen; stattdessen verweisen wir auf die ausführliche Diskussion vergleichbarer Techniken, angewendet auf weitere Probleme, in §§3.6 und 9.4. Nach so manchem Experiment empfehlen wir den folgenden parametrisierten Weg zur
Auswertung von (1.2) auf eine Genauigkeit von d Ziffern:

$$z = \frac{\pi e^t}{\pi e^t + 2 - 2t} + \frac{2i}{\cosh t}, \quad \log(cd) < t < 1 + \log d,$$

mit $c \approx 1.53$; es taugt dann $2/(d+1)$ als Schrittweite der Trapezsumme.

Die divergente Reihe (§1.7)

Wir können diese Methode zwar nicht als unser Hauptinstrument einsetzen, aber wenn ihr Resultat mit dem unserer besser fundierten Methoden
übereinstimmt, nutzt es und stärkt unsere Gewissheit.

Kurvenintegrale über unendlichen Integrationswegen benötigen typischerweise eine Schrittweite, die umgekehrt proportional zur Anzahl der
verlangten Ziffern ist. Der doppelt-exponentielle Abfall des Integranden
in (1.10) als Funktion von t (ein erster einfach-exponentieller Abfall stammt
von der Parametrisierung, ein weiterer von der Exponentiation im Integranden) garantiert, dass die benötigte Anzahl von Stützstellen nur geringfügig
schneller als der Kehrwert der Schrittweite wächst. Also können wir die
Anzahl N der tatsächlich benutzten Stützstellen durch $N = O(d^{1+\epsilon})$ mo-
dellieren, wobei ϵ klein ist. (Ein genaueres Modell wäre $d \approx cN/\log N$, das

wir bei Kenntnis von c mittels eines Zweigs der Lambert'schen W-Funktion, der nicht durch (1.5) gegeben ist, nach N auflösen könnten – aber das ist eine andere Geschichte.)

An jeder dieser Stützstellen müssen wir eine Hyperbelfunktion, einen komplexen Kosekans und eine komplexe Potenz auswerten. Wir können davon ausgehen, dass dies alles zwar teurer als eine Auswertung von $\cos(xe^x)$ für reelle Argumente x ist, jedoch nicht soviel teurer, dass es die Vorteile von $O(d^{1+\epsilon})$ gegenüber $O(d^2)$ Funktionsauswertungen aufwöge.

Methode von Ooura und Mori (§1.8)

Wie die beiden vorangehenden Methoden ist auch dies ein doppelt-exponentielles Integrationsverfahren, so dass weitgehend die gleiche Argumentation Anwendung findet wie im Fall der komplexen Integration. Der Vorteil besteht jetzt darin, dass die transzendenten Funktionen in reellen Argumenten ausgewertet werden und wir daher einen kleinen Laufzeitgewinn erwarten dürfen.

Wie wir gesehen haben, sollte uns die Auswertung der Lambert'schen W-Funktion nicht mehr als zwei Auswertungen von e^x kosten. Experimentell beobachten wir, dass $M = 1.5d$ für eine Genauigkeit von d Ziffern ausreicht.

Verlässlichkeit im Chaos

Stan Wagon

*Wagte ich das winzige Staubkorn auf meiner Fingerkuppe zu
stören, ich vollbrächte eine Tat, welche die Mondbahn erschüt-
terte, die Sonne nicht länger Sonne sein ließe und für immer
das Schicksal ungezählter Myriaden von Sternen veränderte.*

Edgar Allen Poe (Eureka, 1848)

*Fast jeder Strahl des Chaos, der uns zu vernichten droht, kann
vom Verständ in eine heilsame Kraft verwandelt werden.*

Ralph Waldo Emerson (Fate, 1860)

Problem 2

Ein Photon bewegt sich in der x–y Ebene mit Geschwindigkeit 1.
Zur Zeit $t = 0$ startet es von $(x, y) = (1/2, 1/10)$ aus in genau östliche Richtung. Um jeden ganzzahligen Gitterpunkt (i, j) der Ebene
ist ein kreisförmiger Spiegel vom Radius 1/3 errichtet. Wie weit
entfernt von $(0, 0)$ befindet sich das Photon zur Zeit $t = 10$?

2.1 Auf den ersten Blick

Um sich das Verhalten des Photons auch nur ungefähr vorstellen zu können, müssen wir ein Programm schreiben, das die einzelnen Reflexionen
verfolgt. Das kann man auf unterschiedliche Weise tun, und wir werden
in §2.2 die besonders elegante Methode von Fred Simons präsentieren. Ein
blindwütiges Verfolgen der Reflexionen reicht aber bei weitem nicht aus,
es würde uns in die Irre führen. Die typische Maschinengenauigkeit von
etwa 16 signifikanten Stellen genügt nämlich nicht, um 10 Ziffern des Ergebnisses korrekt zu berechnen. Diese numerische Instabilität können wir

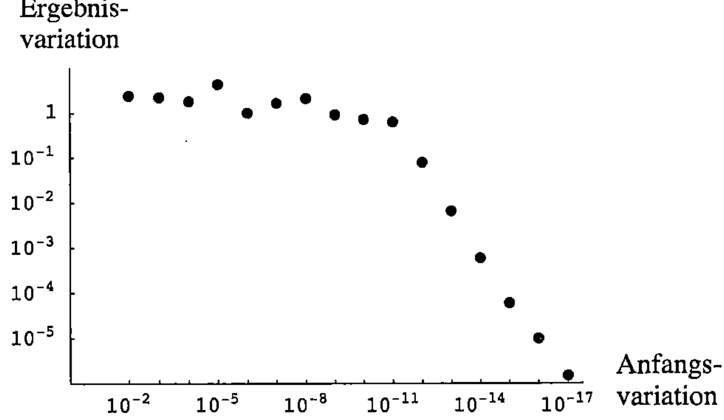

Abb. 2.1. *Maximale Variation des Ergebnisses bei Variation der Anfangsposition auf einem Kreis vom Radius 10^{-d} um den Punkt $(1/2, 1/10)$ herum. Diese Graphik lässt erkennen, dass eine Rechnung mit 16 signifikanten Ziffern zu einem nur auf ungefähr 5 Ziffern genauen Ergebnis führen wird.*

auch ohne Langzahlarithmetik wie folgt bloßstellen: Wir variieren die Anfangsposition auf einem Kreis vom Radius 10^{-d} um den Punkt $(1/2, 1/10)$ herum und betrachten, welche Variationen wir im Ergebnis (d.h. der Entfernung des Endpunkts vom Ursprung) erhalten. Genauer gesagt nehmen wir 10 Punkte auf diesem Kreis und ermitteln die maximale absolute Differenz zwischen dem zugehörigen Ergebnis und demjenigen für den Mittelpunkt. Das Resultat dieser Übung, ausgeführt in Maschinenarithmetik, findet sich in Abb. 2.1. Es zeigt sich, dass eine Störung der Anfangsbedingung von etwa 10^{-17} eine Störung des Ergebnisses von ungefähr 10^{-5} bewirken kann. Dies ist ein klassisches Beispiel sensitiver Abhängigkeit, populärwissenschaftlich als „Schmetterlingseffekt" bekannt.

Mit dem Wissen, dass Rundungsfehler in der Größenordnung der Maschinengenauigkeit bei einer Gleitkommarechnung recht bald auftreten (hier sogar unmittelbar zu Beginn, da $1/10$ kein abbrechender Binärbruch ist), begreifen wir, dass uns hier der IEEE-Standard doppelt-genauer Maschinenarithmetik nicht mehr als ungefähr 5 Ziffern des Ergebnisses liefern kann.[1] Da die „Messpunkte" in Abb. 2.1 zum Schluss hin linear verlaufen, sagen wir zudem vorher, dass eine Genauigkeit der Arithmetik von etwa 21 signifikanten Ziffern erforderlich ist, um das Ergebnis auf 10 Ziffern genau zu berechnen. In §2.2 wird sich diese Abschätzung als korrekt herausstellen.

---

[1] Offenbar hatten etliche Teilnehmer des Wettbewerbs dieses Problem nicht bemerkt. Von den 82 Teams, die eine Lösung eingereicht hatten, hatten 58 Teams 10 Ziffern, 10 Teams zwischen 6 und 9 Ziffern und 14 Teams 5 oder weniger Ziffern herausbekommen.

Interessanterweise sind die Rechnungen, welche Abb. 2.1 zugrunde liegen, in dem Sinne falsch, dass die für die Ergebnisvariationen berechneten Zahlen in einigen Fällen nur auf 5 Ziffern genau sind. Nichtsdestoweniger ist ein starkes Anwachsen der Unschärfe ein sicherer Hinweis darauf, dass etwas schief läuft. Kurz gesagt: Maschinenarithmetik kann auch dann ein verlässliches Werkzeug zur Diagnose sein, wenn sie zur Lösung des Problems nichts beiträgt. Wiederholen wir die Rechnungen mit einer wesentlich genaueren Arithmetik (sagen wir, mit 50 signifikanten Ziffern), so gelangen wir zu „Messergebnissen", die von denen in Abb. 2.1 nicht zu unterscheiden sind.

Eine wichtige Konsequenz dieser Beobachtungen ist, dass wir Problem 2 nicht mit Software werden lösen können, die wie Matlab oder C in Maschinenarithmetik arbeitet (es sei denn, man benutzte Zusatzpakete, die Langzahlarithmetik zur Verfügung stellen). Die anderen neun Probleme des Wettbewerbs können hingegen im Milieu der Maschinengenauigkeit gelöst werden. Das ist im Einklang mit Nick Trefethens Maxime Nr. 16 [Tre98]: „Wenn Rundungsfehler verschwänden, blieben 95% der numerischen Mathematik bestehen."

2.2 Dem Photon hinterher gejagt

Wir betrachten einen Strahl, der beginnend von einem Punkt P in der Richtung des Einheitsvektors v verläuft. Wenn wir die Ebene in Einheitsquadrate zerlegen, die in den ganzzahligen Gitterpunkten zentriert sind, dann unterteilen diese Quadrate den Strahl in Segmente (Abb. 2.2). Wir können für jeden Punkt des Strahls ganz einfach durch Rundung seiner Koordinaten ermitteln, in welchem Quadrat er sich befindet. Noch wesentlicher ist die Feststellung, dass, wenn der Strahl den in einem gegebenen Quadrat liegenden Kreis trifft, das zugehörige Segment mindestens die Länge $\sqrt{2} - 2/3$ hat. Wir könnten diese Zahl zwar im folgenden benutzen, es ist aber einfacher, stattdessen mit einer etwas kleineren rationalen Zahl zu arbeiten; 2/3 ist geeignet. Also nochmal: Wenn das Segment innerhalb eines Quadrates kürzer als 2/3 ist, dann gibt es keinen Schnitt mit dem im Quadrat liegenden Kreis.

Diese Beobachtung bedeutet, dass, wenn das Photon auf seinem Weg den zu seiner aktuellen Position P gehörigen Kreis nicht trifft, der zu $P +$ $2v/3$ gehörige Kreis die nächste Möglichkeit liefert, einen Kreis zu treffen. Wir können demnach den Schnitt finden, indem wir solange wie nötig P, $P + 2v/3$, $P + 2 \cdot 2v/3$, $P + 3 \cdot 2v/3$, ... betrachten. Sobald wir einen Aufprall feststellen, ersetzen wir P durch den Schnittpunkt mit dem Spiegel und v durch die neue Richtung. Dann geht es weiter wie zu Beginn.

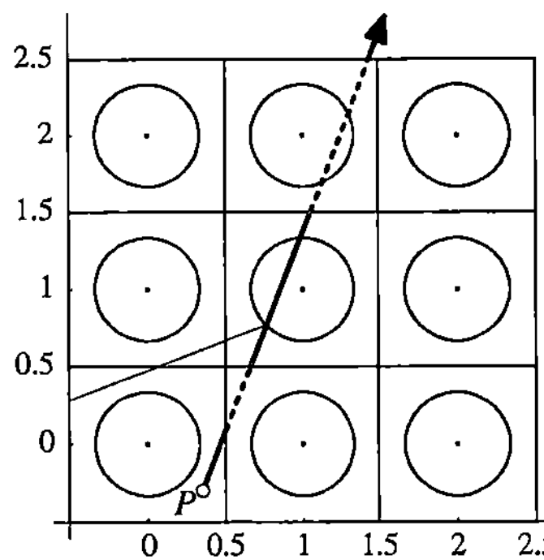
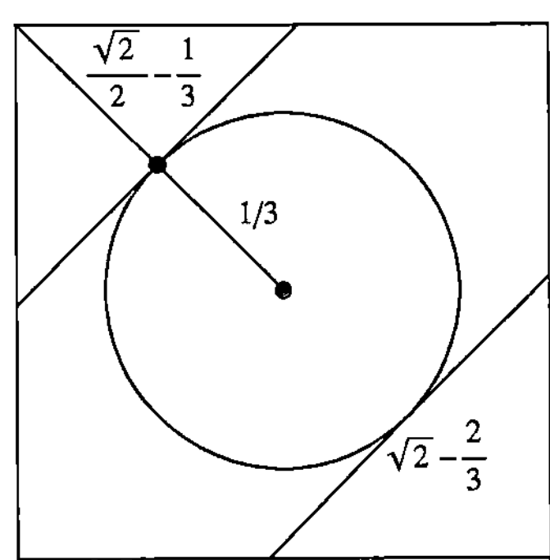

Abb. 2.2. *Quadrate um die ganzzahligen Gitterpunkte sind ein eleganter und effizienter Weg, um den nächsten Spiegel zu suchen, den das Photon trifft. Die Abbildung zur Rechten erklärt warum: Wenn ein Strahl einen Kreis trifft, so hat der Schnitt mit dem umliegenden Quadrat mindestens die Länge $\sqrt{2} - 2/3$.*

Um den neuen Punkt zu ermitteln (oder um festzustellen, dass der in Frage stehende Kreis nicht getroffen wird), bezeichnen wir mit m den Mittelpunkt des zu P gehörigen Kreises und wählen die kleinste positive Lösung t der quadratischen Gleichung $(P + tv - m) \cdot (P + tv - m) = 1/9$ zur Bestimmung des korrekten Schnittpunkts Q. Haben wir Q, so ist es einfach, die neue Richtung auszurechnen. Nehmen wir dazu einmal an, dass der Mittelpunkt des Kreises der Ursprung ist und $Q = (a, b)$. Dann ist die lineare Transformation, welche eine Richtung in ihre Reflexion abbildet, durch die Matrix H gegeben, die $(-a, -b)$ auf (a, b) abbildet und $(-b, a)$ festhält:

$$H \cdot \begin{pmatrix} -a & -b \\ -b & a \end{pmatrix} = \begin{pmatrix} a & -b \\ b & a \end{pmatrix}.$$

Wir müssen also diese Beziehung nach H auflösen, was sich mit Mathematica leicht bewerkstelligen lässt.

Eine Sitzung mit Mathematica

```
(a  -b) .Inverse[ (-a  -b) ] //Simplify//MatrixForm
(b   a)          (-b   a)
```

$$\begin{pmatrix} \dfrac{-a^2 + b^2}{a^2 + b^2} & -\dfrac{2\,a\,b}{a^2 + b^2} \\ -\dfrac{2\,a\,b}{a^2 + b^2} & \dfrac{a^2 - b^2}{a^2 + b^2} \end{pmatrix}$$

Mit $a^2 + b^2 = 1/9$ ist die neue Richtung gerade

$$9 \begin{pmatrix} b^2 - a^2 & -2ab \\ -2ab & a^2 - b^2 \end{pmatrix} v,$$

wobei wir jetzt um den Mittelpunkt verschieben und $(a, b) = Q - m$ setzen.

Algorithmus 2.1 (Dem Photon hinterher gejagt).

Parameter: Das Photon besitzt die Geschwindigkeit 1; die Spiegel haben den Radius 1/3.

Eingabe: Anfangsposition P, Anfangsrichtung v und eine Endzeit $t_{\max}$.

Ausgabe: Der Weg des Partikels in der Zeit von 0 bis $t_{\max}$ in Form der Menge path, welche die Reflexionspunkte und die Positionen zu den Zeitpunkten 0 und $t_{\max}$ enthält.

Notation: t_{rem} ist die verbleibende Zeit, m der dem Photon aktuell nächstgelegene Kreismittelpunkt, und s ist die Zeit, zu der das Photon den Kreis trifft, gemessen als Zeitspanne seit der vorangegangenen Reflexion. Für einen Vektor $Q = (a, b)$ bezeichne H_Q die Matrix

$$H_Q = 9 \begin{pmatrix} b^2 - a^2 & -2ab \\ -2ab & a^2 - b^2 \end{pmatrix}.$$

Schritt 1: Initialisiere: $t_{\mathrm{rem}} = t_{\max}$, path $= \{P\}$.
Schritt 2: while $t_{\mathrm{rem}} > 0$:

    $m = \mathrm{round}(P + 2v/3)$;
    $s =$ kleinste positive Lösung von $(P + tv - m) \cdot (P + tv - m) = 1/9$;
    ($s = \infty$, wenn es keine positive Lösung gibt);
    if $s < t_{\mathrm{rem}}$: $P = P + sv$; $v = H_{p-m} \cdot v$; füge P zu path hinzu;
    else: $s = \min(t_{\mathrm{rem}}, 2/3)$; $P = P + sv$; end if;
    $t_{\mathrm{rem}} = t_{\mathrm{rem}} - s$;
  end while;
Schritt 3: Gebe path zurück.

Es folgt ein vollständiger Programmtext, der diesen Algorithmus in Mathematica implementiert und Problem 2 löst. Wir starten zunächst mit 36 Ziffern der Anfangswerte.

Eine Sitzung mit Mathematica

```mathematica
H[{a_, b_}] := 9 ( b^2 - a^2    -2 a b
                   -2 a b       a^2 - b^2 );

p = N[{1/2, 1/10}, 36]; v = {1, 0}; tRem = 10;
While[tRem > 0, m = Round[p + 2v/3];
   s = Min[Cases[t /. Solve[(p + t v - m).(p + t v - m) == 1/9, t], _?Positive]];
   If[s < tRem, p+ = s v; v = H[p - m].v, s = Min[tRem, 2/3]; p+ = s v];
   tRem- = s];

answer = Norm[p]
0.9952629194

Precision[answer]
10.2678536429468
```

Die Anforderung einer Anfangsgenauigkeit von 36 Ziffern zwingt Mathematica dazu, eine Softwarearithmetik (Langzahlarithmetik) zu verwenden, die auf der Technik der *Signifikanzarithmetik* beruht. Diese ist in ihren Abschätzungen nicht ganz so pessimistisch wie die Intervallarithmetik, da sie statt exakter Einschließungen Heuristiken verwendet, um mit Hilfe der Differentialrechnung den schlechtestmöglichen Fall von Fehlerverstärkung in jedem Rechenschritt abzuschätzen. Aufgrund solcher Abschätzungen behauptet Mathematica, dass das Resultat auf etwas mehr als 10 Ziffern genau sei, und tatsächlich sind 10 Ziffern korrekt.

Als nächstes benutzen wir dasselbe Programm mit 50 Ziffern der Anfangswerte (inklusive der Richtung). Mathematica kennzeichnet die abgeschätzte Genauigkeit des Ergebnisses im Anschluss an die berechneten Ziffern:

$$0.99526291944335416089031180942672261591142088357432.005$$

Etwas mehr als 32 Ziffern sollen also korrekt sein. Wiederholen wir das Ganze mit einer Anfangsgenauigkeit von 100 Ziffern, so erhalten wir ein Ergebnis (mit einem vorhergesagten Fehler von 10^{-82}), welches genau die ersten 32 Ziffern des vorherigen Ergebnisses bestätigt:

$$0.99526291944335416089031180942672162102946692273415434980320885807298617962283063222839443581815482.005$$

Dies zeigt uns, dass die Fehlerabschätzungen der Signifikanzarithmetik recht brauchbar sind. Auf diese Weise können wir leicht zu 100 Ziffern gelangen. Wir starten mit einer Genauigkeit von 120 Ziffern und erhalten 102 Ziffern des Ergebnisses (wir werden in §2.4 diskutieren, wie wir die Richtigkeit dieser Ziffern überprüfen können):

$$0.995262919443354160890311809426721621029466922734154349803208855807298617962283063209917498189761887603146643893961005102.005$$

Solche Rechnungen erlauben es uns, Trajektorien zu zeichnen und zu vergleichen. Abbildung 2.3 zeigt den Vergleich der Ergebnisse zweier Rechnungen bis zur Zeit 20: Die Eine benutzt Maschinenarithmetik, die Andere startet mit 40 Ziffern der Anfangsbedingungen, was ausreicht, um für jeden Punkt der Trajektorie eine Genauigkeit von 10 Ziffern zu garantieren.

Der in Mathematica gewählte Zugang zur Langzahlarithmetik ist untypisch für Software zum numerischen Rechnen. Viele Programmierumgebungen gestatten dem Nutzer, eine feste Mantissenlänge für die numerische Rechnung zu verwenden. Solch ein Zugang erlaubt es uns, den Fehlertransport besser zu verstehen. Ergebnisse von Rechnungen mit fester Mantissenlänge finden sich in Tabelle 2.1. Der Datensatz dieser Tabelle wurde mit Mathematica erstellt, wobei eine feste Mantissenlänge simuliert wurde. Derartige Rechnungen wären einfacher in Maple, wo der Befehl

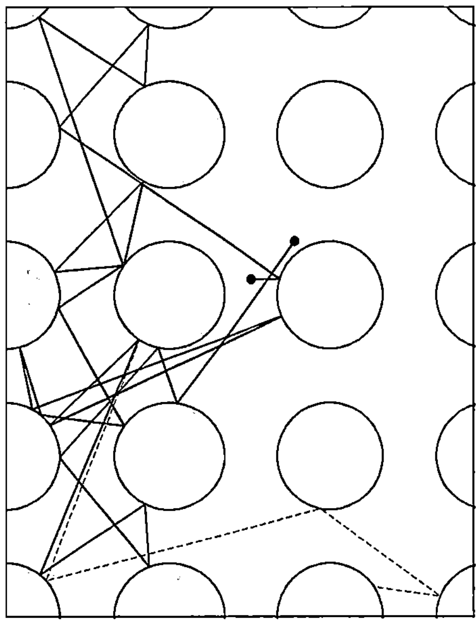

Abb. 2.3. *Zur Zeit* 20 *befindet sich die in Maschinenarithmetik gerechnete Trajektorie (durchgezogene Linie) an einer völlig anderen Position als jene (gestrichelte Linie), welche mit einer die Korrektheit garantierenden Mantissenlänge gerechnet wurde.*

```
> Digits := d:
```

eine Mantissenlänge der Länge d festlegt. In jedem Fall scheinen wir gefahrlos aus diesen Daten ablesen zu können, dass für $t = 10$ die ersten 12 korrekten Ziffern der Distanz des Photons vom Ursprung durch 0.99526 29194 43 gegeben sind. Wie schon in §2.1 vorhergesagt, beobachten wir erneut, dass eine Genauigkeit der Arithmetik von 21 Ziffern erforderlich ist, um 10 korrekte Ziffern des Ergebnisses zu bekommen; in der Tat scheint eine Arithmetik mit d Ziffern etwa $d - 11$ korrekte Ziffern zu liefern. Da das Problem in der angegebenen Form genau 14 Reflexionen beinhaltet, können wir sagen, dass wir pro Reflexion einen Genauigkeitsverlust von etwa 80% einer Dezimalziffer erleiden.

2.3 Zurück zur Startposition

Da die Bewegung des Photons in negativer Zeitrichtung genau denselben Gesetzmäßigkeiten unterliegt wie in positiver Richtung, liegt es nahe, Rückwärtstrajektorien zu untersuchen, um etwas über die Anzahl korrekter Ziffern in der numerischen Lösung des Problems zu erfahren. Angenommen, wir arbeiten wie in §2.1 mit Maschinenarithmetik. Dann nehmen wir den

Tabelle 2.1. *Ergebnisse bei Verwendung einer festen Mantissenlänge.*

Mantissenlänge	Ergebnis	Anzahl der korrekten Ziffern
5	3.5923	0
6	0.86569	0
7	2.386914	0
8	0.7815589	0
9	1.74705711	0
10	0.584314018	0
11	0.8272280639	0
12	1.01093541331	0
13	**0.993717133054**	2
14	**0.9952212862076**	4
15	**0.99525662897655**	4
16	**0.995262591079377**	6
17	**0.9952631169165173**	5
18	**0.99526292565663256**	7
19	**0.995262917994839914**	8
20	**0.9952629195254311922**	9
21	**0.99526291946156616033**	10
22	**0.995262919441599585251**	11
23	**0.9952629194435253187805**	12
24	**0.99526291944336978995292**	13
25	**0.995262919443353261823951**	14
26	**0.9952629194433543857853841**	15
27	**0.99526291944335415781402273**	16
28	**0.995262919443354160804997462**	19
29	**0.9952629194433541607817783594**	18
30	**0.99526291944335416087109016456**	19

für die Zeit von 10 Sekunden berechneten Punkt (nennen wir ihn Q) und
die Richtung des letzten Segments und lassen damit den Algorithmus in
der Zeit zurückrechnen, um festzustellen wie nahe das Ergebnis (nennen
wir es P_*) an die Ausgangsposition P herankommt. Ein solches Vorgehen
liefert die Position $P_* = (0.5000000001419679, 0.09999035188217774)$ mit
dem Abstand $9.6 \cdot 10^{-6}$ zu $P = (1/2, 1/10)$. Kurz: Etwas mehr als 10 Ziffern gingen beim Vorwärts- und Rückwärtsrechnen verloren. Aber was genau können wir daraus schließen? Da der Fehlertransport dieses Problems

(unabhängig von irgendeinem Algorithmus) ein inhärent multiplikativer Prozeß ist (der Fehler wird *pro* Reflexion verstärkt), könnten wir versucht sein zu denken, dass 5 Ziffern während der Vorwärtsrechnung verloren gingen und 5 weitere auf unserer Rückreise. Wenn dem so wäre, hieße es, dass uns die ursprüngliche Rechnung bis zur Zeit $t = 10$ die gewünschte Genauigkeit von 10 Ziffern geliefert hätte. Aber diese Schlussfolgerung ist irreführend; tatsächlich sind mehr als 10 Ziffern bei der Berechnung von Q verloren gegangen und es findet keine weitere Verschlechterung des Resultats auf dem Rückweg statt: Noch immer bleiben nur 10 Ziffern im Ergebnis für P_* verloren.

Bevor wir uns tiefer mit den dahinterliegenden Feinheiten auseinandersetzen, wollen wir mit einem Experiment nachweisen, dass die Schlussfolgerung von jeweils 5 Ziffern Verlust in Vorwärts- bzw. in Rückwärtsrichtung falsch ist. Nehmen wir an, Q wäre nur um etwa 10^{-10} falsch gewesen. Wir stören Q um 10^{-13} und lassen den Algorithmus zurückrechnen, um zu einem Punkt P_{**} zu gelangen. Wäre die Hypothese von jeweils 5 Ziffern zutreffend, so würden wir erwarten, P_{**} innerhalb eines Fehlers von 10^{-5} um P herum zu finden. Das Ergebnis für den Startpunkt $Q + \left(10^{-13}, 10^{-13}\right)$ ist jedoch $P_{**} = (0.500351, 0.115195)$ im Abstand 0.015 von P. Also gingen 15 Ziffern (d.h. alle bis auf eine) verloren, was sich im Einklang mit der Interpretation befindet, dass wir bereits 10 Ziffern auf dem Weg zu Q eingebüßt haben.

Eine Rückwärtsanalyse hilft uns, ein wenig Licht ins Dunkle des Genauigkeitsverlustes beim Berechnen der Trajektorie zu werfen. Wir bezeichnen dazu mit x die Anfangsbedingungen (das Tripel aus den Koordinaten der Position und dem Winkel). Es sei $F(x)$ die Funktion, welche die Anfangsbedingungen auf den wahren Zustand nach 10 Sekunden abbildet. Mit G bezeichnen wir die berechnete Approximation von F in fester Mantissenlänge p. Schließlich seien F_r und G_r die Versionen dieser Funktionen in Rückwärtsrichtung, für die wir in einem Zustand zur Zeit 10 starten und uns rückwärts zur Zeit 0 arbeiten; dann gilt $F_r(F(x)) = x$ für jedes x. Wir müssen noch eine Annahme über den Algorithmus treffen, nämlich seine *numerische Stabilität* [Hig96, §1.5]. Damit meinen wir, dass der berechnete Wert nahe an einem wahren Wert zur Zeit 10 liegt, der in der Nähe von x gestartet wurde: $G(x) \doteq_p F(x_*)$ für ein $x_* \doteq_p x$. Mit $a \doteq_m b$ bezeichnen wir, dass a und b auf etwa m Ziffern übereinstimmen.

Für Problem 2 folgt die numerische Stabilität unseres Algorithmus aus dem Bowen'schen Schattenlemma der hyperbolischen Dynamik, die prinzipiell auch dispersiven Billardsystemen [Tab95, Kap. 5] zugrundeliegt. Ein strenger Beweis erfordert allerdings ausgetüftelte Gleichmäßigkeitsabschätzungen.

Wenn nun die Rechnung in Vorwärtsrichtung $y = G(x)$ ergibt und die Zeitumkehr dann $G_r(y)$ liefert, so können wir uns ansehen, wie weit das

Ergebnis von x entfernt ist (bgzl. der Maximumsnorm der drei Einträge von x). In Maschinenarithmetik ($p = 16$) ist diese Differenz etwa $10^{-4.5}$ und wir wollen verstehen, was man daraus schließen kann. Nehmen wir also an, dass der Algorithmus d Ziffern auf dem Weg von der Zeit 0 bis 10 verliert: $G(x) \doteq_{p-d} F(x)$. Das sollte natürlich genauso sein, wenn wir rückwärts gehen, von der Zeit 10 bis 0: $G_r(G(x)) \doteq_{p-d} F_r(G(x))$. Die Annahme numerischer Stabilität liefert uns $G(x) \doteq_p F(x_*)$ für ein $x_* \doteq_p x$. Deshalb ist $F_r(G(x)) \doteq_{p-d} F_r(F(x_*)) = x_* \doteq_p x$ und endlich $G_r(G(x)) \doteq_{p-d} x$. Lesen wir in unserem Beispiel nach Vorwärts- und Rückwärtsrechnung einen Verlust von $d \approx 10.5$ Ziffern am Anfangswert ab, so lag dieser Verlust bereits beim Ergebnis der Vorwärtsrechnung vor.

Trotz der Gefahr, Information aus einer Rückwärtsrechnung falsch zu deuten, kann sie, vom Standpunkt des ungünstigsten Falls aus betrachtet, unser Vertrauen in das Ergebnis stärken. Nehmen wir an, wir rechneten vorwärts und rückwärts mit einer festen Mantissenlänge. Weiter erhöhten wir die Mantissenlänge solange bis das zurückgerechnete Resultat auf etwa 10^{-11} beim Anfangswert liegt. Dann könnten wir schließen, dass dies im ungünstigsten Fall auch der Fehler des Vorwärtsergebnisses ist. Diese Idee ist von allgemeinem Nutzen für zeitsymmetrische dynamische Systeme wie beispielsweise gewöhnliche Differentialgleichungen.

2.4 Verlässliche Reflexionen

Die Resultate aus §2.2 scheinen zwar korrekt zu sein, aber die verwendeten Methoden sind nur heuristisch. Mit Intervallarithmetik können wir einen Algorithmus entwerfen, der einen rechnergestützten Beweis der Korrektheit liefert. Die Grundlagen der Intervallarithmetik werden in Kapitel 4 diskutiert. Der Zugang im vorliegenden Abschnitt wird manchmal „naives" Rechnen mit Intervallen genannt, da wir schlicht den zugrundeliegenden numerischen Algorithmus nehmen und jede arithmetische Operation durch ihre Intervallversion ersetzen (was bei den raffinierteren Intervallalgorithmen in Kapitel 4 anders sein wird). Wir erinnern daran, dass Intervallarithmetik entweder als Bestandteil oder als Zusatzpaket für Mathematica, Maple, Matlab und C zur Verfügung steht. Aber wir müssen aufpassen. Eine erste Schwierigkeit ist beispielsweise, dass die Implementierung in Mathematica keine Intervallversion von min kennt und man daher selbst eine schreiben muss. Genauer gesagt, liefert der Ausdruck `Min[e[{a,b}],e[{c,d}]]` in Mathematica für jedes Symbol e das Ergebnis $\min(a,b,c,d)$. Steht nun e für `Interval`, so möchte man jedoch eine Intervallversion von min, die das Intervall $[\min(a,c),\min(b,d)]$ zurückgibt. Das ist nur eine technische Einzelheit und leicht in Ordnung gebracht; etwas subtiler sind einige weitere Details des eigentlichen Algorithmus. Und eine ernsthaftere Komplikation macht C und Matlab/Intlab ungeeignet für das gegebene Problem: Es werden sehr hohe Genauigkeiten für die Intervallberechnungen gebraucht, um das Ergebnisintervall so klein zu machen, dass es die ersten 10 Ziffern liefert.

Die Grundidee besteht darin, ein kleines zweidimensionales Intervall um jeden der Anfangswerte $(1/2, 1/10)$ und $(1, 0)$ als Eingabe zu benutzen und dann Intervallmethoden zu verwenden, um eine Intervalleinschließung der Partikelposition zur Zeit 10 zu berechnen. Wenn dieses Ergebnisintervall zu groß ausfällt, beginnen wir die Rechnung halt von neuem mit um den Faktor 10 kleineren Intervallen um die Anfangswerte. Da sind jedoch einige Fallstricke:

- Wir müssen eine Mantissenlänge verwenden, die hinreichend groß ist, um die Genauigkeit der Intervalle zu verkraften. Hierfür haben sich $s + 2$ signifikante Ziffern für Anfangsintervalle vom Radius 10^{-s} als geeignet erwiesen. In enger Beziehung dazu steht ein weiterer Fallstrick: Wir müssen sicherstellen, dass die Genauigkeit der Zwischenresultate wenigstens so groß ist, wie die angestrebte Endgenauigkeit. Das heißt, wir müssen dafür sorgen, dass sich der Genauigkeitsverlust beim Lösen der quadratischen Gleichung nicht zu sehr akkumuliert. In Mathematica können wir das dadurch erreichen, dass wir die verschiedenen Zwischenergebnisse auf ausreichende Genauigkeit testen.
- Wenn wir die quadratische Gleichung in Intervallform lösen, um den Zeitpunkt zu finden, zu dem das Photon den gerade betrachteten Kreis trifft, müssen wir prüfen, ob die Lösung von der Form

$$\sqrt{[\text{negativer Wert, positiver Wert}]}$$

  ist. In diesem Fall wäre die Spiegelung nämlich nicht eindeutig durch das Startintervall bestimmt. Wenn das passiert, ziehen wir die Notbremse, gehen zum Anfang der Schleife zurück und verkleinern die Größe der Startintervalle um einen Faktor 10.
- Beim Prüfen, ob das Photon den Spiegel noch trifft, bevor die Zeit abläuft, müssen wir dafür sorgen, dass noch *allen* durch die entsprechenden Intervalle beschriebenen Fällen Zeit zu Verfügung steht. (Anderenfalls müsste für einige Teile die Reise beendet werden, für andere nicht.)
- Zeiten sind grundsätzlich auch Intervalle, so dass wir nicht mit Positionen zur Zeit 10, sondern zu Zeiten $10 \pm \delta$ enden werden. Die vorausgesetzte Geschwindigkeit 1 erlaubt uns aber, diese Zeitunschärfe in eine Ortsunschärfe umzurechnen und so doch ein Intervall zu erhalten, das die exakte Position zur Zeit 10 einschließt.

Man beachte, dass, obwohl diese Vorgehensweise als Verifikation der Resultate aus §2.2 aufgefasst werden kann, sie bereits selbst einen vollwertigen Algorithmus zur Lösung des Problems liefert.

Algorithmus 2.2 (Mit Intervallen dem Photon hinterher gejagt).

Parameter: Das Photon besitzt die Geschwindigkeit 1; die Spiegel haben den Radius 1/3.

Eingabe: Anfangsposition P, Anfangsrichtung v, eine Endzeit t_{max} und eine absolute Fehlerschranke ϵ für die Endposition.

Ausgabe: Der Weg des Partikels in der Zeit von 0 bis t_{max} in Form der Menge path, welche die Reflexionspunkte und die Positionen zu den Zeitpunkten 0 und t_{max} enthält; die Endposition besitzt einen absoluten Fehler, welcher *garantiert* kleiner als ϵ ist.

Notation: Kleinbuchstaben bezeichnen numerische Größen, Großbuchstaben Intervalle und Skriptbuchstaben Mengen von Intervallen. Die Matrix H ist die aus Algorithmus 2.1. Für ein Intervall X bezeichnet $\min(X)$ (bzw. $\max(X)$) die kleinste (bzw. größte) Zahl aus X, $\operatorname{diam}(X) = \max(X) - \min(X)$ und $\operatorname{mid}(X) = (\min(X) + \max(X))/2$. Für eine Menge $\mathcal{X} = \{X_i\}$ von Intervallen ist $\min(\mathcal{X}) = [\min_i(\min(X_i)), \min_i(\max(X_i))]$ und $\operatorname{diam}(\mathcal{X}) = \max_i \operatorname{diam}(X_i)$. Für einen Vektor w bezeichnen w_x und w_y seine x- und y-Komponente; entsprechend für einen Vektor von Intervallen. Die Intervalle P, V, M, T_{rem}, T stehen für Position, Richtung, Spiegelmittelpunkt, Restzeit und Zeit bis zur nächsten Reflexion.

Step 1: Initialisiere: $T_{rem} = [t_{max}, t_{max}]$, path $= \{p\}$, $s = \lfloor -\log_{10}\epsilon \rfloor$,
$\qquad$ error $= \infty$, $\delta = 10^{-s}$, wp $= s + 2$, $u = 0$.

Step 2: while error $> \epsilon$:
$\qquad$ Setze die Mantissenlänge auf wp signifikante Ziffern;
$\qquad$ while $\min(T_{rem}) > 0$:
$\qquad\qquad P = ([p_x - \delta, p_x + \delta], [p_y - \delta, p_y + \delta])$;
$\qquad\qquad V = ([v_x - \delta, v_x + \delta], [v_y - \delta, v_y + \delta])$; $M = \operatorname{round}(P + 2V/3)$;
$\qquad\qquad$ Bestimme in Intervallarithmetik $\mathcal{S}$, die Menge der Intervalllösungen
$\qquad\qquad\qquad$ der Gleichung $(P + tV - M) \cdot (P + tV - M) = 1/9$ bzgl. t;
$\qquad\qquad$ Wenn $\mathcal{S}$ einen Ausdruck der Form $\sqrt{[a,b]}$ mit $a < 0 < b$ enthält,
$\qquad\qquad\qquad$ so verlasse die innere while-Schleife;
$\qquad\qquad \mathcal{T} \subset \mathcal{S}$ seien die Lösungen der Form $[a,b]$ mit $a \geqslant 0$;
$\qquad\qquad T = \min(\mathcal{T})$ $(= [\infty, \infty]$, wenn $\mathcal{T}$ leer ist$)$;
$\qquad\qquad$ Prüfe die Werte von T und T_{rem}, wende den zutreffenden Fall an:
$\qquad\qquad\qquad T \leqslant T_{rem}$: $P = P + TV$; $V = H_{P-M} \cdot V$; $T_{rem} = T_{rem} - T$;
$\qquad\qquad\qquad T > T_{rem}$ und $T_{rem} \geqslant 2/3$: $T_{rem} = T_{rem} - 2/3$; $P = P + 2/3V$;
$\qquad\qquad\qquad T > T_{rem}$ und $T_{rem} < 2/3$: $P = P + T_{rem}V$; $T_{rem} = 0$;
$\qquad\qquad\qquad$ Sonst (unvergleichbare Intervalle): Verlasse innere while-Schleife;
$\qquad\qquad$ Füge $\operatorname{mid}(P)$ zu path hinzu;
$\qquad\qquad$ Wenn die Anzahl genauer Ziffern von T, P, V oder T_{rem} kleiner
$\qquad\qquad\qquad$ als $-\log_{10}\epsilon$ ist, so verlasse die innere while-Schleife;
$\qquad$ end while;
$\qquad$ error $= \operatorname{diam}(\{P_x + [-\max(|T_{rem}|), \max(|T_{rem}|)],$
$\qquad\qquad P_y + [-\max(|T_{rem}|), \max(|T_{rem}|)]\})$;
$\qquad s = s + 1$; $\delta = 10^{-s}$; wp $= s + 2$;
$\qquad$ end while;
Step 3: Gebe path zurück.

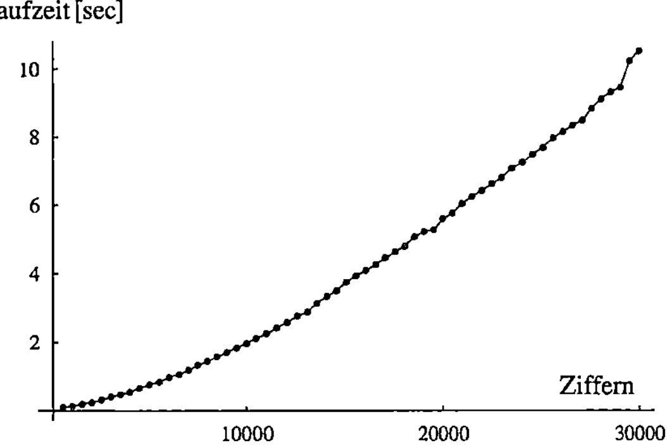

Abb. 2.4. *Laufzeiten des Intervallalgorithmus für d korrekte Ziffern des Resultats.*

Anhang C.5.2 enthält den Programmtext von `ReliableTrajectory`, einer Implementierung von Algorithmus 2.1 in Mathematica. Bei der ersten Anwendung hat man noch keine Vorstellung, wie groß die Anfangsintervalle gewählt werden sollten, und das Programm verkleinert langsam ihre Größe bis zu einer ausreichenden Anfangstoleranz: 10^{-40} für eine Ausgabegenauigkeit von 10^{-12}.

Eine Sitzung mit Mathematica

```
Norm[Last@ReliableTrajectory[{1/2, 1/10}, {1, 0}, 10, AccuracyGoal -> 12]] //
    IntervalForm
```

```
Initial condition interval radius is 10^-40.
0.99526291944366690
              03390
```

Hieraus und aus weiteren Rechnungen schließt man, dass für diese Implementierung in Mathematica ein Intervallradius von $10^{-(d+28)}$ für die Anfangswerte ausreicht, um d Ziffern des Ergebnisses zu erhalten. Diese Information kann man nutzen, um die Größe der Startintervalle festzulegen und die weitere Rechnung dadurch zu beschleunigen, dass man sich den Teil spart, der durch Versuch und Irrtum diese Größe ermittelt. Mit diesem Zugang gelangen wir zu 100 Ziffern im Bruchteil einer Sekunde.

```
Norm[Last@ReliableTrajectory[{1/2, 1/10}, {1, 0}, 10, AccuracyGoal -> 100,
    StartIntervalPrecision -> 127]] //IntervalForm
```

```
Initial condition interval radius is 10^-128.
0.99526291944335416089031180942672162102946692273415434980320885 80
  72986179622830632099174981897618876061990
                          5999926
```

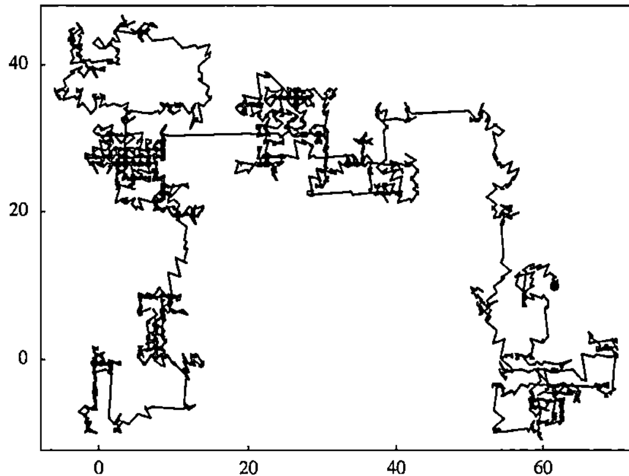

Abb. 2.5. *Die exakte Trajektorie des Photons bis zur Zeit* 2000; *berechnet in Intervall-arithmetik mit Anfangsintervallen vom Durchmesser* 10^{-5460}.

Tatsächlich arbeitet diese Methode selbst für 10 000 Ziffern vorzüglich (siehe Anhang B). Abbildung 2.4 zeigt einige Laufzeitexperimente bis zu 30 000 Ziffern (auf einem Macintosh G4 mit 1 GHz). Auch wenn dies vielleicht nicht der schnellste Weg zur Berechnung einer Vielzahl von Ziffern ist (die weiter oben diskutierte Verwendung einer Arithmetik fester Mantissenlänge wird schneller sein), so bezahlen wir mit der für die Intervallmethode aufgewendeten zusätzlichen Rechenzeit nur ein geringen Preis dafür, dass wir die Unsicherheiten heuristischer Fehlerabschätzungen beseitigen.

Die in diesem Problem zutage getretene Sensitivität ist charakteristisch für chaotische Systeme und wurde besonders gut für gewisse Differentialgleichungen studiert. Das Problem wird schwieriger (jedoch in prognostizierbarer Weise), wenn wir die Reisezeit verlängern. Selbst für die Endzeit 100 hat der Intervallzugang keine Schwierigkeiten: Ein Anfangsradius von 10^{-265} reicht aus, um die ersten 13 Ziffern des Resultats zur Zeit $t = 100$ zu berechnen; ja mehr noch: 10^{-5460} reicht für die Endposition zur Zeit $t = 2000$ (diese verifizierte Trajektorie findet sich in Abb. 2.5). Selbstverständlich ist es ebenso absurd anzunehmen, dass man die Anfangsposition eines Photons auf solche Toleranzen genau ermitteln könnte, wie perfekt kreisförmige Spiegel zu erwarten. Aber der hier präsentierte Intervallalgorithmus zeigt, dass es sich dabei um eine Schwierigkeit der Physik und nicht der rechnergestützten Mathematik handelt.

Die exakte Trajektorie führt uns zu einigen Beobachtungen über den Weg des Photons. Man könnte denken, dass dieser Weg einer Irrfahrt ähnelte. Tatsächlich finden sich aber gelegentlich sehr lange Schritte in entweder horizontaler oder vertikaler Richtung. Diese werden von den durch die Spiegel gegebenen Randbedingungen verursacht: Man kann keine lan-

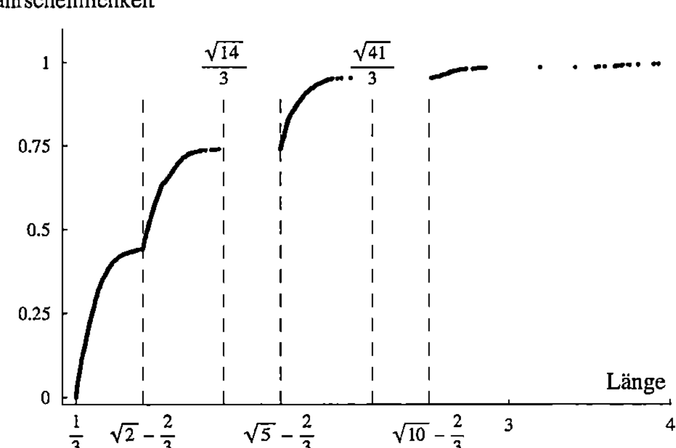

Abb. 2.6. *Die Wahrscheinlichkeitsverteilung der Segmentlängen in einer verifizierten Trajektorie bis zur Zeit 2000. Die Daten stammen aus einer Intervallrechnung, welche auf mehr als 5400 Ziffern genau ist.*

gen Schritte in einer Richtung machen, die nicht nahezu horizontal oder vertikal ist.

Dank der Arbeiten von Sinai in den frühen 1970er Jahren und von späteren Forschern wie Bunimovich und Chernov sind Billard-Trajektorien (wie hier in Problem 2) recht gut verstanden. In der Tat ist die Situation von Problem 2, wenn wir die Bewegung mit der auf einem flachen Torus mit genau einem reflektierenden Kreis identifizieren, gerade das erste von Sinai [Sin70a] betrachtete Beispiel eines dispersiven Billardsystems. Heute weiß man, dass dieses System ergodisch ist (siehe [Tab95, Thm. 5.2.3]), was zur Folge hat, dass für fast alle Anfangswerte die Menge der Richtungen der Segmente und der Reflexionspunkte auf dem Kreis in $[0, 2\pi]$ gleichverteilt sind. Gute Ausgangspunkte, um mehr über diese Theorie zu lernen, sind die Bücher [Tab95] und [CM01].

Abbildung 2.6 zeigt die Wahrscheinlichkeitsverteilung der Längen von 2086 Segmenten der verifizierten Trajektorie bis zur Zeit 2000. Diese Längen variieren von 0.33347 bis 14.833. Übrigens liefert eine in Maschinenarithmetik gerechnete Trajektorie eine völlig vergleichbare Verteilung, was auch eine Folge der Ergodizität ist.

Die Spitzen und Lücken dieser Verteilung sind interessant und entstehen aus der Geometrie der Reflexionen. Jedes Segment kann nach dem Abstand der beiden Kreise klassifiziert werden, die es verbindet. Auf diese Weise treten Segmente vom Typ 1 am häufigsten auf, gefolgt vom Typ $\sqrt{2}$, $\sqrt{5}$ (Zug eines Springers) und so weiter. Aber es tauchen nicht alle Quadratwurzeln von Summen zweier Quadratzahlen auf, da der Weg zu einigen Spiegeln von anderen blockiert wird. Beim ersten Typ kommen alle Längen in $[1/3, \sqrt{5}/3]$ vor. Beim Typ $\sqrt{2}$ liegen die möglichen Längen im Intervall $[\sqrt{2} - 2/3, \sqrt{14}/3]$. Das erklärt das plötzliche Anwachsen der Verteilung bei $\sqrt{2} - 2/3$. Man beachte, dass das kleine Intervall von $\sqrt{5}/3 \doteq 0.7453$ bis $\sqrt{2} - 2/3 \doteq 0.7475\ldots$ keine realisierbaren Längen enthält. Die Längen vom Typ $\sqrt{5}$ stammen aus dem Intervall $[\sqrt{5} - 2/3, \sqrt{41}/3]$ (die obere Grenze ist die Länge der gemeinsamen Tangente, welche von einem Punkt der Nordwestseite des Kreises um $(0,0)$ zur Südostseite des Kreises um $(2,1)$ verläuft). Dies erklärt die Lücke zwischen $\sqrt{14}/3$ und $\sqrt{5} - 2/3$. Weitere Beobachtungen sind möglich, wenn wir die oben genannte Gleichverteilung der Steigungswinkel und Reflexionspunkte aus der Billardtheorie mit einbeziehen. Eine leichte Übung in Geometrie liefert uns dann ein Integral, das die Wahrscheinlichkeit der Segmente vom Typ 1 auf etwa 0.448 beziffert. Das bedeutet, dass wir 935 solche Segmente unter den 2086 Segmenten der Trajektorie bis zur Zeit 2000 erwarten dürfen; tatsächlich finden wir 925 davon in schöner Übereinstimmung mit der Vorhersage. Wir überlassen es dem Leser, weitere Untersuchungen in dieser Richtung durchzuführen – vielleicht einschließlich einer Variation des Radius der Spiegel.

Wie weit entfernt ist Unendlich?

Jörg Waldvogel

> *O Gott, ich könnte in einer Nussschale eingeschlossen sein und mich als König unendlichen Raums betrachten, wenn ich nur nicht schlimme Träume hätte.*
>
> William Shakespeare (Hamlet, 1600)

Problem 3

Die unendlich-dimensionale Matrix A mit den Elementen $a_{11} = 1, a_{12} = 1/2, a_{21} = 1/3, a_{13} = 1/4, a_{22} = 1/5, a_{31} = 1/6$, usw., bildet einen beschränkten Operator auf ℓ^2. Welchen Wert hat $\|A\|$?

In §3.1 werden wir das unendlich-dimensionale Problem darauf reduzieren, den Limes einer Folge endlich-dimensionaler Matrixnormen zu berechnen. Eine einfache Abschätzung wird uns die ersten beiden Ziffern liefern. In §3.2 werden wir die Matrixnormen ohne viel Hintergrundwissen mit dem in Matlab eingebauten Befehl norm berechnen und den Grenzwert mit Extrapolation annähern. Das wird uns zwar 12 Ziffern liefern, jedoch ohne befriedigende Evidenz ihrer Korrektheit. Ein ähnlicher, wenn auch etwas effizienterer Algorithmus, der auf Vektoriteration aufbaut, wird uns in §3.3 helfen, 21 Ziffern hervorzubringen. In §3.4 werden wir eine Störungstheorie zweiter Ordnung benutzen, um den Approximationsfehler genauer zu verstehen.

Die Jagd nach höherer Genauigkeit stellt sich für Problem 3 als besonders schwierig heraus. Tatsächlich hatte Trefethen auf seiner Webseite in seiner ersten Ankündigung der Ergebnisse im Mai 2002 nur 15 Ziffern angegeben; bei allen anderen Problemen waren es 40. In einer späteren Fassung konnte er dank einer Methode von Rolf Strebel die fehlenden 25 Ziffern nachtragen. Strebels Zugang, Thema von §3.5, basiert auf der Euler-Maclaurin'schen Summenformel und liefert die effizienteste Methode, um in doppelt-genauer IEEE-Arithmetik die volle Genauigkeit von fast 16 Ziffern zu erreichen. Obwohl diese Methode bemerkenswert erfolgreich ist, verlangsamt sich die Konvergenzrate für hochgenaue Rechnungen jenseits von etwa 100 Ziffern. Diese Schwierigkeit werden wir in §3.6 bezwingen, indem wir „Unendlich" durch Mittel der Funktionentheorie und Kurvenintegration einfangen.

3.1 Auf den ersten Blick

Eine strenge Grundlegung des Problems erfordert es, sich einige Ergebnisse aus der elementaren Theorie von Hilberträumen in Erinnerung zu rufen [Wer05, Kap. V].[1] Der Folgenraum ℓ^2 bezeichnet die Menge der quadratsummierbaren reellwertigen Folgen $x = (x_1, x_2, \ldots)$ und ist mit einem Skalarprodukt ausgestattet, welches das euklidische Skalarprodukt auf $\mathbb{R}^n$ für $x, y \in \ell^2$ durch

$$\langle x, y \rangle = \sum_{k=1}^{\infty} x_k y_k$$

verallgemeinert. Es induziert die Norm

$$\|x\| = \sqrt{\langle x, x \rangle},$$

die ℓ^2 zu einem vollständigen Raum macht. Vollständige Räume mit einem Skalarprodukt heißen *Hilberträume*; und ℓ^2 ist nicht nur ein Beispiel eines solchen Raums, sondern tatsächlich isometrisch-isomorph zu jedem separablen Exemplar [Wer05, Korollar V.4.13]. Man kann die meisten algebraischen, geometrischen und analytischen Eigenschaften von $\mathbb{R}^n$ auf Hilberträume im Allgemeinen und ℓ^2 im Speziellen verallgemeinern. Ein linearer Operator $A : \ell^2 \to \ell^2$ ist *beschränkt* und daher stetig, wenn seine Operatornorm

$$\|A\| = \sup_{x \neq 0} \frac{\|Ax\|}{\|x\|} \tag{3.1}$$

eine (endliche) reelle Zahl ist. Diese Operatornorm verallgemeinert die *Spektralnorm* einer Matrix aus $\mathbb{R}^{n \times n}$ [Hig96, §6.2], d.h. die von der euklidischen Vektornorm induzierte Matrixnorm.

---

[1] Es wird die Geschichte kolportiert, Hilbert habe Weyl nach einem Vortrag gefragt [You81, S. 312]: „Weyl, eine Sache müssen Sie mir erklären: Was ist das, ein Hilbert'scher Raum? Das habe ich nicht verstanden." Leser, denen es wie Hilbert geht, können das folgende schadlos bis zum Ende von Lemma 3.1 überspringen.

Nun, nach dieser Definition sieht die Berechnung der Norm des betrachteten Operators wie ein unendlich-dimensionales Optimierungsproblem aus. Jedoch zeigt das folgende Lemma, dass man den unendlich-dimensionalen Operator A durch seine n-dimensionalen Hauptuntermatrizen A_n,

$$A = \begin{pmatrix} \boxed{A_n} & \vdots \\ \cdots & \ddots \end{pmatrix}, \qquad A_n \in \mathbb{R}^{n \times n},$$

approximieren kann.

Lemma 3.1. *Für* $1 \leqslant n \leqslant m$ *gilt*

$$\|A_n\| \leqslant \|A_m\| \leqslant \lim_{k \to \infty} \|A_k\| = \|A\| \leqslant \frac{\pi}{\sqrt{6}}.$$

Beweis. Wir bezeichnen mit $P_n : \ell^2 \to \operatorname{span}\{e_1, \ldots, e_n\} \subset \ell^2$ die Orthogonalprojektion von ℓ^2 auf den n-dimensionalen Teilraum, der durch die ersten n Basisfolgen $(e_j)_k = \delta_{jk}$ aufgespannt wird. Diesen Teilraum können wir mit $\mathbb{R}^n$ identifizieren und erhalten $A_n = P_n A P_n$. Für $n \leqslant m$ gilt $P_n = P_n P_m = P_m P_n$ und daher $A_n = P_n A_m P_n$. Die Submultiplikativität der Operatornorm und die Tatsache, dass eine Orthogonalprojektion $\|P_n\| \leqslant 1$ erfüllt, führen auf

$$\|A_n\| \leqslant \|P_n\|^2 \|A_m\| \leqslant \|A_m\| = \|P_m A P_m\| \leqslant \|P_m\|^2 \|A\| \leqslant \|A\|. \qquad (3.2)$$

Also ist die Folge der $\|A_n\|$ monoton wachsend. Wir wissen aber noch nicht, ob sie beschränkt ist, da wir kein Argument für $\|A\| < \infty$ angeführt haben.

Eine solche Schranke folgt indes aus dem Umstand, dass die Spektralnorm $\|A_n\|$ durch die Frobeniusnorm $\|A_n\|_F$ abgeschätzt werden kann (siehe [Hig96, Tab. 6.2]) und daher

$$\|A_n\| \leqslant \|A_n\|_F = \left(\sum_{j,k=1}^{n} a_{jk}^2 \right)^{1/2} \leqslant \left(\sum_{k=1}^{\infty} k^{-2} \right)^{1/2} = \frac{\pi}{\sqrt{6}} \qquad (3.3)$$

gilt. Folglich existiert der Grenzwert $\lim_{n \to \infty} \|A_n\| = \sup_n \|A_n\| \leqslant \pi/\sqrt{6}$ der wachsenden Folge. Wegen der Vollständigkeit der Basisfolgen wissen wir, dass $\lim_{n \to \infty} P_n x = x$ für alle $x \in \ell^2$ ist und daher

$$\|Ax\| = \lim_{n \to \infty} \|P_n A P_n x\| \leqslant \lim_{n \to \infty} \|A_n\| \, \|x\|, \quad \text{also} \quad \|A\| \leqslant \lim_{n \to \infty} \|A_n\|,$$

gilt. Zusammen mit (3.2) beendet das den Beweis. $\qquad \square$

Fassen wir das Bisherige zusammen, so verlangt Problem 3 eigentlich die Berechnung des Grenzwerts

$$\lim_{n \to \infty} \|A_n\|$$

der Spektralnormen der endlich-dimensionalen Hauptuntermatrizen A_n. Von dieser Stelle an können wir aufhören, über unendlich-dimensionale Operatoren zu reden: Dieser Grenzwert wird der Ausgangspunkt unserer rechnergestützten Unternehmungen sein. Die genaue Rate der Konvergenz $\|A_n\| \to \|A\|$ wird uns in §3.4 beschäftigen.

Über die Formulierung des Problems in einer geeigneten Form hinaus erlaubt uns Lemma 3.1 die beweiskräftige Angabe der ersten zwei Ziffern des Resultats:

$$1.233 \doteq \|A_3\| \leqslant \|A\| \leqslant \frac{\pi}{\sqrt{6}} \doteq 1.282, \qquad \text{also} \quad \|A\| \doteq 1.2.$$

Die Spektralnorm einer (endlich-dimensionalen) Matrix A_n erfüllt [GL96, Thm. 2.3.1]

$$\|A_n\| = \sigma_{\max}(A_n) = \sqrt{\lambda_{\max}(G_n)}, \qquad G_n = A_n^T A_n. \tag{3.4}$$

Dabei bezeichnen wir mit $\sigma_{\max}(A_n)$ den größten Singulärwert[2] von A_n und mit $\lambda_{\max}(G_n)$ den größten Eigenwert von G_n.

Das Aufstellen der Matrix

Die Matrix $\tilde{A} = (1/a_{jk})$ der Kehrwerte der Elemente von A ist durch eine jeweils von Nordosten nach Südwesten verlaufende Anordnung der natürlichen Zahlen gegeben:

$$\tilde{A} = \begin{pmatrix} 1 & 2 & 4 & 7 & \dots \\ 3 & 5 & 8 & 12 & \dots \\ 6 & 9 & 13 & 18 & \dots \\ 10 & 14 & 19 & 25 & \dots \\ & \dots\dots\dots & & \ddots \end{pmatrix}.$$

Wir ziehen Nutzen aus der Darstellung von $\tilde{A}$ als Differenz einer Hankelmatrix und einer Matrix mit konstanten Spalten:

$$\tilde{A} = \begin{pmatrix} 2 & 4 & 7 & 11 & \dots \\ 4 & 7 & 11 & 16 & \dots \\ 7 & 11 & 16 & 22 & \dots \\ 11 & 16 & 22 & 29 & \dots \\ & \dots\dots\dots & & \ddots \end{pmatrix} - \begin{pmatrix} 1 & 2 & 3 & 4 & \dots \\ 1 & 2 & 3 & 4 & \dots \\ 1 & 2 & 3 & 4 & \dots \\ 1 & 2 & 3 & 4 & \dots \\ & \dots\dots & & \ddots \end{pmatrix}.$$

---

[2] Allgemein sind die Singulärwerte einer Matrix A die Quadratwurzeln der Eigenwerte der positiv semidefiniten Matrix $G = A^T A$.

Folglich können die Elemente von A in der Form

$$a_{jk} = \frac{1}{b_{j+k} - k}, \qquad j,k = 1,2,\ldots, \tag{3.5}$$

mit $b_l = 1 + (l-1)l/2$ geschrieben werden. Der Ausdruck (3.5) ist ein nützliches Instrument, sowohl um die Hauptuntermatrizen A_n aufzustellen, als auch um die Abbildung $x \mapsto Ax$ ohne explizites Abspeichern von A zu programmieren.

Eine Sitzung mit Matlab

```
>> n = 1024;
>> N = 2*n-1; k = 1:N; b = 1 + cumsum(k);
>> A = 1./(hankel(b(1:n),b(n:N))-ones(n,1)*k(1:n));
```

Das ist jedenfalls eleganter,[3] als die Matrix A_n mit Hilfe der expliziten Formel

$$a_{jk} = \frac{1}{(j+k-1)(j+k)/2 - (k-1)}, \qquad j,k = 1,2,\ldots,n, \tag{3.6}$$

aufzustellen, die einfach durch vollständiges Ausschreiben von (3.5) entsteht. Wir bemerken, dass der Abfall für große j und k durch $a_{jk} = O((j+k)^{-2})$ gegeben ist; das ist schneller als etwa die Rate des Abfalls der berühmten Hilbertmatrix $H = (h_{jk})$ mit $h_{jk} = 1/(j+k-1)$.

Die Elemente a_{jk} erfreuen sich eines besonderen Merkmals, das in §3.6 bedeutsam sein wird: Sie sind durch eine rationale Funktion a gegeben, die in ganzzahligen Argumenten ausgewertet wird, $a_{jk} = a(j,k)$, $j,k \in \mathbb{N}$. Diese Funktion besitzt eine natürliche meromorphe Fortsetzung in die komplexe u- bzw. v-Ebene,

$$a(u,v) = \frac{1}{b(u+v) - v}, \qquad b(z) = 1 + (z-1)z/2, \tag{3.7}$$

ohne Polstellen in den Gitterpunkten $(u,v) \in \mathbb{N}^2$.

3.2 Extrapolation

In diesem Abschnitt stellen wir die einfache Methode vor, die viele Teilnehmer des Wettbewerbs nutzten, um 10 bis 12 Ziffern von $\|A\|$ mit einem gewissen Grad an Zuversicht zu berechnen, ohne sich tiefer mit den Mysterien der Matrix A zu befassen.

---

[3] Das Aufstellen der Matrix mit dem Befehl hankel war vor der Einführung des JIT-Compilers (in Release 13) wesentlich schneller als mit der expliziten Formel. Inzwischen sind die Laufzeiten beider Varianten ungefähr gleich.

Die Methode nutzt aus, dass etliche Softwarepakete eine Möglichkeit zur direkten Berechnung der Spektralnorm $\|A_n\|$ der betrachteten Hauptuntermatrizen bieten. So berechnet beispielsweise der Matlab-Befehl norm(A) die Norm einer im Programmtext mit A bezeichneten Matrix. Dahinter verbirgt sich eine Singulärwertzerlegung (siehe [GL96, §8.6]). Die Laufzeit des Befehls norm(A) skaliert daher wie $O(n^3)$.

Als Alternative bietet Matlab den Befehl normest(A,tol), der iterativ eine Approximation von $\|A\|$ auf eine relative Genauigkeit tol berechnet. Er basiert auf der in §3.3 diskutierten Vektoriteration und hat für fest gewählte Genauigkeit tol eine Laufzeit der Ordnung $O(n^2)$.

In der zweiten Spalte der Tabelle 3.1 finden sich für die Zweierpotenzen $n = 1, 2, 4, \ldots, 4096$ die Normen $\|A_n\|$. Die Werte zeigen schön das in Lemma 3.1 angeführte monotone Verhalten. Betrachten wir die Ziffern näher, die von einer Zeile zur nächsten stehen bleiben, so stellen wir fest, dass eine Verdopplung von n etwas weniger als eine weitere korrekte Ziffer liefert. Hieraus schließen wir auf etwa 10 korrekte Ziffern für $n = 2048$. Um auf der sicheren Seite zu sein, gehen wir bis $n = 4096$ und erhalten

$$\|A\| \doteq 1.274\,24152.$$

Der Speicherplatzbedarf für die Matrix A_{4096} liegt bei 120 MB; die Berechnung von $\|A_{4096}\|$ mit dem Befehl norm(A) benötigt 12 Minuten und mit normest(A,5e-16) 12 Sekunden.[4] Beide Ergebnisse stimmen auf 15 Ziffern überein.

Wir können sehr viel effizienter zu 12 korrekten Ziffern in weniger als einer Sekunde gelangen, indem wir die Werte für kleine n nehmen und zum Grenzwert $n \to \infty$ extrapolieren.

Eine Sitzung mit Matlab (Fortsetzung von der vorigen Seite)

Zunächst berechnen und speichern wir die Werte der Normen für $n = 1, 2, 4, \ldots, 2^{L-1}$. Dabei wählen wir $L = 11$, was der maximalen Dimension $n = 1024$ entspricht.

```
>> L = 11; vals = [];
>> for nu = 1:L,
>> n=2^(nu-1); An=A(1:n,1:n); vals=[vals;normest(An,5e-16)];
>> end;
```

Danach benutzen wir den *Wynn'schen Epsilon-Algorithmus* (siehe Anhang A, S. 310), um mittels Extrapolation den Grenzwert der in vals abgespeicherten Daten zu approximieren:

---

[4] Die angegebenen Laufzeiten beziehen sich auf einen PC mit 1.6 GHz.

Tabelle 3.1. *Werte von $\|A_n\|$ und Extrapolation mittels des Wynn'schen Epsilon-Algorithmus.*

n	vals $= \|A_n\|$	Wynn für $L = 10$	Wynn für $L = 11$
1	1.00000000000000	1.00000000000000	1.00000000000000
2	1.18335017655166	1.29446756234379	1.29446756234379
4	1.25253739751680	1.27409858051212	1.27409858051212
8	1.27004630585408	1.27422415478429	1.27422415478429
16	1.27352521545013	1.27422416116628	1.27422416116628
32	1.27411814436915	1.27422415278695	1.27422415282204
64	1.27420913129766	1.27422415285119	1.27422415282075
128	1.27422212003778	1.27422415271828	1.27422415282239
256	1.27422388594855	1.27422415371348	1.27422415281540
512	1.27422411845808	1.27422411845808	1.27422415289127
1024	1.27422414844970	—	1.27422414844970
2048	1.27422415226917	—	—
4096	1.27422415275182	—	—

```
>> L2 = 2*L-1; vv = zeros(L2,1); vv(1:2:L2) = vals;
>> for j=2:L
>> k=j:2:L2+1-j; vv(k)=vv(k)+1./(vv(k+1)-vv(k-1));
>> end;
>> result = vv(1:2:L2);
```

Die Ergebnisse werden in dem Spaltenvektor `result` abgespeichert, der von oben nach unten die Werte des rechten Rands des Wynn'schen Dreiecktableaus enthält. Die beste Approximation von $\|A\|$ findet sich im Allgemeinen gerade unterhalb des Elements in der Mitte. Tabelle 3.1 führt die Ergebnisse der Sitzung auf, die wir gerade für $L = 11$ durchgeführt haben, und zusätzlich die eines weiteren Laufs mit $L = 10$. Die Laufzeit lag unter einer halben Sekunde. Für den weniger teuren Lauf mit $L = 10$ stimmen die Einträge für $n = 32, 64$ und 128 auf 10 Ziffern überein. Für den Lauf mit $L = 11$ stimmen diese Einträge sogar auf 12 Ziffern überein; wir können daher an diesem Punkt mit Überzeugung das Ergebnis

$$\|A\| \doteq 1.2742\,24152\,82 \tag{3.8}$$

angeben. Extrapolation liefert also im Vergleich zur einfachen Approximation $\|A_{4096}\|$ zwei zusätzliche Ziffern in einer um den Faktor 40 kürzeren Laufzeit. Ähnliche Resultate können wir mit anderen Extrapolationstechniken erzielen. Im Anhang A findet der Leser auf S. 313 und S. 320 als weitere Beispiele die Anwendung des *Levin'schen U-Algorithmus* bzw. des *Rho-Algorithmus* auf Problem 3.

Das sieht nach einem schnellen Ende von Problem 3 aus. Weitere Evidenz für die berechneten Ziffern erfordert jedoch höhere Genauigkeit, welche dieser Zugang nicht mehr so leicht liefern kann.

3.3 Vektoriteration

Ein Engpass der Methode aus §3.2 ist der enorme Speicherbedarf für die Matrix A_n bei größerem n: 120 MB werden etwa für $n = 4096$ benötigt. Das führt uns dazu, nach einer iterativen Methode zur Berechnung der Norm $\|A_n\|$ zu fragen, welche A_n nur über die Matrix-Vektor-Produkte $x \mapsto Ax$ und $x \mapsto A^T x$ anspricht. Eine solche Methode ergibt sich unmittelbar, wenn wir uns (3.4) ins Gedächtnis rufen, d.h.

$$\|A_n\|^2 = \lambda_{\max}(G_n), \qquad G_n = A_n^T A_n.$$

Der größte Eigenwert einer symmetrisch positiv semidefiniten Matrix G_n kann effizient mit *Vektoriteration* [GL96, §8.2.1] berechnet werden, einer grundlegenden Methode, welche sich in so gut wie jedem einführenden Lehrbuch zur numerischen Mathematik findet.

Algorithmus 3.2 (Vektoriteration zur Berechnung von $\lambda_{\max}(G_n)$).

Wähle einen Anfangsvektor $x^{(0)}$ der Norm 1

for $\nu = 1$ **to** $\nu_{\max}$ **do**

$$y^{(\nu)} = G_n x^{(\nu-1)};$$
$$\lambda^{(\nu-1)} = \left(x^{(\nu-1)}\right)^T y^{(\nu)};$$

    if $\lambda^{(\nu-1)}$ hinreichend genau **then exit**;

$$x^{(\nu)} = y^{(\nu)} / \|y^{(\nu)}\|;$$

end for

Konvergenztheorie

Diese einfache Methode besitzt eine ebenso einfache Konvergenztheorie.

Theorem 3.3 ([GL96, Thm. 8.2.1]). *Der größte Eigenwert $\lambda_1 = \lambda_{\max}(G_n)$ einer symmetrischen, positiv semidefiniten $n \times n$ Matrix G_n sei einfach, d.h. die n Eigenwerte von G_n lassen sich in der Form $\lambda_1 > \lambda_2 \geqslant \lambda_3 \geqslant \cdots \geqslant \lambda_n \geqslant 0$ anordnen. Ferner befinde sich der Anfangsvektor $x^{(0)}$ in allgemeiner Lage, d.h. er sei nicht orthogonal zum zu λ_1 gehörigen Eigenvektor. Dann gibt es eine Konstante $c > 0$, so dass*

$$|\lambda^{(\nu)} - \lambda_{\max}(G_n)| \leqslant c\rho^{\nu}, \qquad \nu = 1, 2, \ldots,$$

wobei die Kontraktionsrate $\rho = (\lambda_2/\lambda_1)^2$ beträgt.

Es gibt zwei geschickte Wege, um von der betrachteten Matrix $G_n = A_n^T A_n$ zu zeigen, dass ihr größter Eigenwert in der Tat einfach ist. Die zweite Methode besitzt dabei den Vorteil, eine quantitative Abschätzung der Kontraktionsrate ρ mitzuliefern.

Methode 1. Wir bemerken, dass alle Elemente von G_n strikt positiv sind. Also ist die *Perron–Frobenius'sche Theorie* nichtnegativer Matrizen [HJ85, §8.2] anwendbar. Insbesondere besagt ein allgemeiner Satz von Perron [HJ85, Thm. 8.2.5], dass für positive Matrizen der betragsgrößte Eigenwert, d.h. der *dominante* Eigenwert, stets einfach ist.

Methode 2. Wir erinnern uns an die Schranke (3.3) für $\|A_n\|_F$, die – gegeben die Darstellung [GL96, (2.5.7)] des Quadrats der Frobeniusnorm als Summe der Quadrate der Singulärwerte – sich wie folgt ausdrücken lässt:

$$\|A_n\|_F^2 = \lambda_1 + \lambda_2 + \cdots + \lambda_n \leqslant \frac{\pi^2}{6}.$$

Aus $\lambda_1 = \|A_n\|^2 \geqslant \|A_3\|^2 \doteq 1.52$ erhalten wir für $n \geqslant 3$, dass

$$\lambda_2 \leqslant \frac{\pi^2}{6} - \lambda_1 \leqslant 0.125, \qquad \rho = \left(\frac{\lambda_2}{\lambda_1}\right)^2 \leqslant 6.8 \cdot 10^{-3}.$$

Tatsächlich zeigt eine numerische Rechnung, dass für große n der zweitgrößte Eigenwert von G_n durch $\lambda_2 \doteq 0.020302$ gegeben ist, was uns mit dem Wert aus (3.8), also $\lambda_1 = \|A_n\|^2 \doteq 1.6236$, die Kontraktionsrate

$$\rho \doteq 1.5635 \cdot 10^{-4} \tag{3.9}$$

liefert. Das entspricht einem Zuwachs von $-\log_{10}\rho \doteq 3.8$ korrekten Ziffern pro Iterationsschritt, ein Wert, den wir in unseren numerischen Experimenten auch wirklich beobachtet haben.

Anwendung auf Problem 3

Wir verwenden (3.5), um den Schritt

$$y^{(\nu)} = G_n x^{(\nu-1)}, \qquad G_n = A_n^T A_n,$$

der Matrix-Vektor-Multiplikation in Algorithmus 3.1 effizient zu implementieren. Dabei besteht kein Grund, die Matrix G_n explizit aufzustellen. Stattdessen faktorisieren wir das Matrix-Vektor-Produkt in zwei verschiedene Schritte, $\tilde{x}^{(\nu)} = A_n x^{(\nu-1)}$ und $y^{(\nu)} = A_n^T \tilde{x}^{(\nu)}$, die durch

$$\bar{x}_j^{(\nu)} = \sum_{k=1}^{n} a_{jk} x_k^{(\nu-1)} = \sum_{k=1}^{n} \frac{x_k^{(\nu-1)}}{b_{j+k} - k}, \qquad j = 1, \ldots, n,$$

$$y_k^{(\nu)} = \sum_{j=1}^{n} a_{jk} \bar{x}_j^{(\nu)} = \sum_{j=1}^{n} \frac{\bar{x}_j^{(\nu)}}{b_{j+k} - k}, \qquad k = 1, \ldots, n,$$

$$(3.10)$$

gegeben sind. Zur Minimierung des Rundungsfehlereinflusses empfiehlt es sich [Hig96, S. 90], die Summen[5] von den kleinen zu den großen Termen zu akkumulieren, d.h. von $j = n$ zu $j = 1$ und von $k = n$ zu $k = 1$. Wir zahlen nur einen geringen Preis dafür, die Matrix A_n nicht abzuspeichern: An Stelle einer skalaren Multiplikation in der inneren Schleife jedes Matrix-Vektor-Produkts müssen wir zwei Additionen von Indizes und eine Division ausführen. Da nach (3.9) die Kontraktionsrate ρ im wesentlichen von der Dimension n unabhängig ist, skaliert die Laufzeit zur Approximation von $\|A_n\|$ auf eine feste Genauigkeit wie $O(n^2)$.

Der Leser findet eine Implementierung `OperatorNorm(x,tol)` dieser Ideen programmiert in PARI/GP im Anhang C.2.1 und programmiert in Matlab im Anhang C.3.1. Eingabe ist ein Anfangsvektor x und eine absolute Fehlertoleranz `tol` für $\|A_n\|$, Ausgabe ist die Approximation von $\|A_n\|$ sowie die letzte Iterierte $x^{(k)}$ der Vektoriteration. Dieser Ausgabevektor ermöglicht eine *hierarchische* Version des Iterationsverfahrens: Da der Eigenvektor von G_n, der zum dominanten Eigenwert gehört, die Approximation eines bestimmten Vektors im Folgenraum ℓ^2 darstellt, können wir den Ausgabevektor zur Dimension n mit Nullen aufgefüllt mit Gewinn einsetzen, um die Iteration zur Dimension $2n$ zu starten. Im Vergleich zu einem festen Eingabevektor, etwa dem ersten Basisvektor, reduziert sich die Laufzeit so um etwa einen Faktor 2.

Wir erweitern nun Tabelle 3.1 bis zur Dimension $n = 32768$. Um unser Vertrauen in die Korrektheit der Lösung zu steigern, gehen wir zu einer Arithmetik erweiterter Genauigkeit über und benutzen die voreingestellte Mantissenlänge von 28 Ziffern in PARI/GP.

Eine Sitzung mit PARI/GP (Vergleiche mit der Sitzung auf S. 51)

```
? dec=28; default(realprecision,dec); tol=10^(2.0-dec);
? L=16; vals=vector(L); res=[1.0,1.0]; vals[1]=res[1];
? for(nu=2,L,x0=concat(res[2],0*res[2]); res=OperatorNorm(x0,tol);\
        vals[nu]=res[1]);
? L2=2*L-1; vv=vector(L2,j, if(j%2==1, vals[(j+1)/2], 0));
? for(j=2,L,forstep(k=j, L2+1-j, 2,\
        vv[k]=vv[k]+1/(vv[k+1]-vv[k-1])));
? result=vector(L,j, vv[2*j-1])
```

---

[5] Die Summen erstrecken sich über ausschließlich nichtnegative Terme, sobald ein nichtnegativer Anfangsvektor $x^{(0)}$ gewählt wurde.

Tabelle 3.2. *Werte von* $\|A_n\|$ *und Extrapolation mittels des Wynn'schen Epsilon-Algorithmus.*

n	`vals` $= \|A_n\|$	Wynn für $L = 16$
..	··········	················
64	1.274209131297662	1.27422415282122834369360386
128	1.274222120037776	1.27422415282122818076956823
256	1.274223885948554	1.27422415282122818213398344
512	1.274224118458080	1.27422415282122818212253584
1024	1.274224148449695	1.27422415282122818213171143
2048	1.274224152269170	1.27422415282122818205973369
4096	1.274224152751815	1.27422415282122818299867942
8192	1.274224152812522	1.27422415282122815212556813
16384	1.274224152820138	1.27422415282122833561 9616358
32768	1.274224152821091	1.27422415282109177617 8588977

Die Elemente der Vektoren `vals` und `result` sind in der zweiten und dritten Spalte der Tabelle 3.2 aufgeführt.[6] Die Laufzeit lag unter acht Stunden.

Die Einträge für $n = 256, 512$ und 1024 stimmen auf 21 Ziffern überein. Wir geben daher mit Überzeugung das Resultat

$$\|A\| \doteq 1.2742\,24152\,82122\,818882\,1$$

an. Sehr viel weiter werden wir mit der naheliegenden Technik, die Hauptuntermatrizen A_n zu verwenden und mit einer Allzweckmethode den Grenzwert $n \to \infty$ zu extrapolieren, aber nicht gelangen können. In §3.5 werden wir beginnen, schlüssige Informationen über die *Folge* der Untermatrizen, oder äquivalent, über die unendliche Matrix A zu nutzen.

Eine Sackgasse: Die Berechnung einer geschlossenen Formel für $A^T A$

Wir beenden diesen Abschnitt mit einem Exkurs und untersuchen eine recht überraschende geschlossene Formel für die Elemente

$$g_{jl} = \sum_{k=1}^{\infty} a_{kj} a_{kl}$$

der unendlichen Matrix $G = A^T A$. Solch eine geschlossene Formel legt nahe, die Hauptuntermatrizen $\hat{G}_n$ von G anstelle der Matrizen $G_n = A_n^T A_n$

---

[6] Es ist beruhigend zu beobachten, dass die gemeinsamen Ergebnisse in den Tabellen 3.2 und 3.1 auf alle gezeigten Ziffern übereinstimmen.

in der Vektoriteration zu verwenden. Wir werden jedoch sehen, dass dies keinen allzu offensichtlichen Nutzen für die eigentliche Berechnung von $\|A\|$ hat. Einem Leser ohne weitergehendes Interesse an höheren transzendenten Funktionen und symbolischem Rechnen empfehlen wir, den Rest dieses Abschnitts zu überspringen und in §3.4 weiterzulesen.

Stellen wir die Koeffizienten a_{jk} wie in (3.6) dar, so erhalten wir $g_{jl} = \sum_{k=1}^{\infty} R_{jl}(k)$, wobei

$$R_{jl}(k) = \frac{4}{\left(k^2 + (2j-1)k + (j-1)(j-2)\right)\left(k^2 + (2l-1)k + (l-1)(l-2)\right)},$$

eine rationale Funktion mit einem Nenner vom Grad 4 in k ist. Eine elegante Technik, um Summen rationaler Funktionen über äquidistanten Argumenten auszuwerten, findet sich in [AS84, §6.8][7] Die Partialbruchzerlegung von R_{jl} liefert den Wert der Summe unmittelbar in Ausdrücken der Digammafunktion (auch Psifunktion genannt) $\psi(z) = \Gamma'(z)/\Gamma(z)$ sowie ihrer Ableitungen, den Polygammafunktionen.

Die Partialbruchzerlegung von R_{jl} wird durch die Polstellen

$$k_{1,2} = \frac{1}{2}\left(1 - 2j \pm \sqrt{8j-7}\right) \qquad \text{und} \qquad k_{3,4} = \frac{1}{2}\left(1 - 2l \pm \sqrt{8l-7}\right)$$

bestimmt. Konkret lässt sich das Element g_{jl} als Linearkombination der Werte $\psi(1-k_\nu)$, $\psi'(1-k_\nu)$, $\psi''(1-k_\nu)$, ..., $\psi^{(\mu_\nu-1)}(1-k_\nu)$ schreiben, wobei μ_ν die Vielfachheit des Pols k_ν bezeichnet. Etliche Computeralgebrasysteme, wie etwa Mathematica und Maple, verfügen über Implementierungen dieses Algorithmus.

Eine Sitzung mit Maple

```
> j:=1: l:=1:
> j1:=2*j-1: j2:=(j-1)*(j-2): l1:=2*l-1: l2:=(l-1)*(l-2):
> gjl:=sum(4/(k^2+j1*k+j2)/(k^2+l1*k+l2),k=1..infinity);
```

$$g_{11} = \frac{4}{3}\pi^2 - 12.$$

Weitere Beispiele sind:

$$g_{12} = \frac{2}{9}\pi^2 - \frac{43}{27}, \qquad g_{22} = \frac{4}{27}\pi^2 - \frac{31}{27}, \qquad g_{24} = \frac{137}{1350}, \qquad g_{17} = \frac{26281}{396900}$$

---

[7] Nach [Nie06, §24] geht diese Technik auf eine kurze Mitteilung von Appell aus dem Jahre 1878 zurück.

$$g_{13} = 4\gamma - 2 + \left(2 + \frac{8}{\sqrt{17}}\right)\psi\left(\frac{7 - \sqrt{17}}{2}\right) + \left(2 - \frac{8}{\sqrt{17}}\right)\psi\left(\frac{7 + \sqrt{17}}{2}\right),$$

wobei γ die Euler'sche Konstante bezeichnet und

$$g_{35} = -\frac{2}{17}\left(\psi\left(\frac{7 - \sqrt{17}}{2}\right) + \psi\left(\frac{7 + \sqrt{17}}{2}\right)\right)$$

$$+ \frac{2}{17}\left(\left(1 + \frac{4}{\sqrt{33}}\right)\psi\left(\frac{11 - \sqrt{33}}{2}\right) + \left(1 - \frac{4}{\sqrt{33}}\right)\psi\left(\frac{11 + \sqrt{33}}{2}\right)\right).$$

Vom Standpunkt geschlossener Formeln ist der Fall g_{33} von besonderem Interesse. Maple liefert hier den Ausdruck

$$g_{33} = \frac{4}{17}\left(\psi'\left(\frac{7 - \sqrt{17}}{2}\right) + \psi'\left(\frac{7 + \sqrt{17}}{2}\right)\right)$$

$$+ \frac{8\sqrt{17}}{289}\left(\psi\left(\frac{7 - \sqrt{17}}{2}\right) - \psi\left(\frac{7 + \sqrt{17}}{2}\right)\right).$$

Das Ergebnis in Mathematica trägt aber ein deutlich anderes Gewand:

Eine Sitzung mit Mathematica

```
g[j_, l_] :=
     ∞
     ∑              4
    k=1  ────────────────────────────────────────────────────    //
         (k² + (2 j - 1) k + (j - 1) (j - 2)) (k² + (2 l - 1) k + (l - 1) (l - 2))

     FullSimplify

g[3, 3]
```

$$-\frac{9}{4} - \frac{4}{289}\,\pi\,\mathrm{Sec}\left[\frac{\sqrt{17}\,\pi}{2}\right]^2\left(-17\,\pi + \sqrt{17}\,\mathrm{Sin}\left[\sqrt{17}\,\pi\right]\right)$$

John Boersma hat uns einen Beweis mitgeteilt, dass diese beiden Ausdrücke tatsächlich den gleichen Wert liefern. Darüber hinaus hat er die überraschende Tatsache bewiesen, dass sich g_{jj} ganz allgemein in Ausdrücken elementarer Funktionen darstellen lässt:[8]

$$g_{jj} = \frac{4\pi^2}{3(2q + 1)^2} - \frac{4}{(2q + 1)^2}\left(\sum_{m=1}^{j-q-1}\frac{1}{m^2} + \sum_{m=1}^{j+q}\frac{1}{m^2}\right) - \frac{8}{(2q + 1)^3}\sum_{m=j-q}^{j+q}\frac{1}{m},$$

---

[8] John Boersma hat uns freundlicherweise erlaubt, seinen Beweis auf der Webseite des Buchs zur Verfügung zu stellen.

falls $j = (q^2 + q + 2)/2$ für ein $q = 0, 1, 2, \ldots$, anderenfalls gilt

$$g_{jj} = -4 \sum_{m=0}^{j-1} \frac{1}{(m^2 + m + 2 - 2j)^2}$$

$$+ \frac{4\pi}{(8j - 7)^2} \sec^2(\sqrt{8j - 7}\,\pi/2) \left((8j - 7)\pi - \sqrt{8j - 7}\,\sin(\sqrt{8j - 7}\,\pi)\right).$$

Der auf einer Partialbruchzerlegung basierende Summationsalgorithmus zeigt also, dass sich jedes Element g_{jl} der unendlichen Matrix G als geschlossener Ausdruck in den Funktionen ψ und ψ' berechnen lässt. So elegant das auch ist, stellt sich dieser Zugang doch als Sackgasse heraus:

- Im Gegensatz zu den Elementen a_{jl} der Matrix A benötigen die Elemente g_{jl} von G sehr viel mehr Aufwand zu ihrer Berechnung für gegebenes j und l. Das wird jedoch nicht durch einen schnelleren Abfall für große j und l kompensiert.
- Der Tabelle 3.1 entnehmen wir, dass

$$\|A\| - \|A_{128}\| \doteq 2.0328 \cdot 10^{-6}.$$

Betrachten wir auf der anderen Seite die Hauptuntermatrix $\hat{G}_{128}$ von G der Dimension $n = 128$, deren Aufstellung beträchtlichen symbolischen und numerischen Aufwand verlangt. Matlab liefert als dominanten Eigenwert

$$\lambda_{\max}(\hat{G}_{128}) \doteq 1.6236447743.$$

Demnach liegt der Lohn der ganzen Mühe in

$$\|A\| - \sqrt{\lambda_{\max}(\hat{G}_{128})} \doteq 0.9485 \cdot 10^{-6},$$

was doch ein recht bescheidener Genauigkeitsgewinn ist.

3.4 Störungstheorie zweiter Ordnung

Betrachten wir Tabelle 3.2 etwas näher, so liegt die Vermutung nahe, dass die Normen der Hauptuntermatrizen A_n die Norm des Operators A mit einem Fehler von der Ordnung $O(n^{-3})$ approximieren. Wir werden jetzt mit Hilfe einer Störungstheorie zweiter Ordnung dieses Verhalten erklären. Nebenbei erhalten wir einen Korrekturterm, den wir benutzen, um Problem 3 auf 12 korrekte Ziffern in doppelt-genauer IEEE-Arithmetik zu lösen.

Das folgende Resultat ist ein Spezialfall einer Störungsentwicklung zweiter Ordnung, die Stewart ursprünglich für den *kleinsten* Singulärwert einer Matrix aufgestellt hat. Tatsächlich gilt das Resultat, mit genau dem gleichen Beweis, auch für den größten Singulärwert, also die Spektralnorm.

Theorem 3.4 ([Ste84]). *Es sei*

$$\tilde{A} = \begin{pmatrix} A & B \\ C & D \end{pmatrix} = \begin{pmatrix} A & 0 \\ 0 & 0 \end{pmatrix} + E$$

eine Blockmatrix der Dimension $m \times m$. *Es sei* u *und* v *der linke bzw. rechte Singulärvektor, welcher zum größten Singulärwert der* $n \times n$ *Hauptuntermatrix* A *gehört*,[9] $n \leqslant m$. *Für* $\|E\| \to 0$ *gilt die asymptotische Entwicklung*

$$\|\tilde{A}\|^2 = \|A\|^2 + \|u^T B\|^2 + \|Cv\|^2 + O(\|E\|^3).$$

Für das betrachtete Problem wenden wir dieses Störungsresultat auf die Blockpartitionierung

$$A_m = \begin{pmatrix} A_n & B_{n,m} \\ C_{n,m} & D_{n,m} \end{pmatrix} = \begin{pmatrix} A_n & 0 \\ 0 & 0 \end{pmatrix} + E_{n,m}, \qquad n \leqslant m,$$

an. Benutzen wir ein weiteres Mal die Abschätzung der Spektralnorm durch die Frobeniusnorm, so erhalten wir

$$\|E_{n,m}\|^2 \leqslant \|E_{n,m}\|_F^2 = \|A_m\|_F^2 - \|A_n\|_F^2 \leqslant \sum_{k>n^2/2} k^{-2} = O(n^{-2}).$$

Ebenso gilt $\|B_{n,m}\| = O(n^{-1})$ und $\|C_{n,m}\| = O(n^{-1})$. Wenn wir mit u_n und v_n den linken bzw. rechten Singulärvektor von A_n bezeichnen, der zum größten Singulärwert gehört, so liefert uns also Theorem 3.4 die Fehlerabschätzung

$$\|A_n\|^2 \leqslant \|A_m\|^2 = \|A_n\|^2 + \|u_n^T B_{n,m}\|^2 + \|C_{n,m} v_n\|^2 + O(n^{-3})$$

$$\leqslant \|A_n\|^2 + \|B_{n,m}\|^2 + \|C_{n,m}\|^2 + O(n^{-3}) = \|A_n\|^2 + O(n^{-2}). \tag{3.11}$$

Unsere Argumentation beweist also soweit nur eine Fehlerabschätzung der Ordnung $O(n^{-2})$ anstelle der numerisch beobachteten Ordnung $O(n^{-3})$. Wir müssen also bei den mittels Submultiplikativität erhaltenen Abschätzungen

$$\|u_n^T B_{n,m}\| \leqslant \|B_{n,m}\| = O(n^{-1}), \qquad \|C_{n,m} v_n\| \leqslant \|C_{n,m}\| = O(n^{-1})$$

zuviel verschenkt haben. Tatsächlich zeigt ein näherer Blick auf die Singulärvektoren u_n und v_n, dass ihre k-te Komponente zumindest experimentell von der Ordnung $O(k^{-2})$ für $k \to \infty$ abfällt.[10] Wenn wir *annehmen,*

---

[9] D.h. u und v sind Vektoren der Norm 1, welche $AA^T u = \sigma_{\max}^2(A)u$ bzw. $A^T A v = \sigma_{\max}^2(A)v$ erfüllen. Algorithmus 3.1 erlaubt uns tatsächlich, diese mitzuberechnen: $x^{(\nu)}$ und $Ax^{(\nu)}$, normalisiert auf Norm 1, approximieren u und v bis auf einen Fehler der Ordnung $O(\rho^\nu)$.

[10] Das spiegelt sehr wahrscheinlich das richtige Abfallverhalten des linken und rechten Singulärvektors der *unendlichen* Matrix A wider.

dass dies so ist, so erhalten wir nach einigen Rechnungen die verfeinerte Abschätzung

$$\|u_n^T B_{n,m}\| = O(n^{-3/2}), \qquad \|C_{n,m} v_n\| = O(n^{-3/2}).$$

Demnach gilt $\|A_m\|^2 = \|A_n\|^2 + O(n^{-3})$. Da all diese Abschätzungen gleichmäßig in m sind, können wir zum Grenzwert übergehen und erhalten die gewünschte Fehlerabschätzung

$$\|A\| = \|A_n\| + O(n^{-3}).$$

Vermutlich verbessert das Abfallverhalten der Komponenten der Singulärwerte genauso den Fehlerterm $O(n^{-3})$ in (3.11) zu $O(n^{-4})$, d.h.

$$\|A_m\|^2 = \|A_n\|^2 + \|u_n^T B_{n,m}\|^2 + \|C_{n,m} v_n\|^2 + O(n^{-4}).$$

Kombinieren wir das mit $\|A\|^2 = \|A_m\|^2 + O(m^{-3})$ und wählen

$$m_n = \lceil n^{4/3} \rceil,$$

so erhalten wir schließlich eine verbesserte Approximation von vermutlich der Ordnung $O(n^{-4})$:

$$\|A\| = \left(\|A_n\|^2 + \|u_n^T B_{n,m_n}\|^2 + \|C_{n,m_n} v_n\|^2 \right)^{1/2} + O(n^{-4}). \tag{3.12}$$

Im Vergleich zu $\|A_n\|$ bezahlen wir die verbesserte Konvergenzordnung nur mit dem relativ bescheidenen Anwachsen der Kosten von $O(n^2)$ auf $O(m_n \cdot n) = O(n^{7/3})$. Somit verringert sich die für einen gegebenen Approximationsfehler ϵ benötigte Laufzeit von $O(\epsilon^{-2/3})$ auf $O(\epsilon^{-7/12})$.

Tabelle 3.3 zeigt einige der mit Matlab ermittelten numerischen Resultate,[11] die sich im Einklang mit der vermuteten Ordnung $O(n^{-4})$ befinden. Die Laufzeit war etwa 10 Sekunden; 12 Ziffern sind korrekt für $n = 2048$. Da die letzten beiden Ziffern von Rundungsfehlern verschmutzt sind, kann der Wynn'sche Epsilon-Algorithmus hier nichts über die 12 Ziffern hinaus herausholen.

3.5 Summationsformeln: reelle Analysis

Als Alternative zur Konvergenzbeschleunigung der Folge $\|A_n\|$ verfolgen wir jetzt die Idee, den Grenzwert $n \to \infty$ früher, nämlich in jedem Schritt der Vektoriteration (Algorithmus 3.1) zu vollziehen. Das ist äquivalent zur Anwendung der Vektoriteration auf die unendliche Matrix A. Um das zu

---

[11] Der Programmtext findet sich auf der Webseite des Buchs.

Tabelle 3.3. *Werte von $\|A_n\|$ und die verbesserte Approximation (3.12).*

n	$\|A_n\|$	$\left(\|A_n\|^2 + \|u_n^T B_{n,m_n}\|^2 + \|C_{n,m_n} v_n\|^2\right)^{1/2}$
128	1.27422212003778	1.27422413149024
256	1.27422388594855	1.27422415144773
512	1.27422411845808	1.27422415273407
1024	1.27422414844970	1.27422415281574
2048	1.27422415226917	1.27422415282070

tun, müssen wir unendlich-dimensionale Matrix-Vektor-Produkte wie Ax und $A^T x$ auswerten, also unendliche Reihen der Form

$$\sum_{k=1}^{\infty} a_{jk} x_k \quad \text{und} \quad \sum_{k=1}^{\infty} a_{kj} x_k \tag{3.13}$$

summieren. Ein einfaches Abschneiden der Summen beim Index n würde uns zurück zur Auswertung von $\|A_n\|$ führen. Somit benötigen wir eine raffiniertere Methode zur Approximation dieser Summen. Solche Methoden können hauptsächlich vor dem Hintergrund des Abfallverhaltens der einzelnen Terme der Summe gerechtfertigt werden.

Im Laufe der Vektoriteration stellen die vorliegenden Vektoren x Approximationen an den linken bzw. rechten Singulärvektor dar, der zum größten Singulärwert der Matrix A gehört. Den Betrachtungen in §3.4 entnehmen wir gute Gründe für die Annahme, dass $x_k = O(k^{-2})$ für $k \to \infty$. Die explizite Formel (3.6) impliziert für festes j, dass die Matrixelemente a_{jk} und a_{kj} ebenfalls wie $O(k^{-2})$ abfallen. Außerdem bemerken wir, dass alle Terme der Summen nichtnegativ sind, sofern der Anfangsvektor für die Vektoriteration nichtnegativ gewählt wurde. Demnach finden wir in

$$\zeta(4) = \sum_{k=1}^{\infty} k^{-4} = \frac{\pi^4}{90} \tag{3.14}$$

ein gutes *Modell* für die Summen (3.13), anhand dessen wir später unsere Ideen testen werden. Für Summen dieses Typs werden wir *Summationsformeln*

$$\sum_{k=1}^{\infty} f(k) \approx \sum_{k=1}^{n} w_k \cdot f(c_k) \tag{3.15}$$

herleiten, wobei – in Analogie zu Quadraturformeln – die nichtnegativen Größen w_k *Gewichte* und die c_k *Stützstellen* genannt werden. Wir nehmen uns dabei die Freiheit, den Ausdruck $f(k)$ als eine Funktion von k aufzufassen, die sich in natürlicher Weise auf nicht ganzzahlige Argumente

$c_k \notin \mathbb{N}$ fortsetzen lässt. Dieser Blickwinkel ist sicherlich naheliegend für die vorliegenden Koeffizienten $a_{jk} = a(j,k)$, für die $a(j,k)$ die in (3.7) angegebene rationale Funktion ist. Wenn wir nun die Matrix-Vektor-Produkte in der Vektoriteration durch eine Summationsformel (3.15) approximieren, so erben die Komponenten x_k diese Eigenschaft. Auf diese Weise transformiert sich der wesentliche Schritt $y^{(\nu)} = A^T A x^{(\nu-1)}$ der Vektoriteration (siehe (3.10)) zu

$$\tilde{x}^{(\nu)}(c_j) = \sum_{k=1}^{n} w_k \cdot a(c_j, c_k) \cdot x^{(\nu-1)}(c_k), \qquad j = 1, \ldots, n,$$

$$y^{(\nu)}(c_k) = \sum_{j=1}^{n} w_j \cdot a(c_j, c_k) \cdot \tilde{x}^{(\nu)}(c_j), \qquad j = 1, \ldots, n. \tag{3.16}$$

Führen wir die Matrizen $W_n = \mathrm{diag}(w_1, \ldots, w_n)$ und $T_n = (a(c_j, c_k))_{jk}$ ein, so bemerken wir, dass die transformierte Vektoriteration (3.16) tatsächlich den dominanten Eigenwert der Matrix

$$\tilde{G}_n = T_n^T W_n T_n W_n \tag{3.17}$$

berechnet. Mit der Ähnlichkeitstransformation $B \mapsto W_n^{1/2} B W_n^{-1/2}$ schließen wir darauf, dass dieser Eigenwert auch der dominante Eigenwert der Matrix

$$W_n^{1/2} \tilde{G}_n W_n^{-1/2} = (W_n^{1/2} T_n W_n^{1/2})^T \, (W_n^{1/2} T_n W_n^{1/2}) = \tilde{A}_n^T \tilde{A}_n$$

ist. Also dürfen wir tatsächlich die *Norm* $\|\tilde{A}_n\|$ der transformierten Matrix

$$\tilde{A}_n = W_n^{1/2} T_n W_n^{1/2} = \left(\frac{\sqrt{w_j w_k}}{(c_j + c_k - 1)(c_j + c_k)/2 - (c_k - 1)} \right)_{j,k=1,\ldots,n} \tag{3.18}$$

berechnen. Wir vermuten, gestützt auf die Resultate aus §3.4 sowie unsere numerischen Experimente, dass

$$\lim_{n \to \infty} \|\tilde{A}_n\| = \|A\|$$

mit der gleichen Approximationsordnung konvergiert wie die zugrundeliegende Summationsformel (3.15). Ein Beweis dieser Gegebenheit ist ein offenes Problem, das wir dem Leser als Herausforderung überlassen.

Die Strebel'sche Summationsformel

Für einen funktionsfähigen Algorithmus benötigen wir eine Summationsformel, die anders als das einfache Abschneiden bei n für unser Problem eine höhere Ordnung als $O(n^{-3})$ liefert. Wir folgen dabei den Ideen, die uns

Rolf Strebel mitgeteilt hat, und konstruieren eine Methode, die wenigstens für die Auswertung von $\zeta(4)$ *beweisbar* von der Ordnung $O(n^{-7})$ ist.

Eine Summationsformel des Typs (3.15) sollte den Bereich der Indizes von $1, \ldots, \infty$ auf $1, \ldots, n$ verkürzen, ohne dabei allzu viele Fehler einzuführen. Im Fall eines *Integrals* würde diese Aufgabe durch eine Substitution mit einer injektiven Abbildung $\phi : [1, n) \to [1, \infty)$ *exakt* gelöst werden,

$$\int_1^\infty f(x)\,dx = \int_1^n \phi'(\xi)\,f(\phi(\xi))\,d\xi.$$

Wenn wir die Summe als eine Art von „Approximation" an das Integral auffassen, so könnten wir es mit

$$\sum_{k=1}^\infty f(k) \approx \sum_{k=1}^{n-1} \phi'(k)\,f(\phi(k))$$

versuchen. Der genaue Zusammenhang zwischen gleichabständigen Summen und Integralen wird nun durch das folgende Theorem beschrieben. Für die Zwecke unserer Darstellung haben wir dabei den unteren Summationsindex auf $k = 0$ verschoben.

Theorem 3.5 (Euler–Maclaurin'sche Summenformel [Hen77, §11.11]). *Es seien n, m natürliche Zahlen und f eine 2m-fach stetig differenzierbare Funktion auf dem Intervall $[0, n]$. Dann gilt*

$$\sum_{k=0}^n f(k) = \frac{1}{2}\left(f(0) + f(n)\right) + \int_0^n f(x)\,dx$$

$$+ \sum_{k=1}^m \frac{B_{2k}}{(2k)!}\left(f^{(2k-1)}(n) - f^{(2k-1)}(0)\right) + R_{2m},$$

wobei das Restglied wie folgt beschränkt ist:

$$|R_{2m}| \leqslant \frac{|B_{2m}|}{(2m)!} \int_0^n |f^{(2m)}(x)|\,dx.$$

Die Größen B_{2k} bezeichnen dabei die Bernoullizahlen.

Die Terme, die in dieser Formel zusätzlich zur Summe $\sum_{k=0}^n f(k)$ und dem gewünschten Integral $\int_0^n f(x)\,dx$ auftreten, schränken die mögliche Wahl einer geeigneten Abbildung ϕ erheblich ein. Eine solche Möglichkeit wird durch das folgende Lemma gegeben.

Lemma 3.6 (R. Strebel). *Es sei n eine natürliche Zahl und $f_n(x) = (x + n)^{-\alpha}$, $\alpha > 1$. Die Funktion*

$$\phi_n(\xi) = \frac{n^{1+\beta}(n-\xi)^{-\beta}}{\beta} - \frac{n}{\beta} - \frac{(1+\beta)\xi^2}{2n}, \qquad \beta = \frac{6}{\alpha-1},$$

ist strikt wachsend und bildet $[0,n)$ auf $[0,\infty)$ ab. Es gilt

$$\sum_{k=0}^{\infty} f_n(k) = \sum_{k=0}^{n-1} \phi_n'(k) \cdot f_n(\phi_n(k)) + O(n^{-3-\alpha}).$$

Beweis. Wir schreiben zur Abkürzung $\tilde{f}_n(\xi) = \phi_n'(\xi) \cdot f_n(\phi_n(\xi))$. Die Abbildung ϕ_n ist so gewählt, dass für $\xi \to 0$

$$\phi_n(\xi) = \xi + O(\xi^3).$$

Somit gilt

$$\tilde{f}_n(0) = f_n(0), \qquad \tilde{f}_n'(0) = f_n'(0).$$

Eine kurze Rechnung zeigt, dass

$$\tilde{f}_n'''(0) = c_{1,\alpha}\, n^{-3-\alpha}, \qquad f_n'''(0) = c_{2,\alpha}\, n^{-3-\alpha}$$

mit gewissen Konstanten $c_{1,\alpha}$ und $c_{2,\alpha}$, die nur von α abhängen. Außerdem ist ϕ_n so gewählt, dass für $\xi \to n$

$$\tilde{f}_n(\xi) = c_{3,\alpha}(n-\xi)^5 + o((n-\xi)^5)$$

mit einer Konstanten $c_{3,\alpha}$. Es gilt daher

$$\tilde{f}_n(n) = \tilde{f}_n'(n) = \tilde{f}_n''(n) = \tilde{f}_n'''(n) = \tilde{f}_n^{(4)}(n) = 0.$$

Schließlich haben wir

$$\int_0^\infty |f_n^{(4)}(x)|\, dx = O\left(\int_0^\infty (x+n)^{-4-\alpha}\, dx \right) = O(n^{-3-\alpha})$$

und

$$\int_0^n |\tilde{f}_n^{(4)}(\xi)|\, d\xi \leqslant n \cdot \max_{\xi \in [0,n]} |\tilde{f}_n^{(4)}(\xi)| = n \cdot O(n^{-4-\alpha}) = O(n^{-3-\alpha}).$$

Wenden wir jetzt die Euler–Maclaurin'sche Summenformel zweifach an, so erhalten wir

$$\sum_{k=0}^{\infty} f_n(k) = \frac{1}{2}f_n(0) + \int_0^\infty f_n(x)\, dx - \frac{B_2}{2!}f_n'(0) + O(n^{-3-\alpha})$$

$$= \frac{1}{2}\tilde{f}_n(0) + \int_0^n \tilde{f}_n(\xi)\, d\xi - \frac{B_2}{2!}\tilde{f}_n'(0) + O(n^{-3-\alpha})$$

$$= \sum_{k=0}^{n-1} \tilde{f}_n(k) + O(n^{-3-\alpha})$$

und damit die behauptete Approximation.   □

Wir gelangen zur *Strebel'schen Summationsformel* für $f(x) = x^{-\alpha}$, $\alpha > 1$, in der gewünschten Form

$$\sum_{k=1}^{\infty} f(k) = \sum_{k=1}^{n} w_k \cdot f(c_k) + O(n^{-3-\alpha}), \tag{3.19}$$

indem wir mit $m = \lceil n/2 \rceil$ die Summe gemäß $\sum_{k=1}^{\infty} f(k) = \sum_{k=1}^{m-1} f(k) + \sum_{k=0}^{\infty} f_m(k)$ zerlegen und Lemma 3.6 auf den zweiten Teil anwenden. Die Gewichte sind dann

$$w_k = \begin{cases} 1, & 1 \leqslant k \leqslant m-1, \\ \phi_m'(k-m), & m \leqslant k \leqslant 2m-1, \end{cases} \tag{3.19-1}$$

und die Stützstellen

$$c_k = \begin{cases} k, & 1 \leqslant k \leqslant m-1, \\ m + \phi_m(k-m), & m \leqslant k \leqslant 2m-1. \end{cases} \tag{3.19-2}$$

Für $n = 2m$ definieren wir zudem $w_n = 0$. Im Anhang C.3.2 findet der Leser eine Implementierung als Matlab-Funktion, die durch

```
[w,c] = SummationFormula(n,alpha)
```

aufgerufen wird. Wir testen sie anhand der Auswertung von $\zeta(4)$ mit $n = 2$, 20 und 200:

Eine Sitzung mit Matlab

```
>> zeta4 = pi^4/90;
>> alpha = 4; f = inline('1./x.^alpha','x','alpha');
>> error = [];
>> for n = [2,20,200]
>> [w,c] = SummationFormula(n,alpha);
>> error = [error; abs(zeta4 - w*f(c,alpha)')];
>> end
>> error

error = 8.232323371113792e-002
        1.767847579436932e-008
        1.554312234475219e-015
```

Das Ergebnis weist in schöner Übereinstimmung mit der Theorie für $\alpha = 4$ die Ordnung $O(n^{-7})$ auf.

Tabelle 3.4. *Werte von $\|\tilde{A}_n\|$ für zwei verschiedene Summationsformeln.*

n	$\|\tilde{A}_n\|$ mit (3.19)	$\|\tilde{A}_n\|$ mit (3.20)
4	1.284206027130483	1.219615351739390
8	1.274196943864618	1.263116205917547
16	1.274223642340573	1.274207431536352
32	1.274224147506024	1.274224152001268
64	1.274224152770219	1.274224152821228
128	1.274224152820767	1.274224152821228
256	1.274224152821224	1.274224152821228
512	1.274224152821228	1.274224152821228
1024	1.274224152821228	1.274224152821228

Anwendung auf Problem 3

Da wir nun über eine gute Summationsformel verfügen, nehmen wir die in (3.18) definierte, transformierte Matrix $\tilde{A}_n$ und berechnen ihre Norm für verschiedene n, indem wir die Vektoriteration aus §3.3 auf $\tilde{A}_n^T \tilde{A}_n$ anstatt auf $A_n^T A_n$ anwenden. Die Ergebnisse eines Laufs mit Matlab[12] bis zur Dimension $n = 1024$ finden sich in der zweiten Spalte der Tabelle 3.4; die Laufzeit lag unter einer Sekunde. Die Daten stehen im Einklang mit der vermuteten Approximationsordnung $O(n^{-7})$. Die Reduktion der Dimension ist bemerkenswert: Während $\|A_{32768}\|$ nur 13 korrekte Ziffern liefert, ist $\|\tilde{A}_{512}\|$ auf 16 Ziffern korrekt – selbst bei einer Auswertung in doppeltgenauer IEEE-Arithmetik.

Eine exponentielle Summationsformel

Für höhere Genauigkeiten ist die Approximationsordnung $O(n^{-7})$ jedoch noch nicht gut genug. Folgt man den Ideen des Beweises von Lemma 3.6, so könnte man versuchen, alle Terme $B_{2k} f^{(2k-1)}(0)/(2k)!$ in der Euler–Maclaurin'schen Summenformel für $\sum_{k=0}^{\infty} f(k)$ zu eliminieren, indem man eine Transformation

$$\tilde{f}_n(\xi) = (1 + n^{-1}\phi'_{\exp}(\xi/n))\, f(\xi + \phi_{\exp}(\xi/n))$$

mit einer Funktion $\phi_{\exp}(\xi)$ benutzt, für die alle Ableitungen in $\xi = 0$ verschwinden und die für $\xi \to 1$ schnell gegen unendlich wächst. Tatsächlich können wir dann zeigen, dass

---

[12] Der Programmtext findet sich auf der Webseite des Buchs.

Tabelle 3.5. *Anzahl der korrekten Ziffern von $\|\tilde{A}_n\|$ mit der Summationsformel (3.20); dec bezeichnet die Mantissenlänge der hochgenauen Arithmetik.*

n	dec	Anzahl korrekter Ziffern	Laufzeit
100	30	25	1.9 s
200	50	40	13 s
400	75	55	92 s
600	75	66	3.5 m
800	100	75	10 m
1000	100	82	27 m

$$\sum_{k=0}^{\infty} f(k) = \sum_{k=0}^{n-1} \left(1 + n^{-1}\phi'_{\exp}(k/n)\right) f(k + \phi_{\exp}(k/n)) + R_{2m} - \tilde{R}_{2m}, \quad (3.20)$$

wobei R_{2m} bzw. $\tilde{R}_{2m}$ das Restglied der Euler–Maclaurin'schen Formel für die beiden Summen bezeichnet. Der Punkt ist, dass die Summationsformel (3.20) für *alle* m gilt. In einer Analyse des Fehlers $R_{2m} - \tilde{R}_{2m}$ würde man versuchen, in Abhängigkeit von n einen speziellen Index m_n zu finden, der diesen Fehler minimiert. Eine solche Analyse stellt sich selbst für die einfache Funktion $f(x) = (x+1)^{-\alpha}$, $\alpha > 1$, als außerordentlich verwickelt heraus. Strebel hat einige numerische Experimente durchgeführt und für die spezielle Wahl

$$\phi_{\exp}(u) = \exp\left(\frac{2}{(1-u)^2} - \frac{1}{2u^2}\right)$$

sehr vielversprechende Resultate erhalten.

Im Anhang C.3.2 findet der Leser eine Matlab-Funktion, die durch

```
[w,c] = SummationFormula(n,'exp').
```

aufgerufen wird. Tatsächlich stellt diese Summationsformel selbst in doppelt-genauer IEEE-Arithmetik für Problem 3 eine weitere Verbesserung dar. Die Ergebnisse eines Laufs mit Matlab[13] bis zur Dimension $n = 1024$ finden sich in der dritten Spalte der Tabelle 3.4; die Laufzeit lag wiederum unter einer Sekunde. Für 16 korrekte Ziffern brauchen wir nur bis zur Dimension $n = 64$ zu gehen, was weniger als 0.1 Sekunden benötigt.

Wir haben die Summationsformel in PARI/GP implementiert und auf Problem 3 mit hochgenauer Arithmetik angewendet.[13] Tabelle 3.5 zeigt die Anzahl korrekter Ziffern für verschiedene n; dabei wurde die „Korrektheit"

---

[13] Der Programmtext findet sich auf der Webseite des Buchs.

durch einen Vergleich mit dem Ergebnis für $n = 1200$ beurteilt. Obwohl diese Formel bemerkenswert erfolgreich arbeitet, – so erhalten wir 25 Ziffern in weniger als 2 Sekunden verglichen mit den 8 Stunden für 21 Ziffern in §3.3 – verlangsamt sich die Konvergenzrate für größere n. Im nächsten Abschnitt werden wir uns mit einer Summationsformel befassen, die wir aus der Funktionentheorie herleiten und die sich *verlässlich* exponentieller Konvergenzraten erfreut.

3.6 Summationsformeln: komplexe Analysis

In diesem Abschnitt beschreiben wir eine allgemeine Technik, Summen als Kurvenintegrale auszuwerten. Da exzellente Methoden für die numerische Quadratur bekannt sind, führt uns das auf einen sehr effizienten Algorithmus im Umgang mit den unendlichen Reihen (3.13), die aus der Anwendung der Vektoriteration auf die unendliche Matrix A herrühren.

Die Technik ist eine Anwendung des Residuensatzes der Funktionentheorie und ist daher auf Summen eingeschränkt, deren Terme analytisch vom Index abhängen. Der Prozess ist in der umgekehrten Richtung eigentlich besser bekannt: Die Auswertung eines Kurvenintegrals als eine Summe von Residuen. Summationen mittels Kurvenintegralen wurden bereits unter anderen von Milovanović [Mil94] benutzt. Ein besonders nützliches Resultat dieses Zugangs zur Summation, welches hinreichend allgemein für unsere Zwecke ist, wird durch das folgende Theorem gegeben.

Theorem 3.7. *Es sei $f(z)$ eine in einem Gebiet der komplexen Ebene analytische Funktion. Wir nehmen ferner an, dass $f(z) = O(z^{-\alpha})$ für $z \to \infty$ mit einem $\alpha > 1$. Es sei C ein Weg im Analytizitätsgebiet von f, der symmetrisch zur reellen Achse von Unendlich im ersten Quadranten bis Unendlich im vierten Quadranten verläuft und zu dessen linker Seite (im Sinne seiner Orientierung) alle natürlichen Zahlen, aber keine weiteren ganzen Zahlen und kein Randpunkt des Analytizitätsgebiets von f liegt. Dann gilt*

$$\sum_{k=1}^{\infty} f(k) = \frac{1}{2\pi i} \int_C f(z) \cdot \pi \cot(\pi z)\, dz, \tag{3.21}$$

$$\sum_{k=1}^{\infty} (-1)^k f(k) = \frac{1}{2\pi i} \int_C f(z) \cdot \pi \csc(\pi z)\, dz. \tag{3.22}$$

Beweis.[14] Sämtliche Polstellen der 1-periodischen meromorphen Funktion $\pi \cot(\pi z)$ sind einfach und sie befinden sich in den ganzen Zahlen $z = n$,

---

[14] Wir beschränken uns auf (3.21). Die Formel (3.22) für alternierende Reihen kann analog bewiesen werden, wenn man beachtet, dass das Residuum der Funktion $\pi \csc(\pi z)$ zur Polstelle $z = n$, $n \in \mathbb{Z}$, gerade $(-1)^n$ beträgt.

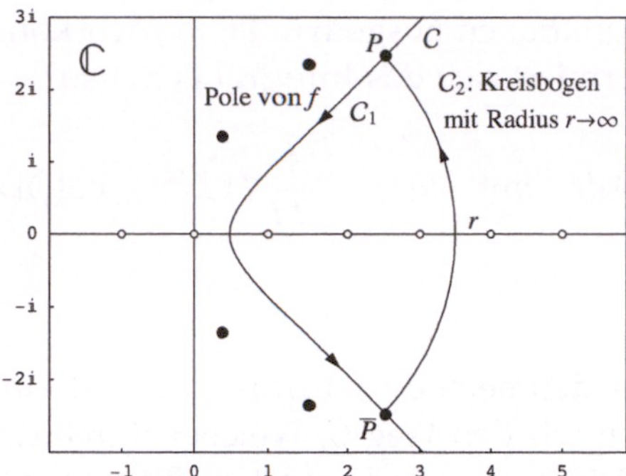

Abb. 3.1. *Wege im Beweis von Theorem 3.7 (n = 3).*

$n \in \mathbb{Z}$. Aus der Laurent'schen Reihe in $z = 0$, nämlich

$$\pi \cot(\pi z) = \frac{1}{z} - \frac{\pi^2}{3}z + O(z^3),$$

schließen wir, dass die Residuen stets 1 sind.

Es sei C_1 der Abschnitt des Weges C zwischen einem Punkt P und seinem konjugiert komplexen Punkt $\bar{P}$; weiter sei C_2 der Kreisbogen vom Radius r, der $\bar{P}$ und P gegen den Uhrzeigersinn verbindet (siehe Abb. 3.1). Wenn wir uns auf Radien $r_n = n + 1/2$, $n \in \mathbb{N}$, beschränken, dann bleibt die Funktion $\pi \cot(\pi z)$ für $|z| = r_n$, $z \in \mathbb{C}$, und $n \to \infty$ gleichmäßig beschränkt. Nun folgt aus dem Residuensatz [Hen74, Thm. 4.7a]

$$\sum_{k=1}^{n} f(k) = \frac{1}{2\pi i} \int_{C_1} f(z) \cdot \pi \cot(\pi z)\, dz + \frac{1}{2\pi i} \int_{C_2} f(z) \cdot \pi \cot(\pi z)\, dz.$$

Ein Übergang zum Grenzwert $n \to \infty$ liefert die Behauptung, da

$$\left| \int_{C_2} f(z) \cdot \pi \cot(\pi z)\, dz \right| = \text{Länge}(C_2) \cdot O(r_n^{-\alpha}) = O(r_n^{1-\alpha}) \to 0.$$

Hierbei haben wir den asymptotischen Abfall $f(z) = O(z^{-\alpha})$, $\alpha > 1$, der betrachteten Funktion genutzt. □

Theorem 3.7 ermöglicht uns die Transformation unendlicher Reihen in Integrale. Zuerst wählen wir dazu einen geeigneten Weg C, der mit der reellen Variablen t durch die komplexwertige Funktion $Z(t)$ parametrisiert sei. Da wir mit Werkzeugen der Funktionentheorie arbeiten, verwenden wir am besten Wege C, die *analytische* Kurven sind; also muss die Funktion Z ihrerseits eine analytische Funktion der reellen Variablen t sein. Zur Vereinfachung der numerischen Auswertung bevorzugen wir Kurven, die durch elementare Funktionen ausgedrückt werden können. Mit der Parametrisierung transformiert sich das Integral (3.21) zu

$$\sum_{k=1}^{\infty} f(k) = \int_{-\infty}^{\infty} F(t)\, dt \quad \text{mit} \quad F(t) = \frac{1}{2i} f(Z(t)) \cdot \cot(\pi Z(t)) \cdot Z'(t). \quad (3.23)$$

Beispiel

Wir wollen die $\zeta(4)$ definierende Summe (3.14) in ein Integral transformieren. Dazu wählen wir den Weg $\mathcal{C}$, welcher durch die Funktion $Z(t) = (1 - it)/2$ parametrisiert wird, und wenden Theorem 3.7 auf die Funktion $f(z) = z^{-4}$ an. Wir erhalten

$$\zeta(4) = \frac{1}{2\pi i} \int_{\mathcal{C}} \frac{\pi \cot(\pi z)}{z^4}\, dz = 16 \int_{-\infty}^{\infty} \frac{t(1 - t^2)\tanh(\pi t/2)}{(1 + t^2)^4}\, dt. \quad (3.24)$$

Jede Methode zur numerischen Quadratur, welche wir zur Approximation des Integrals (3.23) verwenden, liefert eine Summationsformel für f von der Gestalt (3.15). Aufgrund der zwischengeschalteten Funktion Z werden die Gewichte und Stützstellen jedoch komplexe Zahlen sein.

Wir bemerken, dass, sobald der Weg $\mathcal{C}$ gewählt wurde, die Parametrisierung von $\mathcal{C}$ immer noch verändert werden kann, indem wir einen neuen Parameter τ einführen, der sich aus t durch eine analytische Transformation $t = \Phi(\tau)$ mit $\Phi'(\tau) > 0$ ergibt. Diese zusätzliche Flexibilität ist der wesentliche Vorteil der Summation durch komplexe Kurvenintegrale gegenüber der reellen Methode aus §3.5. Eine passende Wahl der Parametrisierung wird uns helfen, die Anzahl der Terme in der resultierenden Summationsformel beträchtlich zu reduzieren.

3.6.1 Approximation der Kurvenintegrale durch Trapezsummen

Wir approximieren das Integral $S = \int_{-\infty}^{\infty} F(t)\, dt$ in (3.23) durch seine Trapezsumme $T(h)$ zur Schrittweite $h > 0$,

$$T(h) = h \sum_{j=-\infty}^{\infty} F(j \cdot h).$$

In vielen Lehrbüchern der numerischen Mathematik wird die Trapezsumme als „hässliches Entlein" unter den Algorithmen zur Approximation bestimmter Integrale behandelt. Es zeigt sich aber, dass die Trapezsumme trotz ihrer Einfachheit zu den *kraftvollsten* Algorithmen zur numerischen Quadratur *analytischer* Funktionen zählt. Unter den ersten Autoren, die auf das außergewöhnliche Verhalten der Trapezregel für unendliche Intervalle hingewiesen hatten, waren Milne (in einer unveröffentlichten Mitteilung aus dem Jahre 1953; siehe [DR84, S. 212]) sowie Bauer, Rutishauser und Stiefel [BRS63, S. 213 f.]. Später haben Schwartz [Sch69] und Stenger [Ste73] die Trapezsumme auf allgemeinere analytische Integrale angewandt; siehe auch das Buch von Davis und Rabinowitz [DR84, §3.4]. Wir erwähnen auch die japanische Schule beginnend mit einer Arbeit von Iri, Moriguti und Takasawa [IMT70], welche auch auf der Trapezsumme basiert und heute als IMT-Methode bekannt ist. Ihre Ideen wurden von Takahasi und Mori [TM74] sowie Mori [Mor78] zu den *doppelt-exponentiellen Quadraturformeln* weiterentwickelt. Volle Allgemeinheit im Umgang mit analytischen Integralen wird erreicht, wenn man die Trapezsumme (angewandt auf Integrale über $\mathbb{R}$) mit analytischen Transformationen des Integrationsparameters kombiniert (siehe [Sch89, Kap. 8]). Anwendungen auf mehrdimensionale Integrale über Gebiete kartesischer Produkte (Rechtecke, Streifen, Quadranten, Platten, usw.) werden in [Wal88] diskutiert. Ein umfassender Übersichtsartikel über Geschichte und Anwendungen der Trapezsumme ist kürzlich von Trefethen und Weideman verfasst worden [TW06].

Abgeschnittene Trapezsummen

Die *unendlichen* Reihen $T(h)$ sind grundsätzlich schwer zu berechnen, wenn der Integrand zu langsam abfällt (etwa wie $O(|t|^{-\alpha})$ für $t \to \pm\infty$). Ein offensichtliches Problem ist die große Anzahl von Termen, die man für die Summen berücksichtigen muss. Wesentlicher noch ist jedoch die Abschätzung des Restglieds einer Teilsumme.

Typischerweise wird eine solche Summe abgeschnitten, indem man alle Terme vernachlässigt, die als „zu klein" angesehen werden. Wir wollen diese Idee formalisieren und führen dazu einen Schwellwert oder eine Abschneidetoleranz $\epsilon > 0$ ein, für die wir die abgeschnittene Trapezsumme

$$T_\epsilon(h) = h \sum_{j \in \mathbb{Z} : |F(j \cdot h)| \geq \epsilon} F(j \cdot h) \tag{3.25}$$

betrachten. Sodann benötigen wir eine Approximation oder zumindest eine brauchbare Schranke des Restglieds $R_\epsilon(h) = T(h) - T_\epsilon(h)$. Um eine ungefähre Vorstellung von den damit verbundenen prinzipiellen Schwierigkeiten zu erhalten, betrachten wir als Modell das Abschneiden des Integrals

$$\int_1^\infty t^{-\alpha}\, dt, \quad \alpha > 1,$$

beim Schwellwert ϵ, d.h. am Integrationspunkt $t_\epsilon = \epsilon^{-1/\alpha}$. Das Restglied ist

$$R_\epsilon = \int_{t_\epsilon}^\infty t^{-\alpha}\, dt = \frac{\epsilon^{(\alpha-1)/\alpha}}{\alpha - 1},$$

was sehr viel größer als die Abschneidetoleranz ϵ ausfallen kann. So erhalten wir beispielsweise $R_\epsilon = \sqrt{\epsilon}$ für $\alpha = 2$. Im Fall langsam abfallender

Integranden wird das Abschneiden bei einem Schwellwert daher zu keinen genauen Resultaten führen. Stattdessen schlagen wir vor, den Abfall des Integranden durch Einführung einer neuen Integrationsvariablen zu beschleunigen. Für Integrale entlang der reellen Achse stellt sich die Transformation

$$t = \sinh(\tau), \qquad dt = \cosh(\tau)\,d\tau, \tag{3.26}$$

als geeignet heraus; das Integral transformiert sich dann zu

$$S = \int_{-\infty}^{\infty} G(\tau)\,d\tau, \qquad G(\tau) = F(\sinh(\tau))\cosh(\tau).$$

Wenn $F(t)$ wie eine Potenz von t abfällt, dann fällt $G(\tau)$ *exponentiell* ab. Betrachten wir erneut als Modell das Abschneiden eines typischen Integrals mit exponentiell abfallendem Integranden beim Schwellwert ϵ:

$$\int_0^{\infty} a e^{-\alpha \tau}\,d\tau, \quad \alpha > 0,\ a > 0.$$

Der Abschneidepunkt ist $t_\epsilon = \log(a/\epsilon)/\alpha$ und als Restglied erhalten wir

$$R_\epsilon = \int_{t_\epsilon}^{\infty} a e^{-\alpha \tau}\,d\tau = \epsilon/\alpha.$$

Wir sehen daher, dass eine Abschneidetoleranz $\epsilon = \alpha \cdot \mathtt{tol}$ ausreicht, um die Trapezsumme eines exponentiell abfallenden Integranden auf eine Genauigkeit $\mathtt{tol}$ zu akkumulieren.

Der Leser findet eine Implementierung dieser Ideen als Matlab-Funktion

$$\mathtt{TrapezoidalSum(f,h,tol,level,even)}$$

im Anhang C.3.2. Diese Funktion setzt voraus, dass der Integrand $\mathtt{f}$ an den Enden, an denen die Schwelle $\mathtt{tol}$ Anwendung finden soll, monoton abfällt. Die nichtnegative ganze Zahl $\mathtt{level}$ teilt der Funktion mit, wie oft die sinh-Transformation (3.26) rekursiv angewendet werden soll. Wir nennen die Methode mit $\mathtt{level} = 1$ eine *einfach-exponentielle Quadraturformel*, mit $\mathtt{level} = 2$ eine *doppelt-exponentielle Quadraturformel*. Wird der Schalter $\mathtt{even}$ auf 'yes' gesetzt, dann geht das Programm von einer geraden Funktion aus und akkumuliert aus Symmetriegründen nur die Hälfte der Summe. Zur Verbesserung der numerischen Stabilität wird die Summe von den kleinen zu den großen Termen akkumuliert (unter der Annahme von Monotonie). Daher müssen die Terme solange abgespeichert werden, bis der kleinste Wert berechnet wurde.

Diskretisierungsfehler

Die Fehlertheorie der Trapezsumme steht letztlich in engem Zusammenhang mit der Fouriertransformierten von F:

$$\hat{F}(\omega) = \int_{-\infty}^{\infty} F(t)e^{-i\omega t}\,dt.$$

Tatsächlich drückt die *Poisson'sche Summenformel* [Hen77, Thm. 10.6e] $T(h)$ als entsprechende Trapezsumme der Fouriertransformierten $\hat{F}$ zur Schrittweite $2\pi/h$ aus:

$$T(h) = h \sum_{j=-\infty}^{\infty} F(j\cdot h) = \sum_{k=-\infty}^{\infty} \hat{F}\left(k\cdot\frac{2\pi}{h}\right).$$

Wir bemerken, dass die Summe über k als *Hauptwert* aufgefasst werden muss, d.h. als Grenzwert der Summen von $-N$ bis N für $N \to \infty$. Das wird jedoch nur dann relevant, wenn $\hat{F}$ langsam abfällt. Wir bemerken nun, dass der Term $k = 0$ der Trapezsumme der Fouriertransformierten gerade das betrachtete Integral ist:

$$\hat{F}(0) = \int_{-\infty}^{\infty} F(t)\,dt = S.$$

Die Poisson'sche Summenformel liefert daher die Fehlerformel

$$E(h) = T(h) - S = \hat{F}(2\pi/h) + \hat{F}(-2\pi/h) + \hat{F}(4\pi/h) + \hat{F}(-4\pi/h) + \cdots .$$
$$(3.27)$$

Die Rate des Abfalls von $E(h)$ für $h \to 0$ wird also vom asymptotischen Verhalten der Fouriertransformierten $\hat{F}(\omega)$ für $\omega \to \pm\infty$ bestimmt. In vielen Einzelfällen kann diese Asymptotik mit der Sattelpunktsmethode (Methode des steilsten Abstiegs) gefunden werden; die Theorie findet sich etwa in [Erd56] oder [Olv74], ein ausgearbeitetes Beispiel in [GW01, S. 495 ff.].

Die Fehlerformel (3.27) führt auf ein besonders schönes und einfaches Resultat, wenn wir annehmen, dass F analytisch im Streifen $|\mathrm{Im}(t)| < \gamma_*$ ($\gamma_* > 0$) ist und dass $F(x+iy)$ bezüglich x integrierbar ist, gleichmäßig in $|y| \leqslant \gamma$ für jedes $\gamma < \gamma_*$. Dann weiß man, dass der Betrag der Fouriertransformierten exponentiell abfällt [RS75, Thm. IX.14]:[15]

$$|\hat{F}(\omega)| = O\left(e^{-\gamma|\omega|}\right) \qquad \text{für} \quad \omega \to \pm\infty,$$

wobei $0 < \gamma < \gamma_*$ beliebig gewählt werden kann. Wenn wir das in (3.27) einsetzen, erhalten wir die Fehlerabschätzung[16]

---

[15] Die tieferliegende L^2-Version dieses Resultats ist eines der klassischen Theoreme von Paley und Wiener [PW34, §3, Thm. IV], welches sich in ihrer wegweisenden Monographie über Fouriertransformation im Komplexen findet.

[16] Ein anderer Beweis findet sich in [DR84, S. 211].

$$E(h) = O\left(e^{-2\pi\gamma/h}\right) \qquad \text{für} \quad h \to 0. \tag{3.28}$$

Wir gelangen demnach zu *exponentieller* Konvergenz: Eine Halbierung der Schrittweite verdoppelt die Anzahl korrekter Ziffern. Wir bemerken, dass exponentielle Konvergenz wesentlich besser ist als die hohe Konvergenzordnung $O(h^{2m})$, die sich mit Romberg-Integration durch Anwendung von $m - 1$ Schritten der Richardson-Extrapolation auf die Trapezsumme ergibt (siehe Anhang A, S. 299).

Beispiel

Wir wollen den Gebrauch der abgeschnittenen Trapezsumme (3.25) und der sinh-Transformation (3.26) anhand des Integrals (3.24) illustrieren, das aus der Anwendung der Methode der Kurvenintegrale auf die $\zeta(4)$ definierende Summe stammt. Da der Integrand für $t \to \pm\infty$ so langsam wie $O(|t|^{-5})$ abfällt, müssen wir die sinh-Transformation (3.26) wenigstens einmal anwenden. Wir beginnen mit der einfach-exponentiellen Quadraturformel (level $= 1$) zu den Schrittweiten $h = 0.3$ und $h = 0.15$.

Eine Sitzung mit Matlab

```
>> f = inline('z^(-4)','z');
>> Z = inline('1/2-i*t/2','t');
>> dZ = inline('-i/2','t');
>> F_Summation = inline('real(f(Z(t))*cot(pi*Z(t))*dZ(t)/2/i)',...
>> 't','f','Z','dZ');
>> tol = 1e-16; level = 1; even = 'yes'; s = [];
>> for h = [0.3 0.15]
>> s = [s;
>> TrapezoidalSum(F_Summation,h,tol,level,even,f,Z,dZ)];
>> end
>> s


s = 1.082320736262448e+000
    1.082323233711138e+000
```

Für $h = 0.3$ werden 73 Terme der Trapezsumme benötigt und 6 Ziffern des Resultats sind korrekt; wohingegen 16 korrekte Ziffern für $h = 0.15$ mit 143 Termen der Trapezsumme geliefert werden. Die Fehler etlicher Läufe für h im Bereich von 1 bis 1/6 finden sich (gestrichelte Linie) im linken Teil der Abb. 3.2; sie spiegeln schön die exponentielle Konvergenz wider. Die zugehörige Anzahl der Terme der abgeschnittenen Trapezsumme wird im rechten Teil der Abb. 3.2 gezeigt.

Ein Blick auf das in (3.24) rechts stehende Integral zeigt, dass sich die Singularitäten des Integranden *vor* Anwendung der sinh-Transformation in

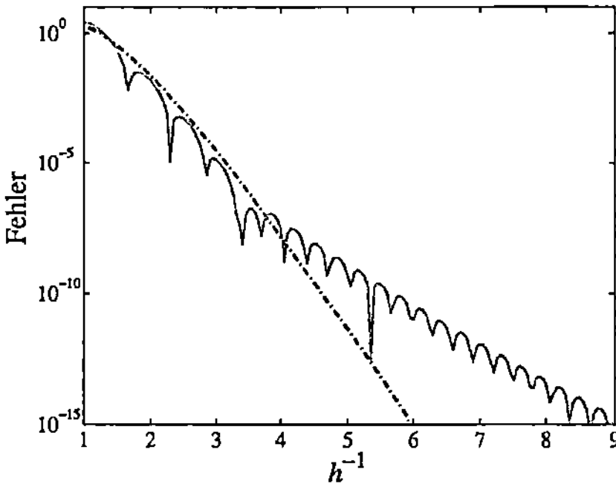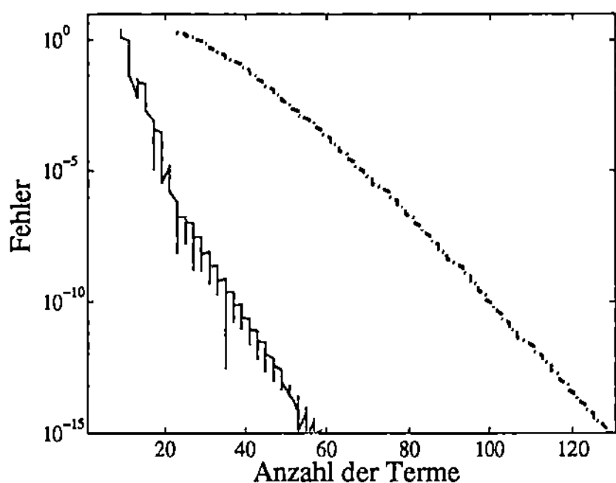

Abb. 3.2. *Fehler der Trapezsumme gegen* $1/h$ *(links) und gegen die Anzahl der Terme (rechts). Die Ergebnisse werden für eine einfach-exponentielle (gestrichelte Linie) und eine doppelt-exponentielle (durchgezogene Linie) Quadraturformel gezeigt.*

$(2k + 1)i$, $k \in \mathbb{Z}$, befinden. *Nach* der Transformation erfüllen die Singularitäten τ_s des Integranden die Beziehungen

$$\sinh(\tau_s) = (2k + 1)i \qquad \text{und folglich} \qquad \mathrm{Im}(\tau_s) = \frac{(2m + 1)\pi i}{2}$$

für ein $m \in \mathbb{Z}$; siehe den linken Teil der Abb. 3.3. Also ist der transformierte Integrand analytisch im Streifen $|\mathrm{Im}(\tau)| < \gamma_*$ mit $\gamma_* = \pi/2$ und die Fehlerabschätzung (3.28) konkretisiert sich zu $E(h) = O(e^{-\beta/h})$ für jedes $\beta < \pi^2$. Ein Zuwachs von $1/h$ um, sagen wir, 1 führt demnach im asymptotischen Regime zu einem Genauigkeitsgewinn von etwa $\pi^2/\log(10) \doteq 4$ Ziffern. Tatsächlich hat die gestrichelte Linie im linken Teil von Abb. 3.2 eine Steigung von etwa -4 in ihrem asymptotisch linearen Bereich.

Wir könnten versucht sein, den Abfall des Integranden durch eine doppelt-exponentielle Parametrisierung weiter zu verstärken, indem wir die sinh-Transformation (3.26) ein weiteres Mal anwenden.[17] Dies würde die Berechnung der Trapezsumme weiter vereinfachen, da dann die Anzahl der Terme in der abgeschnittenen Trapezsumme $T_\epsilon(h)$ im wesentlichen unabhängig vom Schwellwert ϵ ist. Mit solch einer wiederholten Anwendung der sinh-Transformation muss jedoch vorsichtig umgegangen werden.

Der rechte Teil der Abb. 3.3 zeigt die Singularitäten des Integranden unseres Beispiels nach einer solchen zweiten sinh-Transformation. Wir bemerken, dass der Integrand nicht länger analytisch in einem die reelle Achse enthaltenden Streifen ist. Im Gegenteil, das Analytizitätsgebiet hat nun die Gestalt eines „Trichters" mit exponentiell abnehmender Breite. Obwohl die Formel (3.28) für den Diskretisierungsfehler nicht mehr anwendbar ist, können Integranden mit solchen trichterförmigen Analytizi-

---

[17] Um dies zu tun, setzen wir `level = 2` in der Sitzung mit Matlab auf S. 84.

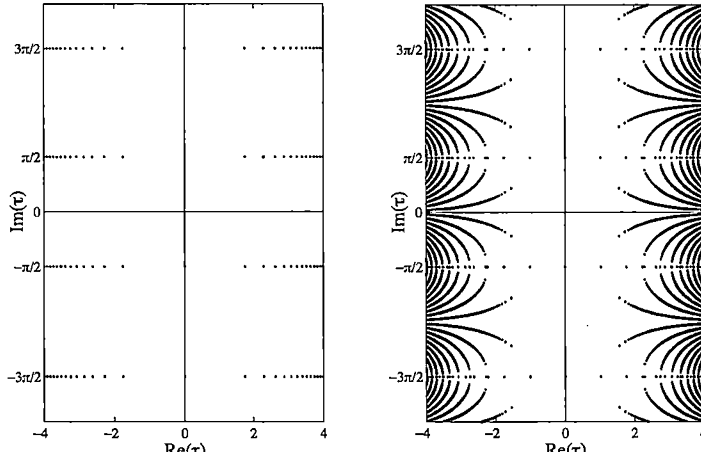

Abb. 3.3. *Vermehrung der Singularitäten in der Parameterebene für eine einfach-exponentielle (links) und eine doppelt-exponentielle (rechts) Quadraturformel. Es gibt noch viele weitere Singularitäten außerhalb des gezeigten Rechtecks.*

tätsgebieten immer noch nützlich sein: Für das betrachtete Integral zeigt die durchgezogene Linie im linken Teil der Abb. 3.2, dass die Konvergenz offenbar noch exponentiell ist, wenn auch langsamer als zuvor. Es müssen daher kleinere Schrittweiten benutzt werden, um zu den gleichen Genauigkeiten wie beim einfach-exponentiell transformierten Integranden zu gelangen. Das drohende Anwachsen des Rechenaufwands wird vom wesentlich schnelleren Abfall des Integranden aufgefangen, was ein wesentlich früheres Abschneiden der Trapezsummen erlaubt. Wir wollen also die beiden Methoden in Bezug auf die tatsächlich benutzte Anzahl von Termen vergleichen: Der rechte Teil der Abb. 3.2 zeigt, dass bei gleicher Genauigkeit die doppelte Anwendung der sinh-Transformation um etwa den Faktor 2.5 weniger Terme benötigt. Demnach ist der Rechenaufwand für die sinh-Transformationen selbst in etwa derselbe für sowohl die einfach-exponentielle als auch die doppelt-exponentielle Quadraturformel. Die doppelt-exponentielle Quadraturformel spart jedoch einen Faktor 2.5 an Auswertungen des ursprünglichen Integranden. Das wird ein wesentlicher Vorteil bei unserer letzten Lösung des Problems 3 sein: Dort werden die Transformationen und die transzendenten Funktionen der Summationsformel nur einmal aufgerufen, aber es muss eine große Anzahl von Integralen im Laufe der Vektoriteration berechnet werden.

Zusammenfassung

Zur Bequemlichkeit des Lesers schreiben wir zusammenfassend die Summationsformel der Gestalt (3.15) auf, die wir durch Anwendung der Trapezsumme auf das Kurvenintegral (3.23) erhalten. Wenn wir einen durch $Z(t)$ parametrisierten Weg wählen, diesen mit $\Phi(\tau)$ reparametrisieren, eine Schrittweite h und einen Abschneidepunkt T wählen, erhalten wir

$$\sum_{k=1}^{\infty} f(k) \approx \sum_{k=-m}^{m} w_k f(c_k), \qquad m = \lfloor T/h \rfloor,$$

mit den (komplexwertigen) Stützstellen und Gewichten

$$c_k = Z(\Phi(kh)), \qquad w_k = \frac{h}{2i}\cot(\pi c_k) \cdot Z'(\Phi(kh)) \cdot \Phi'(kh).$$

Die vorangehende Diskussion hat gezeigt, dass für gewisse f geeignete Wahlen getroffen werden können, die den Fehler exponentiell klein in der Anzahl $n = 2m + 1$ der Terme machen.

3.6.2 Anwendung auf Problem 3

Da uns nun wie in §3.5 eine gute Summationsformel zur Verfügung steht, können wir die Vektoriteration in der Form (3.16) verwenden, um $\|A\|^2$ zu approximieren. Das bedeutet, dass wir den dominanten Eigenwert der transformierten Matrix $\tilde{G}_n$ berechnen, die wir in (3.17) definiert haben.[18] Damit die Methode funktioniert, müssen wir „nur" einen Integrationsweg, eine Reparametrisierung und einen Abschneidepunkt wählen. Wir wenden die Prozedur dann für verschiedene Schrittweiten an.

Wahl des Integrationsweges

Die Stützstellen treten in der transformierten Vektoriteration (3.16) über die Ausdrücke $a(c_j, c_k)$ operationell in zweifacher Weise auf: Zum einen als Mittel zur effizienten Summation und zum anderen als neuer Index für die resultierenden Vektoren. Daher hängen die Polstellen der zugrundeliegenden analytischen Funktion vom Integrationsweg selbst ab. Tatsächlich liegen diese Polstellen auf den Ortskurven, die durch die Nullstellen $v(t)$ und $u(t)$ des Nenners $b(u + v) - v$ der in (3.7) angegebenen rationalen Funktion $a(u, v)$ beschrieben werden, wenn eine der Variablen entlang $Z(t)$ verläuft:

---

[18] Wie in §3.5 können wir darlegen, dass dieser Wert auch der dominante Eigenwert der Matrix $\tilde{A}_n^T \tilde{A}_n$ ist, wobei die transformierte Matrix $\tilde{A}_n$ wie in (3.18) definiert ist. Da $\tilde{A}_n$ nun aber *komplexe* Elemente besitzt, ist dieser Eigenwert *nicht* äquivalent durch $\|\tilde{A}_n\|^2$ gegeben – ein Wert, der im Fall komplexer Matrizen stattdessen gleich dem dominanten Eigenwert der Matrix $\tilde{A}_n^H \tilde{A}_n$ ist.

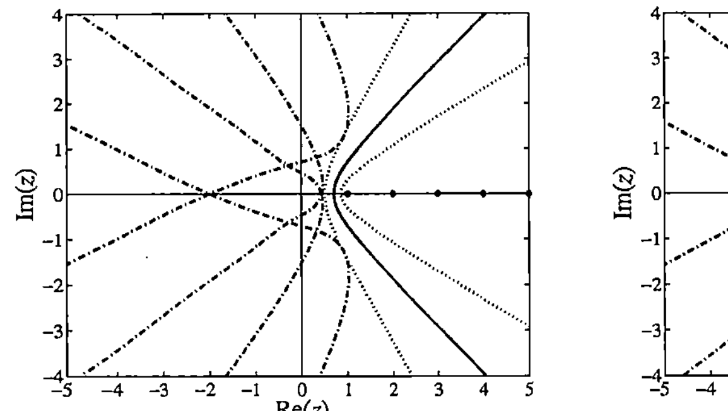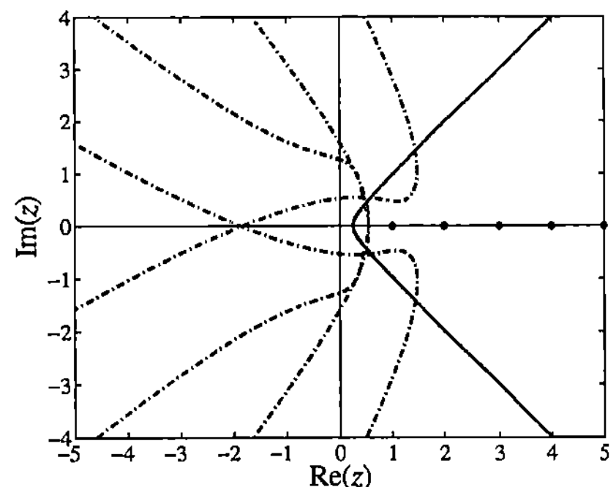

Abb. 3.4. *Ortskurven (gestrichelte Linien) für den Integrationsweg (3.29) (durchgezogene Linie) für eine gute Parameterwahl $\sigma = 1/\sqrt{2}$ (links) und eine schlechte Wahl $\sigma = 1/4$ (rechts). Die gepunkteten Linien im linken Teil zeigen die Ränder des Bildes $z = Z(t)$ (mit $\sigma = 1/\sqrt{2}$) des Streifens $|\mathrm{Im}(t)| \leqslant 0.25$ in der Parameterebene.*

$$b(u(t) + Z(t)) - Z(t) = 0, \qquad b(Z(t) + v(t)) - v(t) = 0.$$

Dies sind quadratische Gleichungen und wir erhalten vier zusammenhängende Zweige für die Ortskurven der Polstellen (siehe Abb. 3.4).

Wegen dieser Abhängigkeit der Polstellen vom gewählten Integrationsweg genügt die einfachste solche Wahl, die für unser Modell $\zeta(4) = \sum_{k=1}^{\infty} k^{-4}$ geeignet war, nämlich $Z(t) = \sigma - it$ mit $0 < \sigma < 1$, nicht den Voraussetzungen von Theorem 3.7. Stattdessen benutzen wir den rechten Zweig der gleichseitigen Hyperbel $\mathrm{Re}(z^2) = \sigma^2$ – geeignet parametrisiert, damit der Integrand in der Trapezsumme exponentiell abfällt:

$$Z(t) = \sigma(\cosh(t) - i\sinh(t)), \qquad Z'(t) = -i \cdot \overline{Z(t)}. \tag{3.29}$$

Die spezielle Wahl $\sigma = 1/\sqrt{2}$ führt auf die äquivalente Darstellung $Z(t) = \cosh(t - i\pi/4)$; die Ortskurven der Polstellen werden im linken Teil der Abb. 3.4 gezeigt und genügen den Voraussetzungen von Theorem 3.7. Wie der rechte Teil der Abb. 3.4 zeigt, führt die Parameterwahl $\sigma = 1/4$ zu Schnitten der Ortskurven der Polstellen mit dem Integrationsweg. Eine solche Wahl ist unzulässig.

Wahl der Parametrisierung

Mit $\sigma = 1/\sqrt{2}$ und ohne weitere Reparametrisierung enthält das Analytizitätsgebiet den Streifen $|\mathrm{Im}(t)| < \gamma_*$ mit $\gamma_* \approx 0.25$, was wir an den gepunkteten Linien im linken Teil der Abb. 3.4 ablesen können. Wir erwarten daher Fehler, die exponentiell klein in der reziproken Schrittweite h^{-1} sind. Auch wenn das bereits für niedrigere Genauigkeiten wie in

Tabelle 3.6. *Werte von $\lambda_{\max}^{1/2}(\tilde{G}_n)$, Abschneidetoleranz $\epsilon = 10^{-16}$.*

h	n	$\sigma = 1/\sqrt{2}$	$\sigma = 1/4$
0.64	11	**1.165410725532445**	$9.202438226420232 \cdot 10^{-17}$
0.32	21	**1.252235875316941**	$5.344162844425345 \cdot 10^{-17}$
0.16	41	**1.273805685815999**	2.445781134567926
0.08	83	**1.274224137562002**	1.722079300161066
0.04	167	**1.274224152821228**	4.210984571814455

doppelt-genauer IEEE-Arithmetik praktisch ausreicht, stellt sich diese Parametrisierung für hohe Genauigkeiten als recht langsam heraus. Einiges Experimentieren hat uns auf die spezielle Wahl

$$t = \Phi(\tau) = \tau + \frac{\tau^3}{3} \tag{3.30}$$

geführt.

Wahl des Abschneidepunkts

Aus §3.5 wissen wir, dass die Rate des Abfalls der Terme in den Summen der Vektoriteration die gleiche ist wie für $\zeta(4) = \sum_{k=1}^{\infty} k^{-4}$. Mit der Parametrisierung (3.30) liegt daher für die Abschneidetoleranz ϵ ein guter Abschneidepunkt bei

$$T = \log^{1/3} \epsilon^{-1}. \tag{3.31}$$

Ergebnisse in doppelt-genauer IEEE-Arithmetik

Die Ergebnisse eines Laufs in Matlab[19] mit den Wahlen (3.29) für den Integrationsweg, (3.30) für die Reparametrisierung und (3.31) für den Abschneidepunkt finden sich in Tabelle 3.6. Der Lauf mit dem geeigneten Wegparameter $\sigma = 1/\sqrt{2}$ liefert die dritte Spalte und weist schön die exponentielle Konvergenz auf: Die Anzahl korrekter Ziffern verdoppelt sich, wenn wir die Dimension n verdoppeln; wir erhalten 16 korrekte Ziffern in weniger als einer Sekunde. Der Lauf mit dem schlechten Wegparameter $\sigma = 1/4$ liefert die vierte Spalte und zeigt, dass die Voraussetzungen des Theorems 3.7 erfüllt sein müssen: Sämtliche Ziffern sind Müll. Eine genaue theoretische Untersuchung ist also für die vorliegende Methode unverzichtbar.

---

[19] Der Programmtext findet sich auf der Webseite des Buchs.

Ergebnisse in hochgenauer Arithmetik

Für Experimente mit höheren Genauigkeiten haben wir diesen Zugang in PARI/GP mit den obigen Wahlen (3.29), (3.30), (3.31) und $\sigma = 1/\sqrt{2}$ implementiert. Da der Integrationsweg symmetrisch bezüglich der reellen Achse ist, erfreuen sich die Summen (3.16) der transformierten Vektoriteration ebenfalls einer Symmetrie bezüglich komplexer Konjugation. Das Ausnutzen dieser Symmetrie erlaubt uns, den Rechenaufwand zu halbieren.

Tabelle 3.7 zeigt die Anzahl der korrekten Ziffern für verschiedene Läufe; die „Korrektheit" wurde dabei durch einen Vergleich mit einem Ergebnis beurteilt, das in etwa einmonatiger Rechenzeit eine vorhergesagte Genauigkeit von 273 Ziffern aufweist. Zu einer solchen Vorhersage gelangen wir wie folgt.

Am Ende von §3.6.1 haben wir Reparametrisierungen betrachtet, die zwar einen stärkeren Abfall des Integranden erzwingen und sicherlich kürzere Trapezsummen liefern, aber zum Preis einer langsameren Konvergenzrate aufgrund vermehrter Singularitäten. Experimente zeigen auch für Problem 3, dass sich diese zwei Effekte in dem Sinne auszugleichen scheinen, dass verschiedene Parametrisierungen sich nur um einen konstanten Faktor im Gesamtrechenaufwand unterscheiden. Im Fall keiner Reparametrisierung lässt sich nun der Aufwand für d korrekte Ziffern leicht abschätzen: Die exponentielle Konvergenz liefert eine reziproke Schrittweite $h^{-1} = O(d)$, der exponentielle Abfall führt auf einen Abschneidepunkt $T = O(d)$ und die Vektoriteration benötigt $O(d)$ Iterationen. Wir erhalten daher die Dimension $n = O(T/h) = O(d^2)$ und[20]

Anzahl der Operationen mit Mantissenlänge d

$$= O\left(\text{Anzahl der Vektoriterationen} \cdot n^2\right) = O\left(d^5\right).$$

Auf der anderen Seite benutzen wir für die Reparametrisierung (3.30) den Abschneidepunkt in (3.31), nämlich $T = O(d^{1/3})$. Legen wir die gleiche asymptotische Operationsanzahl $O(d^5)$ wie eben zugrunde, erhalten wir die reziproke Schrittweite $h^{-1} = O(d^{5/3})$. Tatsächlich befinden sich die Daten der Tabelle 3.7 im Einklang mit diesem asymptotischen Verhalten; ein einfacher Fit liefert

$$d \approx 51.4\,\mathrm{sinh}\left(\frac{3}{5}\,\mathrm{arcsinh}\left(\frac{h^{-1}}{47.7}\right)\right). \tag{3.32}$$

Dieses empirische Gesetz erlaubt uns, die für eine gegebene Schrittweite h zu erzielende Genauigkeit vorherzusagen.

---

[20] Da diese Operationen im wesentlichen Multiplikationen sind, skaliert die Laufzeit bei Verwendung der Karatsuba-Multiplikation wie $O(d^{6.58\cdots})$ und mit einer FFT-basierten schnellen Multiplikation wie $O(d^{6+\kappa})$, wobei $\kappa > 0$ beliebig ist.

Tabelle 3.7. *Anzahl der korrekten Ziffern von* $\lambda_{\max}^{1/2}(\tilde{G}_n)$ *mit* $\epsilon = 10^{2-\texttt{dec}}$; $\texttt{dec}$ *ist die Mantissenlänge der verwendeten hochgenauen Arithmetik.*

$1/h$	n	dec	Anzahl korrekter Ziffern	Laufzeit
40	321	28	25	9.8 s
65	577	38	36	43 s
90	863	48	47	2.3 m
110	1119	57	56	5.0 m
160	1797	86	76	32 m
240	2991	105	98	2.0 h
384	5315	144	131	13 h
640	9597	183	180	71 h

So effizient diese verlässlich exponentiell konvergente Methode auch ist, so ist die Komplexität des Problems immer noch viel zu groß, um die Berechnung von 10 000 Ziffern zu gestatten, wie wir es für die anderen neun Probleme getan haben: Die Dimension des approximierenden Problems läge bei $n \approx 3 \cdot 10^7$. Die Berechnung des dominanten Eigenwerts einer vollbesetzten Matrix dieser Dimension auf eine Genauigkeit von 10 000 Ziffern liegt jenseits aller Vorstellungskraft: „Unendlich" ist (noch) zu weit entfernt.

4

Denke global, handle lokal

Stan Wagon

Um alle gemeinsamen Nullstellen zu finden, welche die Lösungen unserer nichtlinearen Gleichungen ausmachen, müssten wir im allgemeinen nicht mehr und nicht weniger tun, als die gesamten Nullstellengebilde beider Funktionen zu kartieren. Diese Nullstellengebilde bestehen ferner aus einer unbekannten Anzahl disjunkter geschlossener Kurven. Wie könnten wir je hoffen zu wissen, dass wir sämtliche disjunkten Teile gefunden haben?   W. H. Press et al. (1986)

Problem 4

Welchen Wert hat das globale Minimum der Funktion

$$e^{\sin(50x)} + \sin(60e^{y}) + \sin(70\sin x) + \sin(\sin(80y))$$
$$- \sin(10(x+y)) + (x^2 + y^2)/4?$$

4.1 Auf den ersten Blick

Wir wollen die gegebene Funktion mit $f(x,y)$ bezeichnen. Global gesehen wird f von dem quadratischen Term $(x^2 + y^2)/4$ dominiert, denn die Werte der anderen fünf Summanden liegen in den Intervallen $[1/e, e]$, $[-1, 1]$, $[-1, 1]$, $[-\sin 1, \sin 1]$ bzw. $[-1, 1]$. Im Ganzen ähnelt der Graph von f daher einem vertrauten Paraboloiden (Abb. 4.1). Das deutet auf ein Minimum nahe bei $(0, 0)$. Eine detailliertere Inaugenscheinnahme verdeutlicht uns jedoch die von den trigonometrischen Funktionen und der Exponentialfunktion eingeführte Komplexität. Tatsächlich werden wir später sehen, dass

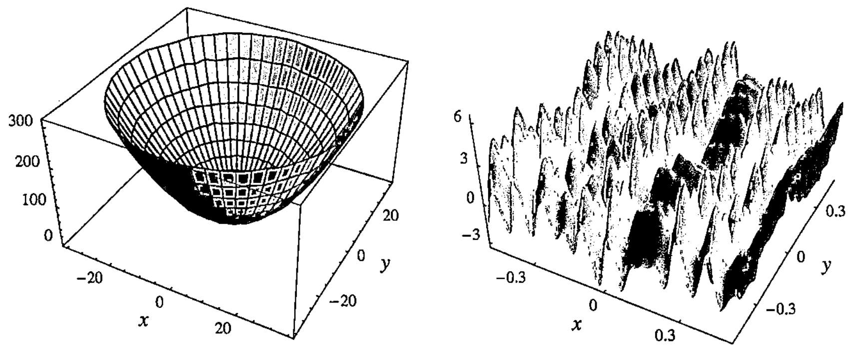

Abb. 4.1. *Zwei Blicke auf den Graphen von $f(x,y)$. Die Skala des Blicks auf der linken Seite blendet die von den trigonometrischen und exponentiellen Termen eingeführte Komplexität aus. Genau diese Komplexität macht die Suche nach dem globalen Minimum jedoch zu einer Herausforderung.*

sich innerhalb des Quadrats $[-1,1] \times [-1,1]$ genau 2720 kritische Punkte befinden. Dieser erste Blick lehrt uns, dass sich die Lösung des Problems in drei Schritte gliedert:

1. Finde ein beschränktes Gebiet, welches das Minimum enthält.
2. Lokalisiere grob die Stelle mit dem kleinsten Wert in diesem Gebiet.
3. Zoome hinein, um das Minimum auf hohe Genauigkeit zu bestimmen.

Schritt 1 ist einfach. Eine leichte Rechnung auf einem Gitter von bescheidener Größe liefert die Information, dass die Funktion kleinere Werte als -3.24 besitzt. Hierfür kann man beispielsweise jene 2601 Werte betrachten, welche dadurch entstehen, dass man x und y von -0.25 bis 0.25 mit einer Schrittweite von 0.01 laufen lässt:

Eine Sitzung mit Mathematica

Zur Vereinfachung späterer Programme definieren wir f so, dass es als Eingabe sowohl zwei Zahlen als auch eine Liste der Länge zwei akzeptiert:

```
f[x_, y_] := e^Sin[50 x] + Sin[60 e^y] + Sin[70 Sin[x]] + Sin[Sin[80 y]] -
    Sin[10 (x + y)] + (x^2 + y^2)/4;
f[{x_, y_}] := f[x, y];

Min[Table[f[x, y], {x, -0.25, 0.25, 0.01}, {y, -0.25, 0.25, 0.01}]]
-3.246455170851875
```

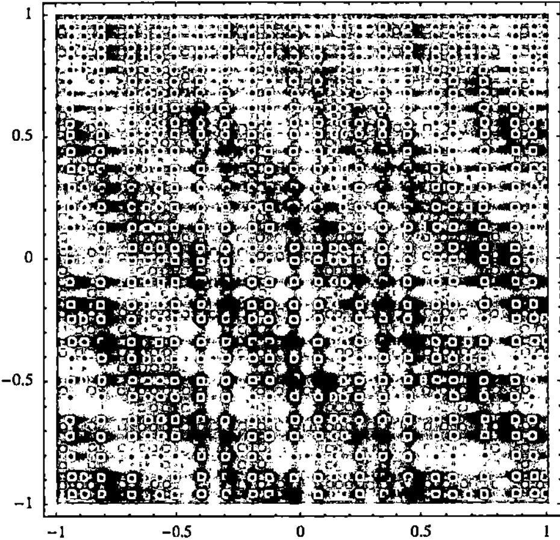

Abb. 4.2. *Eine Graustufendarstellung von $f(x,y)$; die Werte wachsen dabei von schwarz zu weiß. Die lokalen Minima sind als schwarze Punkte (693) dargestellt, die lokalen Maxima als weiße Punkte (667) und die Sattelpunkte (1360) sind grau. Es befinden sich genau 2720 kritische Punkte in diesem Quadrat (vgl. §4.4).*

Diese obere Schranke an das Minimum impliziert, dass das globale Minimum innerhalb des Einheitskreises liegen muss. Denn außerhalb dieses Kreises ist die Summe des quadratischen und exponentiellen Terms mindestens $1/e + 1/4$ und die vier Sinusterme mindestens $-3 - \sin 1$, was insgesamt eine Abschätzung nach unten von -3.23 ergibt.

Schritt 3 ist mindestens ebenso einfach, wenn man ersteinmal nahe ans Minimum gelangt ist: Handelsübliche Optimierungsalgorithmen oder Algorithmen zur Suche der Nullstellen des Gradienten von f können verwendet werden, um das Minimum sehr genau zu lokalisieren. Sobald wir in der Nähe sind, gibt es keine Schwierigkeit, eine Genauigkeit von einigen hundert Ziffern zu erreichen. Die Hauptschwierigkeit liegt also in Schritt 2: Wie können wir das Gebiet soweit eingrenzen, dass es genau das globale Minimum als einzigen kritischen Punkt enthält? Die Darstellung von $f(x,y)$ in Abb. 4.2 macht deutlich, worauf wir uns da einlassen.

Tatsächlich erlaubt es ein etwas feineres Gitter, das eigentliche Minimum zu lokalisieren; etliche Teams benutzten eine derartige gitterbasierte Suche in Zusammenhang mit Abschätzungen der partiellen Ableitungen von f, um sich davon zu überzeugen, dass sie die richtige Lösung eingefangen hatten. Wir werden solche Methoden hier jedoch nicht weiter diskutieren, sondern uns stattdessen auf allgemeine Algorithmen konzentrieren, die keine Ad-hoc-Analyse der Zielfunktion erfordern.

4.2 Schnelle Evolution

Auch wenn eine gitterbasierte Suche für das vorliegende spezielle Problem sehr effektiv sein kann (da die kritischen Punkte hier selbst in etwa gitterförmig angeordnet sind), so ist es doch einfach, eine allgemeinere Suchtechnik zu entwickeln, die mit Hilfe von Randomisierung das Gebiet gut abtastet. Ein effektiver Weg, um eine derartige Suche zu organisieren, benutzt Ideen aus dem Umfeld der Evolutionsalgorithmen. Jeder Punkt einer aktuellen Generation erzeugt n zufällige Punkte. Die jeweils n besten Ergebnisse dieser Punkte und ihrer Eltern bilden die neue Generation. Während der Algorithmus fortschreitet, schrumpft dabei die Skala, auf der die neuen Punkte erzeugt werden.

Algorithmus 4.1 (Evolutionäre Suche nach dem globalen Minimum).

Eingabe: $f(x,y)$, die Zielfunktion;
R, das Suchrechteck;
n, die Anzahl der Kinder eines Elternteils, gleichzeitig die Anzahl von Punkten in einer neuen Generation;
ϵ, eine Schranke an den absoluten Fehler in der Positionierung des Minimums von f über R;
s, ein Skalierungsfaktor zur Verkleinerung des Suchgebiets.

Ausgabe: Eine obere Schranke an das Minimum von f über R, sowie eine Approximation seiner Position.

Notation: `parents` $=$ aktuelle Generation von Testpunkten, `fvals` $= f$-Werte der aktuellen Generation.

Schritt 1: Initialisiere: Es sei z der Mittelpunkt von R; `parents` $= \{z\}$; `fvals` $= \{f(z)\}$; $\{h_1, h_2\}$ $=$ Seitenlängen von R.

Schritt 2: Die Hauptschleife:
Solange $\min(h_1, h_2) > \epsilon$:
Erzeuge für jedes $p \in$ `parents` n Kinder durch gleichverteilte zufällige Wahl von Punkten aus einem Rechteck mit den Seitenlängen $\{h_1, h_2\}$ um den Mittelpunkt p;
Setze `newfvals` auf die f-Werte aller Kinder;
Bilde `fvals` $\cup$ `newfvals` und verwende die n kleinsten Werte, um die Punkte unter den aktuellen Kindern und Eltern zu bestimmen, die überleben sollen;
Setze `parents` auf die Menge dieser n Punkte und `fvals` auf die Menge der entsprechenden f-Werte;
Setze $h_i = s \cdot h_i$ für $i = 1, 2$.

Schritt 3: Gebe den kleinsten Wert in `fvals` und seinen Elternteil zurück.

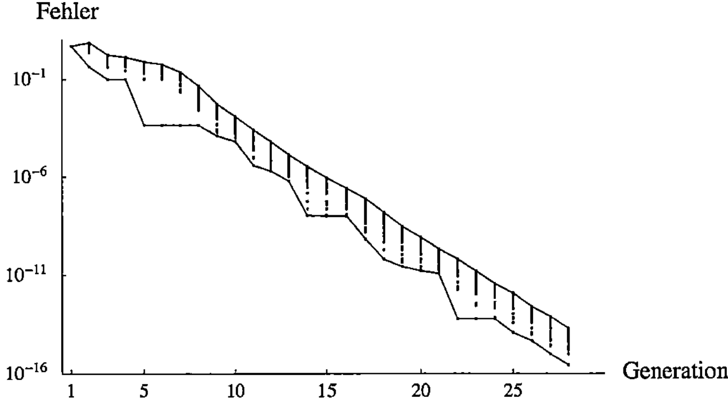

Abb. 4.3. *Der Fehler des f-Werts für jeden Punkt in jeder Generation während eines Laufs der evolutionären Suche mit n = 50 und einer Abbruchtoleranz von 10^{-8} für die Position des Minimums. Die Konvergenz zum korrekten Resultat ist schön beständig.*

Dieser Algorithmus ist hübsch einfach und benötigt in traditionellen numerischen Programmierumgebungen gerade einmal ein paar Programmzeilen. Er lässt sich problemlos auf reellwertige Funktionen über $\mathbb{R}^n$ verallgemeinern. Die Abbruchtoleranz wurde im folgenden Mathematica-Programm auf 10^{-6} gesetzt. Denn das typische quadratische Verhalten einer glatten Funktion in ihrem Minimum bedeutet, dass eine derart genaue Position etwa 12 Ziffern an Genauigkeit im Funktionswert liefert (siehe auch §9.3). Wir bemerken, dass einige Kinder, und daher auch das abgelieferte Ergebnis, außerhalb des vorgegebenen Rechtecks liegen könnten. Sollte das ein Problem darstellen, so müsste man eine Programmzeile hinzufügen, die dafür sorgt, dass Kinder stets im Ausgangsrechteck liegen.

Eine Sitzung mit Mathematica

Es sind einige Experimente erforderlich, um einen geeigneten Wert für n zu finden. Wir verwenden hier $n = 50$, obwohl der Algorithmus im allgemeinen die korrekten Ziffern selbst für so kleine Werte wie $n = 30$ findet.

```
h = 1; gen = {f[#], #}&/@{{0, 0}};

While[h > 10^-6,
    new = Flatten[Table[#[[2]] + Table[h(2 Random[] - 1), {2}], {50}]&/@gen,
        1]; gen = Take[Sort[Join[gen, {f[#], #}&/@new]], 50];
    h = h/2];

gen[[1]]
{-3.30686864747396, {-0.02440308163632728, 0.2106124431628402}}
```

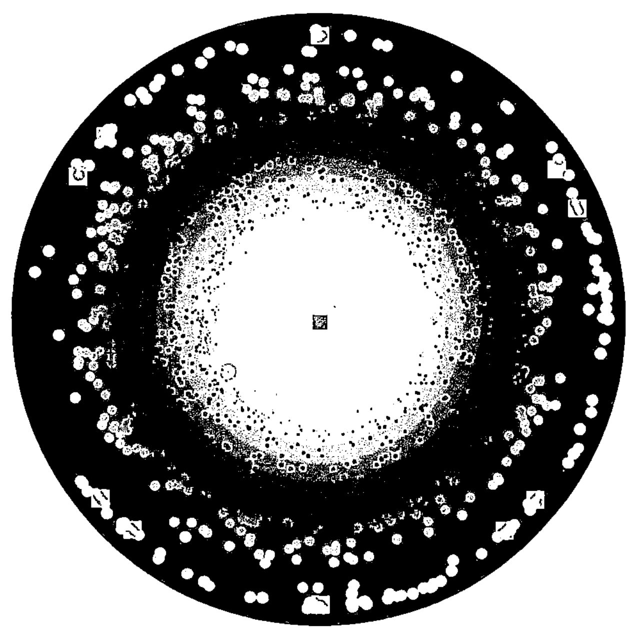

Abb. 4.4. *Die Tauglichsten überleben: Resultate einer evolutionären Suche für eine Zielgenauigkeit von* 10^{-13}*; die Rechnung besteht aus 45 Generationen mit je 50 Mitgliedern. Gezeigt wird die Entfernung von der tatsächlichen Position des Minimums (Mittelpunkt) in logarithmischer Skala, die Ringe mit konstantem Grauwert repräsentieren sukzessive Zehnerpotenzen. Punkte gleicher Schattierung entsprechen ein und derselben Generation, die innen liegenden kleinen schwarzen Punkte entsprechen dabei der letzten gezeigten, 28. Generation. Sie liegen innerhalb des* 10^{-6}*-Rings um die Lösung; der Punkt mit dem kleinsten* f*-Wert (das ist nicht der Punkt, der am nächsten an der tatsächlichen Lösung liegt!) ist derjenige, der auf einem größeren weißen Kreis liegt. Die außenliegenden Punkte der ersten Generation besitzen* f*-Werte zwischen* -1.3 *und* 4.2*. Von der neunten Generation an liegen alle Punkte in der Nähe des korrekten kritischen Punkts. Die weißen Quadrate kennzeichnen die Positionen der 10 lokalen Minima mit den nächstgrößeren Werten. Es wird deutlich, dass sich etliche Punkte der ersten Generationen hier häufen.*

Die Abbildungen 4.3 und 4.4 zeigen die beständige Konvergenz der Punkte jeder Generation zur Lösung. Abbildung 4.4 macht deutlich, dass die Punkte aus allen Richtungen einschwärmen.

Um die Stichhaltigkeit zu erhöhen, könnte man eine Folge von Werten für wachsendes n berechnen. Mit $n = 70$ löst der Algorithmus das Problem bereits mit recht hoher Wahrscheinlichkeit (992 Erfolge in 1000 Läufen). Dieser Zugang besitzt den Vorzug, leicht programmierbar und sehr schnell zu sein. Und solange die Auflösung reicht, um das korrekte Minimum zu finden, wird das Verfahren auch dann konvergieren, wenn man viele Ziffern fordert (bei angepasster Mantissenlänge, versteht sich). Natürlich kommt die Antwort ohne jede Garantie, so dass Laufwiederholungen üblicherweise nötig sind, um uns von der Korrektheit des Ergebnisses zu überzeugen. (Der nächste Abschnitt stellt einen Algorithmus vor, der die einer Zufallssuche noch innewohnende Ungewissheit restlos eliminiert.) Derartige Suchverfahren haben ihre Grenzen: Ein Übergang zu höheren Dimensionen kann eine große Anzahl an Suchpunkten erforderlich machen; eine mikroskopisch nach unten gerichtete Spitze mag unmöglich zu finden sein. Derartige Situationen bereiten aber so gut wie jedem Optimierungsverfahren Schwierigkeiten. Angesichts ihrer Geschwindigkeit und ihres minimalen Programmieraufwands eignet sich die evolutionäre Suche ganz besonders zur ersten Untersuchung eines Optimierungsproblems.

Ein naheliegender Weg zur weiteren Beschleunigung besteht darin, von einem gewissen Punkt an zu einer Methode zu wechseln, die darauf spezialisiert ist, möglichst schnell zum nächsten lokalen Minimum zu konvergieren. Zwar kann es im allgemeinen schwer sein, automatisiert zu entscheiden, ob man sich bereits nahe genug am korrekten Minimum befindet, aber eine hochgenaue Lösung des vorliegenden Problems wird enorm beschleunigt, wenn wir zu einer Minimierungsmethode wie der beliebten von Brent, oder besser noch zu einer Nullstellensuche für den Gradienten wechseln. Wenn wir erst einmal über einen Startwert verfügen, sei es aus einer randomisierten Suche oder aus einem verlässlicheren Intervallalgorithmus wie in §4.3, von dessen Brauchbarkeit wir überzeugt sind, dann liefert uns das Newton-Verfahren für den Gradienten sehr schnell (in weniger als einer Minute) 10 000 Ziffern (siehe Anhang B).

Wenn man eine randomisierte Suche einsetzen möchte, dann stehen einige vorgefertigte Pakete zur Verfügung. So kann beispielsweise die Mathematica-Funktion NMinimize eine Vielzahl von Optimierungsproblemen lösen, einschließlich solcher mit Nebenbedingungen und solcher in beliebig vielen Variablen. Jedoch stecken dahinter etliche Methoden mit zahlreichen Optionen, so dass es wie mit jeder komplizierten Software knifflig sein kann, eine Kombination zu finden, die funktioniert. Simulated-Annealing und die Methode von Nelder und Mead können eingesetzt werden, sie scheinen aber für die vorliegende Art kontinuierlicher Probleme nicht sonderlich brauchbar zu sein, da sie dazu neigen, in irgendeinem nichtglobalen Minimum zu landen. Ein Evolutionsalgorithmus jedoch, die sogenannte *differentielle Evolution*, funktioniert sehr gut (mehr über diese Methode findet sich in §5.2) und löst verlässlich (85 Erfolge in 100 zufälligen Läufen) das vorliegende Problem in folgender Form:

Eine Sitzung mit Mathematica

```
NMinimize[{f[x, y], x² + y² ≤ 1}, {x, y},
  Method → {"DifferentialEvolution", "SearchPoints" → 250}]

{-3.306868647475238,
  {x → -0.02440307969437001, y → 0.2106124271550158}}
```

Das liefert 15 Ziffern der Lösung. Hierfür wird die Zielfunktion nur etwa 6000 Mal ausgewertet (der einfachere Evolutionsalgorithmus, der weiter oben vorgestellt wurde, braucht für 15 Ziffern dagegen ungefähr 120 000 Funktionsauswertungen).

Ein anderer Zugang bestände in der Benutzung eines umfassenden Pakets zur globalen Optimierung. Ein Beispiel hierfür ist der von Janos Pintér entwickelte *MathOptimizer*, ein kommerzielles Mathematica-Paket, das sich auf randomisierte Suche und statistische Methoden stützt.[1]

4.3 Intervallarithmetik

Es sei R das Quadrat $[-1,1] \times [-1,1]$, von welchem wir bereits wissen, dass es das Ergebnis enthalten muss. Eine randomisierte Suche könnte sehr wohl in einem lokalen statt dem globalen Minimum enden. Der beste Algorithmus wäre also einer, der garantiert das globale Minimum findet. Derartige Algorithmen gehen aus Unterteilungsprozessen hervor: Wir unterteilen R wiederholt in kleinere Rechtecke und behalten nur jene, die eine Chance besitzen, das globale Minimum zu enthalten. Die Identifizierung dieser Teilrechtecke kann erfolgen, indem man die Größe der Funktion und ihrer Ableitungen dort abschätzt. Im Grunde ist dieser Blickwinkel bereits derjenige der Intervallarithmetik. In dieser sind die grundlegenden Objekte abgeschlossene Intervalle $[a, b]$ der reellen Achse; im allgemeinen wird eine erweiterte Arithmetik benutzt, so dass die Endpunkte auch $\pm\infty$ sein dürfen. Man kann nun Algorithmen entwickeln, so dass elementare Funktionen auf derartige Intervalle (oder, wie in unserem Fall, auf Paare von Intervallen) angewendet werden dürfen und das Resultat seinerseits ein Intervall ist, welches das Bild der betrachteten Funktion auf dem Eingabeintervall einschließt. Das resultierende Intervall ist jedoch nicht einfach das Intervall vom Minimum bis zum Maximum der Funktion. Stattdessen sollte dieses einschließende Intervall einfach und schnell zu berechnen sein; es ist daher im allgemeinen deutlich größer als das kleinste Intervall, das alle f-Werte enthält.

So lässt sich beispielsweise ein einschließendes Intervall für $\sin([a, b])$ leicht bestimmen: Man muss lediglich prüfen, ob $[a, b]$ eine reelle Zahl der

---

[1] http://www.pinterconsulting.com/

Form $\frac{\pi}{2} + 2n\pi$ ($n \in \mathbb{Z}$) enthält. Wenn ja, dann ist das obere Ende des Intervalls 1; wenn nein, dann ist es einfach $\max(\sin a, \sin b)$. Das Auffinden des unteren Endes geht ähnlich. Die Exponentialfunktion ist monoton, so dass man nur die Endpunkte der Eingabe zu betrachten braucht. Für Summen folgt man der Methode des schlechtest möglichen Falls und addiert die linken Enden bzw. die rechten Enden. So liefert dieser Zugang etwa für $g(x) = \sin x + \cos x$ kein besonders scharfes Resultat: $[-2,2]$ ist nur eine sehr grobe Schranke für den eigentlichen Wertebereich von g, nämlich $[-\sqrt{2}, \sqrt{2}]$. Dieses Phänomen wird in der Literatur als *Abhängigkeit* bezeichnet, da die beiden Summanden behandelt werden, als wären sie unabhängig, obwohl sie es gar nicht sind. Nichtsdestotrotz, wenn die Intervalle kleiner und die einzelnen Abschnitte der Funktionen monoton werden, so können Intervallrechnungen auf schärfere Ergebnisse führen. Produkte werden ähnlich wie Summen behandelt, nur dass man hier mehrere Fälle unterscheiden muss. Es sind etliche technische Einzelheiten zu beachten, welche die Implementierung eines Systems zur Intervallarithmetik mühselig und schwierig machen, um tatsächlich garantiert richtig zu sein: Ein kritischer Punkt ist dabei, dass man stets nach außen runden muss. Mathematica besitzt jedoch bereits eine eingebaute Intervallarithmetik und es gibt für andere Sprachen Zusatzpakete, wie etwa IntpakX[2] für Maple, Intlab[3] für Matlab und die frei zugängliche Smath-Bibliothek[4] für die Programmiersprache C. Man kann daher eine Vielfalt von Programmierumgebungen nutzen, um Algorithmen zu entwerfen, die unter der Voraussetzung, dass sowohl die Intervallarithmetik als auch die gewöhnliche Arithmetik einwandfrei programmiert wurden, nachweislich korrekte Ziffern abliefern. Für die hier vorgestellten Algorithmen wollen wir annehmen, dass ein derartiges umfassendes Paket der Intervallarithmetik zur Verfügung steht.

Als erste einfache Anwendung dieser Ideen wollen wir jene Übung im Abschätzen bestätigen, mit der wir in §4.1 sichergestellt haben, dass R das globale Minimum enthält. Das Ausgabeintervall der Anwendung von f auf die Halbebene $-\infty < x \leqslant -1$ ist $[-3.223, \infty]$. Das Gleiche gilt, wenn wir das Eingabegebiet, die Halbebene, um 90°, 180° oder 270° um den Ursprung drehen. Das bedeutet, dass in diesen vier Gebieten, dem Komplement von R, die Funktion größer als -3.23 ist, so dass sie ignoriert werden dürfen. Wir zeigen die Struktur der entsprechenden Rechnungen mit Mathematica:

Eine Sitzung mit Mathematica

```
f[Interval[{-∞, -1.}], Interval[{-∞, ∞}]]
    Interval[{-3.223591543636455, ∞}]
```

---

[2] http://www.math.uni-wuppertal.de/~xsc/software/intpakX/d_l_c.html

[3] http://www.ti3.tu-harburg.de/~rump/intlab/

[4] http://interval.sourceforge.net/interval/C/smathlib/README.html

Wir können jetzt einen Algorithmus zur Lösung von Problem 4 entwerfen.[5] Wir starten mit R und dem Wissen, dass das Minimum kleiner als -3.24 ist. Wir unterteilen dann R wiederholt und behalten nur jene Teilrechtecke T, welche die Chance besitzen, das globale Minimum zu enthalten. Ob dies der Fall ist, bestimmen wir, indem wir die folgenden drei Bedingungen überprüfen. (Dabei benutzen wir in unserer Diskussion von Intervallen durchgängig die Notation $h[T]$, um ein einschließendes Intervall von $\{h(t) : t \in T\}$ zu bezeichnen.)

(a) $f[T]$ ist ein Intervall, dessen linkes Ende nicht größer ist als die aktuelle obere Schranke für das globale Minimum.

(b) $f_x[T]$ ist ein Intervall, das die Null enthält.

(c) $f_y[T]$ ist ein Intervall, das die Null enthält.

Für (a) müssen wir die aktuelle obere Schranke verfolgen. Es wäre naheliegend, es allein mit der Bedingung (a) zu versuchen. Ein derart einfacher Zugang würde zwar schnell zu den Bereichen mit dem kleinsten Minimum führen, aber die Anzahl der Intervalle würde danach explodieren, da die Funktion in der Nähe des Minimums so flach ausfällt, dass es schwierig ist, hinreichend scharfe Einschließungen der f-Werte zu erzielen, um diese Intervalle wieder loszuwerden. Die anderen beiden Bedingungen sind dem Umstand geschuldet, dass das globale Minimum sich in einem kritischen Punkt befindet. Sie führen auf einen Algorithmus, der sich in deutlich aggressiverer Weise einzelner Intervalle entledigt. Die Bedingungen (b) und (c) lassen sich einfach implementieren (die partiellen Ableitungen besitzen eine zu f ähnliche Komplexität) und der Unterteilungsprozess konvergiert dann für das vorliegende Problem schnell zu einem Ergebnis. Auch wenn feinere Unterteilungsschritte zuweilen von Vorteil sein mögen, so genügt meist die einfache Unterteilung eines Rechtecks in vier kongruente Teilrechtecke.

In der Implementierung müssen wir darauf Acht geben, dass es wichtig ist, die aktuelle obere Schranke stets so früh wie möglich zu verbessern. Im folgenden Algorithmus heißt diese Schranke a_1 und die Verbesserung wird jeweils für die ganze Runde von Rechtecken gleicher Größe durchgeführt. Wir geben diesen Algorithmus zwar für die Ebene an, eine Anwendung auf den n-dimensionalen Raum erfordert aber nichts Neues; später in §4.7 werden wir einen raffinierteren Algorithmus in höheren Dimensionen einsetzen.

---

[5] Dieser Zugang stützt sich auf die Lösung des Teams von Wolfram Research, das als einziges Team hier Intervallarithmetik benutzte, und ist einer der grundlegenden Algorithmen der Intervallarithmetik, siehe [Han92, Chap. 9] und [Kea96, §5.1].

Algorithmus 4.2 (Intervallminimierung über einem Rechteck).

Eingabe: R, das Startrechteck;
$f(x,y)$, eine stetig differenzierbare Funktion auf R;
ϵ, eine absolute Fehlertoleranz für den minimalen f-Wert über R;
b, eine obere Schranke an den minimalen f-Wert über R;
$i_{\max}$, maximale Anzahl von Unterteilungsschritten.

Ausgabe: Intervalleinschließungen der Position des Minimums und des minimalen f-Werts, wobei die Größe des letzteren Intervalls ϵ nicht übersteigt (oder anderenfalls eine Warnung ausgegeben wird, dass die Maximalzahl von Unterteilungen erreicht wurde). Wenn das globale Minimum mehr als einmal angenommen wird, dann wird auch mehr als eine Lösung zurückgegeben.

Notation: $\mathcal{R}$ bezeichnet eine Menge von Rechtecken, die das globale Minimum enthalten könnten; a_0 und a_1 bezeichnen eine untere bzw. obere Schranke des gesuchten minimalen f-Werts; und ein *inneres* Rechteck liegt im Innern von R.

Schritt 1: Initialisiere: Setze $\mathcal{R} = \{R\}$, $i = 0$; $a_0 = -\infty$, $a_1 = b$.

Schritt 2: Die Hauptschleife:
Solange $a_1 - a_0 > \epsilon$ und $i < i_{\max}$:
Setze $i = i + 1$;
Setze $\mathcal{R} =$ die Menge aller Rechtecke, die durch uniforme Unterteilung jedes Rechtecks aus $\mathcal{R}$ in 4 Rechtecke entstehen;
Setze $a_1 = \min(a_1, \min_{T\in\mathcal{R}}(\text{rechtes Ende von } f[T]))$;
Überprüfe die Werte: Lösche aus $\mathcal{R}$ jedes Rechteck T, für welches das linke Ende von $f[T]$ nicht kleiner als a_1 ist;
Überprüfe die Gradienten: Lösche aus $\mathcal{R}$ jedes innere Rechteck T, für das $f_x[T]$ oder $f_y[T]$ nicht 0 enthält;
Setze $a_0 = \min_{T\in\mathcal{R}}(\text{linkes Ende von } f[T])$.

Schritt 3: Gebe die Mittelpunkte der Rechtecke in $\mathcal{R}$ und des f-Intervalls für jedes Rechteck aus $\mathcal{R}$ zurück.

Anhang C.5.3 enthält eine auf das Notwendigste beschränkte Mathematica-Implementierung, die es erlaubt, 10 Ziffern des Minimums zu berechnen. (Sowohl die Überprüfung der Maximalanzahl von Unterteilungen als auch die Auszeichnung innerer Rechtecke entfällt dort.) Im Anhang C.4.3 findet sich das gleiche Programm in einer Matlab/Intlab-Implementierung. Darüberhinaus gibt es eigenständige Programmpakete, die sich intervallbasierter Algorithmen zur globalen Optimierung bedienen; zwei bekanntere sind dabei COCONUT[6] und GlobSol,[7] die beide das vorliegende Problem ohne Schwierigkeiten meistern. Die Mathematica-Version des Algorithmus

---

[6] http://www.mat.univie.ac.at/~neum/glopt/coconut/branch.html
[7] http://interval.louisiana.edu/GlobSol/

benötigt weniger als zwei Sekunden,[8] um Problem 4 wie folgt in doppeltgenauer IEEE-Arithmetik zu lösen:

Eine Sitzung mit Mathematica

```
LowestCriticalPoint[f[x, y], {x, -1, 1}, {y, -1, 1}, -3.24, 10^-9]
{{-3.306868647912808, -3.3068686470376663},
  {{-0.024403079696639973, 0.21061242715950385}}}
```

Ein umfassenderes Programm mit allem Schnickschnack findet sich auf der Webseite des Buchs. Es beinhaltet eine Option zur Überwachung des Fortschritts des Algorithmus (einschließlich einer graphischen Darstellung der unter den Teilrechtecken erfolgversprechenden Kandidaten) und eine für höhere Genauigkeiten. Ein Lauf mit der Fehlertoleranz $\epsilon = 10^{-12}$ benötigt nur ein paar Sekunden und 47 Unterteilungsschritte (das sind die Iterationen der Hauptschleife). Die Gesamtzahl untersuchter Rechtecke beträgt 1372, die Funktionen wurden insgesamt 2210 Mal für Intervallargumente ausgewertet und die Abfolge der Anzahl erfolgversprechender Kandidaten unter den Teilrechtecken lautet dabei:

$$4, 16, 64, 240, 440, 232, 136, 48, 24, 12, 12, 4, 4, 4, 4, 4, 4, 4, 4, 4, 4, 4,$$
$$4, 4, 4, 4, 4, 4, 4, 4, 4, 4, 4, 4, 4, 4, 4, 4, 4, 4, 4, 4, 4, 4, 4, 4$$

Wir beobachten also, dass nach dem dritten Unterteilungsschritt jeweils einige der entstehenden Teilrechtecke verworfen wurden. Nach elf Runden ist nur noch ein Rechteck übrig, das dann 36 Mal verfeinert wurde, um eine größere Genauigkeit zu erreichen. Diese Rechnung liefert das Intervall $-3.3068686474747\frac{49}{56}$, das die ersten 12 Ziffern des Ergebnisses festlegt (sein Mittelpunkt ist sogar auf 16 Ziffern genau). Abbildung 4.5 zeigt die am Ende der ersten 12 Unterteilungsschritte unter den Teilrechtecken jeweils verbleibenden Kandidaten.

Wie für den randomisierten Suchalgorithmus in §4.2 besteht eine naheliegende Möglichkeit zur Beschleunigung darin, zu einer Nullstellensuche für den Gradienten zu wechseln, sobald die Position des globalen Minimums hinreichend eingegrenzt wurde. Es gibt jedoch etliche andere Möglichkeiten, das grundlegende Verfahren der sukzessiven Intervallunterteilung zu verbessern und zu erweitern, siehe die Diskussion in §4.5 und §4.6.

4.4 Analysis

Für dieses Problem kann man natürlich auf die Idee verfallen, eine der elementarsten Techniken der Analysis zu verwenden und den Versuch zu

---

[8] Die angegebenen Laufzeiten beziehen sich auf einen Macintosh-G4 mit 1 GHz.

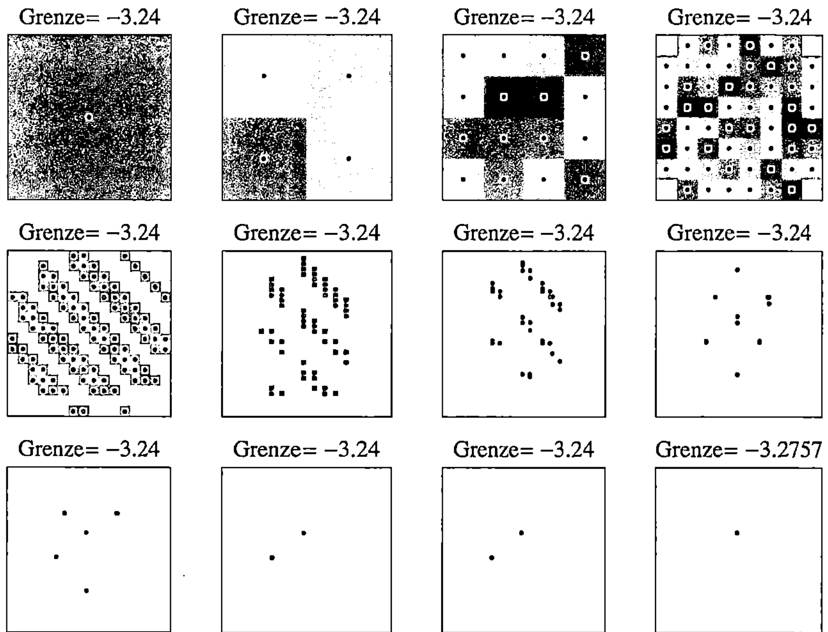

Abb. 4.5. *Die ersten 12 Iterationsschritte des Verfahrens der sukzessiven Intervallunterteilung. Nach 47 Runden sind 12 Ziffern des Resultats bekannt. Mit „Grenze" ist die aktuelle obere Schranke a_1 für den minimalen f-Wert gemeint.*

unternehmen, sämtliche kritischen Punkte, also die gemeinsamen Nullstellen $f_x = f_y = 0$, in dem Rechteck R zu finden; der kleinste f-Wert unter ihnen liefert das globale Minimum. Auch wenn das nicht der effizienteste Weg ist, um ein globales Optimierungsproblem anzupacken – schließlich sind die meisten kritischen Punkte irrelevant und das intervallbasierte Verfahren aus §4.3 hilft viel effizienter, sich auf ein interessantes Teilgebiet zu konzentrieren – so präsentieren wir ihn dennoch hier, da er eine recht gute und allgemeine Methode liefert, um die gemeinsamen Nullstellen eines Funktionspaares über einem Rechteck zu finden. Zusätzlich wäre die Methode dieses Abschnitts dann eine nützliche Alternative, wenn eine intervallarithmetische Implementierung der Zielfunktion nicht leicht erhältlich wäre.

Die partiellen Ableitungen sind zwar recht einfach, aber das Auffinden aller gemeinsamen Nullstellen zweier nichtlinearer Funktionen ist eine nichttriviale Aufgabe (siehe das Zitat zu Beginn des Kapitels). Für unser Problem lässt es sich dennoch mit einer sehr einfachen Methode bewerkstelligen (§4.6 wird sich um die Frage kümmern, wie sich die Korrektheit und Vollständigkeit der Liste der kritischen Punkte verifizieren lässt). Die

Hauptidee zur Suche der gemeinsamen Nullstellen $f = g = 0$ besteht hierbei darin, einen Plot der Nullstellenmenge von f zu erzeugen und die Daten dieses Plots dazu zu verwenden, die gesuchten Nullstellen zu finden [SW97]. Wenn ein gutes Programm zum Zeichnen von Höhenlinien zur Verfügung steht, können wir es zur Approximation der Nullstellenmenge von f „zweckentfremden" und dann darauf folgenden Algorithmus aufbauen.

Algorithmus 4.3 (Höhenlinien-basierte Lösung von $f = g = 0$).

> *Eingabe:* f und g, stetige Funktionen von $\mathbb{R}^2$ nach $\mathbb{R}$;
> R, ein rechteckiges Definitionsgebiet;
> r, Auflösung der Höhenlinien für Schritt 1.
> *Ausgabe:* Approximationen (x, y) jeder Lösung von $f = g = 0$ in R.
> *Notation:* s ist eine Liste von Startpunkten für die (interne) Nullstellensuche.

> *Schritt 1:* Erzeuge die Kurven $f = 0$. Das lässt sich mit einem Programm zum Zeichnen von Höhenlinien bewerkstelligen, das so eingestellt wird, dass es nur die Linie zur Höhe 0 ausgibt und eine Auflösung r in jeder Dimension verwendet.

> *Schritt 2:* Werte entlang jeder Höhenlinie die Funktion g auf den definierenden Punkten aus; jedesmal wenn dabei das Vorzeichen wechselt, füge den soeben abgetasteten Punkt zur Liste s.

> *Schritt 3:* Verwende für jeden Startwert aus s das Newton-Verfahren (oder das Sekantenverfahren), um eine gemeinsame Nullstelle zu finden. Ignoriere die Nullstelle, wenn sie außerhalb von R liegt.

> *Schritt 4:* Wenn die Anzahl der Nullstellen sich von der Anzahl der Startwerte unterscheidet, so starte den Algorithmus erneut mit einer feineren Auflösung.

> *Schritt 5:* Gebe die Nullstellen zurück.

In Schritt 1 schlagen wir die Verwendung eines Programms zum Zeichnen von Höhenlinien nur deshalb vor, weil es einfach erhältlich ist (als Bestandteil von Paketen wie Maple, Mathematica oder Matlab) und für die vorliegende Aufgabe völlig ausreicht. Es gibt jedoch bei weitem schnellere Methoden mit einem stark geometrischen Flair, um Approximationen von Höhenlinien zu berechnen. Derartige Algorithmen zur *Pfadverfolgung* werden etwa beim Studium der Verzweigungsdiagramme von Differentialgleichungen eingesetzt. Mehr dazu findet sich in [DKK91] und den dort aufgeführten Verweisen auf das Programm AUTO.

Die Implementierung von Algorithmus 4.3 ist dann recht einfach, wenn die Daten der approximativen Kurven $f(x, y) = 0$ zugänglich sind. Schritt 4 kann man für eine manuelle Überprüfung weglassen, anstatt ihn zum Bestandteil des Programms zu machen. Abbildung 4.6 zeigt die Nullstellenmengen beider Funktionen f_x und f_y für einen kleinen Ausschnitt der Ebene, die Auflösung (also die Anzahl der für den Höhenlinienalgorithmus

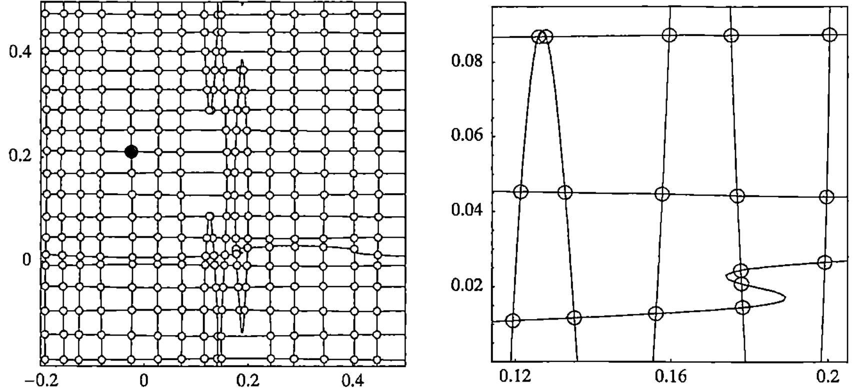

Abb. 4.6. *Ein Blick auf die 290 gemeinsamen Lösungen von $f_x = 0$ (vertikale Linien) und $f_y = 0$ (horizontale Linien), wobei $f(x,y)$ die Zielfunktion von Problem 4 bezeichnet. Der schwarze Punkt kennzeichnet die Position des globalen Minimums. Die Ausschnittsvergrößerung zeigt, dass die Auflösung für diese Kurven vernünftig gewählt wurde.*

in jeder Koordinatenrichtung verwendeten Gitterpunkte) war dabei 450; die Berechnung sämtlicher 290 gemeinsamen Nullstellen benötigte fünf Sekunden. Die Ausschnittsvergrößerung auf der rechten Seite belegt, dass die Auflösung zum Einfangen aller Schnittpunkte ausreicht.

Um das Problem über dem gesamten Quadrat $R = [-1,1]^2$ zu lösen, ist es sinnvoll, mit Teilquadraten zu arbeiten, um den Speicherbedarf für die recht fein aufgelösten Höhenlinienplots zu verringern. Dazu unterteilen wir R in 64 Teilquadrate, berechnen für jedes sämtliche kritischen Punkte und behalten dabei denjenigen kritischen Punkt im Auge, der den kleinsten Wert von f liefert. All das benötigt weniger als eine Minute und führt zu 2720 kritischen Punkten. Der Interessante liegt bei $(-0.02, 0.21)$ und liefert mit einem f-Wert nahe -3.3 das Ergebnis zu unserem Problem. Das Newton-Verfahren kann dann eingesetzt werden, um den Funktionswert in diesem kritischen Punkt rasch auf eine höhere Genauigkeit zu berechnen.

Die manuelle Untersuchung, ob die Auflösung der Höhenliniendarstellung in jedem Teilquadrat ausreicht, ist keine besonders effiziente Methode zur Überprüfung der Resultate. Ein besserer Weg, um sich von der Richtigkeit der Resultate zu überzeugen, besteht darin, die Nullstellensuche mehrfach, mit jeweils erhöhter Auflösung ablaufen zu lassen und zu sehen, ob sich die Ergebnisse stabilisieren. Ein Beispiel für dieses Vorgehen findet sich in Tabelle 4.1. Während selbst die niedrigste Auflösung ausreichte, um das globale Minimum zu finden, so wird doch eine recht hohe Auflösung benötigt, um alle 2720 kritischen Punkte in R aufzusammeln. Wir bemerken jedoch, dass in einigen Fällen zwar 2720 Startpunkte gefunden

Tabelle 4.1. *Eine Auflösung von* 160×160 *Gitterpunkten (für jedes der 64 Teilquadrate) wird benötigt, um alle 2720 kritischen Punkte in* $[-1,1]^2$ *zu finden.*

Auflösung	Anzahl der Startpunkte	Anzahl der Nullstellen
20	2642	2286
40	2700	2699
60	2716	2712
80	2714	2711
100	2718	2716
120	2720	2719
140	2720	2719
160	2720	2720
180	2720	2720
200	2720	2719
220	2720	2720
240	2720	2720
260	2720	2719
280	2720	2720
300	2720	2720
320	2720	2720
340	2720	2720
360	2720	2720
380	2720	2720
400	2720	2720

wurden, diese aber nicht alle zu verschiedenen Nullstellen konvergierten: Bei 2719 gefundenen Nullstellen ging eine verloren. Die benötigte hohe Auflösung von mindestens 160×160 Gitterpunkten auf jedem der 64 Teilquadrate rechtfertigt die vorgeschlagene Unterteilung.

Mit Hilfe der zweiten Ableitung lassen sich die kritischen Punkte nun klassifizieren: 667 sind Maxima, 693 sind Minima und 1360 sind Sattelpunkte. Wir beobachten, dass die Anzahl der Extrema (693+ 667) mit der Anzahl der Sattelpunkte (1360) übereinstimmt. In gewissem Sinn ist dies natürlich bloßer Zufall, da ein solcher Zusammenhang beispielsweise für ein Rechteck mit nur einem einzigen kritischen Punkt nicht besteht; er besteht auch nicht für das Quadrat $[-0.999, 0.999]^2$, in dem sich 692+ 667 Extrema und 1357 Sattelpunkte befinden. Dennoch steht das beobachtete Phänomen in einer tieferen Beziehung zu jenem interessanten, als Morse-

Theorie bekannten Teilgebiet der Mathematik, welches für geschlossene Oberflächen, wie die von Kugel oder Torus, die Zahl

Anzahl der Maxima + Anzahl der Minima − Anzahl der Sattelpunkte

in Beziehung zur Euler'schen Charakteristik setzt; auf einem Torus ist diese Zahl etwa stets Null [Mil63]. Wir wollen daher unsere Funktion so betrachten, als wäre sie auf einem Torus definiert. Dazu nehmen wir f auf $R = [-1,1]^2$, spiegeln die Funktion an jeder der vier Seiten des Rechtecks und wiederholen diese Spiegelungen schließlich über die gesamte Ebene. Das liefert uns eine Funktion, nennen wir sie g, die doppelt-periodisch auf der gesamten Ebene definiert ist, der Fundamentalbereich ist dabei $[-1,3]^2$; also kann g als Funktion auf dem Torus aufgefasst werden. Jeder kritische Punkt von f in R erzeugt vier Kopien seiner selbst für g. Wir müssen jedoch als Komplikation berücksichtigen, dass wir neue kritische Punkte entlang des Randes von R und seiner Spiegelbilder eingeführt haben.

Um das Verhalten am Rand zu verstehen, gehen wir entlang der vier Seiten von R und sehen uns jede eindimensionale Extremstelle an: Es wird gleich viele Maxima wie Minima geben (dabei nehmen wir an, dass keine Extremstelle in einer Ecke auftritt und keine Wendepunkte vorliegen). Wegen der Spiegelungssymmetrie wird darüberhinaus jedes derartige Maximum entweder für ein Maximum oder einen Sattelpunkt von g stehen und jedes Minimum für einen Sattelpunkt oder ein Minimum. Wenn wir all diese Fälle abzählen, so können wir von der toroidalen Formel für g auf die entsprechende Formel für f über R schließen. Wegen der speziellen Natur von f passieren jedoch ein paar überraschende Dinge. Erstens ist f_x positiv entlang der linken und rechten Kante von R, während f_y entlang der oberen Kante positiv und entlang der unteren Kante negativ ist. Das bedeutet, dass alle Maxima entlang der linken Kante zu Sattelpunkten von g werden und alle Minima bleiben, was sie sind. Ähnliche Resultate gelten für die anderen Kanten. Nun müssen wir nur noch die Anzahl der Extremstellen entlang des Randes kennen. Diese lassen sich leicht berechnen und wir erhalten entlang von Ober- und Unterkante je 24 Maxima und 24 Minima, entlang der linken und rechten Kante je 29 Maxima und 30 Minima. Zusammengefasst ergeben alle diese Informationen, dass die toroidale Formel wortwörtlich auch für f über R gilt, was schließlich die beobachtete Koinzidenz erklärt. Wichtiger noch: Diese Analyse stützt sich ausschließlich auf eindimensionale Rechnungen und stärkt daher die Evidenz, dass die aus der Methode mit den Höhenlinien berechneten Anzahlen (693, 667 und 1360) auch wirklich korrekt sind.

Abbildung 4.7 zeigt ein weiteres Beispiel, diesmal aus dem Umfeld gewöhnlicher Differentialgleichungen [Col95]: Die Suche nach den Gleichgewichtspunkten des autonomen Systems

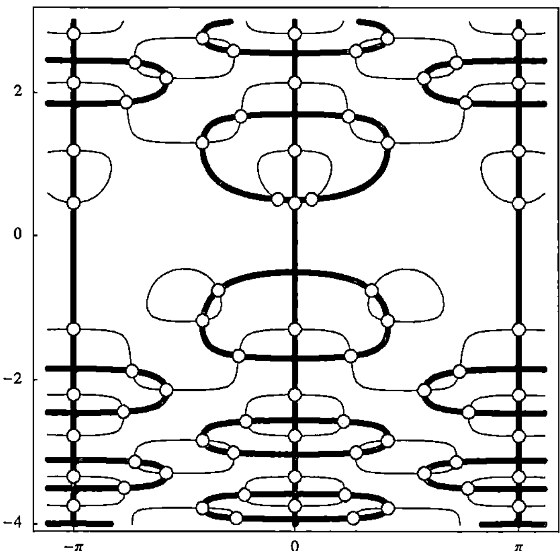

Abb. 4.7. *Dieses komplizierte Beispiel zweier simultaner Gleichungen besitzt in dem hier gezeigten Rechteck 73 Lösungen.*

$$x' = 2y \cos\left(y^2\right) \cos(2x) - \cos y, \quad y' = 2\sin(y^2)\sin(2x) - \sin x,$$

ist äquivalent zur Nullstellensuche für die rechten Seiten. Eine Auflösung von 60 Gitterpunkten ist ausreichend, um mit der Höhenlinienmethode alle 73 Nullstellen in weniger als einer Sekunde zu berechnen.

Der Programmieraufwand hält sich in Grenzen, wenn – wie schon mehrfach gesagt wurde – die Daten zum Plotten der Höhenlinien zugänglich sind. In Mathematica leistet dies der Befehl `Cases[ContourPlot[* * *],_Line,∞]`.

Eine Sitzung mit Mathematica

Es folgt das vollständige Programm, um die Nullstellen in Abb. 4.7 zu erzeugen. Eine umfassende Routine müsste sich, wie immer, auch noch um andere Dinge kümmern: Man müsste etwa Dubletten aus dem Endergebnis eliminieren, da es stets möglich ist, dass unterschiedliche Startpunkte zur gleichen Nullstelle konvergieren.

```
g1[x_, y_] := 2 y Cos[y^2] Cos[2 x] - Cos[y];

g2[x_, y_] := 2 Sin[y^2] Sin[2x] - Sin[x];

{a, b, c, d} = {-3.45, 3.45, -4, 3};

contourdata = Map[First, Cases[Graphics[
        ContourPlot[g1[x, y], {x, a, b}, {y, c, d}, Contours -> {0}, PlotPoints -> 60]],
      _Line, ∞]];
```

```
seeds =
  Flatten[
    Map[
      #[[1 + Flatten[Position[Rest[ss = Sign[Apply[g2, #, 2]]] * Rest[RotateRight[ss]],
          -1]]]]&, contourdata], 1];

roots =
  Select[Map[{x, y}/.FindRoot[{g1[x, y] == 0, g2[x, y] == 0}, {x, #[[1]]}, {y, #[[2]]}]&,
      seeds], a < #[[1]] < b ∧ c < #[[2]] < d&];

Length[roots]
73
```

Diese Technik lässt sich auch dazu einsetzen, sämtliche Nullstellen einer komplexen Funktion $f(z)$ über einem Rechteck zu finden, indem man sie auf das System $\mathrm{Re}f = \mathrm{Im}f = 0$ anwendet. Die Höhenlinienmethode kann jedoch völlig versagen, wenn die Nullstellenkurven von f und g irgendwo zueinander tangential liegen (also mehrfache gemeinsame Nullstellen bilden). Die Approximationen an die Höhenlinien besitzen dann nicht mehr die notwendigen transversalen Schnitte. Die Technik ist außerdem auf die Ebene beschränkt. In §4.6 diskutieren wir eine langsamere, aber verlässlichere Methode, welche beide genannten Schwierigkeiten behebt.

4.5 Das Newton-Verfahren für Intervalle

Der intervallbasierte Algorithmus aus §4.3 löst unser Problem zwar bereits recht gut, aber wir können Algorithmus 4.2 in mehrfacher Weise verbessern. In der Tat ist es ein aktives Forschungsfeld, diesen Algorithmus so zu erweitern, dass er schneller ist und sich auch auf Funktionen in höheren Dimensionen anwenden lässt. Hier skizzieren wir nur zwei Ideen zu seiner Verbesserung, eine einfache und eine raffinierte. Die erste wollen wir *opportunistische Auswertung* nennen. Sie besteht einfach darin, dass die Zielfunktion unmittelbar nach Unterteilung des Rechtecks in den Mittelpunkten der neuen Rechtecke ausgewertet wird. Diese punktweise Auswertung kann nämlich einen Funktionswert erwischen, der eventuell unseren aktuell kleinsten Wert zu ersetzen erlaubt. Dieser aktualisierte kleinste Wert kann dann benutzt werden, um zusätzliche Rechtecke als uninteressant aus der Liste zu entfernen. Diese Idee dürfte zwar in den Fällen, in denen wir bereits mit einer guten Eingrenzung des Minimalwerts beginnen (wie hier der von uns gefundene Wert -3.24), nicht unbedingt zu einer großartigen Beschleunigung führen, aber die zusätzlichen Auswertungen helfen in den anderen Fällen, wenn uns eine solche Approximation nicht zur Verfügung steht.

Die zweite Verbesserung stützt sich auf einen weiteren intervallbasierten Algorithmus zur Nullstellensuche, das Intervall-Newton-Verfahren, eine elegante und wichtige Idee, die von Ramon Moore 1966 in die mathematische Literatur eingeführt wurde [Moo66]. Der Ausgangspunkt des Verfahrens ist der Newton-Operator auf Quadern:[9] Angenommen, $F : \mathbb{R}^n \to \mathbb{R}^n$ ist stetig differenzierbar; dann definieren wir für einen Quader $X \subset \mathbb{R}^n$ den Ausdruck $N(X)$ durch $m - J^{-1} \cdot F(m)$, wobei m den Mittelpunkt von X und J eine Intervallauswertung

$$F'[X] = (\partial F_i / \partial x_j[X])_{ij}$$

der Jacobimatrix bezeichne. Dabei wird J^{-1} durch die üblichen intervall-arithmetischen Operationen in einem Algorithmus zur Berechnung der Matrixinversen gewonnen. Für $n = 1$ ist $N(X)$ einfach der Ausdruck $m - F(m)/F'[X]$. Wir bemerken, dass für $0 \in F'[X]$ der Newton-Operator degeneriert: $N(X) = [-\infty, \infty]$. Diese Definition besitzt einige wichtige Eigenschaften, die wir für die Entwicklung eines Algorithmus zur Einschließung von Nullstellen verwenden können. Wir geben zunächst die Hauptgesichtspunkte für den eindimensionalen Fall an. Sie sind hier deutlich einfacher als für höhere Dimensionen.

Theorem 4.4. *Es sei $F : \mathbb{R} \to \mathbb{R}$ eine stetig differenzierbare Funktion und $X = [a, b]$ ein beschränktes Intervall. Dann gilt:*

(a) *Falls r eine Nullstelle von F in X ist, so liegt r auch in $N(X)$.*
(b) *Für $N(X) \subseteq X$ besitzt F genau eine Nullstelle in $N(X)$.*

Beweis. (a) Für $F'(r) = 0$ gilt $N(X) = [-\infty, \infty]$; anderenfalls liefert der Mittelwertsatz der Differentialrechnung ein $c \in X$ mit $F(r) - F(m) = F'(c)(r - m)$. Das impliziert aber $r = m - F(m)/F'(c) \in N(X)$.

(b) Die Voraussetzung $N(X) \subseteq X$ besagt gerade, dass $N(X)$ beschränkt ist und daher $F'(x) \neq 0$ auf X gelten muss. Der Mittelwertsatz liefert dann die Existenz zweier c_i in X mit $m - F(m)/F'(c_1) - a = -F(a)/F'(c_1)$ und $b - (m - F(m)/F'(c_2)) = F(b)/F'(c_2)$. Wegen $N(X) \subseteq [a, b]$ ist das Produkt der linken Seiten dieser beiden Ausdrücke nichtnegativ. Da jedoch $F'(c_1)$ und $F'(c_2)$ das gleiche Vorzeichen besitzen, gilt $F(a)F(b) \leqslant 0$, so dass F nach dem Zwischenwertsatz in $[a, b] = X$ eine Nullstelle besitzt. Nach (a) liegt diese Nullstelle aber auch in $N(X)$. Gäbe es zwei verschiedene Nullstellen, so wäre die Ableitung F' nach dem Mittelwertsatz dazwischen irgendwo Null und damit (im Widerspruch zur Voraussetzung) $N(X)$ unbeschränkt. $\qquad\Box$

Dieses Theorem ist insofern recht mächtig, als es uns erlaubt, einen einfachen Algorithmus zur Einschließung von Nullstellen zu entwerfen. Dazu unterteilen wir das vorliegende Intervall schlicht in Teilintervalle und prüfen für diese, ob die Newton-Bedingung $N(X) \subseteq X$ erfüllt ist. Im positiven

---

[9] Wir bezeichnen im folgenden Intervalle im $\mathbb{R}^n$ als *Quader.*

Fall wissen wir aus (b), dass in X genau eine Nullstelle liegt. Liegt der negative Fall in der schärferen Form $N(X) \cap X = \emptyset$ vor, so ist das ebenfalls gut, da (a) dann besagt, dass in X keine Nullstellen liegen. Liegt keiner dieser beiden Fälle vor, unterteilen wir das Intervall X weiter und versuchen es erneut. Für den Fall, dass die Newton-Bedingung für X erfüllt ist, iterieren wir den N-Operator auf X. Denn auf diese Weise erhalten wir zunehmend schärfere Einschließungen der Nullstelle, wobei der Algorithmus tatsächlich schließlich (für hinreichend schmale Intervalle) wie das traditionelle Newton-Verfahren quadratisch konvergiert, siehe [Kea96, Thm. 1.14]. Wir können jedoch auch einen Fehlschlag erleiden, wenn es Nullstellen gibt, für welche die Newton-Bedingung nie erfüllt sein wird. Man stelle sich den Prozess als eine Art Warteschlange vor: Intervalle werden aus der Schlange entfernt, während sich ihre Unterteilungen hinten neu anstellen oder das Intervall zur Liste der Resultate hinzugefügt wird. Wenn die Schlange sich leert, sind wir fertig. Wenn wir aber eine maximale Schrittzahl erreichen und die Schlange immer noch nicht leer ist, dann bleiben uns einige nicht aufgelöste Intervalle übrig, von denen wir nicht wissen, ob überhaupt und, wenn doch, wie viele Nullstellen sie enthalten. Das passiert etwa mit mehrfachen Nullstellen wie für die Gleichung $x^2 = 0$, für die dann irgendwann $N(X) = [-\infty, \infty]$ ist.

Eine Anwendung des Intervall-Newton-Verfahrens auf eine eindimensionale nichtlineare Gleichung findet sich im Zusammenhang mit Problem 8 in §8.3.2.

In höheren Dimensionen bleibt das Theorem zwar im wesentlichen gültig, es sind aber einige Zusätze erforderlich, um die Existenz einer Nullstelle garantieren zu können. Zudem verlangt der Newton-Operator nach der Inversen einer Intervallmatrix (genauer gesagt, nach der Lösung eines linearen Gleichungssystems, dessen Matrix eine Intervallmatrix ist), was sehr teuer ist. Wir werden daher versuchen, stattdessen nur mit der Intervalllösung eines linearen Gleichungssystems zu arbeiten, dessen rechte Seite zwar aus einem Intervallvektor gebildet werden darf, aber dessen Matrix als gewöhnliche Matrix von Zahlen gegeben sein soll. Eine Möglichkeit verwendet Vorkonditionierungstechniken, siehe [Neu90, Thm. 5.1.7]. Eine andere Möglichkeit, der wir hier folgen werden, besteht im Gebrauch des Krawczyk-Operators. Weitere Informationen zu dieser wichtigen Variation des Intervall-Newton-Verfahrens finden sich in [Kea96, Neu90].

Wir definieren F, m und J wie für den Newton-Operator und betrachten die Matrix $P(x) = x - YF(x)$, wobei die reelle Matrix Y eine Art Punktapproximation der Intervallmatrix $J^{-1} = F'[X]^{-1}$ ist. Zwei naheliegende Kandidaten für Y sind $F'(m)^{-1}$ oder aber die Inverse der Matrix der Mittelpunkte jener Intervalle, welche die Matrix J bilden. Letztere ist schneller erhältlich und damit unsere erste Wahl, da die Intervallmatrix J ohnehin berechnet werden muss und wir uns dann eine weitere Auswertung der

Ableitung von F sparen können. Der Krawczyk-Operator wird jetzt durch den Quader $K(X) = m - YF(m) + (I - YJ)(X - m)$ definiert, wobei I für die $n \times n$-Einheitsmatrix steht. (Eine numerische Auswertung dieses Operators erfolgt natürlich in Intervallarithmetik, indem der Punkt m durch ein kleines Intervall um m ersetzt wird.)

Um die Überlegungen nachzuvollziehen, die zum K-Operator führen, rufen wir uns zunächst den Mittelwertsatz in mehreren Dimensionen in Erinnerung, der für eine stetig differenzierbare Funktion $F : \mathbb{R}^n \to \mathbb{R}^n$ folgendes besagt: Für gegebene Punkte x und y eines Quaders X gibt es Punkte $c_1, c_2, \ldots, c_n \in X$, so dass $F(y) - F(x) = (\nabla F_i(c_i))(y - x)$ gilt. Dabei bezeichnet $(\nabla F_i(c_i))$ eine $n \times n$-Matrix, in welcher der Index i die Zeilen nummeriert. Nun kann $K(X)$ in folgendem Sinn als eine Art „Mittelwerterweiterung" von P aufgefasst werden: Wenn $P'[X]$ für eine Intervalleinschließung der Anwendung von P' auf X steht, dann impliziert der Mittelwertsatz, dass das exakte Bild von X unter P, nämlich $P(X) = \{P(x) : x \in X\}$, vom Quader $Q = P(m) + P'[X](X - m)$ eingeschlossen wird. Da nun aber $P'(x) = I - YF'(x)$ gilt, dürfen wir $I - YJ$ als eine solche Einschließung $P'[X]$ nehmen. Damit wird Q aber genau $K(X)$ und wir haben bewiesen, dass $K(X)$ das Bild $P(X)$ enthält. Damit lässt sich die n-dimensionale Theorie wie folgt geglättet darstellen:

Theorem 4.5. *Es sei $F : \mathbb{R}^n \to \mathbb{R}^n$ eine stetig differenzierbare Funktion, X ein beschränkter Quader in $\mathbb{R}^n$, $J = F'[X]$ eine komponentenweise Intervalleinschließung und Y die Inverse der Matrix der Mittelpunkte jener Intervalle, die J bilden. Wir nehmen an, dass Y nichtsingulär ist. Es bezeichne K den zugehörigen Krawczyk-Operator. Dann gilt:*

(a) *Falls r eine Nullstelle von F in X ist, so liegt r auch in $K(X)$.*
(b) *Für $K(X) \subseteq X$ besitzt F wenigstens eine Nullstelle in $K(X)$.*
(c) *Für $K(X) \subset X$ besitzt F höchstens eine Nullstelle in X.*

Beweis. (a) $K(X)$ enthält $P(X)$, so dass $P(r) \in K(X)$ gilt. Nun ist aber $P(r) = r - YF(r) = r$.

(b) Wegen $P(X) \subseteq K(X) \subseteq X$ ist P eine Mengenkontraktion. Der Brouwer'sche Fixpunktsatz für stetige Funktionen impliziert, dass P einen Fixpunkt in X besitzt. Äquivalent besitzt F eine Nullstelle in X.

(c) Dieser Teil ist subtiler. Angenommen, x und y seien verschiedene Nullstellen von F in X. Dann folgt aus dem Mittelwertsatz, dass $0 = F(x) - F(y) = (\nabla F_i(c_i))(x - y)$ für gewisse Punkte $c_i \in X$ gilt. Das bedeutet aber, dass die Matrix singulär ist und daher J eine singuläre Matrix enthält. Wie auch immer, es ist nicht unmittelbar klar, dass dies der Krawczyk-Bedingung $K(X) \subset X$ widerspricht. Dennoch tut es das. Ein vollständiger Beweis findet sich in [Neu90, Thm 5.1.8]. Wir weisen auf die hierfür wesentliche strikte Inklusion hin. □

Dieses Theorem führt uns unmittelbar auf einen lokalen Algorithmus zur Einschließung von Nullstellen. (Er wird in §4.6 eine Rolle spielen.) Wenn die Krawczyk-Bedingung, also $K(X) \subset X$, erfüllt ist, dann gibt es genau eine Nullstelle in X, ja sogar in $K(X)$. Wir wenden einfach K wiederholt auf diesen Quader an. (Diese Iteration nennen wir Newton–Krawczyk-Verfahren.) Sobald der Quader hinreichend klein geworden ist, kennen wir die Nullstelle auf die gewünschte Genauigkeit.

Auf folgende Weise hilft uns diese Einschließung von Nullstellen bei unserem Optimierungsproblem. Sobald wir das Problem durch den Unterteilungsalgorithmus auf einen einzigen Quader reduziert haben, also im vorliegenden Fall bereits nach 11 Unterteilungsschritten, benutzen wir das Newton–Krawczyk-Verfahren, um uns näher an diesen eindeutigen kritischen Punkt heranzuarbeiten. Wir gelangen so schneller zum Ergebnis als durch weitere Unterteilungsschritte, genau wie das Newton-Verfahren in einer Dimension das Bisektionsverfahren hinter sich lässt. Für unser Problem und eine Genauigkeit von 10^{-6} für die Position des Minimums sparen wir so (allerdings ohne opportunistische Auswertung) etwa 10% der Rechenzeit ein. Höhere Genauigkeiten führen zu deutlich größeren Einsparungen.

Im Einzelnen ergänzen wir Algorithmus 4.2 um die folgenden Schritte (sie werden direkt nach der Überprüfung des Gradienten eingefügt):

> Wenn $\mathcal{R}$ nur mehr ein Rechteck X enthält, berechne $K(X)$;
>> Wenn $K(X) \cap X = \varnothing$, dann gibt es keinen kritischen Punkt und
>>> das Minimum befindet sich auf dem Rand, breche ab;
>> Wenn $K(X) \subset X$, iteriere den K-Operator beginnend mit $K(X)$
>>> bis die gewünschte Genauigkeit erreicht ist;
>> Verwende das Ergebnisrechteck, um a_0 und a_1 zu ermitteln;
>> (Die Schleife endet dann hier.)

Eine Sitzung mit Mathematica

Eine Implementierung dieser Erweiterung von Algorithmus 4.2 findet sich als Mathematica-Funktion `IntervalMinimize` auf der Webseite des Buchs. Wir wollen die Verwendung für eine Genauigkeit von 100 Ziffern vorführen. Der Übergang zur Nullstelleneinschließung erfolgt dabei nach der zwölften Unterteilung; die Konvergenz ist, wie erwartet, außerordentlich schnell. Das angegebene Resultat ist der Mittelpunkt eines Intervalls, dessen Länge kleiner als 10^{-102} ist.

```
IntervalMinimize[f[x, y], {x, -1, 1}, {y, -1, 1}, -3.24,
    AccuracyGoal -> 102, WorkingPrecision -> 110]
-3.3068686474752372800761137708985156571664823614762882175012930855
  0309199837888295035825488075283499186193
```

Der Einsatz intervallbasierter Methoden ist in der globalen Optimierung ein gut bestelltes Feld, dessen Techniken bei weitem über unsere kurze Einführung hinausgehen (vgl. [Han92, Kea96]; Hansen berichtet von Erfolgen für eine Vielzahl von Problemen, so auch für ein 10-dimensionales). Nichtsdestotrotz zeigt der Umstand, dass bereits die einfachsten Ideen in wenigen Sekunden Rechenzeit und wenigen Zeilen Programmtext ein verifiziertes Ergebnis für Problem 4 liefern, wie mächtig dieser Zugang prinzipiell ist.

Bemerkenswerterweise hat die Intervallanalysis in verschiedenen Bereichen der Mathematik jüngst eine wichtige Rolle gespielt. Beispielsweise erhielt Warwick Tucker im Jahre 2002 den ersten nach Ramon Moore benannten Preis für seinen rechnergestützten Beweis, dass die Lorenzgleichungen wirklich einen „strange attractor" besitzen. Damit löste er das vierzehnte der von Steven Smale zur Jahrtausendwende vorgestellten mathematischen „Probleme für das 21. Jahrhundert" (in Nachfolge von Hilberts berühmter Liste aus dem Jahre 1900). Tom Hales und Sam Ferguson [FH98] benutzten Intervallmethoden in ihrer Lösung der Kepler'schen Vermutung über dichteste Kugelpackungen. Oscar Lanford [Lan82] hatte bereits 1982 Intervallmethoden verwendet, um die Existenz eines universellen Grenzwerts, der Feigenbaumkonstante, in bestimmten Folgen von Verzweigungspunkten zu beweisen.

Wir wollen die wichtigsten Aspekte des intervallbasierten Zugangs zu Problem 4 zusammenfassen:

- Der Algorithmus ist recht allgemein und findet den kritischen Punkt mit dem kleinsten Wert über einem Rechteck. Dazu muss vorausgesetzt werden, dass sich die Zielfunktion und ihre partiellen Ableitungen in Intervallarithmetik auswerten lassen.
- Die Resultate sind verifizierbar korrekt, wenn man durchgängig Intervalle benutzt.
- Die Resultate lassen sich problemlos auf sehr hohe Genauigkeiten berechnen.
- Ein Algorithmus zur Einschließung von Nullstellen kann die Laufzeit des Optimierungsalgorithmus drastisch verbessern.
- Und vielleicht am wichtigsten: Der intervallbasierte Algorithmus ist auch dann ein vernünftiger Lösungsweg, wenn man gar nicht an Resultaten mit mathematischer Beweiskraft interessiert ist. Kurzum, intervallbasiertes Denken liefert hier sowohl einen sehr guten Algorithmus als auch einen Beweis für die Korrektheit der berechneten Ziffern.
- Die grundlegenden Ideen lassen sich auch auf Funktionen einer größeren Anzahl von Variablen verallgemeinern. Nur leider wird das Leben dann etwas schwieriger. Man findet in [Han92, Kea96] ausführliche Diskussionen verschiedener Erweiterungen zur Verbesserung des Grundalgorithmus. Ein Beispiel: Man verwendet die Hessische, um diejenigen

n-dimensionalen Intervalle zu eliminieren, in denen die Funktion nicht konvex ist.

4.6 Validierung von Nullstellen

Das pessimistische Zitat zu Beginn des Kapitels führt uns auf die Frage, wie wir uns sicher sein können, dass die in §4.4 gefundene Sammlung von 2720 kritischen Punkten korrekt und vollständig ist? Es gibt hierzu mehrere Möglichkeiten. Eine benutzt einen Algorithmus zur Einschließung der Nullstellen mit Intervallen und überprüft, dass er die gleiche Menge kritischer Punkte findet. Im Einzelnen benutzen wir einen einfachen Unterteilungsprozess, in dessen Verlauf wir nur diejenigen Teilrechtecke behalten, die überhaupt die Chance besitzen, einen kritischen Punkt zu enthalten. Zusätzlich nutzen wir durchgängig die Krawczyk-Bedingung $K(X) \subset X$ zur weiteren Überprüfung. Es folgt eine formalere Beschreibung.

Algorithmus 4.6 (Intervallbasierte Nullstellensuche für $F : \mathbb{R}^n \to \mathbb{R}^n$).

Eingabe: F, eine stetig differenzierbare Funktion vom $\mathbb{R}^n$ in den $\mathbb{R}^n$;
R, ein Quader, für den wir alle Nullstellen von F wissen wollen;
ϵ, eine absolute Fehlertoleranz für die gesuchten Nullstellen;
mtol, eine Toleranz zur Zusammenfassung von Teilquadern;
$i_{\max}$, maximale Anzahl von Unterteilungsschritten.

Ausgabe: Eine Liste a von Intervallen, von denen jedes genau eine Nullstelle enthält, und eine Liste $\mathcal{R}$ von nicht aufgelösten Intervallen (die keine, eine oder mehrere Nullstellen enthalten können).

Notation: Für einen n-dimensionalen Quader X bezeichnen wir mit m den Mittelpunkt von X und mit M einen kleinen Quader, der m enthält. Wir setzen $K(X) = M - YF[M] + (I - YJ)(X - M)$, wobei J für eine Jacobi'sche Intervallmatrix $F'[X]$ steht und Y die Inverse derjenigen Matrix bezeichnet, welche entsteht, indem man in J jeden Quader durch seinen Mittelpunkt ersetzt. „Unterteilung eines Quaders" bedeutet die Unterteilung in 2^n kongruente Teilquader durch Halbierung jeder Kante. Die „Zusammenfassung" einer Menge von Quadern steht für den Prozess, dass, solange es zwei Quader mit nichtleerem Schnitt gibt, diese durch den kleinsten Quader ersetzt werden, der beide enthält. Die Krawczyk-Bedingung an einen Quader X ist $K(X) \subset X$.

Schritt 1: Initialisierung: Setze $\mathcal{R} = \{R\}$, $i = 0$, $a = \emptyset$.

Schritt 2: Die Hauptschleife:

> Solange $\mathcal{R} \neq \varnothing$ und $i < i_{\max}$:
>> Setze $i = i + 1$;
>> Setze $\mathcal{R}$ auf die Menge aller Quader, die durch uniforme Unterteilung der Quader aus $\mathcal{R}$ in je 2^n Teilquader entsteht;
>> Wenn die maximale Seitenlänge aller Quader aus $\mathcal{R}$ kleiner als mtol ist, dann setze $\mathcal{R}$ auf die Zusammenfassung von $\mathcal{R}$;
>> Berechne für jedes $X \in \mathcal{R}$ den Krawczyk-Operator $K(X)$:
>>> Wenn $K(X) \cap X = \varnothing$, lösche X aus $\mathcal{R}$;
>>> Wenn $K(X) \subset X$:
>>>> Iteriere K vom Startwert $K(X)$, solange der Fehler (die Seitenlänge des Quaders bzw. seines Bildes unter F) größer als ϵ ist;
>>>> Füge das Ergebnis zur Liste a und lösche X aus $\mathcal{R}$.

Schritt 3: Gebe a und $\mathcal{R}$ zurück, letzteres enthält die nicht aufgelösten Quader.

Der Schritt der durch den Parameter mtol in der Hauptschleife gesteuerten „Zusammenfassung" von Intervallen erfordert etwas Erklärung. Wenn sich eine Nullstelle in der Nähe einer Kante eines Quaders befindet, dann kann es (bei fester Mantissenlänge) passieren, dass es weder der Unterteilung noch der Iteration des Krawczyk-Operators gelingt, diese Nullstelle zu isolieren. Dies kann auch im Eindimensionalen auftreten, wenn beispielsweise das Startintervall $[-1, 1]$ ist und die Nullstelle bei 0 liegt. Denn der Unterteilungsprozess wird dann zwei Intervalle mit einem sehr kleinen Überlappungsbereich erzeugen und die Null also in die Nähe eines Endpunkts rücken. Der Schritt der Zusammenfassung überprüft daher, ob die verbleibenden Quader so klein sind, dass wir sie als Lokalisierung ein und derselben Nullstelle auffassen dürfen (innerhalb der vom Benutzer vorgegebenen Toleranz mtol). Denn der Umstand, dass uns bis dahin keine Isolierung der Nullstelle gelingen wollte ($\mathcal{R}$ ist nicht leer), könnte darauf hinweisen, dass es klug wäre, die kleinen Quader zu einem größeren zusammenzufassen: Das dürfte die Nullstelle in die Nähe des Mittelpunkts des größeren Quaders rücken und dazu führen, dass die Krawczyk-Iteration dann doch noch erfolgreich ist. Natürlich besteht hier die Möglichkeit einer Endlosschleife. Es ist daher empfehlenswert, den Algorithmus zuerst mit mtol $= 0$ laufen zu lassen, also ohne Zusammenfassung. Wenn die Validierung damit nicht gelingen will, könnte man es mit, sagen wir, mtol $= 10^{-6}$ versuchen.

Für diejenigen Nullstellen x von F, in welchen $F'(x)$ singulär ist, lässt sich die Krawczyk-Bedingung nie erfüllen. Der Algorithmus wird sie daher auch nicht finden. Sie sind jedoch nicht unter den Tisch gefallen, da sie in den nicht aufgelösten Intervallen eingefangen worden sind, die ebenfalls zur Ausgabe gehören. Der Benutzer wird diese nicht aufgelösten Intervalle mit anderen Methoden untersuchen wollen, um festzustellen, ob sich dort noch eine weitere Nullstelle verborgen hält.

Algorithmus 4.6 schafft es in unserem Fall in acht Minuten, tatsächlich alle 2720 kritischen Punkte zu finden. Es ist sicherlich eine wichtige Technik, insbesondere in höheren Dimensionen, für die wir keine andere Möglichkeit zur lückenlosen Auflistung aller Nullstellen besitzen (siehe [Kea96]). In den Fällen jedoch, in denen wir annehmen, bereits alle Nullstellen mit anderen Methoden gefunden zu haben, sollten wir intervallbasierte Verfahren nur noch zur *Validierung* dieses Resultats verwenden. Es handelt sich dabei um ein zentrales Thema des verlässlichen Rechnens: Es ist häufig angemessener, traditionelle numerische Verfahren und Heuristiken einzusetzen, um zu Resultaten zu gelangen, die man für korrekt und vollständig hält. Erst danach gelangen intervallbasierte Techniken zum Einsatz, um diese Resultate zu validieren.

Wir wollen also noch einen Weg diskutieren, für den Intervallanalysis nur ein Werkzeug zur Validierung ist. Er funktioniert für unser Problem hervorragend. Man geht hier, gestützt auf das Theorem über den Krawczyk-Operator aus §4.5, in zwei Schritten vor. Angenommen, es liegt eine Menge r von insgesamt m approximativen Nullstellen vor. Zunächst überprüfen wir, dass r die behauptete Genauigkeit besitzt: Wir machen jeden Punkt aus r zum Mittelpunkt eines kleinen Quaders X und überprüfen die Krawczyk-Bedingung $K(X) \subset X$. Diese Technik wird ϵ-*Aufblähung* genannt und geht auf Rump zurück, siehe [Rum98] und die dort genannte Literatur. Sobald wir das erfolgreich erledigt haben, wissen wir, dass r eine Approximation an eine Menge von m tatsächlichen Nullstellen darstellt. Als nächstes müssen wir die Vollständigkeit verifizieren. Dazu führen wir eine sukzessive Unterteilung des gegebenen Quaders durch, wobei wir nur zwei Dinge mit jedem Quader unternehmen, der dabei in Erscheinung tritt: Wenn eine intervallarithmetische Auswertung oder der Krawczyk-Operator zeigen, dass die Einschließung der F-Werte dieses Quaders den Nullvektor nicht enthalten kann, wird der Quader gelöscht. Wenn die Krawczyk-Bedingung gilt und daher der Quader genau eine Nullstelle enthält, wird er ebenfalls gelöscht, aber diesmal ein Zähler der Nullstellenzahl um Eins erhöht. Verbleibende Quader werden solange weiter unterteilt, bis keine mehr übrig sind. In diesem Fall verfügen wir über die korrekte Anzahl der Nullstellen. Ist sie gleich m, so wissen wir, dass r tatsächlich eine vollständige Approximation der Nullstellen ist. Es folgt eine etwas formalere Beschreibung des Algorithmus.

Algorithmus 4.7 (Validierung einer Nullstellenmenge).

Eingabe: F, eine stetig differenzierbare Funktion vom $\mathbb{R}^n$ in den $\mathbb{R}^n$;

R, ein Quader, in welchem die Nullstellen validiert werden sollen;

r, eine Liste von Nullstellen von F in R, die auf Vollständigkeit und Korrektheit überprüft werden soll;

ϵ, eine absolute Fehlertoleranz für die Nullstellen;

mtol, eine Toleranz zur Zusammenfassung von Teilquadern;

Ausgabe: True, wenn die tatsächlichen Nullstellen in R auf die gegebene Fehlertoleranz ϵ mit den Punkten in r übereinstimmen; anderenfalls False.

Notation: Wie in Algorithmus 4.6.

Schritt 1: ϵ-Aufblähung:
> Für jeden Punkt in r:
>> Setze X auf den umliegenden Quader der Seitenlänge $2\epsilon/\sqrt{n}$;
>> Prüfe, ob die Krawczyk-Bedingung für X gilt.
>> Wenn nein, breche ab und gebe False zurück.

Schritt 2: Initialisiere den Unterteilungsprozess. Setze $\mathcal{R} = \{R\}$; $c = 0$.

Schritt 3: Die Hauptschleife:
> Solange $\mathcal{R} \neq \emptyset$:
>> Setze $\mathcal{R}$ auf die Menge aller Quader, die durch uniforme Unterteilung der Quader aus $\mathcal{R}$ in je 2^n Teilquader entsteht;
>> Lösche aus $\mathcal{R}$ die Quader X, für die $0 \notin F[X]$;
>> Lösche aus $\mathcal{R}$ die Quader X, für welche die Krawczyk-Bedingung gilt und erhöhe in diesem Fall c um 1;
>> Lösche aus $\mathcal{R}$ die Quader X, für die $K(X) \cap X = \emptyset$;
>> Wenn die maximale Seitenlänge aller Quader aus $\mathcal{R}$ kleiner als mtol ist, dann setze $\mathcal{R}$ auf die Zusammenfassung von $\mathcal{R}$;

Schritt 4: Wenn $c = $ der Anzahl der Punkte in r, gebe True zurück, anderenfalls False.

Für den Gradienten $F = f'$ der Zielfunktion f unseres Problems lokalisiert die Höhenlinienmethode aus §4.4 die 2720 Nullstellen in 30 Sekunden. Der Validierungsalgorithmus benötigt dann noch einmal 30 Sekunden, um zu prüfen, dass die Nullstellen alle korrekt sind, und weitere 5.5 Minuten, um die Vollständigkeit zu verifizieren. Auch wenn die Beschleunigung gegenüber einer durchgängigen Verwendung von Intervallen (acht Minuten) recht bescheiden ausfällt, ist die Validierungstechnik doch eleganter und illustriert eine wichtige allgemeine Idee: Wenn möglich, sollte man in einem rechnergestützten Projekt die intervallbasierte Arbeit auf den letzten Schritt verschieben, auf eine Validierung.

Die Algorithmen 4.6 und 4.7 lassen sich zu einem Algorithmus verbinden, der die Nullstellen sowohl findet als auch verifiziert. Der Schlüssel liegt dabei in der Beobachtung, dass es keine Notwendigkeit zur Iteration des Krawczyk-Operators gibt, wenn sich stattdessen das traditionelle Newton-Verfahren verwenden lässt.

Algorithmus 4.8 (Intervallbasierte Nullstellensuche und -validierung).

Eingabe: F, eine stetig differenzierbare Funktion vom $\mathbb{R}^n$ in den $\mathbb{R}^n$;
> R, ein Quader, in welchem alle Nullstellen gesucht werden;

ϵ, eine absolute Fehlertoleranz für die Nullstellen;
mtol, eine Toleranz zur Zusammenfassung von Teilquadern;

Ausgabe: Validierte Approximationen der Nullstellen mit Genauigkeit ϵ.

Notation: Wie zuvor. Zusätzlich bezeichnet s eine Menge von vorläufigen, groben Approximationen der Nullstellen und r die Menge der endgültigen Resultate.

Schritt 1: Setze $s = \varnothing$; folge den Schritten 1 und 2 von Algorithmus 4.6, nur dass für $K(X) \subset X$ der Mittelpunkt von X zu s gefügt wird.

Schritt 2: Wende das Newton-Verfahren auf die Startwerte aus s an, füge die Resultate zu r hinzu.

Schritt 3: Benutze die ϵ-Aufblähung wie in Schritt 1 von Algorithmus 4.7, um zu verifizieren, dass r eine vollständige Menge der Nullstellen von der Genauigkeit ϵ ist.

Schritt 4: Gebe r zurück.

Algorithmus 4.8 findet und validiert alle kritischen Punkte unseres Problems in 5.5 Minuten, eine Ersparnis von 9% an Laufzeit gegenüber der Kombination der Algorithmen 4.2 und 4.7. Auf der Webseite des Buchs finden sich die Mathematica-Implementierungen `ValidateRoots` und `FindAndValidateRoots` von Algorithmus 4.7 bzw. Algorithmus 4.8.

4.7 Schwierigere Probleme

Welche Variation der Formulierung von Problem 4 hätte uns vor etwas oder gar sehr viel größere Schwierigkeiten gestellt? Sicherlich hätte es die Schwierigkeit des Problems erhöht, wenn die Dimension größer oder die Zielfunktion für eine Auswertung in Intervallen nicht so leicht geeignet gewesen wäre. Tatsächlich treffen diese beiden Schwierigkeiten auf die in Problem 5 erforderliche Optimierung zu (vier Dimensionen, die Zielfunktion beinhaltet die Gammafunktion), die tatsächlich für Allzweck-Minimierungsalgorithmen sehr viel schwieriger ist. Noch eine weitere Art von Schwierigkeiten entsteht, wenn die Zielfunktion nicht in einem isolierten Punkt, sondern entlang eines Kontinuums, etwa einer Geraden oder einer Ebene, ihr globales Minimum annimmt (in [Han92] finden sich dafür Beispiele). Wir wollen uns hier nur noch mit der Frage höherer Dimensionen befassen. Dazu studieren wir eine leichte Variation von Problem 4, allerdings in drei Dimensionen: Welchen Wert hat das globale Minimum der Funktion

$$g(x,y,z) = e^{\sin(50x)} + \sin(60e^{y})\sin(60z) + \sin(70\sin x)\cos(10z)$$
$$+ \sin\sin(80y) - \sin(10(x+z)) + (x^2 + y^2 + z^2)/4 \,?$$

Die Methoden dieses Kapitels funktionieren auch für dieses Problem recht gut – mit der Ausnahme jener Techniken, die versuchen würden, alle kritischen Punkte in etwa dem dreidimensionalen Quader $[-1,1]^3$ zu finden: Es liegen vermutlich weit über 100 000 solche Punkte vor. Ein Zugang, der die verschiedenen Methoden vorteilhaft verbindet, würde wie folgt aussehen:

1. Benutze die evolutionäre Suche mit 200 Punkten in jeder Generation und einem Skalierungsfaktor 0.9 um herauszubekommen, dass g kleiner als -3.327 werden kann. (Differentielle Evolution funktioniert genauso gut.)

2. Benutze herkömmliche Algorithmen zur Nullstellensuche (etwa das Newton-Verfahren) für den Gradienten, um den auf sechs Stellen genauen Wert -3.32834 zu erhalten (oder, falls gewünscht, auch hunderte von Ziffern).

3. Benutze Intervallarithmetik wie in §4.3, um zu beweisen, dass das globale Minimum sich im Quader $[-0.77, 0.77]^3$ befindet.

4. Benutze den grundlegenden auf Intervallarithmetik basierenden Algorithmus aus §4.3, um zu beweisen, dass das Minimum den Wert -3.32834 und eine Position in der Nähe von $(-0.15, 0.29, -0.28)$ besitzt. Das dauert fast eine Minute und die Anzahl der untersuchten Quader beträgt 9408.

Eine Sitzung mit Mathematica

```
g[x_, y_, z_] := e^Sin[50 x] + Sin[60 e^y] Sin[60 z] + Sin[70 Sin[x]] Cos[10 z] +
    Sin[Sin[80 y]] - Sin[10 (x + z)] + 1/4 (x^2 + y^2 + z^2);

IntervalMinimize[g[x, y, z], {x, -0.77, 0.77}, {y, -0.77, 0.77},
    {z, -0.77, 0.77}, -3.328]

{Interval[{-3.328338345663281, -3.328338345663262}],
    {{x -> Interval[{-0.1580368204689058, -0.1580368204689057}],
       y -> Interval[{0.2910230486091526, 0.2910230486091528}],
       z -> Interval[{-0.2892977987325703, -0.2892977987325701}]}}}
```

Also funktioniert dieser Algorithmus auch für wenigstens ein komplizierteres dreidimensionales Beispiel. Die Komplexität dieses Algorithmus wächst aber exponentiell mit der Dimension, so dass höheren Dimensionen rasch Grenzen gesetzt sind.

Als abschließendes Beispiel zeigen wir, dass die zum Schluss von §4.6 behandelte, auf dem Krawczyk-Operator basierende Validierungstechnik das verwandte Problem lösen kann, alle kritischen Punkte von $g(x, y, z)$ zu finden. Da diese aber so zahlreich sind, arbeiten wir nur mit dem relativ kleinen Quader $[0, 0.1] \times [0, 0.05] \times [0, 0.1]$ und zeigen in Abb. 4.8 einige der kritischen Punkte (es gibt dort insgesamt sechs) gemeinsam mit den drei Flächen $g_x = 0$, $g_y = 0$, $g_z = 0$.

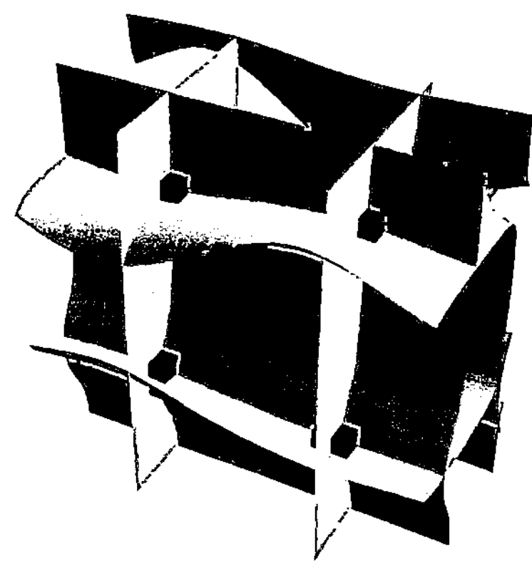

Abb. 4.8. *Ein kleiner Ausschnitt – innerhalb des Definitionsgebiets $[0, 0.1] \times [0, 0.05] \times [0, 0.1]$ – der drei Flächen $g_x = 0$, $g_y = 0$, $g_z = 0$, deren gemeinsame Schnittpunkte die kritischen Punkte von g definieren. Zusätzlich werden die durch die intervallbasierte Methode berechneten gemeinsamen Nullstellen als kleine schwarze Würfel gezeigt.*

Eine komplexe Optimierung

Dirk Laurie

Die Lekkerland se pad is 'n lang, lang pad wat in die rondte loop.
Hy slinger deur die bosse en hy kronkel om die rante tot daar
waar sy end moet wees.
En dáár begin hy weer!
Hy dwaal deur die vleie en hy boggel oor die bulte en op een plek
raak hy weg.
Maar onder die braambos begin hy weer en hy drentel al om en
om en om die diep kuil vol soet water wat nooit opdroog nie.
O, dit is 'n lang, lang pad![1]

W. O. Kühne (Huppel en sy maats, 1982)

Eine reelle Funktion einer reellen Variablen kann als Kurve in
der Ebene veranschaulicht werden. Es lässt sich keine ebenso ein-
fache und zweckdienliche geometrische Methode zur Veranschau-
lichung einer komplexen Funktion in einer komplexen Variablen
finden.

E. T. Whittaker und G. N. Watson (1927)

Problem 5

Es sei $p(z)$ das kubische Polynom, welches die Funktion $f(z) = 1/\Gamma(z)$ auf dem komplexen Einheitskreis in der Supremumsnorm $\|\cdot\|_\infty$ bestapproximiert. Welchen Wert hat $\|f - p\|_\infty$?

---

[1] Der Weg in Lekkerland ist ein langer, langer Weg, der im Kreis verläuft. Er windet sich durchs Buschland und schlängelt sich über die Gebirgskämme dorthin, wo sein Ende sein sollte.// Aber da beginnt er wieder!// Er streift durch die Sümpfe und zieht sich über die Hügel, um sich an einer Stelle zu verlieren.// Aber unter dem Brombeergestrüpp beginnt er erneut und schlendert Runde um Runde um Runde um den tiefen See süßen Wassers, der niemals austrocknet.// O, es ist ein langer, langer Weg.   *– nach Dirk Lauries englischer Übersetzung aus dem Afrikaans*

5.1 Auf den ersten Blick

Wir verändern Trefethens Notation so, dass p für ein allgemeines kubisches Polynom

$$p(z) = az^3 + bz^2 + cz + d$$

steht und wir das optimale Polynom[2] mit

$$p_{\text{opt}}(z) = a_{\text{opt}}z^3 + b_{\text{opt}}z^2 + c_{\text{opt}}z + d_{\text{opt}}$$

bezeichnen. Unsere Aufgabe ist die Berechnung von

$$\epsilon_{\text{opt}} = \|f - p_{\text{opt}}\|_\infty.$$

Da $f - p$ eine ganze Funktion ist, wird nach dem Maximumprinzip das Maximum von $|f - p|$ über der Einheitskreisscheibe auf dem Einheitskreis selbst angenommen. Wir können daher in unserem Fall die Definition der Supremumsnorm so anpassen, dass

$$\|f - p\|_\infty = \max_{\theta \in [0,2\pi]} |f(e^{i\theta}) - p(e^{i\theta})|.$$

Minimaxprobleme sind berüchtigt für die Schwierigkeiten, die sie allgemeinen Optimierungsalgorithmen bereiten, und wir wollen daher versuchen, so weit wie möglich zu kommen, bevor wir einen solchen Algorithmus in §5.2 aufrufen.

Jedes p liefert trivialerweise eine obere Schranke

$$\epsilon_{\text{opt}} \leqslant \|f - p\|_\infty.$$

Ein Kandidat p, der sich leicht finden lässt, besteht aus den ersten paar Termen der Taylorentwicklung [AS84, Formel (6.1.34)] von f (hier auf vier Dezimalziffern angegeben)

$$p_0(z) = -0.6559z^3 + 0.5772z^2 + z.$$

Der übliche Einwand gegen ein Taylorpolynom als Mittel zur Approximation einer reellen Funktion über einem endlichen Intervall trifft auf Approximationen über dem Einheitskreis nicht zu. Ganz im Gegenteil ist das Taylorpolynom *optimal* bezüglich der L^2-Norm, definiert als

$$\|g\|_2 = \left(\frac{1}{2\pi} \int_0^{2\pi} |g(e^{i\theta})|^2 \, d\theta \right)^{1/2}.$$

---

[2] Existenz und Eindeutigkeit des optimalen Polynoms folgen aus allgemeinen Resultaten zur komplexen Tschebyscheff-Approximation; Literaturangaben finden sich in §5.8.

Der Grund für diese Optimalitätseigenschaft liegt darin, dass mittels $z = e^{i\theta}$ die Potenzreihe für $g(z)$ zur Fourierreihe von $g(e^{i\theta})$ über dem Intervall $0 \leqslant \theta \leqslant 2\pi$ wird.

Ein anderer leichter Weg zu einer ersten Approximation besteht in der Diskretisierung des Einheitskreises durch n äquidistante Punkte θ_j und der anschließenden Lösung eines diskreten Kleinste-Quadrate-Problems, also der Minimierung von

$$E(p,n) = \frac{1}{n} \sum_{j=1}^{n} |f(e^{i\theta_j}) - p(e^{i\theta_j})|^2$$

über alle kubischen Polynome p. Natürlich ist $E(p,n)$ bloß eine Diskretisierung von $\|f - p\|_2^2$, jedoch werden die so gefundenen Polynome für wachsendes n rasch gegen das Taylorpolynom konvergieren. Durch Berechnung von $E(p_0, n)$ für wachsende Werte von n erhalten wir $\|f - p_0\|_2 \doteq 0.177$.

Um eine graphische Vorstellung davon zu entwickeln, was wir zu erreichen versuchen, betrachten wir Abb. 5.1, welche die Werte von $f(e^{i\theta})$ und $p_0(e^{i\theta})$ für $\theta = 0°, 1°, 2°, \ldots, 360°$ gemeinsam mit dem Einheitskreis zeigt. Einander entsprechende Punkte wurden verbunden, um deutlich zu machen, dass die Größe $f(z) - p_0(z)$ über den gesamten Verlauf ständig ihren Winkel ändert und dass $p_0(z)$ so gut wie nie der zu $f(z)$ nächstgelegene Punkt des Graphen von p_0 ist. Wenn wir θ auf diese Werte einschränken, erhalten wir $\max|f(\theta) - p_0(\theta)| \doteq 0.235$; und so behaupten wir unter Berücksichtigung eines kleinen Diskretisierungsfehlers, dass

$$0.17 < \epsilon_{\text{opt}} < 0.24.$$

Dabei haben wir

$$\|f - p_0\|_2 \leqslant \|f - p_{\text{opt}}\|_2 \leqslant \|f - p_{\text{opt}}\|_\infty \leqslant \|f - p_0\|_\infty$$

verwendet. In gewissem Sinn haben wir eine Dezimalziffer gewonnen: Beide Schranken ergeben gerundet 0.2.

Die Koeffizienten von p_0 sind reell. Können wir davon ausgehen, dass auch die Koeffizienten von p_{opt} reell sind? Das kubische Polynom

$$\hat{p}(z) = \frac{1}{2}\left(p_{\text{opt}}(z) + \overline{p_{\text{opt}}(\bar{z})}\right)$$

hat reelle Koeffizienten und es gilt für alle z wegen der Symmetrie $f(\bar{z}) = \overline{f(z)}$ [AS84, Formel (6.1.23)], dass

$$|f(z) - \hat{p}(z)| \leqslant \frac{1}{2}\left(|f(z) - p_{\text{opt}}(z)| + |f(z) - \overline{p_{\text{opt}}(\bar{z})}|\right)$$

$$= \frac{1}{2}\left(|f(z) - p_{\text{opt}}(z)| + |\overline{f(\bar{z})} - \overline{p_{\text{opt}}(\bar{z})}|\right)$$

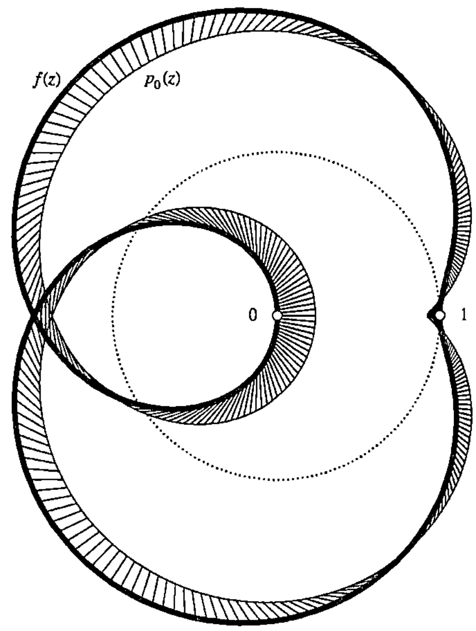

Abb. 5.1. *Die Werte von z, f(z) und p₀(z) in der komplexen Ebene für |z| = 1.*

$$= \frac{1}{2}(|f(z) - p_{\mathrm{opt}}(z)| + |f(\overline{z}) - p_{\mathrm{opt}}(\overline{z})|) \leqslant \frac{1}{2}(\epsilon_{\mathrm{opt}} + \epsilon_{\mathrm{opt}}).$$

Somit ist $\hat{p}$ mindestens so gut wie p_{opt} und *es genügt also, nur unter den Polynomen mit reellen Koeffizienten nach der Lösung zu suchen.*

5.2 Optimierung mittels einer allgemeinen Methode

Universelle Optimierungssoftware tut sich schwer mit Problem 5. Typischerweise bricht sie ab, lange bevor sie in die Nähe der Lösung gelangt. Dennoch gibt es eine relativ neue Technik, die hierfür und für eine Reihe weiterer globaler Optimierungsprobleme im $\mathbb{R}^n$ bemerkenswert erfolgreich ist; sie erreicht ein Dutzend Ziffern in gerade einmal 40 Sekunden (Mathematica auf einem Macintosh mit 1.25 GHz). Die Methode gehört zu den Evolutionsalgorithmen, nennt sich *differentielle Evolution* und bewährt sich für etliche Probleme, für die traditionelle Methoden mit zufälligen Suchstrategien wie etwa einfache Evolutionsmethoden oder Simulated-Annealing scheitern. Ein Beispiel für den Erfolg eines einfachen Evolutionsalgorithmus findet sich in §4.2. Auch wenn keine der Suchstrategien mit den analytischen Methoden mithalten kann, die wir im Rest des Kapitels entwickeln, so ist doch allein die Tatsache, dass sie für dieses Problem überhaupt funktionieren, bemerkenswert und bedeutet, dass differentielle Evolution ein guter Kandidat ist, um in Situationen ohne einen bekannten analytischen Zugang ausprobiert zu werden.

Die dem Algorithmus zugrunde liegende Idee ist den grundsätzlichen Evolutionsmethoden ähnlich, allerdings mit dem entscheidenen Unterschied, dass die Kinder in jeder Generation als Linearkombination ihrer Eltern gebildet werden (anstatt einfach „Mutationen" eines einzelnen Elternteils zu sein). Jedes Glied der neuen Generation (das neue Kind) besitzt die Form $p_1 + r(p_2 - p_3)$, wobei die p_i Mitglieder der gegenwärtigen Generation sind und r ein Verstärkungsfaktor ist. Die Formel für die Kinder stützt sich also hauptsächlich auf die Differenz zweier Elternteile, was den Namen der Methode erklärt. Wir geben jetzt eine formale Beschreibung des Algorithmus an.

Algorithmus 5.1 (Globale Minimierung mit differentieller Evolution).

Eingabe: F, eine stetig differenzierbare Funktion von $\mathbb{R}^d$ nach $\mathbb{R}$;
$\qquad\quad$ R, ein Quader, der als Keim für die erste Generation dient;
$\qquad\quad$ N, die Größe der Population (Anzahl von d-Vektoren);
$\qquad\quad$ $n_{\max}$, eine Schranke an die Anzahl der Generationen;
$\qquad\quad$ r, der Verstärkungsfaktor.

Ausgabe: Eine Approximation des globalen Minimums von F.

Schritt 1: Initialisiere die erste Generation als Liste von N d-Vektoren durch
$\qquad\qquad$ zufällige Wahl in R. Ermittle hierfür den Vektor der Werte von F.
Schritt 2: Die Hauptschleife:
$\qquad\qquad$ Für n von 1 bis $n_{\max} - 1$ bilde die $(n+1)$-te Generation wie folgt:
$\qquad\qquad\qquad$ Für jedes Elternteil p_i der n-ten Generation konstruiere ein Kind c_i
$\qquad\qquad\qquad$ durch zufällige Wahl der Indizes j, k und m und setze
$\qquad\qquad\qquad$ $c_i = p_j + r(p_k - p_m)$.
$\qquad\qquad\qquad$ Wenn $F(c_i) < F(p_i)$
$\qquad\qquad\qquad\qquad$ nimm c_i als neues i-tes Glied der $(n+1)$-ten Generation;
$\qquad\qquad\qquad$ anderenfalls wird p_i dieses Glied.
$\qquad\qquad$ Wenn alle Mitglieder der nächsten Generation bestimmt wurden,
$\qquad\qquad$ aktualisiere den Vektor ihrer F-Werte.
Schritt 3: Gebe den Vektor der letzten Generation mit dem kleinsten F-Wert aus.

Wir bemerken, dass eine Generation solange nicht aktualisiert wird, bis die gesamte neue Generation gebildet wurde. Das bedeutet, dass ein zu berücksichtigendes Kind zunächst in einen temporären Speicher geschrieben wird. Erst wenn die Schleife vollständig durchlaufen wurde, wird die gegenwärtige Generation mit der neuen überschrieben. Zwar ist Algorithmus 5.1 nur ein auf das absolute Skelett reduzierter Abriss der differentiellen Evolution, genügt aber bereits zur Lösung des betrachteten Problems.

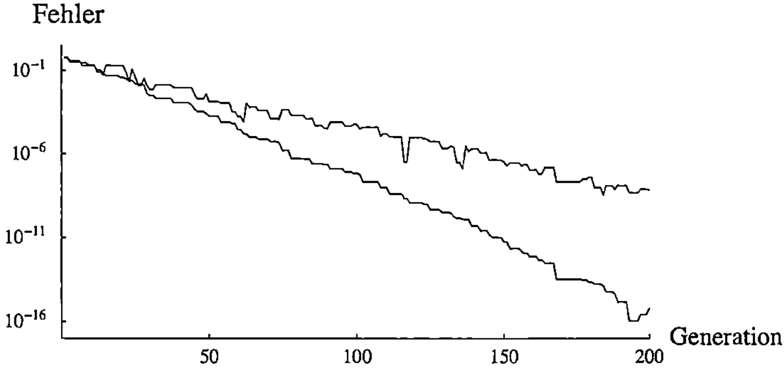

Abb. 5.2. *Die untere Kurve zeigt den Konvergenzverlauf des Minimalwertes für einen Lauf mit 200 Generationen; die Konvergenz ist bemerkenswert gleichförmig mit etwa einer neuen Ziffer alle 13 Generationen. Die obere Kurve zeigt den Abstand des in jeder Generation besten kubischen Polynoms von der Bestapproximation (als euklidische Norm im 4-dimensionalen Raum der Koeffizienten).*

Für gewöhnlich wählt man die Indizes j, k und m paarweise und von i verschieden, aber eine Missachtung dieses Punkts beschleunigt die Erzeugung der Zufallszahlen und hat keine ernsten Folgen. Zudem ist es üblich, einen Kreuzungsschritt einzufügen, indem nach einer gewissen probabilistischen Regel einige der Komponenten des Kinds c_i durch entsprechende Komponenten des Elternteils p_i ersetzt werden. Für das betrachtete Problem geht es jedoch schneller und effizienter ohne jede Kreuzung. Ein Verstärkungsfaktor von 0.4 scheint zu funktionieren.

Wir benötigen natürlich eine Zielfunktion. Für ein kubisches Polynom $p(z) = az^3 + bz^2 + cz + d$ mit reellen Koeffizienten und $z = e^{i\theta}$ können wir uns aus Symmetriegründen auf das Intervall $\theta \in [0, \pi]$ konzentrieren. Wir benutzen zur Auswertung von $\|f - p\|_\infty = \max_{\theta \in [0,\pi]} |f(e^{i\theta}) - p(e^{i\theta})|$ eine Standardoptimierungstechnik, wie beispielsweise den Mathematica-Befehl FindMaximum. Experimente zeigen, dass zwei Startwerte von θ nahe 1.40 und 2.26 ausreichen. Außerdem empfiehlt es sich, jenes lokale Extremum ins Spiel zu bringen, das wegen der Symmetrie stets bei $\theta = \pi$ liegt; also einfach den Wert $|a - b + c - d|$. Der größte der so erhaltenen drei Werte definiert den Wert der Zielfunktion.

Eine Sitzung mit Mathematica

```
maxerror[{a_, b_, c_, d_}] := Max[Abs[a - b + c - d],
    FindMaximum[t = e^(i θ); Abs[a t^3 + b t^2 + c t + d - 1 / Gamma[t]],
        {θ, # - 0.03, # + 0.03}, PrecisionGoal -> 12][[1]] & /@ {1.40, 2.26}];
```

Differentielle Evolution wird zwar (als eine Option) vom Mathematica-Befehl NMinimize verwendet, aber wir haben mehr Kontrolle und Verständnis aus dem Schreiben eines eigenen Programms gewonnen. Um nun Problem 5 zu lösen, setzen wir die Populationsgröße auf 60, wählen den Verstärkungsfaktor 0.4 und beschränken die Anzahl der Iterierten durch 300. Es ist zwar sinnvoll, auf Konvergenz zu prüfen, aber ein Vergleich der besten Werte zweier aufeinanderfolgender Generationen würde zu verfrühtem Abbruch führen, da sich der beste Wert von einer Generation zur nächsten mitunter kaum ändern könnte. Eine Überprüfung der Übereinstimmung alle 10 Generationen ergibt da schon mehr Sinn. Wenn wir das tun, beobachten wir Konvergenz innerhalb der Genauigkeitsanforderung 10^{-12} nach etwa 180 Generationen, was etwa 10 000 Auswertungen der Zielfunktion entspricht. Hier folgt nun eine auf das Notwendigste beschränkte Mathematica-Implementierung.[3] (Eine Verbesserung könnte darin bestehen, die Genauigkeit bei der Auswertung der Zielfunktion von Generation zu Generation allmählich zu erhöhen.)

Eine Sitzung mit Mathematica

```
DifferentialEvolution[n_, seeds_] :=
   Module[{best, current, children, vals, childval},
     current = Table[Random[Real, #] & /@ seeds, {n}];
     vals = maxerror /@ current;
     oldbest = Min[vals];
     Do[children = Table[{1, 0.4, -0.4}.
         current[[Table[Random[Integer, {1, n}], {3}]]], {n}];
       Do[If[(childval = maxerror[children[[j]]]) < vals[[j]],
         {current[[j]], vals[[j]]} = {children[[j]], childval}], {j, n}];
       If[Mod[i, 10] == 0, best = Min[vals];
        If[Abs[best - oldbest] < 10^-14, Break[], oldbest = best]], {i, 300}];
     First[Sort[Transpose[{vals, current}]]]];
```

Und so sieht ein typischer Lauf aus:

```
SeedRandom[1];
DifferentialEvolution[60, {{-2, 2}, {-2, 2}, {-2, 2}, {-2, 2}}]

{0.2143352345904104, {-0.6033432200279722,
   0.6252119165808774, 1.019761853131395, 0.005541951112956156}}
```

Die ausgegebenen Zahlen sind ϵ_{opt}, a_{opt}, b_{opt}, c_{opt} und d_{opt}.

Wegen der probabilistischen Natur des Algorithmus wird nicht jeder Lauf mit diesen Parametern zur richtigen Lösung konvergieren, aber mit $N = 60$ stehen die Chancen dafür gewöhnlich gut (wir haben in 400 Versuchen 353 Erfolge verzeichnet). Abbildung 5.2 zeigt den Konvergenzverlauf. Ein Vergleich der Ergebnisse mehrerer Läufe legt nahe, dass 12 Ziffern korrekt sind:

---

[3] Ein Matlab-Programm findet sich auf der Webseite des Buchs.

$$\epsilon_{\mathrm{opt}} \doteq 0.21433\,52345\,90.$$

Eine umfassendere Behandlung der Methode und weitere Beispiele finden sich in [CDG99].

5.3 Eine Verbesserung der unteren Schranke

Nachdem wir gesehen haben, was eine ausgefeilte Suchtechnik erreichen kann, kehren wir zu den Grundlagen zurück. Wir betrachten jetzt das verwandte Problem, nicht den Absolutbetrag von $f - p$ zu minimieren, sondern jeweils den Real- und Imaginärteil für sich. Wir suchen also

$$\epsilon_R = \min_p \epsilon_R(p), \qquad \epsilon_R(p) = \max_{0 \leqslant \theta \leqslant 2\pi} |\mathrm{Re}(f(e^{i\theta}) - p(e^{i\theta}))|,$$

$$\epsilon_I = \min_p \epsilon_I(p), \qquad \epsilon_I(p) = \max_{0 \leqslant \theta \leqslant 2\pi} |\mathrm{Im}(f(e^{i\theta}) - p(e^{i\theta}))|.$$

Dabei durchläuft p in beiden Fällen alle kubischen Polynome mit reellen Koeffizienten. Offenbar sind sowohl ϵ_R als auch ϵ_I untere Schranken von ϵ_{opt}. Diese Probleme verlangen die Tschebyscheff-Approximation einer reellwertigen Funktion und lassen sich daher einfacher lösen als das ursprüngliche Problem. Wir wollen sehen, was sie uns liefern.

Der folgende Satz ist ein Standardresultat für die reelle Tschebyscheff-Approximation (ein Beweis findet sich für den Fall polynomialer Approximation in [Rut90, Theoreme 7.4 und 7.5]).

Theorem 5.2 (Alternantensatz). *Es sei $f_1, f_2, \ldots, f_n$ ein System stetiger Funktionen, für das die Interpolationsaufgabe*

$$y_j = \sum_{k=1}^{n} a_k f_k(x_j), \qquad j = 1, 2, \ldots, n,$$

für paarweise verschiedene Punkte x_j im Intervall $[a, b]$ stets eine eindeutige Lösung $a_1, a_2, \ldots, a_n$ besitzt. Dann ist die Funktion

$$q(x) = \sum_{k=1}^{n} c_k f_k(x)$$

genau dann die Bestapproximation einer gegebenen stetigen Funktion $y(x)$ bezüglich der Supremumsnorm über $[a, b]$, wenn es $n + 1$ Punkte $a \leqslant x_1 < x_2 < \cdots < x_{n+1} \leqslant b$ gibt, in denen $|y(x) - q(x)|$ sein Maximum annimmt, während die Vorzeichen von $y(x_j) - q(x_j)$, $j = 1, 2, \ldots, n + 1$, alternieren.

Der Satz führt unmittelbar auf eine iterative Methode, die als Austauschverfahren oder zweiter Remes-Algorithmus[4] bekannt ist [Rem34b, Rem34a].

---

[4] Der Name wird, dem gegenwärtigen Transkriptionsstandard vom Russischen ins Englische folgend, auch in der deutschsprachigen Literatur oft mit „Remez" an-

Algorithmus R

0. Finde einen Startwert für q, der so gut ist, dass Schritt 1 funktioniert. Setze ϵ_{old} auf einen unerreichbar hohen Wert.
1. Finde $n+1$ Punkte $x_1 < x_2 < \cdots < x_{n+1}$, in denen $y - q$ ein lokales Extremum besitzt, während die Vorzeichen von $y(x_j) - q(x_j)$ alternieren.
2. Löse das lineare Gleichungssystem

$$y(x_j) = \sum_{k=1}^{n} c_k f_k(x_j) + \operatorname{sgn}(y(x_j) - q(x_j))\epsilon, \qquad j = 1, 2, \ldots, n+1,$$

für die Unbekannten $c_1, c_2, \ldots, c_n, \epsilon$.
3. Wenn $|\epsilon| \geqslant \epsilon_{\text{old}}$, breche ab. Anderenfalls ersetze q durch $\sum_{k=1}^{n} c_k f_k$ und ϵ_{old} durch $|\epsilon|$, und gehe dann zurück zu Schritt 1.

Der Algorithmus ist etwas komplizierter, falls es mehrere Möglichkeiten zur Wahl der alternierenden Extrema von $y - q$ gibt, was hier aber glücklicherweise nicht der Fall ist. Wir können trivialerweise garantieren, dass der Algorithmus nach endlich vielen Schritten abbricht, da es auf einem Computer nur endlich viele Werte gibt, die ϵ annehmen kann, und wir ihn abbrechen lassen, sobald er keinen Fortschritt mehr macht. Sicherlich kann es passieren, dass wir für schlechte Startwerte in einem Punkt abbrechen, der nicht in der Nähe der Lösung liegt.

Wenn die Funktionen f_k hinreichend glatt sind, erwartet man, dass der Austauschalgorithmus quadratisch konvergiert, also jede Iteration die Anzahl korrekter Ziffern in etwa verdoppelt. Wie wir in § 9.3 ausführlicher erklären, gilt darüberhinaus, dass der Wert von ϵ, in der Nähe des Optimums als Funktion der Koeffizienten $c_1, c_2, \ldots, c_n$ aufgefasst, auf doppelt soviele Ziffern genau ist wie die Koeffizienten selbst (siehe auch Abb. 5.2).

Wir wollen dies am Realteil von f ausprobieren. Die approximierenden Funktionen sind $\operatorname{Re}(e^{ik\theta}) = \cos k\theta$, $k = 0, 1, 2, 3$. Diese Funktionen erfüllen die Bedingung (auch Haar'sche Bedingung genannt), über $[0, \pi]$ eindeutig zu interpolieren. Als Startwert nehmen wir den Realteil von p_0, also

$$q_0(\theta) = -0.6559 \cos 3\theta + 0.5772 \cos 2\theta + \cos \theta.$$

Die fünf Extrema befinden sich ungefähr bei $37°, 73°, 108°, 142°$ und $180°$. Algorithmus R liefert

$$q_1(\theta) = -0.589085 \cos 3\theta + 0.657586 \cos 2\theta + 1.067908 \cos \theta + 0.032616$$

mit $\epsilon_R(q_1) \doteq 0.211379$. Wir haben nun

gegeben. Die Arbeiten, für die er als Autor am besten bekannt ist, sind jedoch in französischer Sprache verfasst, und vermutlich wusste er selbst am besten, wie man seinen Namen buchstabiert.

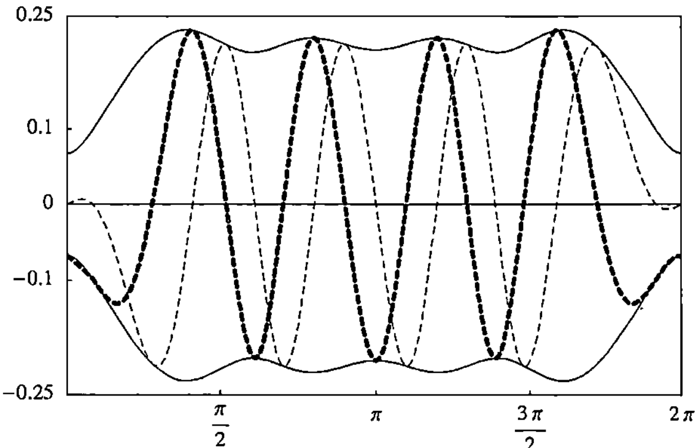

Abb. 5.3. *Der Fehler von p_2. Die durchgezogenen Linien zeigen $|f - p_2|$ und $-|f - p_2|$; die kräftigen und leichten gestrichelten Linien zeigen den Real- bzw. Imaginärteil von $f - p_2$.*

$$0.211 < \epsilon_{\text{opt}} < 0.236;$$

das zu q_1 gehörige Polynom p_1 liefert dabei keine weitere Verbesserung der aus p_0 gewonnenen oberen Schranke.

Für den Imaginärteil sind die approximierenden Funktionen $\text{Im}(e^{ik\theta}) = \sin k\theta, k = 1, 2, 3$, welche ebenfalls die Haar'sche Bedingung über $[0, \pi]$ erfüllen. Hier gibt es nur drei Parameter und das Optimum liegt bei

$$q_2(\theta) = -0.596767 \sin 3\theta + 0.636408 \sin 2\theta + 1.028102 \sin \theta,$$

mit $\epsilon_I(q_2) \doteq 0.212559$. Irgendwie überraschend liefert dieses trigonometrische Polynom nicht nur eine bessere untere Schranke als q_1 (dem ein Parameter mehr zu Verfügung stand), sondern es stellt sich zudem heraus, dass das zugehörige Polynom

$$p_2(z) = -0.596767z^3 + 0.636408z^2 + 1.028102z$$

auch bemerkenswert gut den Realteil approximiert. Sogar so gut, dass wir die obere Schranke aus der Kleinste-Quadrate-Approximation verbessern können und

$$0.2125 < \epsilon_{\text{opt}} < \|f - p_2\|_\infty \doteq 0.2319$$

erhalten. (Abbildung 5.3 zeigt den Fehler von p_2.) Rückblickend ist es vielleicht nicht ganz so überraschend, da wir prinzipiell aus der Kenntnis des Real- oder Imaginärteils einer analytischen Funktionen bis auf eine additive Konstante auf den anderen Teil durch Lösen der Cauchy–Riemann'schen Gleichungen schließen können.

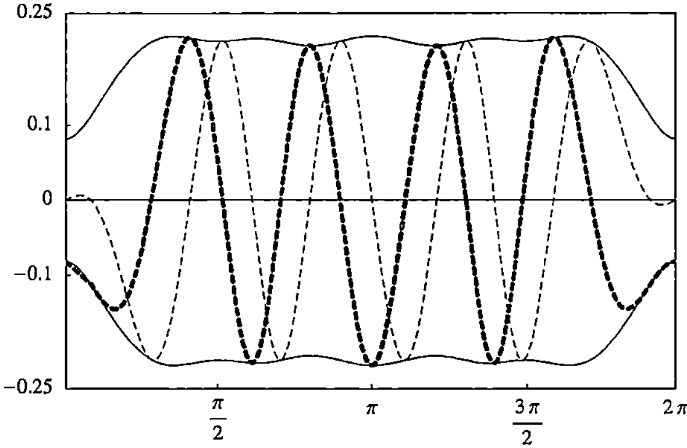

Abb. 5.4. *Der Fehler von p_3. Die durchgezogenen Linien zeigen $|f - p_3|$ und $-|f - p_3|$; die kräftigen und leichten gestrichelten Linien zeigen den Real- bzw. Imaginärteil von $f - p_3$.*

Dieses Verständnis legt einen einfachen Weg nahe, die Approximation zu verbessern: Das konstante Glied des Polynoms betrifft nur den Realteil, nicht den Imaginärteil. So bemerken wir etwa, dass $\max \mathrm{Re}(f - p_2) > \max \mathrm{Re}(p_2 - f)$. Für kleine Werte von $d > 0$ sollten wir daher beobachten, dass $p_2(z) + d$ eine bessere Approximation von f liefert als p_2. Das optimale d erfüllt

$$\|f - p_2 - d\|_\infty = |f(-1) - p_2(-1) - d| = p_2(-1) + d$$

und kann mit Fixpunktiteration aus der äquivalenten Gleichung

$$d = \tfrac{1}{2}(\|f - p_2 - d\|_\infty - p_2(-1) + d)$$

berechnet werden. Das liefert uns die verbesserte Approximation

$$p_3(z) = p_2(z) + d = -0.596767z^3 + 0.636408z^2 + 1.028102z + 0.014142.$$

Die obere Schranke wird hierdurch ein gutes Stück reduziert:

$$0.2125 < \epsilon_{\mathrm{opt}} < \|f - p_3\|_\infty < 0.2193.$$

Wir haben jetzt zwei Ziffern: $\epsilon_{\mathrm{opt}} \doteq 0.21$.

Der Graph von $|f - p_3|$ in Abb. 5.4 weist fünf Gipfel auf, einen mehr als die Anzahl der Parameter. Die beiden inneren Gipfel sind jedoch etwas niedriger als die im Zentrum und weiter außen. Wir vermuten, dass die optimale Fehlerkurve ähnlich wie diese aussehen wird, nur dass dann alle fünf Gipfel die gleiche Höhe besitzen werden.

5.4 Diskrete komplexe Approximation

Es gibt noch einen anderen Weg, um untere Schranken zu finden: Nehmen wir einmal an, wir sind irgendwie in der Lage, das Minimaxproblem für eine Teilmenge S des Einheitskreises zu lösen; wir finden also das p_S, für welches $\epsilon_S(p_S)$, definiert durch $\epsilon_S(q) = \max_{z \in S}|f(z) - q(z)|$, minimal ist. Dann ist $\epsilon_S(p_S)$ eine untere Schranke von ϵ_{opt}, da

$$\epsilon_S(p_S) \leqslant \epsilon_S(p_{\mathrm{opt}}) \leqslant \max_{|z|=1}|f(z) - p_{\mathrm{opt}}(z)| = \epsilon_{\mathrm{opt}}.$$

Nehmen wir nun weiter an, dass S nur aus solchen Punkten besteht, für die $|f(z) - p_S(z)| = \|f - p_S\|_\infty$ gilt, es also keinen Punkt z außerhalb von S gibt, für den $|f(z) - p_S(z)|$ größer als das Maximum über S wäre. Dann ist $\epsilon_S(p_S)$ auch eine obere Schranke von ϵ_{opt} und daher sogar $\epsilon_S(p_S) = \epsilon_{\mathrm{opt}}$. Da wir davon ausgehen, dass die Gleichung $|f(z) - p_S(z)| = \epsilon_S(p_S)$ nur für endlich viele Werte von z erfüllt ist, interessiert uns insbesondere der Fall, dass S endlich ist.

Auf diese Weise werden wir bei gegebener komplexwertiger Funktion f und p aus einem n-dimensionalen Vektorraum $\mathcal{P}$ auf folgende Analogie von Algorithmus R zur Minimierung von $\|f - p\|_\infty$ geführt.

Algorithmus K

0. Finde einen Startwert für p, der so gut ist, dass Schritt 1 funktioniert. Setze ϵ_{old} auf einen unerreichbar hohen Wert.
1. Finde die Menge $S = \{z_1, z_2, \ldots, z_m\}$ von Punkten, für die $|f - p|$ ein lokales Maximum besitzt.
2. Löse das restringierte Problem, ein kubisches Polynom p zu finden, welches $\epsilon = \max_j |f(z_j) - p(z_j)|$ minimiert.
3. Wenn $\epsilon \geqslant \epsilon_{\mathrm{old}}$, breche ab. Anderenfalls ersetze ϵ_{old} durch ϵ und gehe zurück zu Schritt 1.

Wenn dieser Algorithmus konvergiert, liefert er die gewünschte Lösung. Es ist aber ohne weiteres möglich, dass er divergiert.

Dreh- und Angelpunkt ist der Schritt 2. Es sei $p(z) = \sum_{k=1}^{n} x_k f_k(z)$ mit Funktionen $f_1, f_2, \ldots, f_n$, die eine Basis des Raums $\mathcal{P}$ bilden. Dann ist Schritt 2 der Spezialfall $a_{j,k} = f_k(z_j)$ und $b_j = f(z_j)$ des folgenden diskreten, linearen und komplexen Tschebyscheff'schen Approximationsproblems:

Gegeben eine $m \times n$ Matrix A und ein m-Vektor b mit komplexen Elementen, finde einen n-Vektor x, so dass $\|Ax - b\|_\infty$ minimal ist.

Auch wenn wir wissen, dass die x_k im betrachteten Problem reell sind, besteht kein eigentlicher theoretischer Vorteil in einer solchen Annahme. Watson [Wat88] hat das folgende Theorem zur Charakterisierung von Lösungen bewiesen.

Theorem 5.3. *Der Vektor x minimiert $\|r\|_\infty$ mit $r = b - Ax$ genau dann, wenn es eine Menge $\mathcal{I}$ von $d \leqslant 2n + 1$ Indizes und einen reellen m-Vektor w gibt, so dass:*

(a) $|r_j| = \|r\|_\infty$, $j \in \mathcal{I}$;
(b) $w_j > 0$, wenn $j \in \mathcal{I}$, und anderenfalls $w_j = 0$;
(c) $A^* W r = 0$ mit $W = \mathrm{diag}(w_j)$, wobei A^* die hermitisch Transponierte von A bezeichnet.

Die Menge $\mathcal{I}$ wird als aktive Menge, der Vektor w als duale Lösung bezeichnet. Wenn zusätzlich alle $n \times n$ Teilmatrizen von A nicht-singulär sind (die diskrete Haar'sche Bedingung), so ist die Tschebyscheff-Lösung x (aber nicht notwendigerweise die aktive Menge $\mathcal{I}$ oder die duale Lösung w) eindeutig. In diesem Fall gilt $d \geqslant n + 1$.

Die praktischen Folgen dieses Theorems bestehen darin, dass, wenn die Menge $\mathcal{I}$ erst einmal festgelegt ist, wir aus (a) d reelle Gleichungen der Gestalt $|r_j| = \epsilon$, $j \in \mathcal{I}$, und aus (c) n komplexe Gleichungen in den $d + 1$ reellen Unbekannten $\epsilon, w_1, w_2, \ldots, w_d$ sowie den n komplexen Unbekannten x_k erhalten. Das Gleichungssystem ist jedoch nicht unterbestimmt, da es in den w_j homogen ist; wir könnten jedes der w_j herausgreifen und auf 1 setzen und nach den anderen auflösen. Stellte sich dann eines der w_j als nichtpositiv heraus, so wüssten wir, dass $\mathcal{I}$ falsch gewählt wurde.

Im allgemeinen ist es ein kombinatorisches Problem, zudem für große m nicht gerade einfach, die aktive Menge $\mathcal{I}$ zu finden (siehe beispielsweise [LV94]). Im vorliegenden Fall haben wir aber Glück: Die Fehlerkurve für unsere gegenwärtig beste Approximation p_3 gibt zu der Vermutung Anlass, dass S nur aus fünf Punkten besteht und daher $m = 5 = n + 1$ ist. Da die Haar'sche Bedingung für den Raum der kubischen Polynome erfüllt ist, sind alle fünf Punkte aktiv.

Aus Symmetriegründen können wir S durch zwei (reelle) Unbekannte ausdrücken:

$$S = \{e^{i\theta_1}, e^{i\theta_2}, -1, e^{-i\theta_2}, e^{-i\theta_1}\},$$

wobei θ_1 in der Nähe von $65°$ und θ_2 in der Nähe von $113°$ liegt. Die charakterisierenden Gleichungen reduzieren sich so auf

$$|f(z_j) - (az_j^3 + bz_j^2 + cz_j + d)|^2 = \epsilon^2, \qquad j = 1,2,3,4,5; \qquad (5.1\text{--}1)$$

$$\sum_{j=1}^{5} \bar{z}_j^{\,k} w_j (f(z_j) - (az_j^3 + bz_j^2 + cz_j + d)) = 0, \qquad k = 0,1,2,3. \qquad (5.1\text{--}2)$$

Wir haben die erste Gruppe von Gleichungen quadriert, um Ausdrücke zu erhalten, die analytisch von den gesuchten Koeffizienten abhängen. Wir setzen nun $w_3 = 1$ und bemerken, dass wir aus Symmetriegründen die

Gleichungen für $j = 4,5$ streichen und auch $w_5 = \overline{w_1}$, $w_4 = \overline{w_2}$ setzen dürfen. Es verbleiben sieben Gleichungen in den sieben Unbekannten $a, b, c, d, w_1, w_2, \epsilon$, da innerhalb des Iterationsschritts die Werte von z_j ja festgelegt sind. Auf diese Weise verlangt Algorithmus K die Lösung eines nichtlinearen Gleichungssystems *in jedem Iterationsschritt*. Außerdem stellt sich die Frage nach geeigneten Startwerten für die w_j.

Bestimmt können wir das Ganze noch etwas weiter vereinfachen. In der Tat gelingt uns das auf zwei Arten. Zum einen können wir uns der äußeren Iteration durch Differentiation des Quadrats des Residuums entledigen (Thema von §5.5), so dass die innere Iteration gegen die korrekte Lösung konvergiert; zum anderen können wir auf eine innere Iteration durch explizites Lösen des nichtlinearen Gleichungssystems verzichten (Thema von §5.6). Diese beiden Abschnitte lassen sich unabhängig voneinander lesen.

5.5 Eine notwendige Bedingung für die Optimalität

Wir betrachten die zweite Gruppe (5.1–2) der aus Theorem 5.3 abgeleiteten Gleichungen:

$$\sum_{j=1}^{5} \overline{z_j}^{k} w_j r_j = 0, \qquad k = 0, 1, 2, 3.$$

Wenn wir die r_j kennten, bildeten diese Gleichungen (mit $w_3 = 1$) ein lineares System von vier Gleichungen in den vier Unbekannten w_1, w_2, w_4, w_5. Aus Symmetriegründen gilt $r_5 = \overline{r_1}, r_4 = \overline{r_2}, w_5 = \overline{w_1}$ und $w_4 = \overline{w_2}$; darüberhinaus nehmen wir an, dass $r_3 < 0$ und daher $r_3 = -\epsilon$ gilt. Diese Annahme stützt sich auf unser Wissen aus der bereits recht guten Approximation p_3. Was bleibt von den charakterisierenden Bedingungen noch übrig? Nun, bisher gibt es keinen Grund für die w_j reell zu sein; das führt uns auf die beiden Gleichungen $\operatorname{Im} w_1(z_1, z_2) = 0$ und $\operatorname{Im} w_2(z_1, z_2) = 0$, wobei die Funktionen w_1 und w_2 implizit durch die Lösung des linearen Gleichungssystems definiert sind. Analytische Ausdrücke für $r_1 w_1$ und $r_2 w_2$ lassen sich leicht mit Hilfe der Cramer'schen Regel und Vandermonde-Determinanten erhalten: Mit

$$V(a, b, c, d) = \begin{vmatrix} 1 & 1 & 1 & 1 \\ a & b & c & d \\ a^2 & b^2 & c^2 & d^2 \\ a^3 & b^3 & c^3 & d^3 \end{vmatrix} = (a-b)(a-c)(a-d)(b-c)(b-d)(c-d)$$

gilt

$$r_1 w_1 = \frac{V(-1, \overline{z_2}, z_2, z_1)}{V(\overline{z_1}, \overline{z_2}, z_2, z_1)}\, \epsilon, \qquad r_2 w_2 = \frac{V(\overline{z_1}, -1, z_2, z_1)}{V(\overline{z_1}, \overline{z_2}, z_2, z_1)}\, \epsilon. \tag{5.2}$$

Weitere Vereinfachungen sind möglich; so sind beispielsweise die Nenner reell und spielen daher für den Test, ob w_1 und w_2 reell sind, keine Rolle. Wenn Algorithmus K konvergiert, erfüllen die Punkte z_j die Bedingung

$$\left(\frac{d}{d\theta} |f(e^{i\theta}) - p(e^{i\theta})|^2 \right)_{\theta=\theta_j} = 0.$$

Da für f und p die Differentiation nach $z = e^{i\theta}$ auf der Hand liegt, benutzen wir $z'(\theta) = iz$ und die Kettenregel, um

$$\begin{aligned}
0 &= \left(\frac{d}{d\theta} |f(e^{i\theta}) - p(e^{i\theta})|^2 \right)_{\theta=\theta_j} \\
&= \overline{(f(e^{i\theta_j}) - p(e^{i\theta_j}))}\, iz_j (f'(e^{i\theta_j}) - p'(e^{i\theta_j})) \\
&\quad + (f(e^{i\theta_j}) - p(e^{i\theta_j}))\, \overline{iz_j(f'(e^{i\theta_j}) - p'(e^{i\theta_j}))} \\
&= -2\mathrm{Im}\left(\bar{r}_j z_j (f'(e^{i\theta_j}) - p'(e^{i\theta_j})) \right)
\end{aligned}$$

zu erhalten.

Fassen wir all unsere Information zusammen, so erkennen wir, dass die folgenden sechs Gleichungen in den sechs Unbekannten $a, b, c, d, \theta_1, \theta_2$ notwendige Optimalitätsbedingungen darstellen:

$$|r_j| - \epsilon = 0, \quad \mathrm{Im}\, w_j(z_1, z_2) = 0, \quad \mathrm{Im}\left(\bar{r}_j z_j (f'(z_j) - p'(z_j)) \right) = 0, \quad j = 1, 2,$$
$$(5.3)$$

mit den in (5.2) definierten Funktionen w_1 und w_2 und den Hilfsgrößen

$$\epsilon = d - c + b - a, \qquad z_j = e^{i\theta_j}, \qquad r_j = f(z_j) - p(z_j).$$

Die Gleichung für ϵ entsteht aus $1/\Gamma(-1) = 0$ sowie der Annahme, dass $r_3 = -\epsilon$ gilt. Die Ableitung von f wird durch $f'(z) = -\psi(z) f(z)$ gegeben, wobei $\psi(z) = \Gamma'(z)/\Gamma(z)$ die Digammafunktion bezeichnet.

Anstelle der sieben nichtlinearen Gleichungen am Ende des vorigen Abschnitts, die in *jedem* Schritt einer äußeren Iteration gelöst werden müssen, sind nun sechs nichtlineare Gleichungen *ohne* äußere Iteration zu lösen. Es ist zwar richtig, dass unsere Herleitung nicht sicherstellt, dass die Lösung von (5.3) eindeutig ist (und damit wirklich die Lösung des Problems). Um zu prüfen, ob die so gefundene Lösung tatsächlich optimal ist, könnte man schlicht den Fehlerverlauf $|f(z) - p(z)|$ über dem Intervall $[0, 2\pi]$ ausgeben. Aber es ist einfacher lediglich zu prüfen, ob $w_1(z_1, z_2)$ und $w_2(z_1, z_2)$ positiv sind: In diesem Fall garantiert ein Resultat von Vidensky (siehe [Sin70b, Thm. 1.4, S. 182] oder [SL68, Lemma 1, S. 450]) die Optimalität.

Sechs Gleichungen in sechs Unbekannten, ohne äußere Iteration: Das ist sicher ein brauchbarer Zugang angesichts der vorhandenen guten Startwerte. Das Newton-Verfahren

$$u_{m+1} = u_m - J(F, u_m)^{-1} F(u_m)$$

zur iterativen Verbesserung approximativer Lösungen u_m eines nichtlinearen Systems $F(u) = 0$ mit auswertbarer Jacobimatrix $J(F, u)$ wird voraussichtlich funktionieren.

Eine Sitzung mit Octave

Die vordefinierten Funktionen p5func (welche die sechs Funktionen (5.3) für einen gegebenen Vektor der sechs Unbekannten auswertet) und jac (die eine numerische Jacobimatrix einer gegebenen Funktion berechnet) können auf der Webseite des Buchs gefunden werden. Die Formatierung der Ausgabe wurde leicht abgeändert.

```
>> u=[0.014142; 1.028102; 0.636408; -0.596767; [65;113]*pi/180];
>> while true,
>> f=p5func(u); [u(1)-u(2)+u(3)-u(4), max(abs(f))]
>> if abs(f)<5e-15, break, end;
>> u=u-jac('p5func',u)\p5func(u);
>> end
>> u

ans =
2.19215000000000e-01 4.38761683759301e+00
2.09343333405806e-01 7.48097169131265e-01
2.12244608568497e-01 3.48454464754578e-01
2.14102287307571e-01 4.63264212148370e-03
2.14335804172636e-01 4.31572906936413e-05
2.14335234577871e-01 2.74815371456513e-09
2.14335234590463e-01 5.82867087928207e-15
2.14335234590459e-01 2.27453094590858e-15
u =
5.54195073311451e-03
1.01976185298384e+00
6.25211916433389e-01
-6.03343220407797e-01
1.40319917081600e+00
2.26237744961289e+00
```

Das Konvergenzkriterium ist nicht völlig aus der Luft gegriffen: Da $\epsilon = d - c + b - a \doteq 0.2$ gilt, während $|d| + |c| + |b| + |a| \doteq 2$ ist, erwarten wir in der Berechnung von ϵ den Verlust einer Dezimalziffer durch Rundungsfehler und daher für doppelt genaue IEEE-Arithmetik[5] (mit fast 16 Ziffern Mantissenlänge) ein Resultat, das um einige Einheiten in der 15. Ziffer abweichen wird. Wir erhalten

$$p_4(z) = -0.60334322040780z^3 + 0.62521191643339z^2$$
$$+ 1.019761852983384z + .00554195073311$$

(der Fehlerverlauf von p_4 findet sich in Abb. 5.5) und

$$\theta_1 \doteq 1.4031\,992, \qquad \theta_2 \doteq 2.2623\,774, \qquad \epsilon_{opt} \doteq 0.21433\,52345\,9046.$$

Die Winkel liegen in der Nähe von $80.4°$ und $129.6°$ und damit schon deutlich entfernt von den Startwerten; für schlechtere Startwerte braucht das Newton-Verfahren durchaus nicht zu konvergieren.

Wir bemerken, dass, obwohl ϵ_{opt} auf 13 Ziffern mit dem Resultat aus §5.2 übereinstimmt, die Koeffizienten von p_4 ab etwa der 8. Ziffer von den dort angegebenen Resultaten abweichen. Eine allgemeine Regel besagt, dass sich in einem Optimierungsproblem der Wert einer glatten Funktion im Optimum sehr viel genauer bestimmen lässt als die Lage des Optimums selbst. Den tieferen Grund hierfür erklären wir ausführlich in §9.3 für den univariaten Fall. Wenn wir mit 16 Ziffern arbeiten, können wir daher von nur etwa 8 korrekten Ziffern in den Koeffizienten ausgehen, auch wenn der Funktionswert selbst fast auf die volle Arbeitsgenauigkeit ermittelt wurde.

Das bedeutet jedoch nicht, dass wir es uns erlauben könnten, die Koeffizienten von p_4 auf weniger als die volle Mantissenlänge anzugeben, sondern nur, dass es gewisse Störungen der Koeffizienten gibt (z.B. eine Störung von (a,b,c,d) in der Richtung $(1,1,1,1)$), auf die $\|f - p\|_\infty$ für p nahe p_4 sehr unempfindlich reagiert. Es gibt hingegen andere Störungen (z.B. in der Richtung $(1,-1,1,-1)$), auf die $\|f - p\|_\infty$ durchaus sensitiv reagiert. Die Größe $\|f - p\|_\infty$ ist also als Funktion der vier Koeffizienten in einigen Richtungen glatter als in anderen. Diese Eigenschaft kann für die Schwierigkeiten verantwortlich sein, die allgemeine Optimierungsmethoden mit diesem Problem haben.

Es ist erstaunlich, wie flach der Fehler streckenweise verläuft, im Bereich $72° < \theta < 288°$ (immerhin etwa drei Fünftel des gesamten Intervalls) kaum unterscheidbar von einer horizontalen Linie. Tatsächlich gilt $0.21280 < |f(z) - p_4(z)| < 0.21434$ für jedes $z = e^{i\theta}$ in diesem Bereich. Diese Eigenschaft[6] könnte ebenfalls ein Grund für die Schwierigkeiten allgemeiner Optimierungsmethoden sein.

---

[5] Die Methoden dieses und des nächsten Abschnitts funktionieren auch für 10 000 Ziffern; siehe Anhang B.

[6] Die Flachheit des Fehlerverlaufs der Bestapproximation („Fastzirkularität" der Fehlerkurve genannt) ist eine wohlbekannte Eigenart komplexer Tschebyscheff-

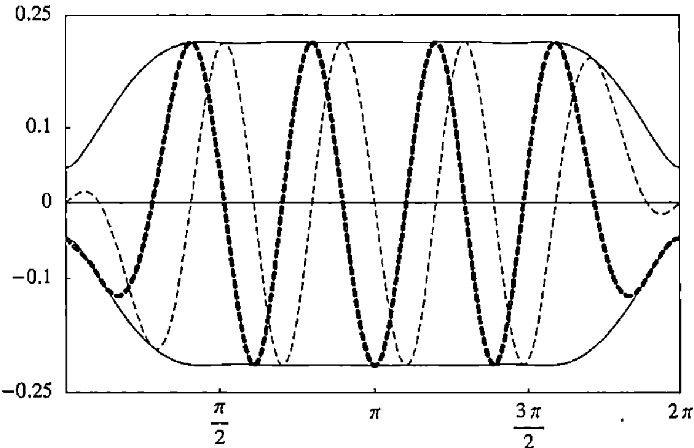

Abb. 5.5. *Der Fehler von p_4. Die durchgezogenen Linien zeigen $|f - p_4|$ und $-|f - p_4|$; die kräftigen und leichten gestrichelten Linien zeigen den Real- bzw. Imaginärteil von $f - p_4$.*

5.6 Implementierung des Algorithmus K

Das diskrete lineare komplexe Tschebyscheff'sche Approximationsproblem besitzt für $m = n + 1$ eine explizite Lösung [LV94]:

Wir bemerken, dass der Links-Nullraum von A eindimensional ist. Es gibt daher in diesem Raum einen eindeutigen Vektor

$$y = (y_1, y_2, y_3, y_4, y_5)$$

mit $y_3 = -1$. Also gilt $\epsilon y = Wr$ mit $w_j = |y_j|$ und $r_j = \epsilon \operatorname{sgn} y_j$. Berechne diesen Vektor y und löse das lineare $m \times m$ Gleichungssystem

$$\begin{pmatrix} 1 & z_1 & z_1^2 & z_1^3 \\ 1 & z_2 & z_2^2 & z_2^3 \\ 1 & z_3 & z_3^2 & z_3^3 \\ 1 & z_4 & z_4^2 & z_4^3 \\ 1 & z_5 & z_5^2 & z_5^3 \end{pmatrix} \begin{pmatrix} d \\ c \\ b \\ a \end{pmatrix} + \epsilon \begin{pmatrix} \operatorname{sgn} y_1 \\ \operatorname{sgn} y_2 \\ \operatorname{sgn} y_3 \\ \operatorname{sgn} y_4 \\ \operatorname{sgn} y_5 \end{pmatrix} = \begin{pmatrix} f(z_1) \\ f(z_2) \\ f(z_3) \\ f(z_4) \\ f(z_5) \end{pmatrix} \tag{5.4}$$

nach den Unbekannten a, b, c, d und ϵ auf.

Das System kann unter Verwendung der Symmetrie bezüglich komplexer Konjugation so vereinfacht werden, dass nur noch reelle Größen auftreten.

Approximation und ist für $1/\Gamma$ sogar weniger ausgeprägt als für andere Funktionen [Tre81].

Jeder Iterationsschritt von Algorithmus K beinhaltet also die Berechnung zweier Extrema von $|f(e^{i\theta}) - p(e^{i\theta})|$ in der Nähe ihrer vorhergehenden Werte, gefolgt von der Lösung eines linearen 5×5 Gleichungssystems zur Aktualisierung von p.

Wir können das Problem auch von einem rein dualen Standpunkt aus betrachten: Jede der Größen in (5.4) hängt nur von den beiden kritischen Winkeln θ_1 und θ_2 ab, wir können (5.4) als Definition einer Funktion $\epsilon(\theta_1, \theta_2)$ auffassen. Wie wir gesehen haben, liefert dieser Wert von ϵ eine untere Schranke von ϵ_{opt}. Der duale Standpunkt besteht nun einfach darin, ein lokales *Maximum* von ϵ als Funktion von θ_1 und θ_2 zu berechnen.

Eine Sitzung mit Octave (Duales Problem mit Newton-Verfahren)

Die vorgefertigten Routinen `hessian` und `cjac` liefern numerische Approximationen der Hessematrix bzw. der Jacobimatrix einer Funktion mehrerer Veränderlicher. Ihr Programmtext findet sich auf der Webseite des Buchs.

```
>> function [c,err]=p5solve(z)
>> for p=1:4, A(:,p)=z.^(p-1); end
>> b=isgamma(z); d=sign(b-A*(A\b)); c=[A d]\b; err=c(5); c(5)=[];
>> endfunction
>> function y=epsilon(th)
>> z=z=exp(i*th); z=[z;-1;conj(z)]; [c,e]=p5solve(z); y=real(e);
>> endfunction
>> th=[80;130]*pi/180; f0=epsilon(th);
>> while true,
>> dth=hessian('epsilon',th)\cjac('epsilon',th)';
>> new=th-dth; f1=epsilon(new);
>> [new' f1], if abs(f1-f0)<1e-15, break; end
>> f0=f1; th=new;
>> end

ans =
1.403354225245182 2.262356557886901 0.214335228788773
1.403199207182680 2.262377441623623 0.214335234590459
1.403199170789188 2.262377449611380 0.214335234590460
```

Für den dualen Algorithmus genügt die Qualität der Startwerte aus p_3 nicht, um das Newton-Verfahren gegen die korrekten Werte konvergieren zu lassen. Darum haben wir hier für Demonstrationszwecke die sehr guten Startwerte $80°$ und $130°$ verwendet. Die Version des Programms auf der Webseite des Buchs verwendet eine etwas raffiniertere Variante des Newton-Verfahrens, welche die monotone Konvergenz von ϵ erzwingt und mit den Startwerten aus p_3 konvergiert.

5.7 Auswertung der Gammafunktion

Manche Leute sind der Ansicht, dass man Entwicklern von Software zur Auswertung mathematischer Funktionen trauen könne: Diese hätten die betrachtete Funktion gewiss derartig intensiv untersucht, dass der gelegentliche Nutzer sich nicht mit den Details zu befassen brauche. Das ist sicherlich der Fall für die elementaren Funktionen, die hardwaremäßig in den handelsüblichen IEEE-konformen Prozessoren implementiert sind. Im Fall der Gammafunktion gibt es jedoch wenigstens zwei Gründe, warum es sich empfiehlt, etwas über die Implementierung zu wissen. Zum einen stellt nur eine Handvoll Sprachen die Gammafunktion über der ganzen komplexen Ebene zur Verfügung; zum anderen benötigt die Gammafunktion wesentlich länger zu ihrer Auswertung als die elementaren Funktionen. Unter Umständen müssen wir selbst eine Routine schreiben, mit Sicherheit sollten wir aber das Verhalten der Routinen anderer Leute verstanden haben.

In den obigen Octave-Programmen haben wir die handgestrickte Routine `isgamma` verwendet, da weder Octave noch Matlab einen eingebauten Befehl besitzen, der `Gamma(z)` für nicht-reelles z auswertet.[7] Diese Routine ist eine unmittelbare Implementierung von [AS84, Formel (6.1.34)], welche die ersten 26 Koeffizienten der Taylorreihe von $1/\Gamma(z)$ um $z = 0$ auf 16 Dezimalstellen genau angibt. Dieses Taylorpolynom scheint für unsere Anwendung maßgeschneidert[8] zu sein, bei der $1/\Gamma(z)$ für $|z| = 1$ IEEE-doppelt-genau benötigt wird; es ist für deutlich größere $|z|$ jedoch ungeeignet.

Luke [Luk75, S. 1 f.] gibt die gleichen Koeffizienten auf 20 Dezimalen an und erfreut zudem die Herzen der Enthusiasten selbstgeschriebener Programme, indem er eine Rekursionsformel für alle Koeffizienten angibt. Diese Formel erfordert die Euler'sche Konstante γ und die Werte $\zeta(k), k = 2, 3, 4, \ldots$, der Riemann'schen Zetafunktion und ist daher noch nicht das letzte Wort.

Eine beliebte Methode (weitere finden sich in [ST05]) zur Auswertung von $\Gamma(z)$ stützt sich auf die Stirling'sche Formel [AS84, Formel (6.1.42)]

$$\log \Gamma(z) = (z - \tfrac{1}{2}) \log z - z + \tfrac{1}{2} \log(2\pi) + \sum_{m=1}^{n} \frac{B_{2m} z^{-2m+1}}{2m(2m-1)} + R_n, \quad (5.5)$$

$$|R_n| = K_n \frac{|B_{2n+2} z^{-2n-1}|}{(2n+1)(2n+2)}, \quad (5.6)$$

---

[7] Die komplexe Gamma- und Digammafunktion stehen aber sowohl für Octave als auch für Matlab als Implementierungen von Paul Godfrey zur Verfügung:
`www.mathworks.com/matlabcentral/fileexchange/loadFile.do?objectId=978`

[8] Dirk Laurie schreibt im Englischen „Taylor-made" statt „tailor-made" = „maßgeschneidert", ein Wortspiel, das sich im Deutschen leider nicht nachahmen lässt.

wobei B_n die n-te Bernoullizahl bezeichnet, rekursiv definiert durch

$$B_n = \sum_{k=0}^{n} \binom{n}{k} B_k, \qquad n = 2, 3, \ldots,$$

ausgehend von $B_0 = 1$ (wir bemerken, dass sich B_n aus dieser Rekursionsformel herauskürzt und sie daher B_{n-1} durch die Werte seiner Vorgänger ausdrückt). Es finden sich in [Luk75, S. 8 f.] mehrere Abschätzungen von K_n, wir werden jedoch nur die einfachste benötigen: $K_n \leqslant 1$ für $\arg z \leqslant \pi/4$. Für diese Werte von z ist das Restglied in (5.6) betragsmäßig kleiner als der erste vernachlässigte Term der asymptotischen Entwicklung.

Für $n \geqslant 4$ gelten die Abschätzungen (siehe [AS84, Formeln (6.1.38) und (23.1.15)])

$$4\sqrt{\pi n} \left(\frac{n}{\pi e}\right)^{2n} \leqslant |B_{2n}| \leqslant 4.08\sqrt{\pi n} \left(\frac{n}{\pi e}\right)^{2n}. \tag{5.7}$$

Wir erhalten also für $K_n \leqslant 1$ und $n \geqslant 4$, dass

$$|R_n| \leqslant \frac{2.04|z|\sqrt{\pi(n+1)}}{(n+1)(2n+1)} \left(\frac{n+1}{\pi e|z|}\right)^{2n+2}.$$

Eine brauchbare (nicht die beste) Stelle zum Abbruch der Entwicklung liegt bei $n + 1 = \lfloor \frac{1}{2}\pi e|z| \rfloor$. In diesem Fall gilt für $\arg z \leqslant \pi/4$ und $|z| > 1$, dass

$$|R_n| < 2^{-\pi e|z|}. \tag{5.8}$$

Für festes z haben wir zwar keine Möglichkeit, diese Schranke substantiell zu verringern, aber wir können z vergrößern, bis die Schranke hinreichend klein ist, und dann mit der Funktionalgleichung

$$\log \Gamma(z + N) - \log \Gamma(z) = \log \prod_{k=0}^{N-1} (z + k)$$

zurückrekurrieren. Dieser Prozess wird uns etwas Auslöschung führender Ziffern einhandeln, jedoch nichts Katastrophales: Wenn wir beispielsweise für ein z auf dem Einheitskreis eine Genauigkeit von 10 000 Ziffern wollen, so müssen wir N nahe 4000 wählen. Der Wert von $\log \Gamma(z + N)$ liegt dann bei 30 000, so dass wir den Verlust von etwa fünf Ziffern durch Auslöschung erwarten können. Auf diese Weise rechnen im Prinzip die allermeisten hochgenauen Sprachen, die eine Routine für Γ besitzen. Indem pessimistische Entscheidungen entlang des Wegs getroffen werden, kann eine sorgfältige Implementierung nahezu garantierte Genauigkeit abliefern.

Warum haben wir so ausführlich erklärt, was jeder Implementierer weiß? Aus folgendem Grunde: *Die Berechnung der Gammafunktion ist nicht nur sehr teuer, sondern sie besitzt auch ein der Intuition widersprechendes Laufzeitverhalten.*

Das übliche Denkmuster beim Geschwindigkeitsvergleich zweier Optimierungsmethoden ist die Gegenüberstellung der Anzahl von Funktionsauswertungen. Dahinter steckt aber die stillschweigende Annahme, dass die Funktionsauswertungen nicht nur der deutlich teuerste Teil einer Rechnung sind, sondern auch, dass sie stets in etwa die gleiche Zeit benötigen. *Diese Annahme ist im Fall der Gammafunktion nicht gerechtfertigt.*

Eine Sitzung mit PARI/GP

```
? \p1000
   realprecision = 1001 significant digits (1000 digits displayed)
? #
   timer = 1 (on)
? g=gamma(Pi/4);
   time = 11,121 ms.
? g2=gamma(Pi/4+0.1*I);
   time = 703 ms.
? z3=zeta(3);
   time = 78 ms.
? b2500=bernreal(2500);
   time = 0 ms.
```

Wir bemerken, dass der erste Wert der Gammafunktionen über 11 Sekunden benötigt, während der folgende in weniger als einer Sekunde berechnet wird, obwohl sein Argument komplex ist. Der Schlüssel liegt bei der sofortigen Ausgabe der Bernoullizahl. In einer frischen Sitzung mit PARI/GP erhalten wir nämlich:

```
? b2500=bernreal(2500);
   time = 8,940 ms.
```

Also fließt zunächst fast die ganze Zeit in die einmalige Berechnung der benötigten Bernoullizahlen. Liegen diese bereits vor, so ist eine zweite oder spätere Auswertung der Gammafunktion wesentlich schneller. Andere hochgenaue Pakete wie Maple und Mathematica zeigen ein ähnliches Verhalten.

Wir fassen zusammen: Wenn wir für *dieses* Problem 10 000 Ziffern anpacken (siehe Anhang B), ergibt es wenig Sinn, die Lösungsmethode selbst zu optimieren, da die erste Auswertung der Gammafunktion die Gesamtrechenzeit dominiert.

5.8 Mehr Theorie und weitere Methoden

Wir haben von der sehr reichhaltigen Theorie der Tschebyscheff-Approximation kaum mehr als die Oberfläche gestreift. Viel mehr wurde über Approximationen in Unterräumen komplexer Vektorräume bewiesen; so gibt es etwa einen allgemeinen Satz von Kolmogoroff [Kol48], welcher die Existenz und Eindeutigkeit einer Lösung liefert und die Theoreme 5.2 und 5.3 als einfache Folgerungen enthält. Wir verweisen den interessierten Leser auf Watson [Wat00] für einen historischen Überblick über Theorie und Berechnungsverfahren für die Approximation in reellen Vektorräumen und auf Singer [Sin70b] für eine in sich geschlossene Abhandlung im funktionalanalytischen Rahmen, in der zwar komplexe Vektorräume behandelt werden, aber numerische Methoden kein Thema sind. Beide Autoren teilen ein ausgeprägtes Gespür für Verantwortung gegenüber der Geschichte und geben zahlreiche Verweise auf die Originalliteratur. Ein weiteres nützliches Werk ist [SL68], ebenfalls eine in sich geschlossene Abhandlung, wenn auch nicht ganz so hoffnungslos abstrakt wie [Sin70b].

Eine Suche mit Google ergab am 22. Januar 2004 für die genaue Anfrage „complex Chebyshev approximation" 181 Treffer. (Am 10. Juni 2006 waren es bereits 512; die deutsche Anfrage „komplexe Tschebyscheff-Approximation" ergab hingegen gerade einmal einen einzigen Treffer – eine Diplomarbeit am Fachbereich Elektrotechnik[9] der Universität Erlangen-Nürnberg.) Einer dieser Treffer, ein Algorithmus von Tang [Tan88], wurde von wenigstens einem Teilnehmer des Wettbewerbs mit Erfolg eingesetzt.

Der Spezialfall des vorliegenden Problems, nämlich die Tschebyscheff-Approximation auf dem Einheitskreis, ist Gegenstand der Arbeiten [Tse96, BT99].

Ferner gibt es das von Fischer und Modersitzki geschriebene Matlab-Paket COCA,[10] welches lineare Tschebyscheff-Approximationen in der komplexen Ebene mit Techniken ähnlich denen in §5.6 berechnet. Mit diesem Paket kann Problem 5 erfolgreich in einigen wenigen Programmzeilen gelöst werden, die sich auf der Webseite des Buchs befinden.

5.9 Ein schwierigeres Problem

Problem 5 kann durch eine kleine Veränderung des Wortlauts wesentlich schwieriger gemacht werden:

> Es sei $p(z)$ das kubische Polynom, welches die Funktion $f(z) = 1/\Gamma(z)$ auf dem komplexen Einheitskreis in der L^1-Norm $\|\cdot\|_1$ bestapproximiert. Welchen Wert hat $\|f - p\|_1$?

Die L^1-Norm definieren wir dabei natürlich durch

$$\|g\|_1 = \frac{1}{\pi} \int_0^{2\pi} \int_0^1 |g(re^{i\theta})|\, r\, dr\, d\theta.$$

---

[9] Komplexe Tschebyscheff-Approximation wird in der Signalverarbeitung zur Konstruktion optimaler Filter verwendet.

[10] `http://www.math.uni-luebeck.de/modersitzki/COCA/coca5.html`

Weiche ab, um fair zurückzukehren

Folkmar Bornemann

> *Es wurde oft behauptet, dass die direkte und „exakte" numerische Lösung der Gleichungen der Physik die speziellen Funktionen überflüssig machte. Die Beharrlichkeit der speziellen Funktionen ist verwirrend und überraschend. Was sind sie denn anderes als bloße Namen für mathematische Objekte, nützlich nur in Situationen von ausgedachter Einfachheit? Warum sind wir so angetan, wenn eine komplizierte Rechnung in einer Besselfunktion oder einem Laguerrepolynom „aufgeht"? Was entscheidet, ob eine Funktion „speziell" ist?*
>
> Sir Michael Berry (2001)

> *Leute, welche diese Art Dinge mögen, werden feststellen, dass dies zu der Art Dingen gehört, die sie mögen.*
>
> Abraham Lincoln (zitiert von Barry Hughes im Anhang „Spezielle Funktionen für Irrfahrtsprobleme" seiner Monographie über Irrfahrten)

Problem 6

Ein Floh startet in $(0,0)$ eine asymmetrische Irrfahrt auf dem ganzzahligen zweidimensionalen Gitter: In jedem Schritt hüpft er mit Wahrscheinlichkeit $1/4$ nach Norden bzw. Süden, mit Wahrscheinlichkeit $1/4 + \epsilon$ nach Osten und mit Wahrscheinlichkeit $1/4 - \epsilon$ nach Westen. Die Wahrscheinlichkeit, dass der Floh im Laufe seiner Wanderschaft den Ausgangspunkt $(0,0)$ jemals wieder erreicht, beträgt $1/2$. Welchen Wert hat die Abweichung ϵ?

Die Frage nach dem ϵ, das eine bestimmte Rückkehrwahrscheinlichkeit p liefert, führt auf ein nur geringfügig schwierigeres Problem als die Berechnung der Wahrscheinlichkeit bei gegebenem ϵ: Es kommt nur die Notwendigkeit hinzu, eine numerische Nullstellensuche durchzuführen. Das Problem sieht in der gestellten Form jedoch etwas interessanter aus. In §6.1 werden wir kurz begründen, warum das Problem lösbar ist.

Wir werden verschiedene Methoden zur Berechnung der Rückkehrwahrscheinlichkeit diskutieren. In §6.2 überführen wir das Problem fast ohne jede Wahrscheinlichkeitstheorie in ein Problem der linearen Algebra. Die Lösung eines dünnbesetzten linearen Gleichungssystems der Dimension 25 920 liefert uns 15 korrekte Ziffern. Die eigentliche Geschichte, die wir in §6.3–§6.7 erzählen, beruht auf der Beziehung zwischen der Rückkehrwahrscheinlichkeit p und der erwarteten Anzahl E von Aufenthalten im Ausgangspunkt, nämlich $E = 1/(1-p)$. Wir stellen E als eine unendliche Reihe dar und gelangen, durch schrittweise Reduktion des Rechenaufwands bei gleichzeitiger Steigerung der analytischen Raffinesse, von einer numerischen Approximation voll roher Gewalt zu einer symbolischen Auswertung unter Verwendung spezieller Funktionen. Letztere liefert mit Hilfe des arithmetisch-geometrischen Mittels M eine geschlossene Formel:

$$p = 1 - M\left(\sqrt{1 - (1+\eta)^2/4}, \sqrt{1 - (1-\eta)^2/4}\right), \quad \eta = \sqrt{1 - 16\epsilon^2}. \tag{6.1}$$

Um die Berry'sche Frage aus dem diesem Kapitel vorangestellten Zitat zu beantworten: *Wir* sind so angetan davon, dass es in einem solchen Ausdruck „aufgeht", da es einen ungeheuer schnellen Algorithmus zu seiner Auswertung gibt. Er erlaubt uns die Lösung von Problem 6 auf 10 000 Ziffern in weniger als einer Sekunde. Ja mehr noch, wir können diese Ziffern mit Intervallarithmetik validieren. Schließlich nutzen wir in §6.6 die Technik von Green'schen Funktionen auf Gittern und Fourieranalysis, um einen weiteren Ausdruck für E herzuleiten, ein Doppelintegral. Mit Hilfe adaptiver numerischer Quadratur können wir Problem 6 so in gerade einmal drei Matlab-Zeilen lösen. In höheren Dimensionen wird aus diesem Doppelintegral ein Mehrfachintegral, von dem wir in §6.7 zeigen, wie es mit einem auf Montroll zurückgehenden Trick und der Hilfe modifizierter Besselfunktionen numerisch effizient ausgewertet werden kann.

6.1 Auf den ersten Blick: Ist das Problem überhaupt lösbar?

Bevor wir beginnen, Methoden zur Berechnung der Rückkehrwahrscheinlichkeit zu entwickeln, wollen wir uns davon überzeugen, dass die Gleichung, die Problem 6 zugrundeliegt, auch tatsächlich eine Lösung besitzt. Dazu betrachten wir die beiden Extremfälle der Abweichung[1] $\epsilon \in [0, 1/4]$.

---

[1] Aufgrund der Symmetrien des Problems können wir uns auf nichtnegative ϵ beschränken.

Gemeint ist dabei die Abweichung vom Fall $\epsilon = 0$ der *symmetrischen* Irrfahrt, für die alle Übergangswahrscheinlichkeiten gleich sind (anderenfalls nennt man die Irrfahrt *asymmetrisch*). Im allerersten Aufsatz [Pól21] über Irrfahrten überhaupt hat Pólya 1921 nicht nur den Begriff der Irrfahrt in die mathematische Literatur eingeführt, sondern auch das klassische Resultat bewiesen,[2] dass in zwei Dimensionen die Rückkehrwahrscheinlichkeit einer symmetrischen Irrfahrt $p|_{\epsilon=0} = 1$ erfüllt. Wir werden auf diesen Punkt mit einem Beweis in §6.5 zurückkommen. Auf der anderen Seite geht der Irrfahrer (wie wir den Floh von jetzt an nennen möchten) bei maximaler Abweichung $\epsilon = 1/4$ in jedem Schritt mit Wahrscheinlichkeit $1/2$ nach Osten, aber nie nach Westen. Mit einem einzigen Schritt nach Osten beraubt er sich also der Möglichkeit, jemals zum Ausgangspunkt zurückzukehren. Die Rückkehrwahrscheinlichkeit ist demnach höchstens so groß wie die Wahrscheinlichkeit, im ersten Schritt *nicht* nach Osten zu gehen: $p|_{\epsilon=1/4} \leqslant 1/2$. Aus Stetigkeitsgründen können wir also auf die Existenz einer Abweichung $0 < \epsilon_* \leqslant 1/4$ schließen, für die $p_{\epsilon=\epsilon_*} = 1/2$ gilt.

Notation und Terminologie.

Wir diskutieren die allgmeine asymmetrische Irrfahrt in zwei Dimensionen und bezeichnen die (nichtnegativen) Übergangswahrscheinlichkeiten eines Schritts nach Osten, Westen, Norden oder Süden mit p_O, p_W, p_N bzw. p_S. So sind wir zwar allgemeiner, als es unser Problem eigentlich verlangt, aber wir werden mit übersichtlicheren Formeln belohnt. Darüber hinaus nehmen wir nicht an, dass die Wahrscheinlichkeiten der Übergänge in die einzelnen Richtungen notwendigerweise alle Möglichkeiten ausschöpfen. Wir nehmen also nicht an, dass $p_O + p_W + p_N + p_S = 1$ ist, sondern nur

$$p_O + p_W + p_N + p_S \leqslant 1.$$

Die fehlende Wahrscheinlichkeit $p_{\text{sterb}} = 1 - p_O - p_W - p_N - p_S$ deuten wir als die Wahrscheinlichkeit, dass der Irrfahrer komplett verschwindet, die Irrfahrt also im aktuellen Gitterpunkt endet. Zuweilen wird p_{sterb} als *Sterberate* [Hug95, §3.2.4, S. 123] bezeichnet und der Irrfahrer heißt *sterblich*, falls $p_{\text{sterb}} > 0$.

Wir führen noch ein weiteres nützliches Begriffspaar aus der Literatur [Hug95, S. 122] über Irrfahrten ein: Wenn die Rückkehr zum Ausgangspunkt letztendlich sicher ist, also $p = 1$ gilt, so heißt die Irrfahrt *rekurrent*; anderenfalls, wenn $p < 1$ ist, bezeichnen wir die Irrfahrt als *transient*.

---

[2] Alexanderson [Ale00, S. 51] erzählt in seiner Biographie die schöne Geschichte, wie 1921 der passionierte Spaziergänger Pólya beim Gang durch einen Stadtwald von Zürich zu seinem Missfallen *wiederholt* ein und demselben Liebespaar begegnete und er sich daraufhin den Kopf darüber zerbrach, ob dies bei absichtsloser Wahl der Wege wohl unvermeidbar wäre. Später wurde dann daraus die Frage, ob ein Trunkenbold durch zielloses Torkeln sicher nach Hause finden könne.

6.2 Mittels linearer Algebra

In der Mathematik wird ein Problem zuweilen sehr viel einfacher, wenn man versucht, mehr als nur das Verlangte zu tun. Anstatt also nur nach der Wahrscheinlichkeit p zu fragen, dass der Irrfahrer nach dem Start in $(0,0)$ *erneut* nach $(0,0)$ gelangt, betrachten wir die Wahrscheinlichkeit $q(x,y)$, dass der Irrfahrer nach einem Start im Gitterpunkt (x,y) *jemals* nach $(0,0)$ gelangt. Natürlich haben wir

$$q(0,0) = 1. \tag{6.2}$$

Wie kann uns dann $q : \mathbb{Z}^2 \to [0,1]$ helfen, p zu berechnen? Der Punkt ist, dass ein wiederkehrender Irrfahrer den Ausgangspunkt $(0,0)$ in seinem ersten Schritt zu einem der nächsten Nachbarn verlassen hat und von dort irgendwann schließlich nach $(0,0)$ gelangt ist. Also erhalten wir

$$p = p_O\, q(1,0) + p_W\, q(-1,0) + p_N\, q(0,1) + p_S\, q(0,-1). \tag{6.3}$$

Ein entsprechendes Argument verknüpft die Werte von q selbst: Die Wahrscheinlichkeit, dass der Irrfahrer den Punkt $(0,0)$ vom Gitterpunkt $(x,y) \neq (0,0)$ aus erreicht, kann durch die Wahrscheinlichkeit ausgedrückt werden, dass er zu einem seiner nächsten Nachbarn geht und von dort aus nach $(0,0)$ gelangt. Auf diese Weise erhalten wir die *partielle Differenzengleichung*

$$q(x,y) = p_O\, q(x+1,y) + p_W\, q(x-1,y) + p_N\, q(x,y+1) + p_S\, q(x,y-1) \tag{6.4}$$

mit $(x,y) \neq (0,0)$, eingeschränkt durch die Randbedingung (6.2). Einem ähnlichen Argument werden wir in §10.2 begegnen, wenn wir eine Brown'sche Bewegung durch eine Irrfahrt approximieren werden.

Die partielle Differenzengleichung (6.4) beschreibt ein unendlich-dimensionales lineares Gleichungssystem in den Unbekannten $q(x,y)$ mit $(x,y) \in \mathbb{Z}^2 \setminus (0,0)$. Wenn wir uns auf einen endlichen räumlichen Abschnitt des Gitters beschränken, sagen wir

$$\Omega_n = \{(x,y) \in \mathbb{Z}^2 : |x|, |y| \leqslant n\},$$

müssen wir die benachbarten Werte von q als Randwerte zur Verfügung stellen. Im transienten Fall wird es nun für den Irrfahrer zunehmend unwahrscheinlicher, den Punkt $(0,0)$ zu erreichen, wenn er von immer weiter entfernten Gitterpunkten startet:

$$\lim_{n\to\infty} \sup_{(x,y)\notin\Omega_n} q(x,y) = 0.$$

Wir ahmen das nach, indem wir q durch die Lösung q_n des linearen Gleichungssystems

$$q_n(x, y) =$$

$$p_O\, q_n(x+1, y) + p_W\, q_n(x-1, y) + p_N\, q_n(x, y+1) + p_S\, q_n(x, y-1) \quad (6.5)$$

mit $(x, y) \in \Omega_n \setminus (0, 0)$ unter den Randbedingungen

$$q_n(0, 0) = 1, \quad q_n(x, y) = 0 \ \text{ für } \ (x, y) \notin \Omega_n,$$

approximieren. Für transiente Irrfahrten kann man die gleichmäßige Konvergenz $q_n(x, y) \to q(x, y)$ beweisen. Tatsächlich ist die Konvergenz sogar exponentiell schnell in n. Ein Beweis kann mit Hilfe der Eigenschaften der Green'schen Funktion des Gitters geführt werden, die wir in §6.6 bestimmen werden. Wir werden diese Details jedoch hier nicht ausarbeiten, da das Ergebnis später mit anderen Methoden bestätigt wird, die einfacher zu analysieren sind.

Die Differenzengleichung (6.5) liefert ein lineares Gleichungssystem der Dimension $N = (2n+1)^2 - 1$ in den Unbekannten $q_n(x, y)$, $(x, y) \in \Omega_n \setminus (0, 0)$. In Analogie zur Diskretisierung der Poisson'schen Gleichung mit dem Fünfpunktestern (siehe §10.3) kann dieses System in die Gestalt

$$A_N x_N = b_N$$

gebracht werden, wobei $b_N \in \mathbb{R}^N$ einen gegebenen Vektor bezeichnet und $A_N \in \mathbb{R}^{N \times N}$ eine dünnbesetzte Matrix mit gerade einmal fünf von Null verschiedenen Diagonalen ist. Im Anhang C.3.1 findet der Leser die sehr kurze Matlab-Funktion ReturnProbability, die A_N erzeugt, indem Ideen aus dem Umkreis der diskreten Poisson'schen Gleichung genutzt werden (wie etwa das Kronecker'sche Tensorprodukt; vgl. [Dem97, §6.3.3]). Sodann werden die linearen Gleichungen dem in Matlab eingebauten Löser für dünnbesetzte Systeme überreicht und die Approximation der Rückkehrwahrscheinlichkeit p gemäß (6.3) ausgegeben. Eine Implementierung in Mathematica findet sich im Anhang C.5.2.

Steht uns das erst einmal zur Verfügung, so können wir die nichtlineare Gleichung $p|_{\epsilon=\epsilon_*} = 1/2$ mit den in Matlab vorhandenen Möglichkeiten zur Nullstellensuche nach ϵ_* auflösen. Wie die mit kleinen n gerade auf Zeichengenauigkeit berechnete Abb. 6.1 zeigt, gibt es genau eine positive Lösung $\epsilon_* \approx 0.06$.

Eine Sitzung mit Matlab

```
>> f = inline('ReturnProbability(epsilon,n)-0.5','epsilon','n');
>> for n=10*2.^(0:3)
>>     out=sprintf('n = %3i\t N = %6i\t\t epsilon* = %18.16f',n,...
>>       (2*n+1)^2-1,fzero(f,[0.06,0.07],optimset('TolX',1e-16),n));
>>     disp(out);
>> end
```

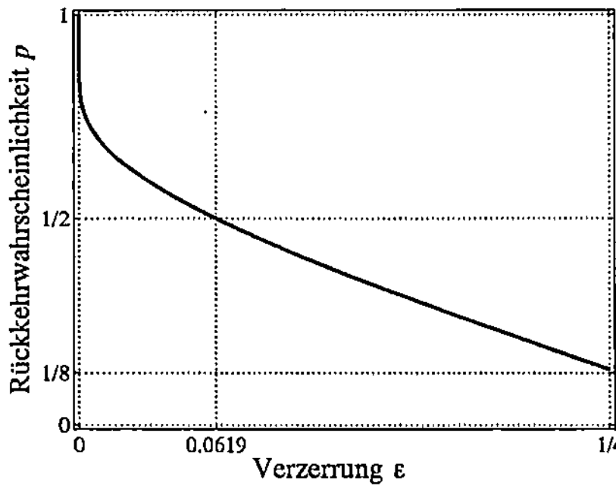
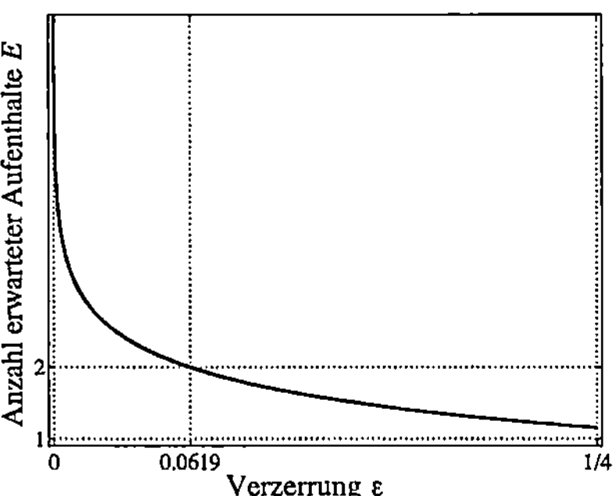

Abb. 6.1. *Rückkehrwahrscheinlichkeit p und Erwartungswert E als Funktion der Abweichung ϵ.*

```
n = 10  N =    440     epsilon* = 0.0614027632354456
n = 20  N =   1680     epsilon* = 0.0619113908202284
n = 40  N =   6560     epsilon* = 0.0619139543917373
n = 80  N =  25920     epsilon* = 0.0619139544739909
```

Der Lauf für $n = 80$ benötigt 11 Sekunden.[3]

Wie beurteilen wir die Genauigkeit dieser vier Approximationen? Zunächst einmal müssen wir sicherstellen, dass der verwendete Löser für das dünnbesetzte System die Ergebnisse nicht bereits verfälscht hat. Das können wir mit den Techniken einer Fehlerschätzung *a posteriori* prüfen, wie wir sie in §7.4.1 diskutieren werden. Nehmen wir eine Genauigkeit des linearen Lösers auf wenigstens 15 Ziffern in IEEE-Arithmetik zur Kenntnis, so beobachten wir, dass die ersten beiden Approximationen auf 2 Ziffern, die zweite und dritte auf 4 Ziffern und schließlich die dritte und vierte auf 8 Ziffern übereinstimmen. Offenbar verdoppelt sich die Anzahl korrekter Ziffern, wenn wir n verdoppeln, was eine experimentelle Bestätigung der behaupteten exponentiellen Konvergenz ist. Unterstellen wir die Richtigkeit dieses Gesetzes, so können wir von etwa 15 korrekten Ziffern für $n = 80$ (was die Lösung von $N = 25\,920$ linearen Gleichungen verlangt) ausgehen:

$$\epsilon_* \doteq 0.061913\,95447\,39909.$$

Die folgenden Abschnitte werden zeigen, dass diese Ziffern in der Tat alle korrekt sind.

---

[3] Die angegebenen Laufzeiten beziehen sich auf einen PC mit 2 GHz.

6.3 Erwartungswerte

Von nun an werden wir die Beziehung zwischen der Rückkehrwahrscheinlichkeit p und der erwarteten Anzahl E von Aufenthalten im Ausgangspunkt nutzen (einschließlich des anfänglichen Aufenthalts dort). Um diese Beziehung aufzustellen, bemerken wir, dass die Wahrscheinlichkeit für genau k Aufenthalte durch $p^{k-1}(1-p)$ gegeben ist: Der Irrfahrer muss nacheinander $k-1$ Male zurückkehren und dann dem Ausgangspunkt für immer den Rücken kehren. Die erwartete Anzahl von Aufenthalten ist demnach einfach durch [Fel50, Thm. 2, §12.3]

$$E = \sum_{k=1}^{\infty} k\, p^{k-1}(1-p) = \frac{1}{1-p} \qquad (6.6)$$

gegeben. Dabei verstehen wir den Ausdruck für eine *rekurrente* Irrfahrt ($p = 1$) als $E = \infty$. Alternativ können wir (6.6) herleiten, indem wir argumentieren, dass die Zukunft des Irrfahrers ab seinem zweiten Aufenthalt im Ausgangspunkt – der Wahrscheinlichkeit nach – genau die gleiche ist wie zu Beginn. Das bedeutet, dass die erwartete Anzahl von Aufenthalten der einfachen Gleichung $E = 1 + pE$ genügt.

Der Punkt ist, dass die Größe E auf andere, unterschiedliche und rechentechnisch zugänglichere Weise ausgedrückt werden kann. Tatsächlich werden wir im Laufe des Kapitels etliche solche Ausdrücke angeben. Ein erster nützlicher Ausdruck ist die Reihe

$$E = \sum_{k=0}^{\infty} p_k,$$

wobei p_k die Wahrscheinlichkeit eines Aufenthalts im Ausgangspunkt während des Schritts $2k$ bezeichnet. Wenn die Reihe divergiert, ist die Irrfahrt rekurrent ($E = \infty$), siehe [Fel50, Thm. 2, §12.3]. Wir approximieren E durch die Teilsummen

$$E_K = \sum_{k=0}^{K-1} p_k$$

für hinreichend großes K. Es stellt sich heraus, dass es eine Art Ausgleich zwischen der Komplexität des Algorithmus zur Berechnung der Terme $p_0, \ldots, p_{K-1}$ und der mathematischen Raffinesse zu seiner Herleitung gibt: Je schneller der Algorithmus, umso mehr Theorie müssen wir investieren.

Wir beginnen zunächst in §6.3.1 mit einem direkten und einfachen Algorithmus der Komplexität $O(K^3)$. Konvergenzbeschleunigung wird uns dabei helfen, den Parameter K vertretbar klein zu halten. In §6.4 steigern wir die Effizienz der Berechnung von E_K in zwei Schritten. Etwas Kombinatorik reduziert die Komplexität auf $O(K^2)$. Der Zeilberger'sche Algorithmus der „kreativen Bildung von Teleskopsummen" führt uns auf eine

Dreitermrekursion für die p_k, welche uns die Berechnung von $p_0, \dots, p_{K-1}$ in optimaler Komplexität $O(K)$ erlaubt. Die Berechnung von Teilsummen ist dann auch für hinreichend große K so erschwinglich, dass eine Beschleunigung der Konvergenz nicht länger benötigt wird. Schließlich nutzen wir in §6.5 spezielle Funktionen, um die Reihe für E direkt symbolisch auszuwerten, ohne den Umweg über die Wahrscheinlichkeiten $p_0, \dots, p_{K-1}$ zu gehen.

6.3.1 Mittels roher Gewalt

Wir betrachten die Wahrscheinlichkeit $P_k(0,0)$ eines Aufenthalts im Ausgangspunkt $(0,0) \in \mathbb{Z}^2$ während des Schritts k. Die erwartete Anzahl von Aufenthalten in $(0,0)$ ist dann [Fel50, Thm. 2, §12.3]

$$E = \sum_{k=0}^{\infty} P_k(0,0). \tag{6.7}$$

Wir können die $P_k(0,0)$ nun direkt aus den Regeln der Irrfahrt herleiten, wenn uns die Wahrscheinlichkeiten eines Aufenthalts in den Nachbarn des Ausgangspunkts während des Schritts $k-1$ bekannt sind. Für diese Nachbarn tun wir dasselbe, rekursiv bis zum Anfangsschritt $k = 0$, für den alles bekannt ist. Wir führen also die Gitterfunktion $P_k \colon \mathbb{Z}^2 \to [0,1]$ ein, die jedem Gitterpunkt die Wahrscheinlichkeit zuordnet, während des Schritts k besetzt zu sein, und erhalten die partielle Differenzengleichung

$$\begin{aligned}
P_k(x,y) &= p_{\mathrm{O}}\, P_{k-1}(x-1,y) + p_{\mathrm{W}}\, P_{k-1}(x+1,y) \\
&\quad + p_{\mathrm{N}}\, P_{k-1}(x,y-1) + p_{\mathrm{S}}\, P_{k-1}(x,y+1)
\end{aligned} \tag{6.8}$$

mit den Anfangswerten

$$P_0(0,0) = 1, \quad P_0(x,y) = 0 \quad \text{für } (x,y) \neq (0,0). \tag{6.9}$$

Mit etwas Überlegung können wir die Differenzengleichung so anordnen, dass wir die Behandlung und das Speichern von solchen Wahrscheinlichkeiten vermeiden, die definitiv Null sind. Da während des Schritts k nur diejenigen Plätze besetzt sein können, die nicht weiter als k Schritte vom Ausgangspunkt entfernt sind, bemerken wir, dass

$$P_k(x,y) = 0 \quad \text{für} \quad |x| + |y| > k.$$

Tatsächlich gibt es weitere Gitterpunkte, die während des Schritts k unbesetzt bleiben müssen. Färben wir das Gitter wie ein Schachbrett, so wechselt der Irrfahrer mit jedem Schritt die Farbe, also die Parität von $x + y$:

$$P_{2k}(x,y) = 0 \text{ für ungerades } x+y, \quad P_{2k+1}(x,y) = 0 \text{ für gerades } x+y.$$

Wir ordnen nun alle nichttrivialen Wahrscheinlichkeiten des Schritts k in der $(k+1) \times (k+1)$ Matrix Π_k an, die durch

$$\Pi_k = \begin{pmatrix} P_k(-k,0) & P_k(-k+1,1) & \cdots & P_k(0,k) \\ P_k(-k+1,-1) & P_k(-k+2,0) & \cdots & P_k(1,k-1) \\ \vdots & \vdots & \ddots & \vdots \\ P_k(0,-k) & P_k(1,-k+1) & \cdots & P_k(k,0) \end{pmatrix}$$

definiert ist. Die partielle Differenzengleichung (6.8) kann zur Matrixrekursion

$$\Pi_{k+1} = p_{\mathrm{O}} \left(\begin{array}{c|ccc} 0 & 0 & \cdots & 0 \\ \hline 0 & & & \\ \vdots & & \Pi_k & \\ 0 & & & \end{array} \right) + p_{\mathrm{W}} \left(\begin{array}{ccc|c} & & & 0 \\ & \Pi_k & & \vdots \\ & & & 0 \\ \hline 0 & \cdots & 0 & 0 \end{array} \right)$$

$$+ p_{\mathrm{N}} \left(\begin{array}{c|ccc} 0 & & & \\ \vdots & & \Pi_k & \\ 0 & & & \\ \hline 0 & 0 & \cdots & 0 \end{array} \right) + p_{\mathrm{S}} \left(\begin{array}{ccc|c} 0 & \cdots & 0 & 0 \\ \hline & & & 0 \\ & \Pi_k & & \vdots \\ & & & 0 \end{array} \right) \tag{6.10}$$

mit dem Anfangswert $\Pi_0 = (1)$ umgeschrieben werden. Die Wahrscheinlichkeiten für den Ausgangspunkt ergeben sich als

$$P_{2k+1}(0,0) = 0, \quad P_{2k}(0,0) = \text{zentrales Element von } \Pi_{2k}.$$

Da der Ausgangspunkt nur während jedes zweiten Schritts besetzt sein kann, vereinfachen wir unsere Notation zu

$$p_k = P_{2k}(0,0), \quad E = \sum_{k=0}^{\infty} p_k. \tag{6.11}$$

Die Matrixrekursion (6.10) kann leicht programmiert werden; der Leser findet die Matlab-Funktion `OccupationProbability` im Anhang C.3.1. Mit diesem Algorithmus liegen die Kosten für die Berechnung von $p_0, \ldots, p_{K-1}$, und daher für die von

$$E_K = \sum_{k=0}^{K-1} p_k,$$

bei $O(K^3)$. Wenden wir uns nun voll Zuversicht Problem 6 zu. Mit

$$p_{\mathrm{O}} = 1/4 + \epsilon, \quad p_{\mathrm{W}} = 1/4 - \epsilon, \quad p_{\mathrm{N}} = 1/4, \quad p_{\mathrm{S}} = 1/4,$$

suchen wir nach der Abweichung ϵ_*, welche die Gleichung $E|_{\epsilon=\epsilon_*} = 2$ löst, so dass wir nach (6.6) die *faire* Chance zur Rückkehr erhalten: $p|_{\epsilon=\epsilon_*} = 1/2$.

Eine Sitzung mit Matlab

```
>> f=inline('sum(OccupationProbability(epsilon,K))-2',...
>>          'epsilon','K');
>> for K=125*2.^(0:3)
>>     out=sprintf('K = %4i \t\t epsilon* = %17.15f',K,...
>>        fzero(f,[0.06,0.07],optimset('TolX',1e-14),K));
>>     disp(out);
>> end


K =  125     epsilon* = 0.061778241155115
K =  250     epsilon* = 0.061912524106289
K =  500     epsilon* = 0.061913954180807
K = 1000     epsilon* = 0.061913954473991
```

Der Lauf mit $K = 125$ benötigt 9 Sekunden, der mit $K = 1000$ etwa 2.5 Stunden.

Die Genauigkeit der vier Approximationen beurteilen wir ähnlich wie in §6.2: Wir beobachten, dass die ersten beiden Approximationen auf 2 Ziffern, die zweite und dritte auf 4 Ziffern und schließlich die dritte und vierte auf 8 Ziffern übereinstimmen. Offenbar verdoppelt sich die Anzahl korrekter Ziffern, wenn wir K verdoppeln; die Konvergenz der Reihe ist in etwa exponentiell.[4] Nehmen wir das als gegeben an, so erwarten wir 16 korrekte Ziffern für $K = 1000$. Der absolute Fehler der Nullstellensuche wurde jedoch auf 10^{-14} gesetzt, was die Genauigkeit der vierten Approximation auf etwa 12 Ziffern beschränkt. In der 11. und 12. Ziffer lesen wir die Ziffernfolge 39 ab, müssen also auf der Hut sein: Es könnte sich in Wirklichkeit auch um 40 handeln. Wie auch immer, wir haben keinen Grund, an der Korrektheit der ersten 10 Ziffern zu zweifeln:

$$\epsilon_* \doteq 0.061913\,95447.$$

Tatsächlich werden wir später sehen, dass der Lauf mit $K = 1000$ auf 13 Ziffern korrekt ist.

6.3.2 Mittels Konvergenzbeschleunigung

Die Laufzeit von 2.5 Stunden ist ein guter Grund, um Konvergenzbeschleunigung auszuprobieren. Wir nehmen E_K und schätzen das Restglied $E - E_K$ mit dem Wynn'schen Epsilon-Algorithmus (siehe Anhang A, S. 310), der sich besonders gut für die ungefähr exponentielle Konvergenz der Reihe eignet. Eine gute Parameterwahl erfordert einige Experimente. Ein vertretbarer Kompromiss zwischen Laufzeit und Genauigkeit liegt bei $K \approx 400$,

---

[4] Tatsächlich werden wir das später beweisen, siehe Lemma 6.1.

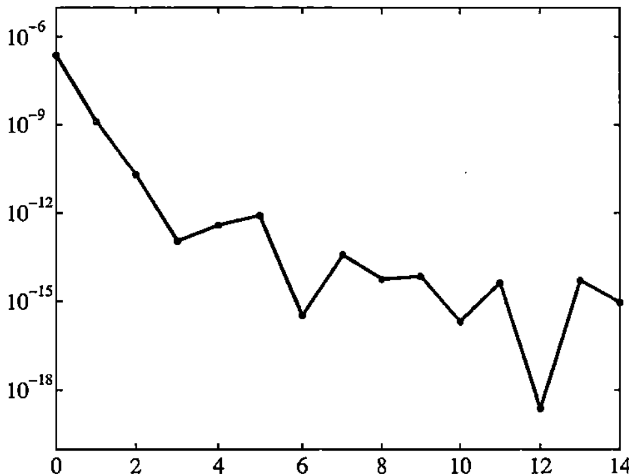

Abb. 6.2. *Die Differenzen* $|s_{1,2j+2} - s_{1,2j}|$ *der ersten Zeile des Extrapolationstableaus gegen j für den Wynn'schen Epsilon-Algorithmus ($K = 393, \epsilon = 0.06$).*

für das E_K selbst gerade einmal 6 korrekte Ziffern liefert. Zur Bestimmung der Anzahl an Extrapolationsschritten, und damit der Anzahl an zusätzlichen Termen, folgen wir den Empfehlungen des Anhangs A (siehe S. 318) und schauen uns für den Spezialfall $\epsilon = 0.06$ die Differenzen der ersten Zeile des Extrapolationstableaus an, siehe Abb. 6.2. Wir sehen, dass Rundungsfehler ab etwa $j \geqslant 3$ deutlich in Erscheinung treten. Von dort an scheint die Größe der eigentlichen Differenzen (ohne Rundungsfehler) 10^{-12} zu unterschreiten. Das entspricht 12 korrekten Ziffern von E, ein Gewinn von 6 weiteren Ziffern gegenüber der Verwendung von E_K mit $K = 400$. Der Leser findet die Matlab-Funktion ExpectedVisitsExtrapolated im Anhang C.3.1. Wir setzen $K = 393$ und $j = 3$, benutzen also 7 zusätzliche Terme der Reihe für die Extrapolation des Restglieds.

Eine Sitzung mit Matlab

```
>> f=inline('ExpectedVisitsExtrapolated(epsilon,K,extraTerms)-2',...
>>        'epsilon','K','extraTerms');
>> epsilon=fzero(f,[0.06,0.07],optimset('TolX',1e-14),393,7)

epsilon = 6.191395447397203e-002
```

Der Lauf benötigt acht Minuten, was eine beträchtliche Beschleunigung bedeutet. Die absolute Toleranz der Nullstellensuche wurde auf 10^{-14} gesetzt, was der Genauigkeit (12 Ziffern) der Extrapolation in unserem vorbereitenden Experiment für $\epsilon = 0.06$ entspricht. Wie beim Lauf für $K = 1000$ bleibt eine Unsicherheit über die genauen Werte der 11. und 12. Ziffer (39 oder 40?). Jedenfalls haben wir bisher genügend Erkenntnisse zusammengetragen, um von der Korrektheit der ersten 10 Ziffern überzeugt zu sein.

6.4 Komplexitätsreduktion durch Steigerung der Raffinesse

In diesem Abschnitt zeigen wir, dass einfache Kombinatorik und symbolisches Rechnen die Komplexität der Berechnung von $p_0, \ldots, p_{K-1}$ von $O(K^3)$ auf optimale $O(K)$ reduzieren. Das erlaubt uns, die Teilsummen E_K zur effizienten Lösung des Problems zu verwenden.

6.4.1 Mittels Kombinatorik

Wir beginnen mit der Beobachtung, dass die Berechnung aller in Π_{2k} gespeicherten Wahrscheinlichkeiten des Guten zuviel ist, wenn wir nur an $p_k = P_{2k}(0,0)$ interessiert sind. Denn ein Irrfahrer, der sich während des Schritts $2k$ in $(0,0)$ aufhält, hat eine sehr spezielle Irrfahrt hinter sich: eine Kombination zweier eindimensionaler Irrfahrten. Tatsächlich muss er $2j$ Schritte in der Ost-West-Richtung und $2k - 2j$ Schritte in der Nord-Süd-Richtung gemacht haben. Die Anzahl der Schritte in östliche Richtung muss die gleiche gewesen sein, wie die in westliche Richtung, genauso für die nördliche und südliche Richtung. Einfache Kombinatorik liefert

$$p_k = \sum_{j=0}^{k} \binom{2k}{2j} \cdot \underbrace{\binom{2j}{j} p_O^j p_W^j}_{\text{Ost–West}} \cdot \underbrace{\binom{2k-2j}{k-j} p_N^{k-j} p_S^{k-j}}_{\text{Nord–Süd}}.$$

Die Binomialkoeffizienten geben dabei die Anzahl der Wahlmöglichkeiten des Irrfahrers an: Aus den insgesamt $2k$ Schritten wählt er $2j$ Schritte in Ost-West-Richtung; unter diesen $2j$ Ost-West-Schritten wählt er j in östliche Richtung und unter den $2k - 2j$ Nord-Süd-Schritten $k - j$ in nördliche Richtung.

Der Ausdruck für p_k kann durch etwas Herumhantieren mit den Binomialkoeffizienten weiter vereinfacht werden:

$$p_k = \sum_{j=0}^{k} \binom{2k}{k} \binom{k}{j}^2 (p_O p_W)^j (p_N p_S)^{k-j},$$

eine Formel, die sich, wenn auch ohne große Erklärung, bereits in einer Arbeit von Barnett [Bar63, Formel (7)] findet. Wir bemerken, dass p_k von p_O und p_W nur über ihr Produkt abhängt, ebenso für p_N und p_S. Daher ist es sinnvoll, ihre geometrischen Mittelwerte zu betrachten

$$p_{OW} = \sqrt{p_O p_W}, \qquad p_{NS} = \sqrt{p_N p_S}.$$

Wir erhalten

$$p_k = \sum_{j=0}^{k} \binom{2k}{k} \binom{k}{j}^2 p_{OW}^{2j} p_{NS}^{2k-2j}. \tag{6.12}$$

Für $p_{OW} = 0$ vereinfacht sich der Ausdruck zu $p_k = \binom{2k}{k}p_{NS}^{2k}$ und liefert die Rückkehrwahrscheinlichkeit[5]

$$p = 1 - 1/E = 1 - \sqrt{1 - 4p_{NS}^2}.$$

Wegen der Größe der Binomialkoeffizienten erfordert die Benutzung dieses Ausdrucks in IEEE-Arithmetik etwas Sorgfalt. So ist etwa für $k = 1000$ der Term $\binom{2k}{k}$ in der Größenordnung von 10^{600}, was bei weitem jenseits des Darstellungsbereichs doppelt-genauer Maschinenzahlen liegt. Wir müssen diese ungeheure Größe mit den Potenzen von p_{OW} und p_{NS} ausgleichen. Für $p_{OW} \leqslant p_{NS}$,[6] wie in Problem 6 der Fall, können wir daher (6.12) zu

$$p_k = \underbrace{\binom{2k}{k}p_{NS}^{2k}}_{=a_k} \sum_{j=0}^{k} \underbrace{\binom{k}{j}^2 \left(\frac{p_{OW}}{p_{NS}}\right)^{2j}}_{=b_j}$$

umschreiben. Aus Effizienzgründen berechnen wir die Koeffizienten a_k und b_j rekursiv:

$$a_k = \frac{2k(2k-1)}{k^2}p_{NS}^2 \cdot a_{k-1}, \qquad b_j = \left(\frac{k-j+1}{j}\right)^2 \frac{p_{OW}^2}{p_{NS}^2} \cdot b_{j-1}$$

mit den Startwerten $a_0 = b_0 = 1$. Der resultierende Algorithmus zur Berechnung von $p_0, \ldots, p_{K-1}$ besitzt die Komplexität $O(K^2)$.

Eine Sitzung mit Mathematica

```
ExpectedVisits[ε_Real, K_] :=
(
  pE = 0.25 + ε; pW = 0.25 - ε; pN = pS = 0.25; w = pEpW; z = pNpS;

  (a = 1) +

  Sum[ (a* = 2k(2k - 1) / k^2 z)

  ( (b = 1) + Sum[b* = ((k - j + 1) / j)^2 w/z, {j, 1, k}]), {k, 1, K - 1}])
)
```

<hr>

[5] Es handelt sich hierbei effektiv um eine asymmetrische eindimensionale Irrfahrt in Nord-Süd-Richtung; vgl. [Hug95, S. 123]: Die unter p_O und p_W nichtverschwindende Übergangswahrscheinlichkeit lässt sich dann als Sterberate auffassen (macht ein solcher Übergang doch eine Rückkehr unmöglich). Im Rahmen von Problem 6 liegt $p_{OW} = 0$ für die maximale Abweichung $\varepsilon = 1/4$ vor. Wegen $p_{NS} = 1/4$ erhalten wir daher $p|_{\varepsilon=1/4} = 1 - \sqrt{3}/2 \doteq 0.1339745962$, eine Zahl, die etwas größer als $1/8$ ist; vgl. Abb. 6.1.

[6] Ohne Beschränkung der Allgemeinheit dürfen wir das annehmen. Aufgrund der Symmetrien des Problems würden wir anderenfalls nur die Rollen von p_{NS} und p_{OW} vertauschen.

```
{K == #,
    ε  ==
   ✶
        (ε/.FindRoot[ExpectedVisits[ε, #] == 2, {ε, 0.06, 0.07},
           WorkingPrecision → MachinePrecision,
           PrecisionGoal → 12])}&/@{125, 250, 500, 1000}//TableForm

K == 125    ε  == 0.06177824115511528
             ✶
K == 250    ε  == 0.06191252410628889
             ✶
K == 500    ε  == 0.06191395418080741
             ✶
K == 1000   ε  == 0.06191395447399104
             ✶
```

Die Ausgabe von Mathematica bestätigt die Ergebnisse des entsprechenden Laufs mit dem Algorithmus der Komplexität $O(K^3)$ in §6.3.1. Für $K = 1000$ benötigen wir jetzt jedoch anstatt der 2.5 Stunden nur 45 Sekunden. Wir erinnern daran, dass $K = 1000$ uns wenigstens 10 korrekte Ziffern liefert.

6.4.2 Mittels symbolischen Rechnens

Eingeweihte erkennen anhand der Gestalt des Ausdrucks (6.12), dass die p_k einer holonomen[7] M-Term-Rekursion genügen, deren polynomielle Koeffizienten mit dem Zeilberger'schen Algorithmus der „kreativen Bildung von Teleskopsummen" berechnet werden können. Dieser Algorithmus gehört zum Gebiet der symbolischen hypergeometrischen Summation [Koe98] und ermöglicht computergestützte Beweise [PWZ96] von so gut wie allen Identitäten von Summen mit Binomialkoeffizienten. Die Herleitung und Bestätigung solche Identitäten galt jahrzehntelang als schwieriges Problem. In der Tat trägt ein von Zeilberger mitverfasster Aufsatz [NPWZ97], der seinen Algorithmus einem größeren Kreis von Mathematikern vorstellt, den schönen Titel: „How to Do *Monthly* Problems with Your Computer."

Wir wollen kurz den Rahmen des Zeilberger'schen Algorithmus erläutern. Er wird auf Summen der Form

$$f_k = \sum_{j \in \mathbb{Z}} F(k, j)$$

angewendet, wobei $F(k,j)$ für einen *eigentlichen hypergeometrischen Term* steht (vgl. [PWZ96, S. 64] oder [Koe98, S. 110]), was im wesentlichen einen Ausdruck der Gestalt

$$F(k,j) = (\text{Polynom in } k, j)$$
$$\times (\text{Produkt von Binomialkoeffizienten mit Argumenten,}$$
$$\text{die ganzzahlig-linear in } k, j \text{ sind})$$
$$\times w^k z^j \tag{6.13}$$

---

[7] Eine lineare homogene Rekursion mit polynomiellen Koeffizienten heißt *holonom*.

benennt. Ein Satz von Zeilberger [PWZ96, Thm. 6.2.1] besagt dann, dass F eine Rekursion der Form

$$\sum_{m=0}^{M} a_m(k)F(k+m,j) = G(k,j+1) - G(k,j)$$

erfüllt, wobei $a_0,\ldots,a_M$ Polynome sind und $G(k,j)/F(k,j)$ eine rationale Funktion in k, j ist. Mehr noch, es gibt einen Algorithmus (vgl. [PWZ96, §6.3] oder [Koe98, Kap. 7]), um all diese Funktionen zu konstruieren. Wir können nun über alle ganzzahligen Werte von j summieren und erhalten mit einem Teleskopsummen-Argument die Rekursion

$$\sum_{m=0}^{M} a_m(k)f_{k+m} = 0.$$

Da $\binom{k}{j} = 0$ für $j > k$ bzw. $j < 0$, kann die Wahrscheinlichkeit (6.12) im betrachteten Problem als Summe über die ganzen Zahlen $j \in \mathbb{Z}$ von Termen geschrieben werden, welche die erforderliche hypergeometrische Gestalt (6.13) besitzen. Wir sollten daher in der Lage sein, eine solche M-Term-Rekursion für die p_k auszurechnen. Tatsächlich wird Maple mit dem Paket sumtools ausgeliefert, das mit dem Befehl sumrecursion genau diese Aufgabe ausführen kann. Details und den Programmtext eines ähnlichen Kommandos kann man im Buch [Koe98, S. 100] von Wolfram Koepf finden, der auch Autor des Maple-Pakets ist.

Eine Sitzung mit Maple

Wir verwenden die Abkürzungen $w = p_{\mathrm{OW}}^2$, $z = p_{\mathrm{NS}}^2$.

```
> with(sumtools):
> sumrecursion(binomial(2*k,k)*binomial(k,j)^2*w^j*z^(k-j),j,p(k));
```

$$4\,(w-z)^2\,(2\,k-1)\,(2\,k-3)\,p\,(k-2) - 2\,(2\,k-1)^2\,(w+z)\,p\,(k-1) + p\,(k)\,k^2$$

Ausgeschrieben zeigt die Ausgabe von Maple, dass p_k der Dreitermrekursion

$$k^2 p_k = 2(2k-1)^2\,(p_{\mathrm{OW}}^2 + p_{\mathrm{NS}}^2)\,p_{k-1}$$

$$- 4(2k-1)(2k-3)\,(p_{\mathrm{OW}}^2 - p_{\mathrm{NS}}^2)^2\,p_{k-2} \quad (6.14)$$

mit den Anfangsbedingungen

$$p_0 = 1, \quad p_1 = 2(p_{\mathrm{OW}}^2 + p_{\mathrm{NS}}^2)$$

genügt. Wir haben daher einen Algorithmus hergeleitet, der die Berechnung von $p_0,\ldots,p_{K-1}$ in der optimalen Komplexität $O(K)$ gestattet.

Nun sind wir in der Lage, die Gleichung $E|_{\epsilon=\epsilon_*} = 2$ mit der Nullstellensuche eines Softwarepakets nach ϵ_* aufzulösen. Aus §6.3.1 wissen wir, dass die Konvergenz der Reihe E im wesentlichen exponentiell ist. Es ist daher vernünftig, die Terme der Reihe solange aufzusummieren, bis sich der Wert der Summe in endlicher Arithmetik nicht mehr ändert.

Eine Sitzung mit Mathematica

```
ExpectedVisits[ε_Real] :=
```
$$\left(\mathtt{P_E} = \frac{1}{4} + \epsilon; \mathtt{P_W} = \frac{1}{4} - \epsilon; \mathtt{P_N} = \mathtt{P_S} = \frac{1}{4}; \mathtt{w} = \mathtt{P_E P_W}; \mathtt{z} = \mathtt{P_N P_S};\right.$$

$$\mathtt{s} = \mathtt{P_{old}} = 1; \mathtt{P_{new}} = 2\,(\mathtt{w} + \mathtt{z}); \mathtt{k} = 2;$$

$$\mathtt{While}\left[\mathtt{s} =! = (\mathtt{s+} = \mathtt{P_{new}}),\right.$$

$$\mathtt{P_{new}} = \frac{-4\,(2\,\mathtt{k} - 1)\,(2\,\mathtt{k} - 3)\,(\mathtt{w} - \mathtt{z})^2\,\mathtt{P_{old}} + 2\,(2\,\mathtt{k} - 1)^2\,(\mathtt{w} + \mathtt{z})\,(\mathtt{P_{old}} = \mathtt{P_{new}})}{\mathtt{k++}^2}\Bigg];$$

$$\left.\mathtt{s}\right);$$

```
{Precision == #,
    ε_* ==
        (ε/.FindRoot[ExpectedVisits[ε] == 2, {ε, 0.06, 0.07},
            WorkingPrecision → #, AccuracyGoal → #])}&/@
    {13, MachinePrecision, 19, 22, 25}//TableForm

Precision == 13                     ε_* == 0.06191395447253
Precision == MachinePrecision       ε_* == 0.0619139544739901
Precision == 19                     ε_* == 0.06191395447399094135
Precision == 22                     ε_* == 0.06191395447399094284664
Precision == 25                     ε_* == 0.06191395447399094284817374
```

Wir beobachten, dass wir jeweils in etwa die letzten drei Ziffern verlieren. In IEEE-Arithmetik benötigt der Lauf weniger als eine Sekunde und verwendet 884 Terme der Reihe. Mit einer Arithmetik von 103 Ziffern und 7184 Termen der Reihe brauchen wir weniger als eine Minute, um zu 100 korrekten Ziffern zu gelangen:[8]

$$\epsilon_* \doteq 0.061913\,95447\,39909\,42848\,17521\,64732\,12176\,99963\,87749\,98362$$

$$07606\,14672\,58859\,93101\,02975\,96158\,45907\,10564\,57520\,87861.$$

---

[8] Inbesondere zeigt der Erfolg dieser Rechnungen, dass die angepriesene Verwendung der Dreitermrekursion für das betrachtete Problem *numerisch stabil* ist. Gemäß der allgemeinen Theorie numerischer Aspekte von Dreitermrekursionen (siehe [Gau67]) ist die beobachtete numerische Stabilität äquivalent dazu, dass (p_k) eine *dominante* Lösung der Dreitermrekursion (6.14) ist. Tatsächlich besagt für $p_{EW} \cdot p_{NS} \neq 0$ ein Satz von Poincaré (siehe [Gau67, S. 34]), dass $\lim_{k\to\infty} p_{k+1}/p_k = \lambda_{1,2}$ mit den Wurzeln $\lambda_{1,2} = 4(p_{EW} \pm p_{NS})^2$ der charakteristischen Gleichung

$$\lambda^2 - 8(p_{EW}^2 + p_{NS}^2) + 16(p_{EW}^2 - p_{NS}^2)^2 = 0$$

6.5 Freude an speziellen Funktionen

Im letzten Abschnitt haben wir erfahren, dass die Besetzungswahrscheinlichkeiten p_k homogene Polynome vom Grad k in den Variablen p_{OW}^2 und p_{NS}^2 sind und einer Dreitermrekursion genügen. Die Chancen stehen also gut, dass sie mit einer der kanonisierten Familien von Orthogonalpolynomen verwandt sind. Sehen wir uns einmal an, was passiert, wenn wir Maple bitten, die Summe (6.12) symbolisch auszuwerten.

Eine Sitzung mit Maple

Wir verwenden die Abkürzungen $w = p_{OW}^2$, $z = p_{NS}^2$.

```
> simplify(sum(binomial(2*k,k)*binomial(k,j)^2*z^j*w^(k-j),j=0..k))
      assuming k::integer;
```

$$\binom{2k}{k} \, LegendreP \left(k, \frac{w+z}{w-z} \right) (w-z)^k$$

Wir treffen auf die *Legendrepolynome* P_k. Ausgeschrieben liest sich die Ausgabe von Maple wie folgt:

$$p_k = \binom{2k}{k} P_k \!\left(\frac{p_{OW}^2 + p_{NS}^2}{p_{OW}^2 - p_{NS}^2} \right) (p_{OW}^2 - p_{NS}^2)^k.$$

Natürlich ist die Verwendung dieses Ausdrucks an Stelle von (6.14) rechentechnisch ohne jeden Vorteil. Wir sind ja bereits bei der optimalen Komplexität $O(K)$ zur Berechnung der Wahrscheinlichkeiten $p_0, \ldots, p_{K-1}$ angelangt.

Die Legendrepolynome sind jedoch von Nutzen, um genaue asymptotische Formeln für die p_k herzuleiten und weiter unten schließlich eine geschlossene Formel für den Erwartungswert E aufzustellen. Wir erinnern uns an unsere Beobachtung, dass sich bei Verdopplung von K die Anzahl der korrekten Ziffern bei E_K in etwa verdoppelte; die Konvergenz ist ungefähr exponentiell. Tatsächlich können wir nun beweisen, dass dies der Fall ist.

Lemma 6.1. (a) *Für* $\sigma = 2(p_{OW} + p_{NS})$ *gilt* $\sigma \leqslant 1$. *Gleichheit besteht genau dann, wenn*

$$p_O = p_W, \qquad p_N = p_S, \qquad p_O + p_W + p_N + p_S = 1.$$

---

ist. Nun ist (p_k) genau dann dominant, wenn der Grenzwert durch die *größere* Wurzel $\lambda_1 = \sigma^2$ gegeben ist. Dass dies der Fall ist, ist die Aussage des Teils (b) von Lemma 6.1.

(b) *Für $p_{OW} \cdot p_{NS} \neq 0$ gilt die asymptotische Formel*

$$p_k \simeq \frac{\sigma^{2k+1}}{4\pi k \sqrt{p_{OW}\, p_{NS}}}, \quad \textit{anderenfalls} \quad p_k \simeq \frac{\sigma^{2k}}{\sqrt{\pi k}}.$$

(c) *Die Irrfahrt ist rekurrent ($p = 1$) genau dann, wenn $\sigma = 1$ gilt.*

Beweis. (a) Aus der Ungleichung zwischen arithmetischem und geometrischem Mittel erhalten wir

$$\sigma = 2p_{OW} + 2p_{NS} \leqslant (p_O + p_W) + (p_N + p_S) \leqslant 1.$$

Da Gleichheit für das arithmetische und geometrische Mittel zweier Größen nur dann vorliegt, wenn diese Größen gleich sind, wird der Fall $\sigma = 1$ wie angegeben charakterisiert.

(b) Es sei $p_{OW} \cdot p_{NS} \neq 0$. Die Laplace–Heine'sche asymptotische Formel für die Legendrepolynome [Sze75, Thm. 8.21.1] liefert nach kurzer Rechnung

$$P_k\!\left(\frac{p_{OW}^2 + p_{NS}^2}{p_{OW}^2 - p_{NS}^2}\right) (p_{OW}^2 - p_{NS}^2)^k \simeq \frac{(p_{OW} + p_{NS})^{2k+1}}{2\sqrt{\pi k}\,\sqrt{p_{OW}\, p_{NS}}}.$$

Multiplikation mit der Stirling'schen Formel $\binom{2k}{k} \simeq 4^k/\sqrt{\pi k}$ beweist die Behauptung.

Auf der anderen Seite können wir für $p_{OW} \cdot p_{NS} = 0$ ohne Beschränkung der Allgemeinheit annehmen, dass $p_{OW} = 0$. Aus (6.12) erhalten wir mit erneuter Verwendung der Stirling'schen Formel

$$p_k = \binom{2k}{k} p_{NS}^{2k} \simeq \frac{4^k p_{NS}^{2k}}{\sqrt{\pi k}} = \frac{\sigma^{2k}}{\sqrt{\pi k}}.$$

(c) Nach dem Cauchy'schen Quotientenkriterium [Kno47, S. 119] für die Konvergenz unendlicher Reihen mit positiven Termen beweist die asymptotische Formel aus (b), dass $E = \sum_{k=0}^{\infty} p_k < \infty$ für $\sigma < 1$. Auf der anderen Seite folgt für $\sigma = 1$ aus dem Vergleichskriterium [Kno47, S. 113], dass die Reihe $\sum_{k=0}^{\infty} p_k$ die Divergenz der Reihe $\sum_{k=1}^{\infty} 1/k$ bzw. der Reihe $\sum_{k=1}^{\infty} 1/\sqrt{k}$ erbt.

Zusammenfassend halten wir fest, dass die Reihe genau dann konvergiert und die Irrfahrt damit transient ist, wenn $\sigma < 1$ gilt. Nach (a) ist die Rekurrenz daher äquivalent zu $\sigma = 1$. $\qquad\square$

Für die spezielle Abweichung von Problem 6 haben wir $\sigma = (1 + \sqrt{1 - 16\epsilon^2})/2$. Die Irrfahrt ist hier genau dann rekurrent, wenn sie symmetrisch ist ($\epsilon = 0$). Damit haben wir, wie zu Beginn des Kapitels versprochen, die Rekurrenz der symmetrischen zweidimensionalen Irrfahrt bewiesen, Pólyas Klassiker [Pól21] aus dem Jahre 1921.

Die Legendrepolynome erweisen sich auch als nützlich, wenn wir *direkt*
auf den Erwartungswert

$$E = \sum_{k=0}^{\infty} p_k = \sum_{k=0}^{\infty} \binom{2k}{k} P_k\left(\frac{p_{\mathrm{OW}}^2 + p_{\mathrm{NS}}^2}{p_{\mathrm{OW}}^2 - p_{\mathrm{NS}}^2}\right) (p_{\mathrm{OW}}^2 - p_{\mathrm{NS}}^2)^k$$

abzielen. An diesem Punkt besteht nämlich einige Hoffnung, einen geschlossenen Ausdruck für E in speziellen Funktionen zu finden, was sich
rechentechnisch als vorteilhaft erweisen könnte. So enthalten beispielsweise die meisten Formelsammlungen, so auch [EMOT53, Vol. 2, §10.10] und
[AS84, Tab. 22.9], die erzeugenden Funktionen

$$\sum_{k=0}^{\infty} P_k(x)\, z^k = \frac{1}{\sqrt{1 - 2xz + z^2}}, \qquad \sum_{k=0}^{\infty} \frac{1}{k!} P_k(x)\, z^k = e^{xz} J_0(z\sqrt{1 - x^2}) \quad (6.15)$$

mit der Besselfunktion J_0 erster Art und nullter Ordnung. Herbert Wilf hat
uns einen systematischen Weg mitgeteilt, um solche Ausdrücke herzuleiten: Man setzt einfach das erste Laplace'sche Integral (vgl. [WW96, §15.23]
oder [Rai60, Kap. 10, §97])

$$P_k(x) = \frac{1}{\pi} \int_0^{\pi} (x + \sqrt{x^2 - 1}\cos\theta)^k \, d\theta, \quad x \in \mathbb{C},$$

für die Legendrepolynome in die betrachtete Reihe ein und vertauscht
die Reihenfolge von Summation und Integration. Falls die Potenzreihe
$\sum_{k=0}^{\infty} a_k z^k$ eine bekannte Funktion $f(z)$ darstellt, gelangt man zu

$$\sum_{k=0}^{\infty} a_k P_k(x) z^k = \frac{1}{\pi} \int_0^{\pi} \sum_{k=0}^{\infty} a_k (x + \sqrt{x^2 - 1}\cos\theta)^k z^k \, d\theta$$

$$= \frac{1}{\pi} \int_0^{\pi} f\left((x + \sqrt{x^2 - 1}\cos\theta)z\right) d\theta.$$

Diese Integraldarstellung kann sich als vorteilhaft erweisen, da mehr Methoden zur geschlossenen Auswertung von Integralen bekannt sind als zur
Auswertung von Summen. Wir überlassen die eigentlichen Rechnungen einem Computeralgebrasystem wie etwa Mathematica und beschränken uns
darauf, der symbolischen Integration nur durch Einschränkung der erlaubten Werte von p_{OW} und p_{NS} zu assistieren:

$$0 \leqslant p_{\mathrm{OW}} \leqslant p_{\mathrm{NS}}, \quad \sigma = 2(p_{\mathrm{OW}} + p_{\mathrm{NS}}) < 1.$$

Wegen der Symmetrien des Problems stellt die erste Ungleichung keine
Einschränkung dar. Aus Lemma 6.1 wissen wir, dass die zweite Ungleichung äquivalent ist zu $E < \infty$.

Eine Sitzung mit Mathematica

```
LegendreKernel[x_, k_] := 1/π (x + √(x² - 1) Cos[θ])^k ;


Integrate[

  Sum[Binomial[2k, k] LegendreKernel[(p_EW² + p_NS²)/(p_EW² - p_NS²), k] (p_EW² - p_NS²)^k,

  {k, 0, ∞}], {θ, 0, π}, Assumptions → {0 ≤ p_EW ≤ p_NS, 2 (p_EW + p_NS) < 1}]
```

$$\frac{2 \, \text{EllipticK}\left[-\dfrac{16\, p_{EW}\, p_{NS}}{-1+4\,(p_{EW}-p_{NS})^2}\right]}{\pi\sqrt{1-4\,(p_{EW}-p_{NS})^2}}\,.$$

Der Leser sei gewarnt, dass Mathematica das vollständige elliptische Integral erster Art

$$K(k) = \int_0^1 \frac{dt}{\sqrt{1-t^2}\,\sqrt{1-k^2 t^2}},$$

nicht als Funktion des Moduls k auffasst, sondern als Funktion des Parameters $m = k^2$. Zusammenfassend sind wir zum geschlossenen Ausdruck

$$E = \frac{2}{\pi\sqrt{1-4(p_{OW}-p_{NS})^2}}\, K\left(\frac{4\sqrt{p_{OW}\,p_{NS}}}{\sqrt{1-4(p_{OW}-p_{NS})^2}}\right) \tag{6.16}$$

gelangt, ein Resultat, das bereits in den frühen 1960er Jahren von Henze [Hen61, Formel (3.3)] und Barnett [Bar63, Formel (43)] unabhängig voneinander entdeckt wurde.[9] Der Vorteil des Auftritts von K liegt darin, dass diese transzendente Funktion ungeheuer schnell [BB87, Alg. 1.2(a)] mit Hilfe des Gauß'schen *arithmetisch-geometrischen Mittels* $M(a,b)$ berechnet werden kann:

$$K\left(\sqrt{1-k^2}\right) = \frac{\pi}{2\,M(1,k)}. \tag{6.17}$$

Der Leser findet mehr über M in §6.5.1. Aus (6.17) schließen wir auf die letzte Formel dieses Abschnitts,

---

[9] Eine von Barnetts Motivationen war die Charakterisierung *rekurrenter* asymmetrischer Irrfahrten, also des Falls $E = \infty$. Aus (6.16) konnte er schließen, dass genau dann $E = \infty$ ist, wenn das Argument von K gleich 1 ist,

$$\frac{4\sqrt{p_{OW}\,p_{NS}}}{\sqrt{1-4(p_{OW}-p_{NS})^2}} = \frac{4\sqrt{p_{OW}\,p_{NS}}}{\sqrt{1-\sigma^2+16p_{OW}\,p_{NS}}} = 1.$$

Das ist in voller Übereinstimmung mit Lemma 6.1 genau dann der Fall, wenn $\sigma = 1$ ist.

$$E = 1/M\left(\sqrt{1 - 4(p_{\mathrm{OW}} + p_{\mathrm{NS}})^2},\ \sqrt{1 - 4(p_{\mathrm{OW}} - p_{\mathrm{NS}})^2}\right), \qquad (6.18)$$

die wir jetzt zur erneuten Lösung des Problems 6 verwenden wollen.

Eine Sitzung mit Mathematica

```
ExpectedVisits[ε_] :=
    1/ArithmeticGeometricMean[√(1 - 4 (p_EW + p_NS)²), √(1 - 4 (p_EW - p_NS)²)] /.

    {p_EW → √((1/4 + ε) (1/4 - ε)), p_NS → 1/4}

{Precision == #,
    ε_* ==
        (ε/.FindRoot[ExpectedVisits[ε] == 2, {ε, 0.06, 0.07},
            WorkingPrecision → #, AccuracyGoal → #])}&/@
    {13, MachinePrecision, 19, 22, 25}//TableForm


Precision == 13                 ε_* == 0.06191395447402
Precision == MachinePrecision   ε_* == 0.06191395447399095
Precision == 19                 ε_* == 0.06191395447399094287
Precision == 22                 ε_* == 0.06191395447399094284820
Precision == 25                 ε_* == 0.06191395447399094284817519
```

Alle Ziffern bis auf die jeweils letzten beiden sind korrekt. Das Programm ist so schnell, dass wir in einer Arithmetik von 10 010 Ziffern weniger als eine Sekunde benötigen, um zu 10 000 korrekten Ziffern zu gelangen.

6.5.1 Mittels Intervallarithmetik

Das arithmetisch-geometrische Mittel $M(a, b)$ zweier nichtnegativer Zahlen a und b ist als der gemeinsame Grenzwert der beiden quadratisch konvergenten Folgen definiert, die durch sukzessive Bildung des geometrischen und arithmetischen Mittels entstehen:

$$M(a, b) = \lim_{n \to \infty} a_n = \lim_{n \to \infty} b_n;$$

$$a_0 = a,\ b_0 = b,\ a_{n+1} = \sqrt{a_n b_n},\ b_{n+1} = \frac{a_n + b_n}{2}.$$

Es erfüllt etliche Monotonieeigenschaften, die es für intervallarithmetische Rechnungen besonders attraktiv machen. Zunächst überprüft man für $0 \leqslant a_* \leqslant a \leqslant a^*,\ 0 \leqslant b_* \leqslant b \leqslant b^*$ leicht, dass

$$M(a_*, b_*) \leqslant M(a, b) \leqslant M(a^*, b^*).$$

Es folgt, dass für Intervalle

$$M([a,b],[c,d]) = [M(a,c),M(b,d)], \qquad 0 \leqslant a \leqslant b,\ 0 \leqslant c \leqslant d,$$

gilt. Schließlich ist die angegebene Iterationsvorschrift stets einschließend [BB87, §1.1]:

$$a_n \leqslant a_{n+1} \leqslant M(a,b) \leqslant b_{n+1} \leqslant b_n, \qquad n \geqslant 1.$$

Benutzen wir daher Abrundung bei der Berechnung von a_n und Aufrundung bei der von b_n, so werden wir auf eine zwar naheliegende, aber scharfe und rigorose Implementierung in einem Paket zur Intervallarithmetik wie Intlab geführt. Der Leser findet die Intlab-Funktion AGM im Anhang C.4.3.

Für Problem 6 kann eine geeignete intervallarithmetische Nullstellensuche auf der Intervallversion des Bisektionsverfahrens aufgebaut werden. Die Intlab-Prozedur IntervalBisection des Anhangs C.4.3 wurde im wesentlichen analog zum intervallbasierten Minimierungsalgorithmus aus §4.3 programmiert.

Eine Sitzung mit Matlab/Intlab

```
>> E=inline('1/AGM(sqrt(1-4*(pEW+pNS)^2),sqrt(1-4*(pEW-pNS)^2))',...
>>        'pEW','pNS');
>> f=inline('E(sqrt((0.25+epsilon)*(0.25-epsilon)),0.25)-2',...
>>        'epsilon','E');
>> epsilon=IntervalBisection(f,infsup(0.06,0.07),1e-15,E)

intval epsilon = [6.191395447399049e-002, 6.191395447399144e-002]
```

Der Lauf nutzt nur doppelt-genaue IEEE-Arithmetik, benötigt weniger als vier Sekunden und *beweist* die Korrektheit der ersten 13 Ziffern:

$$\epsilon_* \doteq 0.061913\,95447\,399.$$

Für höhere Genauigkeiten verwenden wir Mathematica. Hier steht dem Nutzer keine Direktive für gerichtete Rundung zur Verfügung und eine rigorose Implementierung des arithmetisch-geometrischen Mittels muss Intervallarithmetik für die Iterationsvorschrift selbst benutzen. Das so entstehende Programm ist in IEEE-Arithmetik etwas weniger effizient und scharf als die Implementierung in Intlab. Der Leser findet die „überladene"[10] Funktion ArithmeticGeometricMean und das Programm IntervalBisection im Anhang C.5.3.

---

[10] Auf diese Weise können wir die Funktion ExpectedVisits von S. 169 für Intervalle als Argument wiederverwenden.

Wie wir in §4.5 erklärt haben, besteht keine Notwendigkeit, die intervallarithmetische Methode von Beginn an zu verwenden. Stattdessen starten wir mit unserer Lieblingsmethode, um eine Approximation von ϵ_* zu erhalten, die voraussichtlich auf die verlangte Anzahl von Ziffern genau ist. Nachdem wir diese Approximation zu einem kleinen Intervall aufgeblasen haben, wenden wir die Intervallversion des Bisektionsverfahrens an und erhalten eine validierte Einschließung der Lösung.

Eine Sitzung mit Mathematica (Fortsetzung von S. 169)[11]

```
prec = 10010;
eTry = e/.FindRoot[ExpectedVisits[e] - 2, {e, 0.06, 0.07},
     WorkingPrecision → prec, AccuracyGoal → prec];
eInterval = IntervalBisection[ExpectedVisits[#] - 2&, eTry + {-1, 1}10^-prec+5,
     10^-prec];


DigitsAgreeCount[eInterval]
10006
```

Diese Technik, zunächst zu approximieren und dann zu validieren, liefert und *beweist* die Korrektheit von 10 006 Ziffern in weniger als einer Sekunde.

6.6 Mittels Fourieranalysis

In diesem Abschnitt folgen wir einem anderen Zugang zur Berechnung von E. Anstatt nur die erwartete Anzahl von Aufenthalten im Ausgangspunkt zu berücksichtigen, betrachten wir diesen Erwartungswert für *alle* Stellen auf einmal. In Verallgemeinerung von (6.7) führen wir die erwartete Anzahl $E(x,y)$ von Aufenthalten im Gitterpunkt (x,y) ein:

$$E(x,y) = \sum_{k=0}^{\infty} P_k(x,y), \qquad E = E(0,0).$$

Summieren wir nun die partielle Differenzengleichung (6.8) über alle k, so werden wir auf eine partielle Differenzengleichung für $E(\cdot,\cdot)$ geführt:

$$E(x,y) = P_0(x,y) + p_O\, E(x-1,y) + p_W\, E(x+1,y)$$
$$+ p_N\, E(x,y-1) + p_S\, E(x,y+1).$$

Aufgrund der Anfangswerte (6.9), die wir mit dem Kronecker'schen δ als $P_0(x,y) = \delta_{x,0}\delta_{y,0}$ schreiben, erhalten wir ohne jeden weiteren Bezug zu Wahrscheinlichkeiten

---

[11] Der Befehl `DigitsAgreeCount` findet sich im Anhang C.5.1.

$$E(x,y) = \delta_{x,0}\delta_{y,0} + p_{\mathrm{O}}\, E(x-1,y) + p_{\mathrm{W}}\, E(x+1,y)$$
$$+ p_{\mathrm{N}}\, E(x,y-1) + p_{\mathrm{S}}\, E(x,y+1). \qquad (6.19)$$

In Analogie zu partiellen Differentialgleichungen wird die Lösung dieser Differenzengleichung die zur Irrfahrt gehörige *Green'sche Funktion* des Gitters genannt [Hug95, S. 132].

Bezüglich der Existenz und Eindeutigkeit der Green'schen Funktion des Gitters stoßen wir für unsterbliche Irrfahrer (d.h. für $p_{\mathrm{sterb}} = 1 - p_{\mathrm{O}} - p_{\mathrm{W}} - p_{\mathrm{N}} - p_{\mathrm{S}} = 0$) auf technische Schwierigkeiten mit der Konvergenz. Um diese zu vermeiden, wollen wir vorläufig $p_{\mathrm{sterb}} > 0$ voraussetzen. Sobald wir problemlos zum Grenzwert $p_{\mathrm{sterb}} \to 0$ übergehen können, werden wir diese Voraussetzung fallen lassen. Aus Stetigkeitsgründen werden die so erhaltenen Formeln dann auch für $p_{\mathrm{sterb}} = 0$ gelten.

Ein bequemer Weg zur Lösung der linearen partiellen Differenzengleichung (6.19) besteht im Gebrauch der Fourierreihe

$$\hat{E}(\phi,\theta) = \sum_{(x,y)\in\mathbb{Z}^2} E(x,y)e^{ix\phi}e^{iy\theta}. \qquad (6.20)$$

Multiplizieren wir (6.19) mit $e^{ix\phi}e^{iy\theta}$ und summieren wir über alle ganzzahligen Werte von x und y, so erhalten wir

$$\hat{E}(\phi,\theta) = 1 + \underbrace{\left(p_{\mathrm{O}}e^{i\phi} + p_{\mathrm{W}}e^{-i\phi} + p_{\mathrm{N}}e^{i\theta} + p_{\mathrm{S}}e^{-i\theta}\right)}_{=\lambda(\phi,\theta)} \hat{E}(\phi,\theta),$$

wobei $\lambda(\phi,\theta)$ als *Strukturfunktion* oder als *Symbol* der Irrfahrt bezeichnet wird [Hug95, Formel (3.116)]. Diese Gleichung kann unmittelbar nach $\hat{E}$ aufgelöst werden:

$$\hat{E}(\phi,\theta) = \frac{1}{1-\lambda(\phi,\theta)} = \frac{1}{1 - p_{\mathrm{O}}e^{i\phi} - p_{\mathrm{W}}e^{-i\phi} - p_{\mathrm{N}}e^{i\theta} - p_{\mathrm{S}}e^{-i\theta}}.$$

Bisher war unsere Argumentation rein formal. Mit unserer vorläufigen Voraussetzung $p_{\mathrm{sterb}} > 0$ erkennen wir aber, dass

$$\sum_{(x,y)\in\mathbb{Z}^2} |E(x,y)| = \sum_{(x,y)\in\mathbb{Z}^2} E(x,y) = \hat{E}(0,0) = p_{\mathrm{sterb}}^{-1} < \infty.$$

Die Fourierreihe (6.20) konvergiert daher absolut und die Koeffizienten $E(x,y)$ bilden nachweislich die Lösung der Differenzengleichung.

Der uns interessierende Wert $E = E(0,0)$ ergibt sich mittels Fouriertransformation:

$$E = \frac{1}{4\pi^2} \int_{-\pi}^{\pi} \int_{-\pi}^{\pi} \frac{d\phi\, d\theta}{1 - p_{\mathrm{O}}e^{i\phi} - p_{\mathrm{W}}e^{-i\phi} - p_{\mathrm{N}}e^{i\theta} - p_{\mathrm{S}}e^{-i\theta}}. \qquad (6.21)$$

Eine numerische Quadratur dieses Doppelintegrals gestaltet sich weniger verwickelt, wenn wir den Gebrauch komplexer Zahlen vermeiden. Hierzu verwenden wir einen Trick, den wir im folgenden Lemma festhalten.

Lemma 6.2. *Es sei $f(z)$ eine in der Kreisfläche $|z| < R$ analytische Funktion. Falls $a, b > 0$ mit $a + b < R$, so ist das Integral*

$$I(a,b) = \frac{1}{2\pi} \int_{-\pi}^{\pi} f(ae^{ix} + be^{-ix})\, dx$$

wohldefiniert. Darüberhinaus gilt die folgende Transformation:

$$I(a,b) = I(\sqrt{ab}, \sqrt{ab}) = \frac{1}{2\pi} \int_{-\pi}^{\pi} f(2\sqrt{ab}\cos x)\, dx.$$

Beweis. Wir bemerken, dass $|ae^{ix} + be^{-ix}| \leqslant a + b < R$ für $x \in [-\pi, \pi]$ und dass $2\sqrt{ab} \leqslant a + b < R$. Es bezeichne C den positiv orientierten Einheitskreis. Wir haben

$$I(a,b) = \frac{1}{2\pi i} \int_{C} f(az + b/z)\, \frac{dz}{z}.$$

Die Substitution $z = \sqrt{b/a} \cdot w$ und der Cauchy'sche Integralsatz zeigen, dass

$$I(a,b) = \frac{1}{2\pi i} \int_{\sqrt{a/b}\, C} f(\sqrt{ab}\, w + \sqrt{ab}/w)\, \frac{dw}{w}$$
$$= \frac{1}{2\pi i} \int_{C} f(\sqrt{ab}\, w + \sqrt{ab}/w)\, \frac{dw}{w} = I(\sqrt{ab}, \sqrt{ab}).$$

Mit der Beobachtung, dass $\sqrt{ab}\, e^{ix} + \sqrt{ab}\, e^{-ix} = 2\sqrt{ab}\cos x$, endet der Beweis. $\qquad\square$

Wenden wir dieses Lemma zweimal auf (6.21) an, was wegen unserer vorläufigen Voraussetzung $p_{\text{sterb}} > 0$ möglich ist, so erhalten wir unter Verwendung der Symmetrien des Kosinus, dass

$$E = \frac{1}{4\pi^2} \int_{-\pi}^{\pi} \int_{-\pi}^{\pi} \frac{d\phi\, d\theta}{1 - 2p_{\text{OW}}\cos\phi - 2p_{\text{NS}}\cos\theta}$$
$$= \frac{1}{\pi^2} \int_{0}^{\pi} \int_{0}^{\pi} \frac{d\phi\, d\theta}{1 - 2p_{\text{OW}}\cos\phi - 2p_{\text{NS}}\cos\theta}. \tag{6.22}$$

Da nun

$$|2p_{\text{OW}}\cos\phi + 2p_{\text{NS}}\cos\theta| \leqslant 2p_{\text{OW}} + 2p_{\text{NS}} = \sigma$$

gilt, ist der Integralausdruck (6.22) wohldefiniert, solange nur $\sigma < 1$ gilt.

Wir wollen daher von jetzt an die vorläufige Voraussetzung $p_{\mathrm{sterb}} > 0$ fallen lassen und sie durch die Transienzbedingung $\sigma < 1$ ersetzen; vgl. Lemma 6.1. Wie wir bereits im Anschluss an dieses Lemma bemerkt haben, gilt für die speziellen Übergangswahrscheinlichkeiten des Problems 6 genau dann $\sigma < 1$, wenn die Abweichung $0 < \epsilon \leqslant 1/4$ erfüllt.

Mittels adaptiver Quadratur kann der Ausdruck (6.22) sofort zur Lösung von Problem 6 herangezogen werden, also zur Lösung der Gleichung $E|_{\epsilon=\epsilon_*} = 2$ nach ϵ_*.

Eine Sitzung mit Matlab

```
>> g=inline(...
    '1./(1-2*sqrt((1/4+ep)*(1/4-ep))*cos(phi)-cos(theta)/2)/pi^2',...
    'phi','theta','ep');
>> f=inline('dblquad(g,0,pi,0,pi,1e-13,@quadl,ep)-2','ep','g');
>> epsilon=fzero(f,[0.06,0.07],optimset('TolX',1e-16),g)

epsilon = 6.191395447399090e-002
```

Die Parameter wurden dabei so gewählt, dass das Programm wenigstens 13 korrekte Ziffern liefert. Tatsächlich sind sogar 15 Ziffern des Ergebnisses korrekt. Die Laufzeit beträgt etwa 8 Minuten.

Ein Vergleich der beiden Ausdrücke (6.16) und (6.22) für E führt uns auf die Gleichung

$$\frac{1}{\pi^2} \int_0^\pi \int_0^\pi \frac{d\phi\, d\theta}{1 - a\cos\phi - b\cos\theta} = \frac{2}{\pi\sqrt{1 - (a-b)^2}} K\left(\frac{2\sqrt{ab}}{\sqrt{1 - (a-b)^2}}\right),$$
$$\tag{6.23}$$

wenn wir $a \geqslant 0$, $b \geqslant 0$ und $a + b < 1$ voraussetzen. Angesichts des Erfolgs symbolischen Rechnens bisher in diesem Kapitel dürfen wir amüsiert feststellen, dass gegenwärtig weder Mathematica noch Maple in der Lage sind, diese Formel abzuliefern. Wir können es uns daher nicht verkneifen, dem Leser zu zeigen, wie man sie direkt per Hand (gemeint ist mit dem Kopf) herleitet. Aus der unmittelbaren Gegebenheit [PBM86, Formel (1.5.9.15)]

$$\frac{1}{\pi} \int_0^\pi \frac{d\theta}{c + d\cos\theta} = \frac{1}{\sqrt{c^2 - d^2}}, \qquad c > |d|,$$

die natürlich auch kein Problem für irgendeines der Computeralgebrasysteme darstellt, schließen wir auf

$$\frac{1}{\pi^2} \int_0^\pi \int_0^\pi \frac{d\phi\, d\theta}{1 - a\cos\phi - b\cos\theta} = \frac{1}{\pi} \int_0^\pi \frac{d\phi}{\sqrt{(1 - a\cos\phi)^2 - b^2}}$$
$$= \frac{1}{\pi} \int_{-1}^1 \frac{ds}{\sqrt{(1 - s^2)((1 - as)^2 - b^2)}} = \int_{-1}^1 \frac{ds}{\sqrt{\text{quartisches Polynom in } s}}.$$

Wir erkennen, dass es sich beim letzten Ausdruck um ein elliptisches Integral erster Art handelt. Es lässt sich durch die Substitution

$$t = \sqrt{\frac{(1+b-a)(1+s)}{2(1+b-as)}}$$

(vgl. [BF71, Formel (252.00)]) auf kanonische Form bringen, was uns schließlich zum gewünschten Resultat führt:

$$\frac{1}{\pi} \int_{-1}^{1} \frac{ds}{\sqrt{(1-s^2)((1-as)^2 - b^2)}}$$

$$= \frac{2}{\pi\sqrt{1-(a-b)^2}} \int_0^1 \frac{dt}{\sqrt{1-t^2}\sqrt{1 - \frac{4ab}{1-(a-b)^2}\,t^2}}$$

$$= \frac{2}{\pi\sqrt{1-(a-b)^2}} \, K\left(\frac{2\sqrt{ab}}{\sqrt{1-(a-b)^2}}\right).$$

6.7 Schwierigere Probleme

Für zweidimensionale Irrfahrten auf quadratischen Gittern kann E durch das arithmetisch-geometrische Mittel (6.18) ausgedrückt werden. Also ist keine Frage zu Rückkehrwahrscheinlichkeiten vorstellbar, welche eine größere rechentechnische Schwierigkeit böte als Problem 6. Dies ändert sich schlagartig, wenn wir andere Gitter betrachten, sagen wir dreieckige zweidimensionale, kubische dreidimensionale oder hyperkubische d-dimensionale.

Kubische Gitter

Für kubische Gitter lassen sich die Techniken aus §6.2–§6.4 und §6.6 immer noch anwenden, auch wenn der rechentechnische Aufwand beträchtlich anwachsen wird. Wir überlassen es jedoch dem Leser als Herausforderung, für die allgemeine asymmetrische Irrfahrt auf einem kubischen Gitter so schöne geschlossene Formeln in speziellen Funktionen wie in §6.5 herzuleiten, wenn es sie denn überhaupt gibt.

Um die dabei auftretenden Schwierigkeiten zu verdeutlichen, wollen wir eine Übersicht darüber geben, was über Irrfahrten auf dem einfachen kubischen Gitter bekannt ist. Im symmetrischen Fall, wenn die Übergangswahrscheinlichkeiten zu den nächsten Nachbarn alle gleich 1/6 sind, verallgemeinert sich das Integral (6.22) unmittelbar zum Dreifachintegral

$$E = \frac{1}{\pi^3} \int_0^\pi \int_0^\pi \int_0^\pi \frac{d\phi_1\, d\phi_2\, d\phi_3}{1 - (\cos\phi_1 + \cos\phi_2 + \cos\phi_3)/3}.$$

Watson bewies 1939 in einem berüchtigten Kraftakt [Wat39] das Ergebnis[12]

$$E = \frac{12}{\pi^2}(18 + 12\sqrt{2} - 10\sqrt{3} - 7\sqrt{6})\,K^2(k_6), \qquad k_6 = (2 - \sqrt{3})(\sqrt{3} - \sqrt{2}).$$

Im Jahre 1977 gaben Glasser und Zucker [GZ77] die Formel[13]

$$E = \frac{\sqrt{6}}{32\pi^3}\,\Gamma\!\left(\frac{1}{24}\right)\Gamma\!\left(\frac{5}{24}\right)\Gamma\!\left(\frac{7}{24}\right)\Gamma\!\left(\frac{11}{24}\right)$$

an, die sich mittels [BZ92, Tab. 3(vii)] zu

$$E = \frac{\sqrt{3} - 1}{32\pi^3}\,\Gamma^2\!\left(\frac{1}{24}\right)\Gamma^2\!\left(\frac{11}{24}\right)$$

vereinfacht.

Die beiden Formeln mit der Gammafunktion mögen eleganter und elementarer aussehen als die von Watson. Vom rechentechnischen Standpunkt ist letztere aber immer noch die Beste. Um beispielsweise 1000 Ziffern zu berechnen, benötigen die Formeln mit der Gammafunktion eine Laufzeit von etwa 16 Sekunden, während es die Watson'sche in weniger als einer Zehntelsekunde schafft. Das liegt an den Kosten der Berechnung der Gammafunktion auf hohe Genauigkeit (siehe §5.7). Tatsächlich haben Borwein und Zucker 1992 vorgeschlagen, im Gegenzug solche Beziehungen zwischen der Gammafunktion und dem vollständigen elliptischen Integral erster Art für die schnelle Auswertung der Gammafunktion in speziellen rationalen Argumenten zu verwenden; vgl. [BZ92].

Im allgemeinen asymmetrischen Fall wollen wir – über die zweidimensionalen Übergangswahrscheinlichkeiten p_O, p_W, p_N und p_S hinaus – die Wahrscheinlichkeiten eines Übergangs in der dritten Dimension nach oben (hoch) und unten (tief) mit p_H bzw. p_T bezeichnen. In Analogie zu p_{OW} und p_{NS} verwenden wir die Abkürzung $p_{HT} = \sqrt{p_H p_T}$. Die Formel (6.22) verallgemeinert sich nun mühelos zu:

$$E = \frac{1}{\pi^3}\int_0^\pi\int_0^\pi\int_0^\pi \frac{d\phi_1\,d\phi_2\,d\phi_3}{1 - 2p_{OW}\cos\phi_1 - 2p_{NS}\cos\phi_2 - 2p_{HT}\cos\phi_3}.$$

---

[12] Wir beobachten insbesondere, dass $E < \infty$. Anders als in einer oder zwei Dimensionen ist die symmetrische Irrfahrt in drei Dimensionen daher transient ($p < 1$), ein klassisches Ergebnis, das Pólya bereits 1921 [Pól21] bekannt war. Watson wertete seinen Ausdruck numerisch zu $E/3 \doteq 0.5054620197$ aus (vgl. [Wat39, S. 267]), was die Rückkehrwahrscheinlichkeit $p = 1 - 1/E \doteq 0.3405373295$ liefert – ein Wert, der auf die angegebenen 10 Ziffern genau ist.

[13] Glasser teilte Hughes [Hug95, S. 614] mit, dass „der Ausdruck in diesem Artikel durch die versehentliche Auslassung eines Faktors 384π bei der Abschrift verunstaltet wurde."

Mit (6.23) erhalten wir die Formel[14]

$$E = \frac{2}{\pi^2} \int_0^\pi \frac{K(k)\,d\phi}{\sqrt{(1 - 2p_{\mathrm{HT}}\cos\phi)^2 - 4(p_{\mathrm{OW}} - p_{\mathrm{NS}})^2}},$$

$$k = \frac{4\sqrt{p_{\mathrm{OW}}\,p_{\mathrm{NS}}}}{\sqrt{(1 - 2p_{\mathrm{HT}}\cos\phi)^2 - 4(p_{\mathrm{OW}} - p_{\mathrm{NS}})^2}},$$

die sich unmittelbar zur numerischen Auswertung eignet. Ihre symbolische Auswertung ist jedoch noch immer ein offenes Problem. Der Spezialfall $p_{\mathrm{OW}} = p_{\mathrm{NS}}$ wurde kürzlich in einem weiteren Kraftakt von Delves und Joyce [DJo1] gelöst und später in Zusammenarbeit mit Zucker [JDZo3] vereinfacht. Ihr Ergebnis [DJo1, Formel (5.13)] bzw. [JDZo3, Formel (4.26)] ergibt sich in unserer Notation zu

$$E|_{p_{\mathrm{OW}}=p_{\mathrm{NS}}} = \frac{8\,K(k_+)\,K(k_-)}{\pi^2\left(\sqrt{1 - 4(p_{\mathrm{HT}} - 2p_{\mathrm{OW}})^2} + \sqrt{1 - 4(p_{\mathrm{HT}} + 2p_{\mathrm{OW}})^2}\right)}$$

mit den Moduln

$$k_\pm^2 = \frac{1}{2}\left(1 - \frac{\sqrt{(1 - 2p_{\mathrm{HT}})^2 - 16p_{\mathrm{OW}}^2} + \sqrt{(1 + 2p_{\mathrm{HT}})^2 - 16p_{\mathrm{OW}}^2}}{\left(\sqrt{1 - 4(p_{\mathrm{HT}} - 2p_{\mathrm{OW}})^2} + \sqrt{1 - 4(p_{\mathrm{HT}} + 2p_{\mathrm{OW}})^2}\right)^3}\right.$$

$$\left. \cdot\left(\sqrt{1 - 4p_{\mathrm{HT}}^2}\left(\sqrt{(1 - 4p_{\mathrm{OW}})^2 - 4p_{\mathrm{HT}}^2} + \sqrt{(1 + 4p_{\mathrm{OW}})^2 - 4p_{\mathrm{HT}}^2}\right)^2 \pm 64p_{\mathrm{OW}}^2\right)\right).$$

Welch ein Triumph von Leuten, die sich ganz einem Problem verschrieben haben: Denn für solche Probleme sind die gegenwärtigen Computeralgebrasysteme noch immer von sehr geringem Nutzen.

Hyperkubische Gitter

Die Erweiterung auf höhere Dimension erfordert weiteres Nachdenken. Keine der bislang vorgestellten Methoden lässt sich unmittelbar zu einer wirklich effizienten numerischen Methode zur Berechnung von E für Dimensionen $d \gg 3$ verallgemeinern. Wir können jedoch die Ergebnisse aus §6.6 geeignet transformieren, um asymmetrische Irrfahrten auf dem *hyperkubischen Gitter* in d Dimensionen zu behandeln, also Irrfahrten auf dem ganzzahligen Gitter $\mathbb{Z}^d$.

Wir bezeichnen die Übergangswahrscheinlichkeiten für einen Schritt vor oder zurück in der j-ten Dimension mit p_j^+ bzw. p_j^-, und ihr geometrisches Mittel mit

---

[14] Auf dieses und das nächste Resultat wurden wir von John Boersma aufmerksam gemacht, der sie seinerseits von John Zucker gelernt hat.

$$p_j^* = \sqrt{p_j^+ p_j^-}.$$

Genau wie in Lemma 6.1 können wir beweisen, dass $0 \leqslant \sigma = 2(p_1^* + \cdots + p_d^*) \leqslant 1$. Formel (6.22) verallgemeinert sich unmittelbar zu

$$E = \frac{1}{\pi^d} \int_0^\pi \cdots \int_0^\pi \frac{d\phi_1 \ldots d\phi_d}{1 - 2p_1^* \cos \phi_1 - \cdots - 2p_d^* \cos \phi_d}. \tag{6.24}$$

In höheren Dimensionen ist die numerische Auswertung dieses Mehrfachintegrals unvertretbar teuer. Es gibt nun aber einen hübschen Trick (siehe [Mon56, §2]), um das d-dimensionale Integral auf ein einfaches Integral von Produkten modifizierter Besselfunktionen zu transformieren: Wir setzen in (6.24) das Integral

$$\frac{1}{1 - 2p_1^* \cos \phi_1 - \cdots - 2p_d^* \cos \phi_d} = \int_0^\infty e^{-t(1 - 2p_1^* \cos \phi_1 - \cdots - 2p_d^* \cos \phi_d)} dt$$

ein, vertauschen die Integrationsreihenfolge, verwenden die Darstellung [Olv74, S. 82]

$$I_0(x) = \frac{1}{\pi} \int_0^\pi e^{x \cos \phi} d\phi$$

der modifizierten Besselfunktion I_0 erster Art und nullter Ordnung und schließen auf[15]

$$E = \int_0^\infty e^{-t} I_0(2p_1^* t) \cdots I_0(2p_d^* t) dt. \tag{6.25}$$

Da $I_0(x)$ für $x \to \infty$ wie

$$I_0(x) \sim \frac{e^x}{\sqrt{2\pi x}}$$

wächst (siehe [Olv74, S. 83]), fällt der Integrand in (6.25) für $t \to \infty$ wie $O(e^{-(1-\sigma)t} t^{-d/2})$ ab. Insbesondere sehen wir für $d \geqslant 3$, dass $E < \infty$;[16] die asymmetrische Irrfahrt ist also in Dimensionen größer als zwei grundsätzlich *transient*.

Die effiziente numerische Auswertung des Integrals (6.25) kann mit einer doppelt-exponentiellen Quadraturformel (siehe §3.6.1 und §9.4) erfolgen. Wegen des exponentiellen Wachstums von $I_0(x)$ müssen wir jedoch etwas Vorsicht walten lassen, um Überlauf zu vermeiden. Wir empfehlen, die Berechnung unter Verwendung der skalierten Funktionen $\tilde{I}_0(x) = e^{-x} I_0(x)$, $x \geqslant 0$, mit dem Ausdruck

$$E = \int_0^\infty e^{-(1-\sigma)t} \tilde{I}_0(2p_1^* t) \cdots \tilde{I}_0(2p_d^* t) dt$$

---

[15] Dies verallgemeinert das von Montroll 1956 für den Spezialfall $p_j^+ = p_j^-$ ($j = 1, \ldots, d$) angegebene Resultat [Mon56, Formel (2.11)].

[16] Und für $d \leqslant 2$ in Übereinstimmung mit Lemma 6.1 genau dann, wenn $\sigma < 1$.

Tabelle 6.1. *Rückkehrwahrscheinlichkeit p für das d-dimensionale hyperkubische Gitter.*

d	p	d	p	d	p
3	0.340537329550999	10	0.056197535974268	17	0.031352140397027
4	0.193201673224984	11	0.050455159821331	18	0.029496289133281
5	0.135178609820655	12	0.045789120900621	19	0.027848522338807
6	0.104715495628822	13	0.041919897078975	20	0.026375598694496
7	0.085844934113379	14	0.038657877090674	30	0.017257643569441
8	0.072912649959384	15	0.035869623125357	40	0.012827098305686
9	0.063447749652725	16	0.033458364465789	100	0.005050897571251

vorzunehmen. In Matlab kann die skalierte Funktion $\tilde{I}_0(x)$ mit dem eingebauten Befehl `BesselI(0,x,1)` ausgewertet werden. Die Mathematica-Implementierung `BesselITilde[x]` findet sich auf der Webseite dieses Buchs. Sie basiert auf einer asymptotischen Entwicklung von $I_0(x)$ mit strenger Fehlerabschätzung [Olv74, S. 269]: Für $x > 0$ gilt

$$I_0(x) = \frac{e^x}{\sqrt{2\pi x}}\left(\sum_{k=0}^{n-1} \frac{(2k-1)!!^2}{k!(8x)^k} + R_n \right)$$

$$\text{mit dem Restglied} \quad |R_n| \leqslant 2e^{\pi/8x}\frac{\Gamma^2(n+1/2)}{\Gamma^2((n+1)/2)(4x)^n}.$$

Wir nutzen diesen Zugang, um Problem 6 ein letztes Mal zu lösen.

Eine Sitzung mit Mathematica

```
ExpectedVisits[ε_Real] := (pE = 1/4 + ε; pW = 1/4 - ε;

    pN = pS = 1/4; pEW = √(pE pW); pNS = √(pN pS); σ = 2 (pEW + pNS);

    NIntegrate[Exp[-(1 - σ) t] BesselITilde[2 pEW t] BesselITilde[2 pNS t],

        {t, 0, ∞}, PrecisionGoal → 15, Method → DoubleExponential]);

FindRoot[ExpectedVisits[ε] == 2, {ε, 0.06, 0.07}, AccuracyGoal → 15]

{ε → 0.06191395447399097}
```

Der Lauf benötigt in IEEE-Arithmetik etwa eine Sekunde und liefert 15 korrekte Ziffern.

Schließlich wollen wir den Zugang auf höherdimensionale Probleme anwenden und für verschiedene Dimensionen d die Rückkehrwahrscheinlichkeit $p = 1 - 1/E$ der *symmetrischen* Irrfahrt berechnen, also für die speziellen Übergangswahrscheinlichkeiten $p_j^* = 1/2d, j = 1,\ldots,d$.

Eine Sitzung mit Mathematica (erzeugt Tabelle 6.1)

```
ReturnProbability[d_Integer] :=
  1 - 1 / NIntegrate[BesselITilde[t / d]^d, {t, 0, ∞}, WorkingPrecision → 20,
     PrecisionGoal → 17, Method → DoubleExponential]
{#, NumberForm[ReturnProbability[#], {15, 15}]} & /@
   Join[Range[3, 20], {30, 40, 100}] // TableForm
```

Die Daten in Tabelle 6.1 wurden zuvor von Griffin [Gri90, Tab. 4] berechnet (jedoch mit Abweichungen in der letzten Ziffer für $d = 11$ und $d = 12$). Er benutzte eine Dimensionsrekursion, welche die kombinatorische Methode aus §6.4.1 verallgemeinert, und beschleunigte die Konvergenz mit der Δ^2-Methode von Aitken .

Zu groß, als dass einfach;
zu klein, als dass schwierig

Folkmar Bornemann

> *Mein mathematischer Sinn wurde zu einer Zeit geformt, als die häufigsten Adjektive eines mathematischen Gesprächs „tief" und „trivial" waren. Erstklassige Mathematik war tief, der ganze Rest trivial.*
>
> Freeman Dyson (1996)

> *Wenn ich die Existenz einer Zahl behaupte, aber ihren Wert nicht berechnen kann, dann habe ich das Problem nicht zu Ende geführt. Es gibt keine tiefen Theoreme – nur Theoreme, die wir nicht wirklich gut verstehen. Das ist der konstruktive Anreiz.*
>
> Nicholas Goodman (1983)

Problem 7

Es sei A die $20\,000 \times 20\,000$ Matrix, deren Elemente sämtlich Null sind bis auf die Primzahlen $2, 3, 5, 7, \ldots, 224737$ in der Hauptdiagonalen und die Elemente $a_{ij} = 1$ für $|i - j| = 1, 2, 4, 8, \ldots, 16384$. Welchen Wert hat das $(1, 1)$-Element von A^{-1}?

Die Dimension des Problems ist *zu klein*, als dass seine Lösung in doppeltgenauer IEEE-Arithmetik mit der heute zur Verfügung stehenden Soft- und Hardware wirklich schwierig wäre: Wir lösen es in §7.2 durch rohe Gewalt mit einem einzigen Matlab-Befehl. In §7.3 entwickeln wir einen effizienten iterativen Löser und können damit die Dimension problemlos um den Faktor 100 auf $2\,000\,000$ erhöhen.

Die Dimension des Problems ist jedoch *zu groß*, als dass wir naiv darauf vertrauen könnten, dass die kostbaren Ziffern, die wir gerade so einfach berechnet haben, nicht von Rundungsfehlern kompromittiert worden seien. In §7.4 diskutieren wir zwei Methoden, nämlich aposteriorische Rundungsfehleranalyse und Intervallarithmetik, die jede für sich unser Vertrauen in diese Ziffern wiederherstellen werden.

Schließlich ist die Dimension des Problems *genau richtig*, um die völlig unerwartete Berechnung der exakten Lösung gerade noch zu ermöglichen. Wir benutzen in §7.5 eine erstaunliche, weitgehend *numerische* Methode von Zhendong Wan, um diese Lösung auf einem handelsüblichen PC in einer halben Stunde zu berechnen: in Form eines Bruchs zweier natürlicher Zahlen mit je 97 389 Ziffern.

7.1 Auf den ersten Blick: ein lineares Gleichungssystem

Wie berechnet man für eine gegebene Matrix A das $(1,1)$-Element von A^{-1}? Wie man in jeder Einführung in die numerische Mathematik (siehe z.B. [DH02, S. 3]) lernt, ist die Berechnung – und Verwendung – der inversen Matrix selten eine gute Idee: Zu langsam und es besteht die Gefahr numerischer Instabilität. Es ist besser, das Problem in ein lineares Gleichungssystem umzuformen. Wir bemerken, dass die erste Spalte x der inversen Matrix

$$A^{-1} = \begin{pmatrix} x_1 & * & \cdots & * \\ \vdots & \vdots & \ddots & \vdots \\ x_n & * & \cdots & * \end{pmatrix}$$

folgendem linearen Gleichungssystem genügt:

$$A\,x = b, \qquad b = (1,0,0,\ldots,0)^T. \tag{7.1}$$

Problem 7 verlangt nach dem ersten Element von x, nämlich x_1.

Die Erzeugung der dünnbesetzten Matrix A

Indem wir die Dimension als einen Parameter behandeln, können wir das Problem in natürlicher Weise in eine Familie ähnlicher Probleme einbetten. Dieser Standpunkt, das Problem nicht als Einzelfall anzusehen, wird uns helfen, ein besseres Gespür für die inhärenten Schwierigkeiten und die Komplexität der Aufgabe zu entwickeln und aus kleineren Beispielen für größere zu lernen. Wir bezeichnen die Dimension mit n und betrachten die Matrix $A_n \in \mathbb{R}^{n \times n}$, die entlang der Diagonalen durch

$$(A_n)_{ii} = p_i \qquad \text{mit der } i\text{-ten Primzahl } p_i, \tag{7.2}$$

definiert ist, während sie außerhalb der Diagonalen

$$(A_n)_{ij} = 1, \qquad \text{falls } |i - j| \text{ eine Zweierpotenz ist,}$$

erfüllt und die restlichen Elemente alle Null sind.

Dies ist eine hochgradig dünnbesetzte Matrix mit $O(n \log n)$ von Null verschiedenen Elementen. Für $n = 20\,000$ sind nur $554\,466$ der $n^2 = 4 \cdot 10^8$

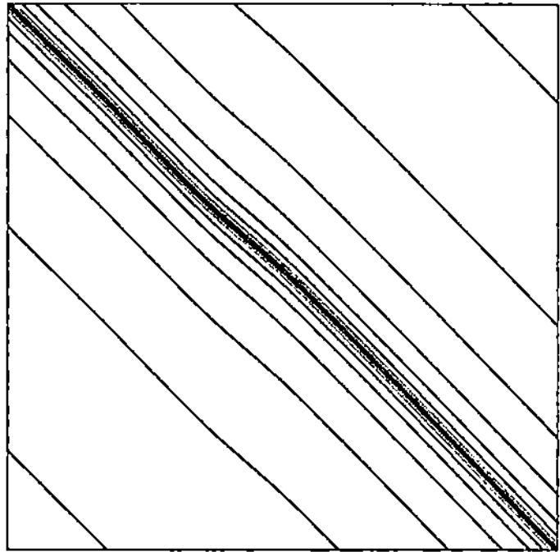

Abb. 7.1. *Besetzungsstruktur von A_{20000}.*

Elemente besetzt, also etwa 0.14%; siehe Abb. 7.1. Für $n = 2\,000\,000$ liegt das Verhältnis bei 0.002%.

Matlab und Mathematica[1] können beide mit allgemeinen dünnbesetzten Matrizen umgehen; sie bieten Speicherschemata und Befehle, um dünnbesetzte Matrizen zu erzeugen und um auf ihnen zu operieren. Das folgende kurze Programm erzeugt A_{20000} und die rechte Seite b in Matlab.

Eine Sitzung mit Matlab

```
n = 20000; p_n = 224737; b = sparse(n,1); b(1) = 1;
A = spdiags(primes(p_n)',0,n,n); e = ones(n,2);
for k = 2.^(0:floor(log2(n))), A = A + spdiags(e,[-k k],n,n); end
```

Und hier das Gleiche in Mathematica:

Eine Sitzung in Mathematica

```
n = 20000; b = Table[0, {n}]; b[[1]] = 1;
A = SparseArray[{{i_, i_} -> Prime[i]}, n] + (# + Transpose[#]) &@
    SparseArray[
      Flatten@Table[{i, i + 2^j} -> 1, {i, n - 1}, {j, 0, Log[2., n - i]}], n];
```

Tabelle 7.1 führt auf, wieviel Rechenzeit[2] zur Erzeugung von A_n für verschiedene n mit dem Matlab-Programm benötigt wird. Zusätzlich findet sich der von den Matrizen A_n belegte Speicherplatz. Für das Mathematica-Programm sind die Laufzeiten annähernd gleich, während der Speicherbedarf etwas niedriger ausfällt, da Mathematica die Elemente als ganze Zahlen und nicht als doppelt-genaue Maschinenzahlen speichert.

---

[1] Version 5.0 und höher.

[2] Die angegebenen Laufzeiten beziehen sich auf eine Sun UltraSPARC-III+ mit 900 MHz.

Tabelle 7.1. *Laufzeit und Speicherbedarf zur Erzeugung von A_n (Matlab).*

Dimension n	Laufzeit	Speicherplatz
2 000	0.2 s	0.48 MB
20 000	2.7 s	6.4 MB
200 000	45 s	79 MB
2 000 000	720 s	944 MB

7.2 Direkte Lösung

Seien wir mutig und versuchen, das lineare Gleichungssystem mit einem direkten Löser für dünnbesetzte Systeme [GL81, Kap. 5] wie etwa demjenigen von Matlab zu lösen. Der folgende Lauf benötigt 6 Stunden und 11 Minuten.

Eine Sitzung mit Matlab (Fortsetzung von S. 183)

```
>> x = A\b;
>> x1 = x(1)


x1 = 7.2507834626840106-001
```

Wir wollen den Vorhang etwas lüften und uns die Details ansehen. Da die Matrix symmetrisch mit einer positiven Diagonalen ist, wagt Matlab die Mutmaßung, dass die Matrix sogar *positiv definit* ist. Aufgrund dessen versucht Matlab, die Lösung mit der Cholesky-Zerlegung von A_n zu berechnen:

$$A_n = LL^T, \qquad L \text{ untere Dreiecksmatrix mit positiver Diagonale.}$$

Diese Zerlegung gelingt dann und nur dann, wenn die betrachtete symmetrische Matrix auch tatsächlich (numerisch) positiv definit ist. Da sie oben gelang, muss insbesondere also unsere Matrix A_{20000} positiv definit sein.

Während der Berechnung von L werden etliche Stellen besetzt, in denen die Elemente von A selbst Null sind. Das Ausmaß dieses *Fill-In* hängt kritisch von der Nummerierung (Ordnung) der Unbekannten des linearen Gleichungssystems ab, siehe [GL81, S. 115]. Als Voreinstellung verwendet Matlab die *Minimalgrad-Ordnung* [GL81, §5.3], welche darauf abzielt, den Fill-In zu minimieren. Voll ausgeschrieben führt die Matlab-Zeile x = A\b folgendes Programm aus ($R = L^T$):

```
x = zeros(size(b));
perm = symmmd(A);                    % Minimalgrad-Ordnung
R = chol(A(perm,perm));
x(perm,:) = R\(R'\b(perm,:));
```

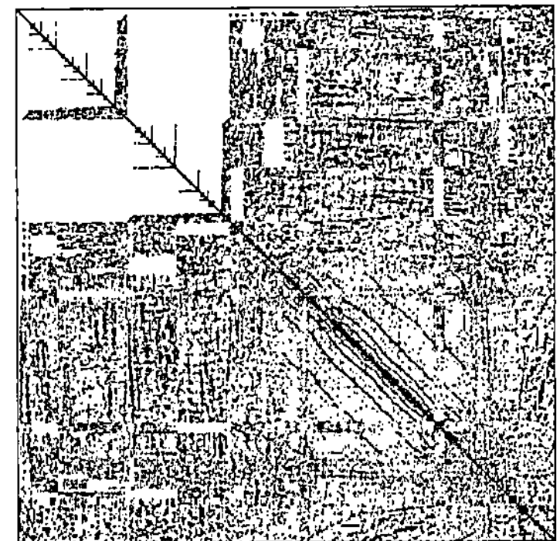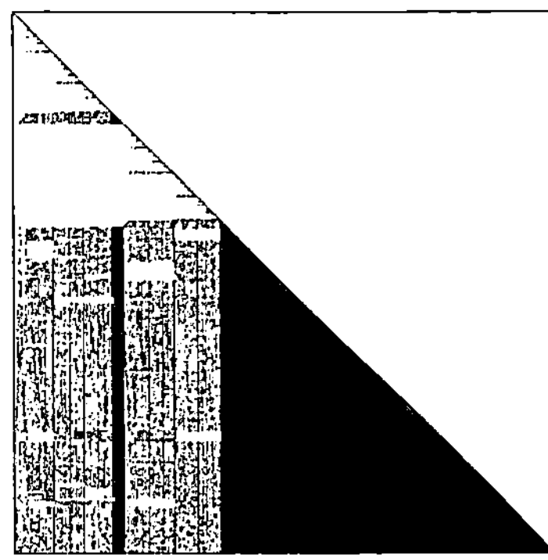

Abb. 7.2. *Minimalgrad-Ordnung: Besetzungsstruktur der umgeordneten Matrix A_{5000} (links) und ihres Cholesky-Faktors L (rechts).*

Das untere Dreieck von L ist zu 41.26% gefüllt (siehe Abb. 7.2) und belegt einen Speicherplatz von 944 MB. Dieser Speicherplatzbedarf skaliert wie $O(n^2)$, die Laufzeit zur Berechnung von L sogar wie $O(n^3)$. Offensichtlich verhindert dieses Skalierungsverhalten entsprechende Rechnungen für wesentlich größere Dimensionen, etwa $n = 200\,000$.

Eine alternative Ordnung der Unbekannten besteht in der *umgekehrten Cuthill–McKee-Ordnung* [GL81, §4.3.1], welche darauf abzielt, statt des Fill-In die Bandbreite der dünnbesetzten Matrix zu minimieren. Diese Ordnung benötigt in Fällen wie unserem, in denen der Umfang des Fill-In bereits für die Minimalgrad-Ordnung relativ groß ist, vergleichsweise wenig mehr Speicher für den L-Faktor. Da Matlab jetzt aber auf einen Bandlöser umschalten kann [GL81, Kap. 4], reduziert sich die Laufzeit beträchtlich:

Eine Sitzung mit Matlab (Fortsetzung von S. 183)

```
>> x = zeros(n,1);
>> perm = symrcm(A);            % umgekehrte Cuthill--McKee-Ordnung
>> R = chol(A(perm,perm));
>> x(perm) = R\(R'\b(perm));
>> x1 = x(1)

x1 = 7.250783462684012e-001
```

Das untere Dreieck von L ist jetzt zu 50.46% gefüllt (siehe Abb. 7.3) und belegt einen Speicherplatz von 1.13 GB. Die Laufzeit verringert sich jedoch um etwa 1 Stunde auf 5 Stunden und 18 Minuten.

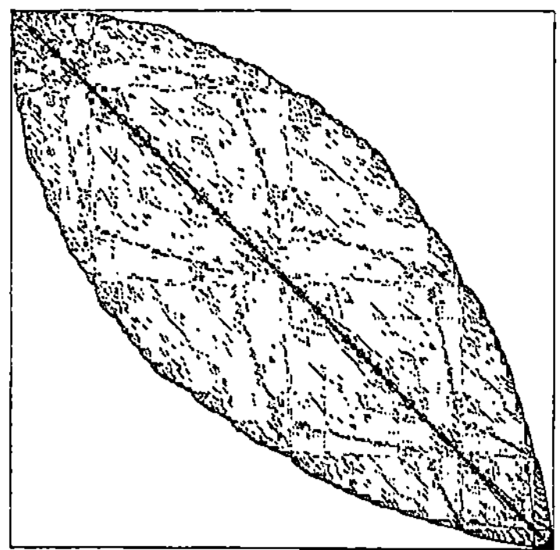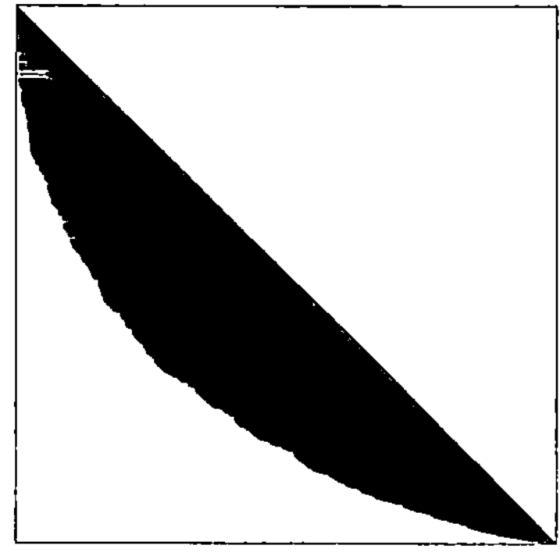

Abb. 7.3. *Umgekehrte Cuthill–McKee-Ordnung: Besetzungsstruktur der umgeordneten Matrix A_{5000} (links) und ihres Cholesky-Faktors L (rechts).*

7.2.1 Beurteilung I: Apriorische Rundungsfehleranalyse

Rundungsfehler sind für das von einem direkten Löser berechnete Resultat die einzige Quelle von Ungenauigkeiten. Also fragen wir uns: Wieviele Ziffern von x_1 können in der Sitzung auf S. 184 auf diese Weise verfälscht worden sein?

Die Cholesky-Zerlegung „erfreut sich vollkommener normweiser numerischer Stabilität" [Hig96, S. 206], der resultierende Fehler ist also in seiner Größenordnung vergleichbar mit dem Effekt, den die Umwandlung der Daten in Maschinenzahlen in der Lösung verursacht. Kein Grund zur Sorge, könnte man denken. Wir sollten uns die Sache trotzdem etwas genauer ansehen.

Wir bezeichnen mit $\hat{x}$ den tatsächlich auf der Maschine berechneten Lösungsvektor. Die numerische Stabilität des Cholesky-Verfahrens liefert die folgende apriorische Abschätzung (siehe [Hig96, S. 142]):

$$|x_1 - \hat{x}_1| \leqslant \|x - \hat{x}\| \leqslant c_n \kappa(A_n)\|x\| \cdot u + O(u^2). \qquad (7.3)$$

Dabei bezeichnet $\|\cdot\|$ die euklidische Norm, u die Maschinengenauigkeit[3], $\kappa(A_n)$ die spektrale Konditionszahl von A_n und c_n eine Konstante, die nur von der Dimension n abhängt. Es kann folgende Abschätzung bewiesen werden (siehe [Hig96, Formel (10.7)]):

$$c_n \leqslant 4n(3n + 1).$$

Um diese Abschätzungen benutzen zu können, brauchen wir eine Vorstellung von der Größe der Konditionszahl $\kappa(A_n) = \lambda_{\max}(A_n)/\lambda_{\min}(A_n)$, d.h. des Verhältnisses aus größtem und kleinstem Eigenwert der symmetrisch

---

[3] Für doppelt-genaue IEEE-Arithmetik ist $u = 2^{-53} \doteq 1.11 \cdot 10^{-16}$.

positiv definiten Matrix A_n. Da die Diagonale von A_n wenigstens zum unteren Ende hin dominant ist, liefert das Verhältnis aus größtem und kleinstem Wert der Diagonale einen vernünftigen Hinweis auf die Konditionszahl:[4]

$$\kappa(A_n) \approx p_n/2, \qquad \text{also} \quad \kappa(A_{20000}) \approx 10^5. \tag{7.4}$$

Setzen wir für die Dimension $n = 20\,000$ alle diese Werte in (7.3) ein, so erhalten wir

$$|x_1 - \hat{x}_1| \lessapprox 0.04.$$

Diese Argumentation garantiert daher noch nicht einmal die Korrektheit der ersten Ziffer von $\hat{x}_1$. Es gibt zwei Gründe für diese pessimistische Schranke: Erstens die relativ hohe Konditionszahl des linearen Gleichungssystems, die uns in der Tat Sorgen bereiten sollte, und zweitens die hohe Dimension des Problems, die zu einer sehr schlechten Konstante c_n führt. Die Erfahrung mit solchen apriorischen Schranken der Rundungsfehleranalyse lehrt uns, dass dimensionsabhängige Konstanten wie c_n häufig viel zu pessimistisch sind [Hig96, §§2.6/3.2]. Wenn wir grundlos optimistisch wären und von $c_n \approx 1$ ausgingen, so resultierte die apriorische Schranke in

$$|x_1 - \hat{x}_1| \lessapprox 8 \cdot 10^{-12}.$$

Das würde uns zwar die Korrektheit der ersten 10 Ziffern garantieren, aber alle diese Überlegungen nagen an unserem Vertrauen in diesen Zugang. Wir ziehen daraus die Lehre, dass – während die apriorische Rundungsfehleranalyse ein wesentliches Mittel für ein tiefergehendes qualitatives Verständnis der schlimmstenfalls von Rundungsfehlern verursachten Effekte ist – sie von geringem praktischen Nutzen ist, soweit es scharfe quantitative Schranken für einen konkreten Einzelfall angeht [Hig96, §3.2].

Später, nach der Diskussion sehr viel effizienterer Löser, werden wir sehen, dass tatsächlich 15 Ziffern des vom direkten Löser abgelieferten Resultats korrekt sind. Hierzu werden wir uns feinerer Methoden zur Beurteilung der Genauigkeit bedienen, wie etwa hochgenauer Arithmetik (§7.3.2), aposteriorische Fehlerabschätzungen (§7.4.1) oder Intervallarithmetik (§7.4.2).

7.2.2 Warum nicht Extrapolation?

Da Extrapolation in den meisten Kapiteln des Buchs so gut funktioniert, könnte sich der Leser fragen, ob sich nicht die Resultate kleinerer Dimensionen zur Lösung des Problems extrapolieren ließen. Abbildung 7.4 zeigt die Anzahl der Ziffern, auf welche die Lösungen für A_n mit der von A_{2000} bzw. A_{20000} übereinstimmen.

---

[4] Ein Vergleich mit Tabelle 7.2 zeigt, dass diese grobe Approximation den Wert von $\kappa(A_n)$ nur innerhalb eines Faktors 2 unterschätzt.

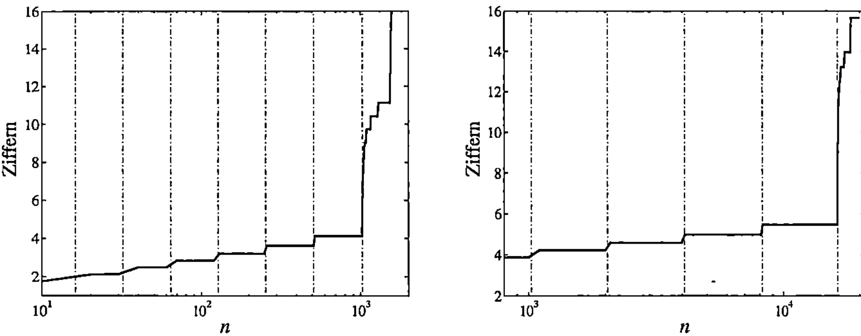

Abb. 7.4. *Approximation von x_1 durch Probleme niedrigerer Dimension. Die Graphen zeigen die Anzahl der Ziffern, auf welche die Lösungen für A_n mit der von A_{2000} (links) bzw. A_{20000} (rechts) übereinstimmen. Die gestrichelten Linien markieren Zweierpotenzen.*

Wir beobachten, dass, wenn n eine Zweierpotenz passiert, die Qualität der Approximation sprungartig steigt. Das liegt daran, dass für diese n eine neue Nebendiagonale beim Aufbau von A_n hinzukommt. Die Größe des Sprungs scheint recht vorhersagbar zu sein, bis auf den Letzten: Plötzlich springt die Genauigkeit nicht nur um den Bruchteil einer Ziffer, sondern um mehr als 6 Ziffern auf einmal. Umgekehrt bedeutet dieses besondere Verhalten, dass jede Extrapolation, die sich nur auf jene Dimensionen stützt, die kleiner als die zur letzten Sub- bzw. Superdiagonalen gehörigen Zweierpotenz sind, nicht mehr als 6 Ziffern des eigentlichen Resultats vorhersagen kann. Für den speziellen Fall $n = 20\,000$ startet die letzte Nebendiagonale bei $2^{14} = 16\,384$. Mit einem Wachstum der Laufzeit von der Ordnung $O(n^3)$ könnten wir daher unseren Aufwand bestenfalls um einen Faktor $(20000/16384)^3 \approx 1.8$ reduzieren.

7.3 Iterative Lösung

Der enorme Speicherplatzbedarf und die hohe Laufzeit der Cholesky-Zerlegung in §7.2 führen uns direkt zur Frage, wie sich iterative Löser bei Problem 7 machen.

Wir bemerken gleich zu Beginn, dass durch die Verwendung eines iterativen Lösers das explizite Speichern der Matrix in geeigneten dünnbesetzten Formaten nicht länger notwendig ist. So ist es beispielsweise ein Charakteristikum von *Krylovraum-Verfahren*[5], dass sie die Matrix A_n nur

---

[5] Der von einer Matrix A und einem Vektor b erzeugte k-te Krylovraum ist der durch sukzessive Anwendung des *Operators* A auf b, also durch die Vektoren $b, Ab, A^2b, \dots, A^{k-1}b$ aufgespannte lineare Teilraum.

über eine Blackbox zur Auswertung des Matrix-Vektor-Produkts $x \mapsto A_n x$ ansprechen. Diese Abbildung kann durch zwei geschachtelte for-Schleifen realisiert werden – bei einem optimalen Speicherplatzbedarf der Ordnung $O(n)$ zur Speicherung der Primzahlen $2, 3, \ldots, p_n$ in einem Vektor, die wir mit diagonal bezeichnen. Wir zeigen als Beispiel eine Matlab-Funktion, die das Matrix-Vektor-Produkt implementiert (ein Mathematica-Programm findet sich im Anhang C.5.2):

```
function y = ATimes(x,diagonal)
  % realizes: y=A*x; initialize by: diagonal = primes(p_n)'
  y = diagonal.*x; n=length(x);
  for k=1:n-1, for j=2.^(0:floor(log2(n-k))), y(k)=y(k)+x(k+j); end, end
  for k=2:n  , for j=2.^(0:floor(log2(k-1))), y(k)=y(k)+x(k-j); end, end
return
```

Aus Effizienzgründen empfehlen wir jedoch die explizite Verwendung der Matrix A_n, solange genügend Speicherplatz zur Verfügung steht. Auf diese Weise profitiert man von der hochoptimierten Vektorisierung (mittels BLAS-Routinen), welche für das explizite Matrix-Vektor-Produkt von Matlab oder Mathematica genutzt wird.

7.3.1 CG-Verfahren

Für Problem 7 ist die iterative Methode der Wahl das klassische Verfahren der *konjugierten Gradienten* (CG-Verfahren) von Hestenes und Stiefel aus dem Jahre 1952; siehe [DH02, Alg. 8.16] oder [TB97, Alg. 38.1]. Dieses Krylovraum-Verfahren ist maßgeschneidert für die Lösung linearer Gleichungssysteme mit symmetrisch positiv definiten Matrizen. Es finden sich zwar in der Literatur viele verschiedene Herleitungen des Verfahrens, aber sie laufen am Ende stets auf den gleichen einfachen Algorithmus hinaus:

Algorithmus 7.1 (CG-Verfahren).

$p^{(1)} = r^{(0)} = b;$

for $k = 1$ **to** $k_{\max}$ **do**

$\qquad \alpha_k = \langle r^{(k-1)}, r^{(k-1)} \rangle / \langle Ap^{(k)}, p^{(k)} \rangle;$

$\qquad x^{(k)} = x^{(k-1)} + \alpha_k p^{(k)};$

$\qquad r^{(k)} = r^{(k-1)} - \alpha_k Ap^{(k)};$

$\qquad$ **if** Abbruchkriterium erfüllt **then exit**;

$\qquad \beta_{k+1} = \langle r^{(k)}, r^{(k)} \rangle / \langle r^{(k-1)}, r^{(k-1)} \rangle;$

$\qquad p^{(k+1)} = r^{(k)} + \beta_{k+1} p^{(k)};$

end for

Hier bezeichnet $\langle x, y \rangle = x^T y$ das euklidische Skalarprodukt. Jeder Durchlauf der for-Schleife beinhaltet ein Matrix-Vektor-Produkt, nämlich $Ap^{(k)}$ (das zwar im Algorithmus zweimal auftaucht, aber natürlich nur einmal berechnet werden muss). In exakter Arithmetik ist der Vektor $r^{(k)}$ gerade das Residuum

$$r^{(k)} = b - Ax^{(k)}.$$

Für einen funktionierenden Algorithmus müssen wir jetzt noch den fehlenden Teil angeben, das Abbruchkriterium. Eine vernünftige Wahl stützt sich auf etwas Theorie und einige grobe Abschätzungen.

Ein Abbruchkriterium

Die Konvergenzeigenschaften des CG-Verfahrens werden vom Spektrum von A bestimmt. So kann folgende Fehlerabschätzung bewiesen werden [DH02, Kor. 8.18]:

$$\|x^{(k)} - x\|_A \leqslant \epsilon \, \|x\|_A, \qquad \text{falls } k \geqslant \left\lceil \frac{\sqrt{\kappa(A)}}{2} \log(2/\epsilon) \right\rceil. \tag{7.5}$$

Dabei bezeichnet $\| \cdot \|_A$ die durch $\|x\|_A^2 = \langle Ax, x \rangle$ definierte *Energienorm* und $\kappa(A)$ die spektrale Konditionszahl von A, die wir bereits in §7.2.1 betrachtet haben, also das Verhältnis $\lambda_{\max}(A)/\lambda_{\min}(A)$ des größten zum kleinsten Eigenwert von A. Wir wollen jetzt die zuvor diskutierte, sehr grobe Abschätzung (7.4) von $\kappa(A_n)$ verbessern.

Der maximale Eigenwert wird hauptsächlich von den dominanten Elementen der Diagonalen von A_n beeinflusst. Bezeichnen wir mit $e_n = (0, 0, \ldots, 0, 1)^T$ den n-ten kanonischen Basisvektor, so erhalten wir nach [HJ85, Thm. 4.2.2/Thm. 5.6.9] tatsächlich die Abschätzung

$$p_n = \langle A_n e_n, e_n \rangle \leqslant \lambda_{\max}(A_n) \leqslant \|A_n\|_\infty = p_n + O(\log n),$$

also $\lambda_{\max}(A_n) \sim p_n$ für $n \to \infty$. Gute Abschätzungen des minimalen Eigenwerts sind leider nicht so einfach zu bekommen.[6] Tabelle 7.2 zeigt die Ergebnisse einiger Eigenwertberechnungen[7], die numerische Evidenz für die Abschätzung $\lambda_{\min}(A_n) \geqslant 1$ liefern. Wenn wir annehmen, dass diese einfache Abschätzung richtig ist, so dürfen wir auf

$$\langle x, x \rangle \leqslant \langle A_n x, x \rangle \leqslant \langle A_n^2 x, x \rangle = \langle A_n x, A_n x \rangle, \quad \text{also} \quad \|x\| \leqslant \|x\|_A \leqslant \|A_n x\|,$$

---

[6] In Lemma 7.3 werden wir mit einigem Aufwand *beweisen*, dass $1 \leqslant \lambda_{\min}(A_n) \leqslant 2$ wenigstens für die Dimensionen im Bereich $1 \leqslant n \leqslant 2^{100}$ gilt.

[7] Die Fälle $n = 20$, $n = 200$ und $n = 2000$ wurden unmittelbar mit dem Matlab-Befehl eig berechnet, der sich auf den QR-Algorithmus stützt. Im Fall $n = 20\,000$ wurde inverse Vektoriteration verwendet, wobei die iterative Methode aus §7.3.2 als linearer Gleichungslöser eingesetzt wurde.

Tabelle 7.2. *Numerische Spektraldaten von A_n.*

n	p_n	$\lambda_{\max}(A_n)$	$\lambda_{\min}(A_n)$	$\kappa(A_n)$	$\kappa(D_n^{-1}A_n)$	$\rho(I - P_n^{-1}A_n)$
20	71	$7.1512 \cdot 10^1$	1.1335	$6.3 \cdot 10^1$	4.36	—
200	1223	$1.2234 \cdot 10^3$	1.1217	$1.1 \cdot 10^3$	4.45	$1.13 \cdot 10^{-2}$
2 000	17389	$1.7390 \cdot 10^4$	1.1207	$1.6 \cdot 10^4$	4.45	$1.21 \cdot 10^{-2}$
20 000	224737	$2.2474 \cdot 10^5$	1.1205	$2.0 \cdot 10^5$	4.45	$1.21 \cdot 10^{-2}$

und damit auf folgende Abschätzung des Fehlers in der ersten Komponente schließen:

$$|x_1 - x_1^{(k)}| \leqslant \|x - x^{(k)}\| \leqslant \|x - x^{(k)}\|_A \leqslant \|r^{(k)}\|, \qquad r^{(k)} = b - A_n x^{(k)}. \tag{7.6}$$

Eine Genauigkeit von 11 korrekt gerundeten Ziffern (in exakter Arithmetik) erhalten wir daher durch die Wahl von $\epsilon = 10^{-11} < 5 \cdot 10^{-11} |x_1| / \|x\|_A$ in (7.5),[8] also für Iterationszahlen $k \geqslant 5819$. Diese apriorische Abschätzung liefert zwar die richtige Größenordnung, kann aber in der Praxis die eigentlich benötigte Anzahl deutlich überschätzen. Es empfiehlt sich daher, die Iteration abzubrechen, sobald eine einfache aposteriorische Abschätzung des Fehlers hinreichende Genauigkeit signalisiert. Wegen (7.6) wählen wir als Abbruchkriterium (wir erinnern an $\|b\| = 1$)

$$\|r^{(k)}\| / \|b\| \leqslant \texttt{tol} \tag{7.7}$$

mit $\texttt{tol} = 10^{-11}$.

Matlab besitzt mit dem Befehl pcg eine Implementierung des CG-Verfahrens, die als Voreinstellung genau das auf dem relativen Residuum basierende Abbruchkriterium (7.7) benutzt. Mathematica besitzt ebenfalls die Option, das CG-Verfahren als linearen Gleichungslöser einzusetzen, siehe S. 195.

Eine Sitzung mit Matlab (Fortsetzung von S. 183)

```
>> tol = 1e-11; kmax = 5819;
>> [x,fail,r,k] = pcg(A,b,tol,kmax);
>> if not(fail), k, x1 = x(1), err = r/x1, end

k   = 1743
x1  = 7.250783462683977e-001
err = 1.328075010788348e-011
```

---

[8] Aufgrund numerischer Experimente können wir auf $5|x_1| > \|x\|_A$ schließen.

Nach 1743 Iterationen und etwa 3 Minuten Laufzeit erhalten wir eine Lösung mit einer Fehlerabschätzung, welche die Korrektheit folgender 10 Ziffern anzeigt:

$$x_1 \doteq 0.72507\,83462.$$

Die Diskussion in §7.2.1 hat uns jedoch gelehrt, auf den eventuellen Einfluss von Rundungsfehlern zu achten. Diese könnten die Berechnung der Residuen so sehr verschmutzt haben, dass sie für eine verlässliche Fehlerschätzung unbrauchbar sind. Wir bemerken allerdings zu unserer vorläufigen Beruhigung, dass die als korrekt behaupteten 10 Ziffern (ja sogar die ersten 15 Ziffern) diejenigen der direkten Lösung aus §7.2 exakt reproduzieren. Wir haben also guten Grund zum Optimismus, was sich mit den Ergebnissen aus §7.4.1 bzw. §7.4.2 weiter bestätigen lässt.

7.3.2 Vorkonditioniertes CG-Verfahren

Nach (7.5) wächst die für eine feste Genauigkeit ϵ vom CG-Verfahren benötigte Iterationsanzahl k_ϵ schlimmstenfalls wie

$$k_\epsilon = O\left(\sqrt{\kappa(A_n)}\right) = O\left(p_n^{1/2}\right) = O\left(n^{1/2}\log^{1/2} n\right),$$

da nach dem Primzahlsatz $p_n = O(n\log n)$ gilt, vgl. [CP01, Thm. 1.1.4]. Die Komplexität der Lösung des linearen Gleichungssystems ist daher $O(n^{3/2}\log^{3/2} n)$, eine recht beträchtliche Reduktion der Komplexität $O(n^3)$ der direkten Methode. Um diese Ideen aber auf Dimensionen n anwenden zu können, die wesentlich größer als 20 000 sind, ist diese Wachstumsrate immer noch zu groß.

Eine Abhilfe besteht in der *Vorkonditionierung* [TB97, §40]: Für eine gegebene „einfache", symmetrisch positiv definite Approximation $M \approx A^{-1}$ wenden wir das CG-Verfahren auf das lineare Gleichungssystem

$$MAx = Mb \tag{7.8}$$

an. Wir bemerken, dass MA symmetrisch bezüglich des Skalarprodukts $\langle x, y\rangle_{M^{-1}} = x^T M^{-1} y$ ist. Wenn wir dieses Skalarprodukt anstelle von $\langle \cdot, \cdot\rangle$ im Algorithmus 7.1 benutzen, diesen auf das Gleichungssystem (7.8) anwenden und alle Ausdrücke unter Verwendung des euklidischen Skalarprodukts hinschreiben, so erhalten wir das *vorkonditionierte CG-Verfahren*:

Algorithmus 7.2 (Vorkonditioniertes CG-Verfahren).

$r^{(0)} = b;\quad p^{(1)} = Mr^{(0)};$

for $k = 1$ **to** $k_{\max}$ **do**

$$\alpha_k = \langle Mr^{(k-1)}, r^{(k-1)}\rangle / \langle Ap^{(k)}, p^{(k)}\rangle;$$

$$x^{(k)} = x^{(k-1)} + \alpha_k p^{(k)};$$

$$r^{(k)} = r^{(k-1)} - \alpha_k Ap^{(k)};$$

if Abbruchkriterium erfüllt **then exit;**

$$\beta_{k+1} = \langle Mr^{(k)}, r^{(k)}\rangle / \langle Mr^{(k-1)}, r^{(k-1)}\rangle;$$

$$p^{(k+1)} = Mr^{(k)} + \beta_{k+1} p^{(k)};$$

end for

Das Konvergenzverhalten wird jetzt von den Spektraleigenschaften von MA bestimmt; die Abschätzung (7.5) verallgemeinert sich zu[9]

$$\|x^{(k)} - x\|_A \leqslant \epsilon \, \|x\|_A, \qquad \text{falls } k \geqslant \left\lceil \frac{\sqrt{\kappa(MA)}}{2} \log(2/\epsilon) \right\rceil. \tag{7.9}$$

Für Probleme mit Matrizen A_n wachsender Dimension n versucht man, die Vorkonditionierung M_n so zu wählen, dass die Konditionszahl $\kappa(M_n A_n)$ deutlich langsamer wächst als $\kappa(A_n)$. Das ultimative Ziel ist eine gleichmäßige Schranke

$$\kappa(M_n A_n) = O(1)$$

für $n \to \infty$. Für die dünnbesetzten Matrizen aus Diskretisierungen von elliptischen Randwertproblemen zweiter Ordnung sind raffinierte Methoden wie die Multilevel-Vorkonditionierung entwickelt worden, um solche gleichmäßigen Schranken zu erhalten; vgl. [BY93]. Für unser Problem reicht jedoch eine der einfachsten Ideen, die *diagonale Vorkonditionierung*:

$$M_n = D_n^{-1}, \qquad D_n = \text{diag}(A_n) = \text{diag}(2,3,5,\dots,p_n).$$

Die numerischen Daten in Tabelle 7.2 zeigen, dass für große n

$$\kappa(D_n^{-1} A_n) \doteq 4.45 \tag{7.10}$$

gilt. Also reduziert sich die apriorische Schranke (7.9) für die Anzahl k der Iterationen, die genügen, um eine Genauigkeit von 10 Ziffern zu erreichen, ganz beträchtlich auf $k \geqslant 28$ – unabhängig von der Dimension n.

---

[9] In diesem Kapitel ist κ grundsätzlich als Verhältnis aus größtem und kleinstem Eigenwert definiert. Wir bemerken aber, dass für Matrizen wie MA, die bzgl. des euklidischen Skalarprodukts nicht symmetrisch sind, das so definierte κ nicht mehr die Konditionszahl bzgl. der 2-Norm ist.

Tabelle 7.3. *Ergebnisse des diagonal vorkonditionierten CG-Verfahrens,* `tol` $= 10^{-11}$.

n	# Iter.	x_1	Schätzung des rel. Fehlers	Laufzeit
20 000	14	0.72507 83462	$1.2 \cdot 10^{-12}$	1.7 s
200 000	14	0.72508 09785	$1.4 \cdot 10^{-12}$	29 s
2 000 000	14	0.72508 12561	$1.5 \cdot 10^{-12}$	360 s

Eine Sitzung mit Matlab (Fortsetzung von S. 183)

```
>> tol = 1e-11; kmax = 28;
>> D=spdiags(diag(A),0,n,n);
>> [x,fail,r,k] = pcg(A,b,tol,kmax,D);
>> if not(fail), k, x1 = x(1), err = r/x1, end

k   = 14
x1  = 7.250783462684012e-001
err = 1.218263630055319e-012
```

Nach nur 14 Iterationen gelangen wir zu einer Lösung mit einer Fehler-schätzung, die anzeigt, dass folgende 11 Ziffern korrekt sind:

$$x_1 \doteq 0.72507\,83462\,6.$$

Die Laufzeit liegt unter 2 Sekunden, eine Verbesserung um mehr als den Faktor 100 gegenüber der Variante ohne Vorkonditionierung. Der Übergang zu sehr viel höheren Dimensionen stellt nun kein Problem mehr dar, siehe die Ergebnisse in Tabelle 7.3.[10] Der Umstand, dass wir in jedem Fall nur 14 Iterationen benötigen, spiegelt schön die gleichmäßige Schranke (7.10) für die Konditionszahl wider.

Indem wir die Mantissenlänge der verwendeten Arithmetik erhöhen, können wir die erreichte Lösungsgenauigkeit zuverlässig überprüfen, ohne Probleme mit Rundungsfehlern befürchten zu müssen, denn diese betreffen nach §7.2.1 ja nur eine *feste* Anzahl von Ziffern. Da wir jetzt über einen sehr effizienten Algorithmus verfügen, wollen wir hochgenauer Arithmetik eine Chance geben. Wegen des eingebauten vorkonditionierten CG-Verfahrens für dünnbesetzte Matrizen eignet sich Mathematica[11] besonders gut für diesen Zweck:

---

[10] Die angegebene Laufzeit beinhaltet nicht die Zeit zur Erzeugung der Matrix A_n; siehe dazu Tabelle 7.1.

[11] Version 5.0 oder höher.

Eine Sitzung mit Mathematica (Fortsetzung von S. 183)

```
diagonal = Table[A[[i, i]], {i, n}]; prec = 100; b = SetPrecision[b, prec + 5];
x =
  LinearSolve[A, b,
    Method → {Krylov, Method → ConjugateGradient, Preconditioner → (#/diagonal &),
      Tolerance → 10^-prec-1}];
N[x[[1]], 100]
0.7250783462684011674686877192511609688691805944795089578781647692077731
        8999459628357359239279278647820200
```

In weniger als einer Minute erhalten wir mit 64 Iterationen 100 korrekte
Ziffern. Zwar können wir dieses Spiel ins Extrem treiben und 10 000 Ziffern
in 5.3 Tagen mit 2903 Iterationen berechnen, aber wir werden in §7.5 eine
wesentlich effizientere Methode kennenlernen, die das gleiche in weniger
als zwei Minuten bewältigt.

7.3.3 Vorkonditioniertes Richardson-Verfahren

Die Qualität der diagonalen Vorkonditionierung ist mit $\sqrt{\kappa(D_n^{-1}A_n)} \doteq 2.1$
bereits hervorragend: Die Anzahl der Iterierten lässt sich durch raffiniertere Vorkonditionierung bestenfalls noch um genau diesen Faktor reduzieren,
allerdings wird eine solche Vorkonditionierung nicht mehr zum Nulltarif
zu erhalten sein. Die entstehenden Kosten werden den Gewinn weitgehend
kompensieren; für einen Rechenzeitgewinn unterhalb eines Faktors 2 sollte
man jedoch keinen allzu großen Aufwand treiben. Für eine *einzelne* Rechnung dürfte sich eine weitere Suche nach einer besseren Vorkonditionierung daher erübrigen.

Anders sähe es aus, wenn wir das lineare Gleichungssystem für sehr
viele verschiedene rechte Seiten lösen müssten, während wir den größeren Aufwand für die Vorkonditionierung im wesentlichen nur einmal zu
treiben hätten. Genau in diese Situation geraten wir in §7.5, wenn wir unser Gleichungssystem in einem Nachiterationsprozess für insgesamt 21 569
rechte Seiten lösen müssen, um schließlich die exakte rationale Lösung von
Problem 7 rekonstruieren zu können.

Für Matrizen wachsender Dimension, für welche die kleineren Fälle
Hauptuntermatrizen der größeren sind, lassen sich exzellente Vorkondi-
tionierungen oft durch Blockpartitionierung gewinnen. Dazu schreiben wir

$$A_n = \left(\begin{array}{c|c} A_m & B \\ \hline B^T & C \end{array} \right),$$

wobei wir die Abhängigkeit der Matrizen B und C von den Dimensionen
n und m zwar mitdenken, aber nicht speziell notieren. Wir verwenden die

Vorkonditionierung $M = P_n^{-1}$ mit

$$P_n = \left(\begin{array}{c|c} A_m & \\ \hline B^T & D \end{array}\right), \qquad D = \operatorname{diag}(C).$$

Der Leser wird einwenden, dass es sich bei diesem M keinesfalls um eine symmetrisch positiv definite Matrix handelt. Dennoch funktioniert das vorkonditionierte CG-Verfahren und benötigt gegenüber der diagonalen Vorkonditionierung etwas weniger als die Hälfte der Iterationen:

Eine Sitzung mit Matlab (Fortsetzung von S. 183)

```
>> tol = 1e-11; kmax = 14; m = 129;
>> P = spdiags(diag(A),0,n,n); P(:,1:m) = A(:,1:m); M = inv(P);
>> [x,fail,r,k] = pcg(A,b,tol,kmax,@(r)M*r);
>> if not(fail), k, x1 = x(1), err = r/x1, end

k   = 5
x1  = 7.250783462688458e-001
err = 9.195625315233193e-012
```

Die tieferliegenden Gründe für das Funktionieren dieser Methode wollen wir hier nicht weiter diskutieren, da wir uns vom CG-Verfahren jetzt trennen werden. Denn ist man erst einmal bei nur einer Handvoll Iterationen angelangt, so ist ein einfacheres Iterationsverfahren meist noch schneller: das (vorkonditionierte) *Richardson-Verfahren*. Zu seiner Herleitung schreiben wir (7.8) als Fixpunktgleichung

$$x = x + M(b - Ax)$$

und wenden darauf eine Fixpunktiteration an:

$$x^{(n+1)} = x^{(n)} + M(b - Ax^{(n)}), \qquad n = 0, 1, 2, \dots .$$

Dieses Verfahren konvergiert [DH02, §8.1], falls

$$\rho = \rho(I - MA) < 1$$

gilt, wobei ρ den Spektralradius der Matrix $I - MA$ bezeichnet. Die Konvergenzrate ist asymptotisch gerade ρ.

Die mit Vektoriteration ermittelten Daten in Tabelle 7.2 zeigen, dass für die Wahl $m = 129$ und große n der Spektralradius

$$\rho_n = \rho(I - P_n^{-1} A_n) \doteq 1.21 \cdot 10^{-2}$$

erfüllt. Starten wir mit $x^{(0)} = 0$, so prognostizieren wir für ein relatives Residuum der Größe $\mathtt{tol} = 10^{-11}$ etwa

$$\left\lceil \frac{\log_{10} \mathtt{tol}}{\log_{10} \rho_n} \right\rceil = 6$$

Iterationen. Tatsächlich reicht sogar eine weniger aus:

Tabelle 7.4. *Laufzeitvergleich von CG- und Richardson-Verfahren* (`tol` $= 10^{-11}$).

n	CG mit $M = D_n^{-1}$	Berech. v. P_n^{-1}	Richardson mit $M = P_n^{-1}$
20 000	0.63 s	0.21 s	0.098 s
200 000	8.3 s	1.8 s	1.0 s

Eine Sitzung mit Matlab (Fortsetzung von S. 183)

```
>> tol = 1e-11; kmax = 14; m = 129; norm = 2;
>> P = spdiags(diag(A),0,n,n); P(:,1:m) = A(:,1:m); M = inv(P);
>> [x,fail,r,k] = pri(A,b,tol,kmax,M,norm);
>> if not(fail), k, x1 = x(1), err = r/x1, end

k   = 5
x1  = 7.250783462682958e-001
err = 1.172465019410726e-011
```

Die Matlab-Implementierung pri des vorkonditionierten Richardson-Verfahrens findet sich im Anhang C.3.2. Entgegen unseren sonstigen Gepflogenheiten berechnen wir wirklich vorab die Matrix P_n^{-1}. Ist sie erst einmal berechnet, kann das vorkonditionierte Richardson-Verfahren maximale Geschwindigkeit herausholen. Nach wie vor stimmen die ersten 10 Ziffern; das Laufzeitverhalten (diesmal für einen PC mit 2 GHz) findet sich in Tabelle 7.4. Wie erwartet liegen die Kosten zur Aufstellung von P_n^{-1} in der gleichen Größenordnung wie die Lösung eines *einzelnen* Gleichungssystems. Aber es ging ja gerade um die Vorbereitung einer Lösung für sehr viele verschiedene rechte Seiten. Dabei werden wir dann den erzielten Geschwindigkeitsgewinn voll ausspielen können.

7.4 Wieviele Ziffern sind korrekt?

Wir werden nun zwei Methoden diskutieren, welche uns die zuverlässige Beurteilung (§7.4.1) bzw. die Validierung (§7.4.2) der berechneten Lösungen *einschließlich* der Rundungsfehler erlauben. Im Gegensatz zur apriorischen Analyse (§7.2.1) sind die Resultate von hohem praktischen Nutzen.

7.4.1 Beurteilung II: Aposteriorische Rundungsfehleranalyse

Wir beginnen mit allgemeinen linearen Gleichungssystemen

$$Ax = b.$$

Für den tatsächlich berechneten Vektor $\hat{x}$ wollen wir den Fehler $\|x - \hat{x}\|$ abschätzen. Dieser Fehler beinhaltet sowohl den Approximationsfehler eines iterativen Verfahrens als auch die Rundungsfehler.

Im allgemeinen besteht der Trick einer aposteriorischen Abschätzung darin, vom Fehler zu einem geeignet skalierten Residuum zu gelangen. Der Grund liegt darin, dass rückwärtsstabile direkte Methoden wie das Cholesky-Verfahren typischerweise kleine Residuen liefern, wohingegen iterative Methoden wie das CG-Verfahren durch das Abbruchkriterium zu kleinen Residuen gezwungen werden können. Ein erster Versuch, das Residuum ins Spiel zu bekommen, besteht in der recht einfachen Abschätzung

$$\|x - \hat{x}\| = \|A^{-1} \underbrace{(b - A\hat{x})}_{=r}\| \leqslant \|A^{-1}\| \cdot \|r\|. \tag{7.11}$$

Die Submultiplikativität der Norm verursacht für eine Fehlerabschätzung oft einen zu großen Informationsverlust. Für unser Problem können wir jedoch aus den numerischen Daten in Tabelle 7.2 darauf schließen, dass[12]

$$\|A_n^{-1}\| = 1/\lambda_{\min}(A_n) \leqslant 1.$$

Generell ist die Abschätzung (7.11) recht brauchbar, wenn wir das Problem so skalieren können, dass $\|A^{-1}\| \approx 1$ gilt. Das ist beispielsweise auch in §10.3.1 der Fall.

Jetzt sieht es so aus, als wäre (7.11) bereits die perfekte Abschätzung. Tatsächlich haben wir sie so in §7.3 verwendet. Wir müssen jedoch vorsichtig sein, da die Berechnung von r ihrerseits durch Rundungsfehler beträchtlich verfälscht sein kann. In einer Arithmetik mit endlicher Genauigkeit berechnen wir nämlich statt r einen gestörten Vektor $\hat{r} = r + \Delta r$. Es kann gezeigt werden, dass die Störung Δr der Abschätzung [Hig96, Formel (7.26)][13]

$$|\Delta r| \leqslant \gamma_m(|A|\,|\hat{x}| + |b|), \qquad \gamma_m = \frac{mu}{1 - mu},$$

genügt. Dabei bezeichnet u die Maschinengenauigkeit und $m - 1$ die maximale Anzahl der von Null verschiedenen Elemente in jeder Zeile von A;

---

[12] Die Spektralnorm $\|A\|$ einer Matrix A, also die von der euklidischen Vektornorm induzierte Matrixnorm, erfüllt (vgl. [Hig96, S. 120]) $\|A\| = \sigma_{\max}(A)$ und $\|A^{-1}\| = 1/\sigma_{\min}(A)$, wobei $\sigma_{\max}(A)$ und $\sigma_{\min}(A)$ den maximalen bzw. minimalen Singulärwert von A bezeichnen. Für eine symmetrisch positiv definite Matrix A vereinfacht sich das zu $\|A\| = \lambda_{\max}(A)$ und $\|A^{-1}\| = 1/\lambda_{\min}(A)$.

[13] Da Higham allgemeine Matrizen betrachtet, gibt er das Resultat [Hig96, Formel (7.26)] mit $m = n + 1$ an. Sein Beweis zeigt jedoch, dass $m - 1$ für die Länge jener Skalarprodukte steht, die für das Matrix-Vektor-Produkt tatsächlich berechnet werden müssen. Für dünnbesetzte Matrizen ist diese Länge durch die maximale Anzahl der in jeder Zeile von Null verschiedenen Elemente beschränkt.

Tabelle 7.5. *Residuale aposteriorische Schätzung des relativen Fehlers.*

n	tol	# Iter.	Fehlerschätzer (7.11)	Fehlerschätzer (7.12)
20 000	10^{-11}	14	$1.22 \cdot 10^{-12}$	$1.25 \cdot 10^{-12}$
	10^{-15}	17	$1.22 \cdot 10^{-15}$	$3.47 \cdot 10^{-14}$
200 000	10^{-11}	14	$1.36 \cdot 10^{-12}$	$1.40 \cdot 10^{-12}$
	10^{-15}	17	$1.83 \cdot 10^{-15}$	$4.46 \cdot 10^{-14}$
2 000 000	10^{-11}	14	$1.48 \cdot 10^{-12}$	$1.53 \cdot 10^{-12}$
	10^{-15}	17	$1.53 \cdot 10^{-15}$	$5.42 \cdot 10^{-14}$

die Absolutbeträge und die Ungleichung selbst sind komponentenweise zu verstehen. Wir ersetzen also (7.11) durch die praxistaugliche Schranke

$$\|x - \hat{x}\| \leqslant \|A^{-1}\| \left(\|\hat{r}\| + \gamma_m \| |A| |\hat{x}| + |b| \| \right). \tag{7.12}$$

Die in der Auswertung dieser Formel ebenfalls vorhandenen Rundungsfehler sind von höherer Ordnung in der Maschinengenauigkeit und können für alle praktischen Zwecke vernachlässigt werden. (Wer sich trotzdem noch Sorgen macht, sollte im nächsten Abschnitt weiterlesen.)

In unserem Problem gilt $A_n = |A_n|$,

$$m \leqslant 2 \lfloor \log_2 n \rfloor + 4$$

und $\|A_n^{-1}\| \leqslant 1$ aufgrund der numerischen Daten in Tabelle 7.2. Das folgende einfache Matlab-Programm schätzt also den relativen Fehler von $\hat{x}_1$ ab:

```
m = 2*floor(log2(n))+4; u = eps/2; gamma = m*u/(1-m*u);
r = b-A*x;
err = (norm(r)+gamma*norm(A*abs(x)+abs(b)))/x(1);
```

Die Tabelle 7.5 zeigt einen Vergleich von (7.11) und (7.12). Der Einfluss der Rundungsfehler wird erst für sehr kleine Fehlertoleranzen sichtbar. Die Rechnung für $n = 20\,000$ und $\text{tol} = 10^{-15}$ erlaubt uns, nun mit beträchtlich gestärkter Gewissheit zu behaupten, dass Problem 7 von einer Zahl in dem Intervall

$$0.72507\,83462\,68401\,2 \pm 3.47 \cdot 10^{-14},$$

gelöst wird und daher die ersten 12 Ziffern wie folgt lauten:

$$x_1 \doteq 0.72507\,83462\,68.$$

Die aposteriorischen Abschätzungen für die Dimensionen $n = 200\,000$ und $n = 2\,000\,000$ bestätigen ebenfalls die Korrektheit von mindestens 12 Ziffern.

Tabelle 7.6. *Ergebnisse der Validierung.*

n	Lösungsintervall	# korr. Ziffern	Laufzeit
20 000	$0.72507\,83462\,68^{4047}_{3977}$	12	0.12 s
200 000	$0.72508\,09785\,29^{2024}_{1932}$	12	1.5 s
2 000 000	$0.72508\,12561\,325^{275}_{179}$	13	21 s

7.4.2 Validierung: Intervallarithmetik

Im Rahmen einer Arithmetik mit endlicher Mantissenlänge liefert Intervall-arithmetik eine weitere Möglichkeit, um etwas aus der einfachen residualen Abschätzung (7.11) zu machen.

Unter der Annahme $\|A_n^{-1}\| = \lambda_{\min}^{-1}(A_n) \leqslant 1$ gilt zunächst

$$|x_1 - \hat{x}_1| \leqslant \|x - \hat{x}\| \leqslant \|A_n^{-1}\| \cdot \|r\| \leqslant \|r\|. \tag{7.13}$$

Weiter berechnen wir eine Intervall-Einschließung von $\|r\| = \|b - A_n\hat{x}\|$. Auf diese Weise können wir die Korrektheit einer gewissen Anzahl von Ziffern tatsächlich *validieren*. Wir zeigen, wie das geht, bevor wir am Ende des Abschnitts auch tatsächlich $\lambda_{\min}(A_n) \geqslant 1$ beweisen – zumindest für all jene Dimensionen n, die wir jemals einer expliziten Rechnung zugrunde legen könnten. Das folgende Matlab/Intlab-Programm bewältigt die Aufgabe:

```
x1 = midrad(x(1),norm(b-A*intval(x)))
```

Es ist wichtig zu bemerken, dass Intervallarithmetik erst dann zum Einsatz kommt, wenn wir $\hat{x}$ mit einer herkömmlichen numerischen Methode berechnet haben. Ein voller Lauf würde wie folgt aussehen:

Eine Sitzung mit Matlab/Intlab (Fortsetzung von S. 183)

```
>> tol = 1e-15; kmax = 28;
>> D=spdiags(diag(A),0,n,n);
>> [x,fail,res,ite] = pcg(A,b,tol,kmax,D);
>> if not(fail), x1 = midrad(x(1),norm(b-A*intval(x))), end

intval x1 = 7.2507834626840__e-001
```

Gemäß der Voreinstellung gibt Intlab korrekt gerundete Ziffern aus, in unserem Fall also 14 davon. Der Befehl `infsup(x1)` zeigt stattdessen die Intervall-Lösung selbst an: In unserer Notation lautet das Ergebnis dann

$$x_1 \in 0.72507\,83462\,68^{4047}_{3977}.$$

Nach den Regeln, die wir für das Zählen korrekter Ziffern in diesem Buch aufgestellt haben, beläuft sich das auf nur 12 korrekte Ziffern:

$$x_1 \doteq 0.72507\,83462\,68.$$

Für höhere Dimensionen finden sich die Ergebnisse einer Validierung in Tabelle 7.6. Die erforderlichen Kosten können dabei vernachlässigt werden: Für $n = 2\,000\,000$ brauchen wir in doppelt-genauer IEEE-Arithmetik 12 Minuten, um A_n aufzustellen, 17 Minuten, um mit dem diagonal vorkonditionierten CG-Verfahren auf $\mathtt{tol} = 10^{-15}$ zu lösen, und gerade einmal 21 Sekunden, um die Korrektheit von 13 Ziffern zu validieren.

Ebenso können wir die in Mathematica eingebaute Intervallarithmetik benutzen, um die hochgenauen Resultate zu validieren, die wir am Ende von §7.3.2 erwähnt haben. Die Routine $\mathtt{IntervalForm}$ zur Intervallausgabe findet sich im Anhang C.5.1.

Eine Sitzung mit Mathematica (Fortsetzung von S. 195)

```
x[[1]] + Interval[{-1, 1}]Norm[b - A.Interval/@x]//IntervalForm
```

$$0.72507834626840116746868771925116096886918059447950895787816476920777731$$
$$8999459628357359239278647820205^{55127}_{44295}$$

Diese Validierung der 100 Ziffern aus der Sitzung von S. 195 läuft in weniger als acht Sekunden. Wiederum können wir das Spiel ins Extrem treiben und auch das Ergebnis eines Laufs mit 10 000 Ziffern validieren, wofür wir nur eine weitere halbe Minute an Rechenzeit zu investieren brauchen.

Eine rigorose untere Abschätzung des minimalen Eigenwerts

Wir beenden diesen Abschnitt mit dem versprochenen Beweis einer unteren Abschätzung des minimalen Eigenwerts.

Lemma 7.3. *Der minimale Eigenwert der Matrix A_n erfüllt*

$$1 \leqslant \lambda_{\min}(A_n) \leqslant 2$$

wenigstens für die Dimensionen n im Bereich $1 \leqslant n \leqslant 2^{100}$.

Beweis. Wir gehen in zwei Schritten vor. Im ersten Schritt führen wir für eine ganz bestimmte Dimension eine rigorose Eigenwertberechnung aus, die es uns im zweiten Schritt erlaubt, den minimalen Eigenwert für einen großen Bereich an Dimensionen abzuschätzen. Die Programme für die Intervallberechnungen finden sich im Anhang C.4.2 (Matlab/Intlab) bzw. im Anhang C.5.2 (Mathematica).

Schritt 1. Wir beginnen mit der Behauptung

$$\lambda_{\min}(A_{1142}) \in 1.1206514709^{922646}_{854673}. \tag{7.14}$$

Die Dimension 1142 ist hinreichend klein, um alle Eigenwerte und Eigenvektoren von A_{1142} in weniger als einer Minute mit dem Matlab-Befehl $\mathtt{eig}$ bzw. dem Mathematica-Befehl $\mathtt{Eigensystem}$ numerisch auszurechnen. Der Punkt ist nun, dass für eine symmetrische Matrix A diese numerischen Werte im Nachhinein mittels Intervallmethoden validiert werden können. Aus der Störungstheorie [Ste01, Thm. 1.3.8/2.1.3] schließen wir für ein approximatives Eigenwert-Eigenvektor-Paar $(\hat{\lambda}, \hat{x})$, dass es einen echten Eigenwert λ von A gibt, welcher der aposteriorischen Abschätzung

$$|\lambda - \hat{\lambda}| \leqslant \|\hat{\lambda}\hat{x} - A\hat{x}\|/\|\hat{x}\|$$

genügt. Es ist nun eine leichte Übung, die rechte Seite mit Intervallarithmetik rigoros einzuschließen. Indem wir das für alle berechneten Eigenwert-Eigenvektor-Paare tun, erhalten wir mit Matlab/Intlab schließlich die Einschließung (7.14).

Schritt 2. Für gegebene Dimensionen $1 \leqslant n \leqslant n_*$ bemerken wir, dass A_n die $n \times n$ Hauptuntermatrix von A_{n_*} ist; also kann A_{n_*} in der Form

$$A_{n_*} = \left(\begin{array}{c|c} A_n & B \\ \hline B^T & C \end{array} \right)$$

partitioniert werden. Wir benutzen die variationelle Charakterisierung des minimalen Eigenwerts einer symmetrischen Matrix A [HJ85, Thm. 4.2.2], d.h.

$$\lambda_{\min}(A) = \min_{\|x\|=1} x^T A x, \tag{7.15}$$

um die obere Schranke $\lambda_{\min}(A_{n_*}) \leqslant \lambda_{\min}(A_n) \leqslant \lambda_{\min}(A_1) = 2$ zu erhalten. Auf der anderen Seite bekommen wir für entsprechend partitionierte Vektoren $z^T = (x^T|y^T)$ mit $\|z\|^2 = \|x\|^2 + \|y\|^2 = 1$ die Abschätzung

$$z^T A_{n_*} z = x^T A_n x + 2x^T B y + y^T C y$$

$$\geqslant \lambda_{\min}(A_n)\|x\|^2 - 2\|B\| \cdot \|x\| \cdot \|y\| + \lambda_{\min}(C)\|y\|^2$$

$$\geqslant \lambda_0 \|x\|^2 - 2\alpha\|x\| \cdot \|y\| + \lambda_1\|y\|^2$$

$$\geqslant \left(\begin{array}{c} \|x\| \\ \|y\| \end{array} \right)^T \underbrace{\left(\begin{array}{cc} \lambda_0 & -\alpha \\ -\alpha & \lambda_1 \end{array} \right)}_{=F_2} \left(\begin{array}{c} \|x\| \\ \|y\| \end{array} \right)$$

$$\geqslant \lambda_{\min}(F_2).$$

Dabei steht $\lambda_0 \leqslant \lambda_{\min}(A_n)$ bzw. $\lambda_1 \leqslant \lambda_{\min}(C)$ für eine geeignete untere Schranke und

$$\|B\| \leqslant \sqrt{\|B\|_1 \cdot \|B\|_\infty} = \alpha$$

für eine einfach auszuwertende obere Schranke der Spektralnorm von B (vgl. [Hig96, Formel (6.19)]). Eine Minimierung über alle Vektoren z liefert nach (7.15)

$$\lambda_{\min}(A_{n_*}) \geqslant \lambda_{\min}(F_2).$$

Wegen (7.14) ergibt die spezielle Wahl $n = 1142$ und $n_* = 2^{100}$, dass

$$\lambda_{\min}(A_{1142}) \geqslant 1.120651470854673 = \lambda_0.$$

Ferner gilt dann $\|B\|_1 = \lceil \log_2 1142 \rceil = 11$ und $\|B\|_\infty = 100$, d.h. $\alpha^2 = 1100$, und nach dem Satz von Gerschgorin, dass [HJ85, Thm. 6.1.1]

$$\lambda_{\min}(C) \geqslant p_{1143} - 100 = 9121 = \lambda_1.$$

Das Eigenwertproblem für die 2×2-Matrix F_2 ist bloß eine quadratische Gleichung, deren Lösung sich leicht mit Intervallarithmetik einschließen lässt:

$$\lambda_{\min}(F_2) = \frac{2(\lambda_0\lambda_1 - \alpha^2)}{\lambda_0 + \lambda_1 + \sqrt{4\alpha^2 + (\lambda_1 - \lambda_0)^2}} \in 1.00003743527186_2^6.$$

Zusammenfassend erhalten wir $\lambda_{\min}(A_n) \geqslant \lambda_{\min}(A_{n_*}) \geqslant 1$. $\square$

Wir bemerken, dass ein Resultat wie das voranstehende Lemma sehr spezifisch von den wirklich auftretenden Zahlen abhängt. So sieht beispielsweise die Familie von Matrizen $\hat{A}_n = A_n - 1.122 I_n$, wobei I_n die Einheitsmatrix der Dimension n bezeichnet, im wesentlichen wie A_n selbst aus. Jedoch ist $\hat{A}_n$ nur für die Dimensionen $1 \leqslant n \leqslant 129$ positiv definit. Tatsächlich ist überhaupt nicht klar, ob A_n für *alle* n positiv definit ist, oder auch nur, ob der minimale Eigenwert gleichmäßig von unten beschränkt ist. Solche Fragen könnten, wenn überhaupt, beantwortet werden, indem man $\lim_{n\to\infty} A_n$ einen Sinn als linearen Operator A_∞ auf einem geeigneten unendlich-dimensionalen Folgenraum gibt.

7.5 Exakte Lösung

Man könnte der Ansicht sein, dass ein Auflösen des linearen Gleichungssystems (7.1) nach x doch zuviel des Guten ist, wenn man nur an der ersten Komponente x_1 interessiert ist. Mit der Cramer'schen Regel [HJ85, §§0.8.2/0.8.3] gibt es schließlich eine klassische Methode, welche diese Komponente direkt liefert:

$$x_1 = (A^{-1})_{11} = \frac{\det A^{(11)}}{\det A}. \tag{7.16}$$

Dabei bezeichnet $A^{(11)}$ diejenige Untermatrix von A, die durch Entfernen der ersten Zeile und der ersten Spalte entsteht:

$$A = \begin{pmatrix} * & * & \cdots & * \\ * & & & \\ \vdots & & A^{(11)} & \\ * & & & \end{pmatrix}.$$

Wir sollten uns jedoch daran erinnern, dass sich die besten numerischen Methoden zur Berechnung der Determinante auf Matrixfaktorisierungen stützen und daher genauso teuer sind, wie die Lösung eines linearen Gleichungssystems mit einem direkten Verfahren. Zusätzlich bergen Determinanten die erhebliche Gefahr von Über- oder Unterlauf. Tatsächlich werden wir sehen, dass die beiden Determinanten in (7.16) natürliche Zahlen mit je 97 389 Ziffern sind. Aus diesen Gründen und wegen ihrer numerischen Instabilität wurde die Cramer'sche Regel zu Recht aus dem Kanon numerischer Algorithmen verbannt [Hig96, §1.10.1].

Unsere Bewertung von (7.16) ändert sich aber schlagartig, wenn wir versuchen, x_1 *exakt* zu berechnen. Alles in allem handelt es sich doch bloß um eine rationale Zahl. Warum berechnen wir sie denn nicht einfach?

Nachdem sie von dem Wettbewerb gehört hatten, hatten sich drei Mitglieder des Entwicklungsteams von LinBox[14], nämlich Jean-Guillaume Dumas, William Turner und Zhendong Wan, dieser Aufgabe gewidmet, um die Möglichkeiten ihrer Programmbibliothek unter Beweis zu stellen. Glücklicherweise entpuppte sich die von Trefethen gewählte Dimension $n = 20\,000$ gerade als richtig:

> Dieses Problem liegt an der Grenze des mit heutigen Maschinen Machbaren. Wenn man die Dimension des Problems nur um einen kleinen Faktor vergrößerte, so wäre es wegen des Rechenzeit- und/oder Speicherplatzbedarfs nicht länger lösbar. [DTW02, S. 2]

Das LinBox-Team benutzte zwei verschiedene, rein algebraische Methoden,[15] um die atemberaubende Lösung

---

[14] Eine C++-Programmbibliothek für exakte Hochleistungsrechnungen der linearen Algebra mit dünnbesetzten und strukturierten Matrizen über den ganzen Zahlen bzw. endlichen Körpern: http://www.linalg.org/.

[15] Die erste Methode stützt sich auf (7.16), indem die beiden Determinanten zunächst in Kongruenzarithmetik mit einem Krylovraum-Algorithmus von Wiedemann [Wie86] modulo jeder der 10 784 verschiedenen Primzahlen zwischen 1 073 741 827 und 1 073 967 703 berechnet werden. Danach werden sie über den

$$x_1 = \frac{3101640749121412476978542\,\langle\langle 97339\ \text{Ziffern}\rangle\rangle\,33122891874179983612357075}{4277662910613638374648603\,\langle\langle 97339\ \text{Ziffern}\rangle\rangle\,81428298070130060129935182}.$$

zu erhalten. Die eine benötigte vier Tage auf einem Workstation-Cluster mit 182 Prozessoren, die andere 12.5 Tage auf einer einzelnen Maschine mit 3 GB Hauptspeicher. Umso größer war daher unsere Überraschung, als uns nach Erscheinen der englischen Originalausgabe dieses Buchs am 25. Juni 2004 eine E-Mail von Zhendong Wan erreichte, in der er ankündigte, mit einem neuen, im wesentlichen *numerischen* Algorithmus die rationale Lösung auf einem handelsüblichen PC in etwa einer halben Stunde Laufzeit berechnet zu haben. Im Rest dieses Kapitels stellen wir seine Methode dar – noch bevor seine eigene Arbeit [Wan06] in den Druck gegangen ist.

7.5.1 Rationale Rekonstruktion

Wie die beiden zuvor vom LinBox-Team verwendeten algebraischen Methoden besteht die Methode von Wan aus einem sehr rechenintensiven ersten Schritt, der die notwendige Information geeignet kodiert, um die exakte Lösung im anschließenden zweiten Schritt relativ einfach zu rekonstruieren. Wan wählt als „Kodierung" eine auf d Ziffern genaue numerische Approximation. Da die Dezimalbruchentwicklung einer rationalen Zahl entweder abbricht oder periodisch ist, sollte man jedenfalls mit einem endlichen d auskommen. Wie groß muss nun d gewählt werden, damit die eigentliche rationale Zahl x_1 exakt, aber effizient rekonstruiert werden kann?

Wir wollen mit dieser Frage beginnen. Da Kettenbruchentwicklungen rationaler Zahlen stets abbrechen, liefern sie hierfür ein geeigneteres Instrument als die Dezimalbruchentwicklungen. Folgende Variante eines klassischen Resultats [Per29, §13] von Legendre aus der Kettenbruchtheorie besagt, wie genau wir einen Bruch (abhängig von der Größe seines Nenners) approximieren müssen, um ihn rekonstruieren zu können.

Theorem 7.4 ([Wan06, Thm. 1]). *Es sei $\zeta \in \mathbb{R}$ eine Approximation des gekürzten Bruchs a/b (mit $b > 0$) von der Genauigkeit*

---

chinesischen Restsatz [vzGG99, §5.4] zu den eigentlichen ganzen Zahlen zusammengesetzt.

Die zweite Methode besteht in der Verwendung eines *iterativen* Algorithmus von Dixon [Dix82] zur p-adischen Approximation von x, sowie einer anschließenden rationalen Rekonstruktion von x_1. Mit der Primzahl $p = 1\,125\,899\,906\,842\,597$ und $k = 12\,941$ Iterationsschritten lässt sich eine 194 782-stellige natürliche Zahl f finden, die $f \equiv x_1 \pmod{p^k}$ erfüllt und aus der sich dann durch eine geeignete Kettenbruchentwicklung die rationale Zahl x_1 sehr schnell rekonstruieren lässt.

Eine ausführliche Diskussion beider Methoden sowie Musterimplementierungen in Mathematica findet der Leser in der englischen Originalausgabe unseres Buchs [BLWW04, §7.5].

$$\left|\frac{a}{b} - \zeta\right| < \frac{1}{2H^2}$$

für eine gegebene Schranke $H \geqslant b$. Dann ist a/b derjenige Näherungsbruch der einfachen Kettenbruchentwicklung von ζ, dessen Nenner q maximal bezüglich der Bedingung $q \leqslant H$ ist.

Um dieses Resultat algorithmisch nutzen zu können,[16] benötigen wir also eine effektive Schranke H des Nenners von $x_1 = a/b$. Aus (7.16) folgt $0 < b \leqslant |\det A|$, so dass wir unter den zahlreichen Hadamard'schen Ungleichungen [HJ85, Thm. 7.8.1, Kor. 7.8.2] nach einer handhabbaren Abschätzung der Determinante suchen. Da Lemma 7.3 die positive Definitheit unserer symmetrischen Matrix zeigt, ziehen wir die einfachste derartige Ungleichung heran, nämlich das Produkt der Diagonalelemente:[17]

$$0 < \det A \leqslant H = p_1 \cdot \ldots \cdot p_{20000} \doteq 8.8210 \cdot 10^{97388}.$$

Wenn wir nun d korrekt gerundete Ziffern von x_1 ausrechnen, so liefern wir tatsächlich eine Approximation ζ ab, die $|x_1 - \zeta| \leqslant 5 \cdot 10^{-d}|x_1|$ erfüllt. Die Voraussetzung aus Theorem 7.4 zur Rekonstruktion von $x_1 = a/b$ ist also dann gegeben, wenn wir die Genauigkeitsforderung

$$5 \cdot 10^{-d}|x_1| < \frac{1}{2H^2},$$

oder äquivalent $10^{d-1} > H^2|x_1|$, erfüllen. Wegen $|x_1| < 1$ können wir dies durch die Wahl

$$d = 1 + \lceil 2\log_{10} H\rceil = 194\,779$$

sicherstellen. Was für eine Anforderung angesichts jener Rechenzeit von etwa 5 Tagen für „nur" 10000 Ziffern, die wir am Ende von §7.3.2 erwähnten! Die Aufgabe wäre völlig hoffnungslos, wenn Wan nicht eine weitere brilliante Idee gehabt hätte.

7.5.2 Iterative Nachverbesserung bei fester Mantissenlänge

Die Kosten jener hochgenauen Rechnung in §7.3.2 entstehen dadurch, dass während des gesamten Iterationsverlaufs mit der entsprechenden Mantissenlänge gerechnet wird. Wenn es gelänge, nur jeweils den Ziffernblock von der Größe einer Maschinenzahl im Auge behalten zu müssen, in dem sich gerade die iterative Verbesserung abspielt, so wäre der Aufwand schlagartig reduziert.

---

[16] Im Anhang C.5.3 findet sich eine kurze Mathematica-Implementierung `RationalReconstruction` dieses Rekonstruktionsalgorithmus.

[17] Am Nenner der auf S. 205 angegebenen Lösung x_1 können wir ablesen, dass diese Schranke in unserem Fall tatsächlich nur um den Faktor 2.06 zu groß ist.

Wan baut hierzu auf der Idee der iterativen Nachverbesserung auf. Dabei löst man für eine gegebene Approximation $\hat{x} \approx x$ mit dem zugehörigen Residuum $r = b - A\hat{x}$ die Korrekturgleichung

$$A\Delta x = r, \qquad x = \hat{x} + \Delta x.$$

Dieses Δx startet naturgemäß erst dort, wo sich die Ziffern von x und $\hat{x}$ zu unterscheiden beginnen. Natürlich kann Δx nicht exakt bestimmt werden, so dass man den Prozeß der Nachverbesserung iterativ anwendet. Wenn wir nun bei jeder näherungsweisen Lösung eines linearen Gleichungssystems mit der Matrix A, sagen wir, 10 Ziffern gewinnen, so benötigen wir eine Anzahl $\lceil d/10 \rceil$ derartiger Nachverbesserungsschritte, um die gewünschte Genauigkeit von d Ziffern zu erreichen. Der einzige Schönheitsfehler besteht darin, dass es so aussieht, als ob mit abnehmender Größe der Korrekturen unsere Mantissenlänge verlängert werden müsste. Dies kann man verhindern, wenn man Residuum und Korrektur auf eine feste Größenordnung reskaliert und sich das Aufsammeln aller Korrekturen zur endgültigen Approximation von x für den Schluss aufhebt. Nur hierfür braucht man dann hochgenaue Arithmetik.

Die Verwendung von Maschinenzahlen und numerischen Approximationen scheint eine sorgfältige Kontrolle von Rundungsfehlern erforderlich zu machen: Schließlich müssen wir die Genauigkeit von d Ziffern *garantieren*, um wirklich die *exakte* Lösung rekonstruieren zu können. Wan vermeidet das elegant mit der Beobachtung, dass die Elemente von A und b *ganze Zahlen* sind. Werden die Elemente des reskalierten Korrekturvektors auf ganze Zahlen gerundet, so lässt sich das Residuum stets exakt ausrechnen. Wans Algorithmus sieht für einen festen Skalierungsfaktor $\alpha \in \mathbb{N}$ nun wie folgt aus:

Algorithmus 7.5 (Algorithmus von Wan).

$r^{(0)} = b;$

for $k = 1$ **to** K **do**

    Löse die Korrekturgleichung $A\Delta x^{(k)} = r^{(k-1)}$ iterativ durch

    einen Vektor $\hat{\xi}^{(k)} \approx \Delta x^{(k)}$, dessen relatives Residuum bzgl.

    der ∞-Norm der Fehlertoleranz $\mathtt{tol} = \alpha^{-1}/2$ genügt;

    $\xi^{(k)} = \mathbf{round}(\alpha \cdot \hat{\xi}^{(k)});$

    $r^{(k)} = \alpha\, r^{(k-1)} - A\xi^{(k)};$

end for

$$\hat{x} = \sum_{j=1}^{K} \alpha^{-j}\, \xi^{(j)};$$

Wir bringen alle Summanden des Ausdrucks für $\hat{x}$ auf einen gemeinsamen Nenner:

$$\hat{x} = \frac{p^{(K)}}{q^{(K)}} \quad \text{mit} \quad p^{(k)} = \sum_{j=1}^{k} \alpha^{k-j} \zeta^{(j)}, \quad q^{(k)} = \alpha^k.$$

Zähler und Nenner erfüllen jetzt einfache Rekursionsformeln mit den Startwerten $p_0 = 0$ bzw. $q_0 = 1$:

$$p^{(k)} = \alpha p^{(k-1)} + \zeta^{(k)}, \qquad q^{(k)} = \alpha q^{(k-1)}.$$

Wir bemerken hier einen weiteren Vorteil des Algorithmus: Sind wir wie in unserem Problem nur an einer einzelnen Komponente x_1 der Lösung interessiert, so reicht es, allein diese Komponente $\zeta_1^{(k)}$ der Korrekturen abzuspeichern und für die Berechnung der entsprechenden rationalen Zahl zu verwenden. Das führt zu einer erheblichen Reduktion des Speicherplatzbedarfs.

Damit Wans Algorithmus auch wirklich funktioniert, müssen wir den Parameter α zunächst so wählen, dass die `for`-Schleife allein mit Maschinenzahlen auskommt, und den Parameter K dann so, dass wir die gewünschte Genauigkeit von d Ziffern garantieren können. Dazu müssen wir die Größe der skalierten Residuen präzise abschätzen. Der Algorithmus selbst liefert zwei zentrale Ungleichungen. Das Abbruchkriterium des iterativen Lösers bewirkt[18]

$$\|r^{(k-1)} - A\hat{\zeta}^{(k)}\|_\infty \leqslant \frac{1}{2\alpha} \|r^{(k-1)}\|_\infty$$

und die Rundung

$$\|\alpha\hat{\zeta}^{(k)} - \zeta^{(k)}\|_\infty \leqslant \frac{1}{2}.$$

Damit erhalten wir

$$\|r^{(k)}\|_\infty = \|\alpha r^{(k-1)} - A\zeta^{(k)}\|_\infty$$

$$\leqslant \|\alpha(r^{(k-1)} - A\hat{\zeta}^{(k)})\|_\infty + \|A(\alpha\hat{\zeta}^{(k)} - \zeta^{(k)})\|_\infty$$

$$\leqslant \frac{1}{2}\|r^{(k-1)}\|_\infty + \frac{1}{2}\|A\|_\infty,$$

also rekursiv

$$\|r^{(k)}\|_\infty \leqslant 2^{-k}\|b\|_\infty + \|A\|_\infty \leqslant \|b\|_\infty + \|A\|_\infty.$$

---

[18] Nur an dieser Stelle kann der Algorithmus von Rundungsfehlern gefährdet werden. Unser Beispiel ist hier aber völlig unkritisch, sofern wir nur Genauigkeiten verlangen, die deutlich oberhalb der für Rundungsfehler relevanten Schranke $\kappa_\infty(A)u \approx 3.2 \cdot 10^{-11}$ liegen, wir also α deutlich kleiner als $1.5 \cdot 10^{10}$ wählen.

Diese Schranke ist in unserem Fall genau 224753. Nun sind ganze Zahlen dann und nur dann durch doppelt-genaue IEEE-Maschinenzahlen *exakt* darstellbar, wenn ihr Betrag durch 2^{53} beschränkt ist. Für die ganzen Zahlen in $\alpha r^{(k-1)}$ sind wir demnach mit $\alpha < 2^{53}/224753 \doteq 4 \cdot 10^{10}$ auf der sicheren Seite[19] und wir setzen $\alpha = 2^{30} \approx 10^9$.

Wie groß muss bei dieser Wahl von α nun K gewählt werden, um für $\hat{x}_1$ eine Genauigkeit von d Ziffern zu garantieren? Beachten wir die Skalierung des Residuums $r^{(K)}$, so gilt für den relativen Fehler von $\hat{x}_1$, dass

$$\frac{|\hat{x}_1 - x_1|}{|x_1|} \leqslant \frac{\|\hat{x} - x\|_\infty}{|x_1|} \leqslant \frac{\|A^{-1}\|_\infty \|r^{(K)}\|_\infty}{\alpha^K |x_1|} \leqslant \alpha^{-K} \|A^{-1}\|_\infty \frac{\|b\|_\infty + \|A\|_\infty}{|x_1|}.$$

In unserem Fall ist mit $\|A^{-1}\|_\infty \leqslant \sqrt{n}\|A^{-1}\|_2 \leqslant \sqrt{n}$ (siehe Lemma 7.3)

$$\frac{|\hat{x}_1 - x_1|}{|x_1|} \leqslant \alpha^{-K} \frac{\sqrt{20000} \cdot 224753}{0.725} < 5 \cdot 10^7 \cdot \alpha^{-K}.$$

Wir erreichen daher d korrekt gerundete Ziffern, also einen relativen Fehler unterhalb von $5 \cdot 10^{-d}$, mit der Wahl

$$K = \left\lceil \frac{d+7}{\log_{10}\alpha} \right\rceil.$$

Da $\alpha = 2^{30}$ recht nahe bei 10^9 liegt, bedeutet das $K \approx d/9$. Unsere schnellste iterative Lösung in IEEE-Maschinenarithmetik benötigte für tol $= 10^{-11}$ etwa 0.1 Sekunden (siehe Tabelle 7.4) und wir prognostizieren daher eine Rechenzeit von etwas weniger als 2 Minuten für eine Genauigkeit von 10 000 Ziffern und von etwa einer halben Stunde für jene abenteuerliche Genauigkeit von 194 779 Ziffern, die wir zur Rekonstruktion der exakten Lösung benötigen.

Implementierung und Anwendung

Algorithmus 7.5 ist in Matlab denkbar einfach implementierbar:

```
function [X1,fail] = wan(A,r,M,alpha,K)

tol = 0.5/alpha; X1 = zeros(1,K); norm = inf;
for k = 1:K
    [xi,fail] = pri(A,r,tol,10,M,norm); if fail, break; end
    xi = round(alpha*xi); r = alpha*r-A*xi;
    X1(k) = xi(1);
end
```

---

[19] Das Gleiche gilt für die ganzen Zahlen in $A\zeta^k$, die sich entsprechend durch

$$\|A\zeta^{(k)}\|_\infty \leqslant \|\alpha r^{(k-1)}\|_\infty + \|r^{(k)}\|_\infty \leqslant (\alpha + 1)(\|b\|_\infty + \|A\|_\infty)$$

abschätzen lassen, und erst recht für die Differenzen $r^{(k)} = \alpha r^{(k-1)} - A\zeta^k$.

Dabei wird das vorkonditionierte Richardson-Verfahren aus §7.3.3 verwendet, und nur die ersten Komponenten

$$\zeta_1^{(1)}, \ldots, \zeta_1^{(K)}$$

der Korrekturen werden in der Liste X1 abgespeichert. Wir probieren es zunächst für eine Genauigkeit von 10 000 Ziffern aus:

Eine Sitzung mit Matlab (Fortsetzung von S. 197)

```
>> d = 10000;
>> alpha = 2^30; K = ceil((d+7)/log10(alpha));
>> X1 = wan(A,b,M,alpha,K);
```

Die Laufzeit der $K = 1109$ Nachverbesserungen beträgt in der Tat nur 108 Sekunden. Für die eigentliche Angabe der 10 000 Ziffern wechseln wir zu Mathematica, indem wir die Liste X1 geeignet aus Matlab importieren.

Eine Sitzung mit Mathematica

```
α = 2^30;
p = Fold[(α #1 + #2) &, 0, X1]; q = α^Length[X1];
N[p / q, 10000]
```

Das Ganze läuft im Bruchteil einer Sekunde ab. Wie es sein sollte, stimmen die 10 000 Ziffern mit jenen aus der Rechnung in §7.3.2 überein.

Wir fassen uns also ein Herz und wiederholen die Rechnungen mit $d = 194\,779$. Matlab benötigt für die $K = 21\,569$ Nachverbesserungen 35 Minuten. Die Rekonstruktion der rationalen Lösung erfolgt nach dem Import von X1 wiederum mit Mathematica:

Eine Sitzung mit Mathematica (p und q gemäß der vorigen Sitzung)

```
       20000
H = ∏ Prime[i];
       i=1
x1 = RationalReconstruction[p, q, H];
```

Hierfür werden gerade einmal 44 Sekunden benötigt, und das Ergebnis bestätigt Ziffer für Ziffer die auf S. 205 angegebene Lösung x_1 der beiden rein algebraischen Methoden.

Im Augenblick der Hitze

Folkmar Bornemann

> *Die Lehrsätze über die Wärme der Luft lassen sich auf eine*
> *große Vielfalt von Problemen erweitern. Es nützte, sich ihrer*
> *zu besinnen, wenn wir Temperaturen mit Genauigkeit vor-*
> *herzusehen und zu regulieren wünschten, wie etwa im Fall*
> *von Gewächshäusern, Trockenkammern, Viehställen, Fabrik-*
> *hallen, oder in vielen staatlichen Einrichtungen, wie Kran-*
> *kenhäusern, Kasernen, Versammlungshallen.*
>
> *In all diesen unterschiedlichen Anwendungen müssten*
> *wir zusätzlichen Umständen Rechnung tragen, welche die*
> *Resultate der Analyse veränderten. Aber diese Details lenk-*
> *ten uns zu sehr von unserem Hauptgegenstand ab, der ex-*
> *akten Darstellung allgemeiner Prinzipien.*
>
> Joseph Fourier (1822)

> *Befasst damit, Weinkeller während der Sommermonate kühl*
> *zu halten, löste Joseph Fourier höchstselbst gerade diese Art*
> *Problem.*
>
> Nick Trefethen (2002)

Problem 8

Eine quadratische Platte $[-1,1] \times [-1,1]$ hat die Temperatur $u = 0$.
Zur Zeit $t = 0$ wird die Temperatur entlang einer der vier Seiten
auf $u = 5$ erhöht, während sie entlang der anderen drei Seiten auf
$u = 0$ gehalten wird und sich dann gemäß $u_t = \Delta u$ Wärme in der
Platte ausbreitet. Wann wird die Temperatur $u = 1$ im Zentrum der
Platte erreicht?

Wir stellen drei Zugänge zu diesem Problem vor. In §8.1 erhalten wir fünf
korrekte Ziffern mit einem kommerziellen, universellen Finite-Elemente-

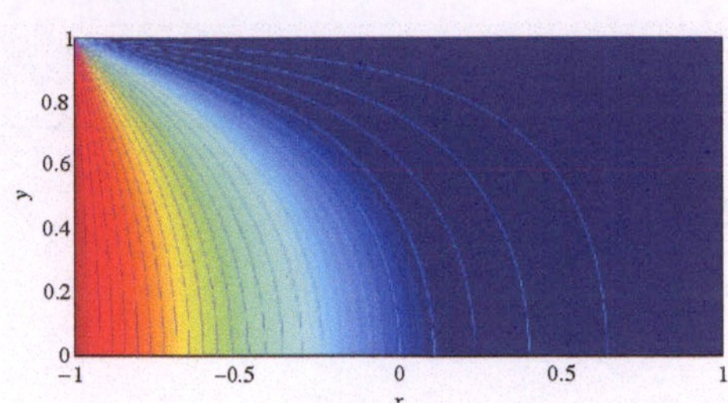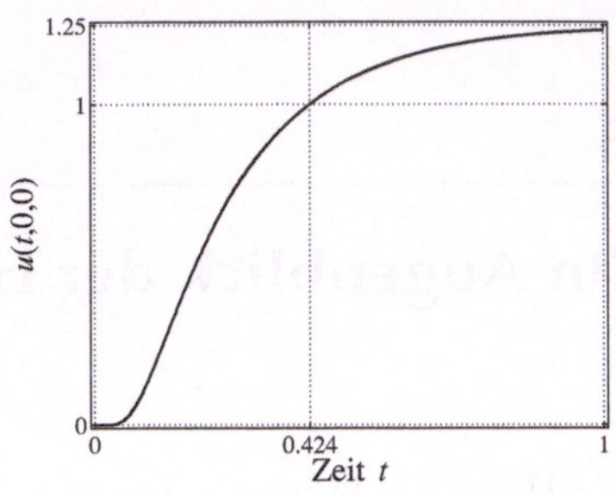

Abb. 8.1. *Links: Lösung $u(0.424, x, y)$ mit den Höhenlinien für $u = 0.2, \ldots, 4.8$ in Abständen von 0.2. Aus Symmetriegründen zeigen wir nur die obere Hälfte des Quadrats. Rechts: Lösung $u(t, 0, 0)$ für $0 \leqslant t \leqslant 1$.*

Programm. In §8.2 liefern gewöhnliche Finite-Differenzen und Extrapolation – gestützt auf aposteriorische Fehlerabschätzungen – wenigstens 12 signifikante Ziffern. Schließlich helfen in §8.3 Fourierreihen, das Problem zu einer skalaren transzendenten Gleichung zu vereinfachen. Diese Gleichung lässt sich effizient auf 10 000 signifikante Ziffern lösen, deren Korrektheit mit Intervallanalysis sogar bewiesen werden kann. Ein Abschneiden der Gleichung liefert die einfache, auf 11 Ziffern genaue Approximation $t_* \doteq 4\pi^{-2} \log \eta$, wobei η die eindeutige Nullstelle $\eta > 1$ von $3\pi\sqrt{5}\eta^9 - 60\eta^8 + 20 = 0$ ist. Hier und im Rest des Kapitels bezeichnen wir mit t_* den gesuchten, durch $u(t_*, 0, 0) = 1$ definierten Zeitpunkt.

8.1 Auf den ersten Blick: Mittels Software

Problem 8 ist als direkte Frage nach der Lösung einer partiellen Differentialgleichung ein guter Kandidat, um eine allgemeine Software zur Lösung solcher Gleichungen auszuprobieren. Wir nehmen Femlab (COMSOL Multiphysics), ein kommerzielles, auf Finite-Elemente-Methoden gestütztes Softwarepaket für sogenannte Multiphysik-Anwendungen.

Eine zeitabhängige partielle Differentialgleichung wie die betrachtete Wärmeleitungsgleichung wird in Femlab mit der *Linienmethode* gelöst: Eine Diskretisierung im Ort mit Finiten-Elementen reduziert das Problem auf ein steifes System gewöhnlicher Differentialgleichungen, das seinerseits mit einem dem Stand der Kunst entsprechenden Integrator mit Ordnungs- und Schrittweitensteuerung gelöst wird [DB02]. Der linke Teil von Abb. 8.1 zeigt die Lösung $u(t, x, y)$ etwa zur Zeit $t \approx t_*$.

Um nach einem spezifischen Zeitpunkt aufzulösen, muss die Approximation in der Zeit stetig sein. Die meisten Integratoren für gewöhnliche Differentialgleichungen bieten dazu einen Modus *kontinuierlicher Ausgabe*.

Tabelle 8.1. *Details der Läufe mit Femlab (ATOL = RTOL = TOL).*

Element-Typ	Knoten	Dreiecke	Freiheitsgrade	TOL	Zeitschritte	t_*
2. Ordnung	2913	5632	11457	10^{-6}	310	0.42401 14848
				10^{-7}	423	0.42401 16087
4. Ordnung	753	1408	11457	10^{-6}	318	0.42401 16447
				10^{-7}	434	0.42401 17517

Zur Erleichterung der Implementierung verwenden wir passend zur Diskretisierungsgenauigkeit kubische Splineinterpolation. Die so erhaltenen Werte von $u(t,0,0)$ finden sich im rechten Teil von Abb. 8.1 als Funktion der Zeit t. Wir bemerken, dass $u(t,0,0)$ sich offenbar dem stationären Zustand $5/4$ nähert, was wir in §8.3 bestätigen werden. Das erklärt die eigentümliche Wahl der Zahl 5 in der Formulierung von Problem 8: Es handelt sich hierbei um die kleinste natürliche Zahl, für welche die gestellte Frage Sinn ergibt.

Die Beurteilung der erreichten Genauigkeit ist eine heikle Angelegenheit. Ein einzelner Lauf genügt keinesfalls, da Femlab keine Fehlerschätzung *a posteriori* abliefert. Stattdessen vergleichen wir verschiedene Läufe: Zum einen verwenden wir Finite-Elemente unterschiedlicher Ordnungen mit gleichbleibend vielen Freiheitsgraden, zum anderen variieren wir die Toleranz des Integrators für die gewöhnlichen Differentialgleichungen. Da es höchst unwahrscheinlich ist, dass diese Läufe in nicht konvergierten Ziffern übereinstimmen, sind wir auf der sicheren Seite, wenn wir nur diejenigen Ziffern als korrekt ansehen, auf die sämtliche Läufe nach Rundung übereinstimmen:

$$t_* \doteq 0.42401.$$

Wir werden später zeigen, dass diese 5 Ziffern korrekt sind. Tatsächlich sind alle Finite-Elemente-Lösungen der Tabelle 8.1 sogar auf 6 Ziffern korrekt. Jeder der vier gezeigten Läufe hat etwa 10 Minuten benötigt.[1] Für die gewöhnlichen Differentialgleichungen wurde der in Matlab eingebaute Integrator ode15s [SR97] verwendet, ein Mehrschrittverfahren mit Ordnungs- und Schrittweitensteuerung für steife Systeme. Die Femlab-Skripten der beiden Läufe mit TOL $= 10^{-6}$ finden sich auf der Webseite dieses Buchs.

Wenn wir die Ergebnisse mit denen der folgenden Abschnitte vergleichen, so könnten wir uns fragen, warum anders als erwartet die Finite-Elemente-Lösung für die Lagrange'schen Elemente zweiter Ordnung näher an der tatsächlichen Lösung liegen als die vierter Ordnung. Das liegt an den Sprüngen in den Dirichlet'schen Randbedingungen wie etwa in der

---

[1] Die angegebenen Laufzeiten beziehen sich auf einen PC mit 2 GHz.

oberen linken Ecke der Abb. 8.1: Diese Sprünge verursachen einen Abfall der globalen Regularität der Lösung, so dass die Elemente vierter Ordnung nicht notwendigerweise genauer zu sein brauchen.

8.2 Eine numerische Lösung: Richardson-Extrapolation

Wir werden zeigen, dass ganz gewöhnliche Finite-Differenzen es uns erlauben, Problem 8 recht genau zu lösen. Tatsächlich kann die einfachstmögliche solche Diskretisierung, also Vorwärtsdifferenzen erster Ordnung in der Zeit und zentrale Differenzen zweiter Ordnung im Ort, effizient durch Richardson-Extrapolation (siehe Anhang A, S. 298) beschleunigt werden. Da Richardson-Extrapolation uns mit Schätzungen des Diskretisierungsfehlers *a posteriori* ausstattet und Rundungsfehler durch eine *mitlaufende* Rundungsfehleranalyse kontrolliert werden können, werden wir wissenschaftlich sehr gute Gründe – wenn auch keinen strengen mathematischen Beweis – für die Korrektheit von 12 Ziffern anführen können.

Um die Notation festzulegen, bezeichnen wir das Quadrat mit $\Omega = (-1,1) \times (-1,1)$ und seinen Rand mit

$$\partial\Omega = \Gamma_0 \cup \Gamma_1, \qquad \Gamma_1 = \{(x,y) \in \partial\Omega : x = -1\}.$$

Wir betrachten folgendes Anfangsrandwertproblem für die Wärmeleitungsgleichung:

$$u_t = \Delta u, \qquad u(t,\cdot,\cdot)|_{\Gamma_0} = 0,\ u(t,\cdot,\cdot)|_{\Gamma_1} = 5,\ u|_{t=0} = 0,$$

für Zeiten $t \in [0,T]$. Wir variieren die Endzeit T so, dass wir $u(T,0,0) = 1$ lösen können. Die Lösung dieser Gleichung bezeichnen wir mit $T = t_*$.

Für gewählte natürliche Zahlen m, n definieren wir eine Zeitschrittweite $\tau = T/m$ und eine Gitterweite $h = 2/n$ im Ort. Die Finite-Differenzen-Approximation $u_h(t,x,y)$ von $u(t,x,y)$ wird in den Gitterpunkten

$$(t,x,y) \in \big((0,T] \times \Omega\big) \cap \big(\tau\mathbb{Z} \times h\mathbb{Z}^2\big)$$

über die Rekursion [Tho95, Formel (4.2.5)]

$$u_h(t,x,y) = u_h(t-\tau,x,y) - \frac{\tau}{h^2}\big(4u_h(t-\tau,x,y)$$

$$-u_h(t-\tau,x-h,y) - u_h(t-\tau,x+h,y)$$

$$-u_h(t-\tau,x,y-h) - u_h(t-\tau,x,y+h)\big)$$

berechnet, indem bei Bedarf die Rand- oder Anfangswerte verwendet werden. Bekanntermaßen erfordert die Stabilität dieser Rekursion eine Schranke an den Zeitschritt [Tho95, Formel (4.3.9)]:

$$\tau/h^2 \leqslant \frac{1}{4}.$$

Eine solche Schranke wird nach Courant, Friedrichs und Lewy als *CFL-Bedingung* bezeichnet. Wir wählen $\tau = c_T h^2$ mit einer konstanten Courant-zahl $c_T \leqslant 1/4$, die nur von T abhängt. Im Anhang C.3.2 findet der Leser das kurze Matlab-Programm heat, welches diese einfache Finite-Differenzen-Approximation für allgemeinere Rand- und Anfangsbedingungen implementiert.

Für glatte Lösungen u ist die Diskretisierung bekanntlich von zweiter Ordnung [Tho95, §4.3]:

$$\max_{(x,y)\in\Omega\cap h\mathbb{Z}^2} |u_h(T,x,y) - u(T,x,y)| = O(h^2).$$

Wir brauchen aber mehr; die wohlbegründete Anwendung der Richardson-Extrapolation zur Fehlerschätzung und Konvergenzbeschleunigung verlangt die Gültigkeit einer asymptotischen Entwicklung

$$u_h(t,x,y) = u(t,x,y) + \sum_{k=1}^{m} e_k(t,x,y)\, h^{\gamma_k} + O(h^{\gamma_{m+1}}) \tag{8.1}$$

mit $\gamma_1 < \gamma_2 < \cdots < \gamma_{m+1}$. Man weiß (vgl. [Ste65, §3.3]), dass die betrachtete Diskretisierung (8.1) mit $\gamma_k = 2k$ für alle $m \in \mathbb{N}$ erfüllt.

Schreiben wir $e_* = e_1(T,0,0)$, $u_* = u(T,0,0)$ und $u_{*,h} = u_h(T,0,0)$, so erhalten wir

$$u_{*,h} - u_* = e_* h^2 + O(h^4), \qquad u_{*,2h} - u_{*,h} = 3e_* h^2 + O(h^4).$$

Ein Vergleich liefert die aposteriorische Schätzung[2] des relativen Diskretisierungsfehlers von $u_h(T,0,0)$, nämlich

$$\frac{u_{*,h} - u_*}{u_*} = \underbrace{\frac{u_{*,2h} - u_{*,h}}{3u_{*,h}}}_{=\epsilon_h} + O(h^4).$$

Tabelle 8.2 zeigt für die Zeit $T = 0.424$ zu verschiedenen Schrittweiten die Ergebnisse u_h zusammen mit der Schätzung ϵ_h des relativen Diskretisierungsfehlers. Die letzte Spalte der Tabelle 8.2 spiegelt die zweite Ordnung der Diskretisierung wider. Wir sehen, dass $u_h(T,0,0)$ auf dem 127×127 Gitter mit 8192 Zeitschritten – die Lösung wird dabei also auf 132 128 768 Gitterpunkten berechnet – den Wert $u(T,0,0)$ gerade einmal auf 4 korrekte Ziffern approximiert.

---

[2] Derartige Abschätzungen sind wesentlich für den Erfolg von Extrapolationsverfahren mit Ordnungs- und Schrittweitensteuerung, die für Systeme gewöhnlicher Differentialgleichungen dem Stand der Kunst entsprechen [DB02, §5.3].

Tabelle 8.2. *Aposteriorische Fehlerschätzung ϵ_h für $u_h(T,0,0)$ in $T = 0.424$ mit Courantzahl $c_T = \tau/h^2 = 0.212$.*

Zeitschritte	Ortsgitter	h	$u_h(T,0,0)$	ϵ_h	ϵ_{2h}/ϵ_h
32	7×7	1/4	1.016605320	—	—
128	15×15	1/8	1.004170946	$4.1 \cdot 10^{-3}$	—
512	31×31	1/16	1.001034074	$1.0 \cdot 10^{-3}$	4.0
2048	63×63	1/32	1.000248105	$2.6 \cdot 10^{-4}$	4.0
8192	127×127	1/64	1.000051504	$6.6 \cdot 10^{-5}$	4.0

Wir müssen also die Genauigkeit der Lösung durch *Konvergenzbeschleunigung* verbessern. Die Idee ist einfach: Durch Abziehen der Fehlerschätzung erhalten wir eine Diskretisierung von höherer Ordnung, nämlich

$$u'_{*,h} = u_{*,h} + \frac{1}{3}(u_{*,h} - u_{*,2h}) = u_* + O(h^4).$$

Diese neue Approximation erbt die asymptotische Entwicklung (8.1),

$$u'_{*,h} = u_* + \sum_{k=2}^{m} e'_{*,k} h^{2k} + O(h^{2m+2}),$$

mit dem Unterschied dass die Entwicklung jetzt mit dem Term der Ordnung $O(h^4)$ beginnt. In voller Analogie zu unserem Vorgehen für $u_{*,h}$ können wir eine aposteriorische Fehlerschätzung konstruieren und den Prozess wiederholen. Das ist die Richardson-Extrapolation für eine Folge von Gittern mit den Diskretisierungsparametern $h, h/2, h/4, h/8$, usw. Es ist offensichtlich, wie man das Ganze auf beliebige Folgen verallgemeinert; einen guten Kompromiss zwischen Stabilität und Effizienz liefert $h = 1/(2n)$ für $n = n_{\min}, n_{\min} + 1, \ldots, n_{\max}$. Im Anhang C.3.2 findet der Leser das kurze Matlab-Programm `richardson`, das diese allgemeine Extrapolationstechnik mit aposteriorischer Schätzung des relativen Diskretisierungsfehlers implementiert. Zusätzlich enthält es eine *mitlaufende* Analyse [Hig96, §3.3] der Verstärkung von Rundungsfehlern, siehe S. 319.

Eine Sitzung mit Matlab

```
>> u = inline('heat([0,0],[1,1],t,0,0,[5,0,0,0],h)','t','h');
>> t = 0.424; order = 2; tol = 5e-14;
>> nmin = 4; [val,err,ampl] = richardson(tol,order,nmin,u,t);
>> val, err = max(err,ampl*eps)

val = 9.997221678853678e-001
err = 8.187827236734361e-005
```

```
>> nmin = 8; [val,err,ampl] = richardson(tol,order,nmin,u,t);
>> val, err = max(err,ampl*eps)

val = 9.999859601012047e-001
err = 4.734306967445346e-014
```

Beide Läufe benötigen weniger als eine Sekunde. Die Extrapolation des ersten Laufs stützt sich auf die acht Gitter der Größe $128 \times 15 \times 15, \ldots, 968 \times 43 \times 43$; die Schätzung des relativen Fehlers behauptet, dass nur die ersten drei führenden Ziffern korrekt sind. Das bedeutet eine Übereinstimmung mit dem zweiten Lauf, der sich auf gerade einmal vier Gitter der Größe $512 \times 31 \times 31$, $648 \times 35 \times 35$, $800 \times 39 \times 39$ und $968 \times 43 \times 43$ stützt. Hier liefert die Fehlerschätzung die Korrektheit von 13 führenden Ziffern, ein Resultat, dessen Richtigkeit wir mit den Methoden aus §8.3.2 in der Tat beweisen können.

Wir halten die Parameter des zweiten Laufs fest und lösen die Gleichung $u(t_*,0,0) = 1$ nach t_* auf. Wir erreichen dies mit dem eingebauten Matlab-Befehl fzero zur Nullstellensuche, der auf der Sekantenmethode aufbaut. Die Gesamtrechenzeit beträgt 5 Sekunden.

Eine Sitzung mit Matlab (Fortsetzung von oben)

```
>> u1 = inline('richardson(tol,order,nmin,u,t)-1','t',...
     'tol','order','nmin','u');
>> options = optimset('TolX',tol);
>> t = fzero(u1,t,options,tol,order,nmin,u)

t = 4.240113870336946e-001

>> [val,err,ampl] = richardson(tol,order,nmin,u,t);
>> val, err = max(err,ampl*eps)

val = 9.999999999999942e-001
err = 4.735414794862723e-014
```

Aufgrund der aposteriorischen Schätzung ist die Approximation t_* unserem besten numerischen Kenntnisstand nach auf 12 Ziffern korrekt:

$$t_* \doteq 0.42401\,13870\,33.$$

Leser mit dem Wunsch nach mehr Rigorosität seien auf den folgenden Abschnitt verwiesen, in welchem wir mit einer analytischen Methode *beweisen* werden, dass diese Behauptung richtig ist.

8.3 Eine analytische Lösung: Fourierreihen

Traditionell wurden Anfangsrandwertprobleme der Wärmeleitungsgleichung auf rechteckigen Gebieten mit *Fourierreihen* gelöst. Tatsächlich hat Fourier in seiner wegweisenden Abhandlung *Théorie analytique de la chaleur* [Fou78] aus dem Jahre 1822, in welcher er die Wärmeleitungsgleichung erstmalig einführte, selbst ausgiebig die trigonometrischen Reihen studiert, die heute seinen Namen tragen.

In Problem 8 lassen sich die Rechnungen beträchtlich vereinfachen, wenn wir die Symmetrien ausnutzen: Dank der Freundlichkeit des Aufgabenstellers, der ein quadratisches Gebiet wählte und den Punkt in seinem Zentrum betrachtete, können wir die Aufgabe in ein eindimensionales Problem umformen. Hierzu bemerken wir zunächst, dass wir genausogut jede andere Seite der quadratischen Platte aufheizen können und jedesmal im Zentrum die gleiche Lösung erhalten. Addieren wir diese vier Lösungen zusammen, so sehen wir aufgrund der Linearität der Gleichung, dass uns ein Aufheizen aller vier Seiten im Zentrum das Vierfache der ursprünglichen Lösung liefert. Setzen wir also die konstanten Randbedingungen

$$u(t, \cdot, \cdot)|_{\partial\Omega} = \tfrac{5}{4}$$

an, werden wir zur *gleichen* Lösung im Zentrum geführt wie in der ursprünglichen Problemformulierung. Weiter erhalten wir durch die Transformation $u(t, x, y) = 5/4 - \hat{u}(t, x, y)$ eine homogene Wärmeleitungsgleichung mit homogenen Dirichlet'schen Randbedingungen,

$$\hat{u}_t = \Delta\hat{u}, \qquad \hat{u}(t, \cdot, \cdot)|_{\partial\Omega} = 0, \tag{8.2}$$

mit den Anfangswerten $\hat{u}(0, x, y) = \alpha^2$, wobei wir $\alpha^2 = 5/4$ gesetzt haben. Schließlich reduzieren wir die Dimension des Problems, indem wir bemerken, dass $\hat{u}(t, x, y) = v(t, x)v(t, y)$ das Anfangsrandwertproblem (8.2) löst, sobald v Lösung folgender Gleichung mit dem Anfangswert $v(0, x) = \alpha$ ist:

$$v_t(t, x) = v_{xx}(t, x), \qquad v(t, -1) = v(t, 1) = 0. \tag{8.3}$$

Die durch die Gleichung $u(t_*, 0, 0) = 1$ festgelegte Zeit t_* kann daher durch Lösen von $1/4 = \hat{u}(t_*, 0, 0) = v^2(t_*, 0)$ erhalten werden, also aus

$$v(t_*, 0) = \tfrac{1}{2}. \tag{8.4}$$

Wir konzentrieren uns jetzt auf die Konstruktion von $v(t, x)$ und folgen Fourier [Fou78, §333], indem wir feststellen, dass

$$v_k(t, x) = e^{-((k+1/2)\pi)^2 t} \cos((k + 1/2)\pi x)$$

eine spezielle Lösung von (8.3) für jedes $k = 0, 1, 2, \ldots$ liefert. Die trigonometrische Reihe

$$v(t, x) = \sum_{k=0}^{\infty} c_k e^{-((k+1/2)\pi)^2 t} \cos((k + 1/2)\pi x)$$

mit beschränkten Koeffizienten c_k löst daher ebenfalls (8.3) für $t > 0$. Dies sieht man durch termweises Differenzieren, was wegen des exponentiellen Abfallens der Terme der Reihe zulässig ist. Die Koeffizienten c_k müssen so gewählt werden, dass die trigonometrische Reihe die Anfangswerte erfüllt:

$$\alpha = v(0, x) = \sum_{k=0}^{\infty} c_k \cos((k + 1/2)\pi x), \qquad -1 < x < 1. \qquad (8.5)$$

Wir können die Koeffizienten

$$c_k = \alpha \frac{4(-1)^k}{\pi(2k + 1)} \qquad (8.6)$$

an einer von Fouriers wichtigen Identitäten [Fou78, §177] ablesen:

$$\frac{\pi}{4} = \sum_{k=0}^{\infty} \frac{(-1)^k}{2k + 1} \cos((2k + 1)x), \qquad -\frac{\pi}{2} < x < \frac{\pi}{2}. \qquad (8.7)$$

Ein moderner Beweis[3] von (8.6) würde sich auf die Orthogonalität der trigonometrischen Monome $\cos((2k + 1)x)$ in L^2 stützen, eine Technik, die Fourier selbst im wesentlichen anwendet, um andere Identitäten zu beweisen [Fou78, §220–§224]. Der Leser findet einen solchen Beweis von (8.6) in §10.4, wo wir ähnliche Resultate für Problem 10 diskutieren.

Zusammenfassend erhalten wir

$$v(t, 0) = \frac{4\alpha}{\pi} \sum_{k=0}^{\infty} \frac{(-1)^k e^{-((k+1/2)\pi)^2 t}}{2k + 1} = \frac{2\alpha}{\pi} \theta\left(e^{-\pi^2 t}\right),$$

---

[3] Fourier [Fou78] hat wenigstens drei verschiedene Beweise seiner Identität (8.7) angeführt; in §171–§177 durch Lösen eines unendlichen linearen Gleichungssystems, in §179–§180 unter Verwendung von Identitäten trigonometrischer Polynome. In §189 benutzt er die trigonometrische Identität $\pi/2 = \arctan(z) + \arctan(1/z)$, die für $\mathrm{Re}\,z > 0$ gültig ist, entwickelt arctan an beiden Stellen in eine Taylorreihe,

$$\frac{\pi}{2} = \sum_{k=0}^{\infty} \frac{(-1)^k}{2k + 1}\left(z^{2k+1} + z^{-2k-1}\right), \qquad (*)$$

und setzt dann $z = e^{ix}$ ein, was schließlich das gewünschte Resultat liefert. Die Rechtfertigung dieser Argumentation verlangt eine sorgfältige Betrachtung von Konvergenzfragen; Fourier selbst bemerkt nur trocken [Fou78, S. 154], dass „die Reihe in (*) stets divergiert und die in Gleichung (8.7) stets konvergiert." Das ist zwar nicht ganz richtig, aber es zeigt für seine Zeit ein bemerkenswertes Bewusstsein für die Feinheiten der Konvergenzproblematik.

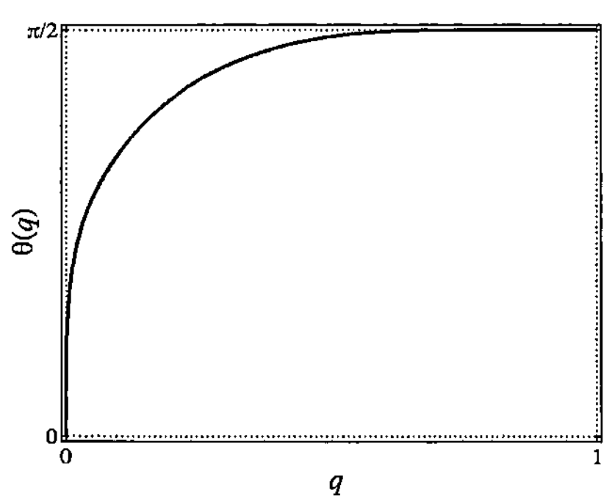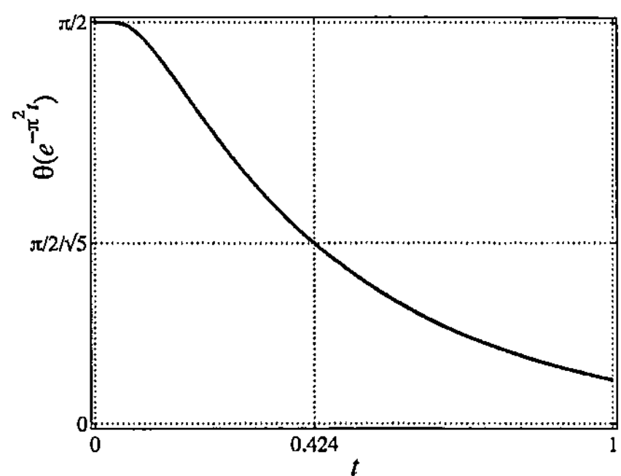

Abb. 8.2. *Die Funktionen $\theta(q)$ und $\theta(e^{-\pi^2 t})$.*

wobei θ eine Funktion bezeichnet, die eng mit den klassischen Thetafunktionen verwandt ist:[4]

$$\theta(q) = 2q^{1/4} \sum_{k=0}^{\infty} \frac{(-1)^k}{2k+1} q^{k(k+1)}.$$

Das betrachtete Problem, die Gleichung (8.4) nach t_* aufzulösen, ist daher zur Lösung der transzendenten Gleichung

$$\theta(e^{-\pi^2 t_*}) = \frac{\pi}{2\sqrt{5}} \qquad (8.8)$$

äquivalent. Wie Abb. 8.2 zeigt, ist die Lösung $t_* \doteq 0.424$ eindeutig.

8.3.1 Lösung der transzendenten Gleichung

Mathematica und Maple stellen Befehle für die numerische Auswertung unendlicher Reihen zur Verfügung, die sich auf Extrapolationsmethoden stützen. Die auf der Sekantenmethode aufbauende Nullstellensuche von Mathematica und Maple kann daher unmittelbar zur Auflösung von (8.8) nach t_* eingesetzt werden.

---

[4] Tatsächlich ist die Beziehung von θ zur Jacobi'schen θ_1-Funktion [BB87, §2.6] durch

$$\theta(q) = \int_0^{\pi/2} \theta_1(z,q)\,dz, \qquad \theta_1(z,q) = 2q^{1/4} \sum_{k=0}^{\infty} (-1)^k q^{k(k+1)} \sin((2k+1)z),$$

gegeben. Dies ist kein Zufall, da sich die Green'sche Funktion von Anfangsrandwertproblemen der eindimensionalen Wärmeleitungsgleichung nach klassischen Resultaten durch Thetafunktionen ausdrücken lässt, siehe [WW96, §21.4] und [Joh82, S. 221].

Eine Sitzung mit Maple

```
> theta:=q->2*q^(1/4)*sum((-1)^k/(2*k+1)*q^(k*(k+1)),k=0..infinity):
> Digits:=16: fsolve(theta(exp(-Pi^2*t))=Pi/2/sqrt(5),t=0.4);

         0.4240113870336884
```

Eine Sitzung mit Mathematica

$$\theta[q\_Real] := 2q^{1/4}\text{NSum}\left[\frac{(-1)^k}{2k+1}q^{k(k+1)}, \{k, 0, \infty\}\right]$$

$$t_* ==$$

$$\left(t/.\text{FindRoot}\left[\theta\left[e^{-\pi^2 t}\right] == \frac{\pi}{2\sqrt{5}}, \{t, 0.4, 0.5\},\right.\right.$$

$$\left.\left.\text{AccuracyGoal} \to \text{MachinePrecision}\right]\right)$$

$$t_* == 0.4240113870336884$$

Es ist beruhigend zu sehen, dass beide Programme in allen gezeigten Ziffern übereinstimmen. Für die verlangte Genauigkeit verwendet Mathematica IEEE-Arithmetik, Maple dagegen grundsätzlich Softwarearithmetik. Beide nutzen vermutlich verschiedene Algorithmen; in jedem Fall sind die Algorithmen aber verschieden implementiert. Wenn wir die Genauigkeit erhöhen, stimmen die Ergebnisse beider Programme nach wie vor überein und bestätigen jeweils die Resultate aus weniger genauen Rechnungen. Auf diese Weise haben wir gute wissenschaftliche Argumente, um zu behaupten, dass die folgenden 100 Ziffern von t_* korrekt sind:

$$t_* \doteq 0.42401\,13870\,33688\,36379\,74336\,68593\,25645\,12477\,62090\,66427$$
$$47621\,97112\,49591\,33101\,76957\,56369\,22970\,72442\,29447\,70112.$$

Für hochgenaue Rechnungen wird es schnell ineffizient, sich auf die Befehle zur numerischen Auswertung unendlicher Reihen zu verlassen. Stattdessen nutzen wir das schnelle exponentielle Abfallen der Reihe $\theta(q)$ in $q = e^{-\pi^2 t_*} \approx 0.015$. Wir verwenden die abgeschnittene Reihe

$$\theta^{(k_{\max})}(q) = 2q^{1/4}\sum_{k=0}^{k_{\max}}\frac{(-1)^k}{2k+1}q^{k(k+1)}$$

und wählen $k_{\max}$ als den kleinstmöglichen Index, für welchen eine weitere Erhöhung $k_{\max} \to k_{\max} + 1$ das Resultat der Nullstellensuche bei der verlangten Genauigkeit nicht mehr ändert. Tabelle 8.3 zeigt einige Laufzeiten für Mathematica.

Es gibt eine einfache Abschätzung des Abschneidefehlers, welche uns den Wert von $k_{\max}$ umittelbar zu beschränken erlaubt. Tatsächlich wissen

Tabelle 8.3. *Laufzeit der Lösung der transzendenten Gleichung für verschiedene Genauigkeiten.*

Ziffern von t_*	Laufzeit	k_{max}	k_{max}^*
10	0.67 ms	1	1
100	8.9 ms	6	6
1 000	0.18 s	22	22
10 000	22 s	73	73

wir von alternierenden Reihen, deren Terme betragsmäßig monoton gegen Null streben, dass der Abschneidefehler durch den ersten vernachlässigten Term beschränkt ist:

$$\left| \theta^{(k)}(q) - \theta(q) \right| \leqslant \frac{q^{(k+3/2)^2}}{k+3/2}, \qquad 0 < q < 1.$$

Asymptotisch ist die rechte Seite dieser Abschätzung gleich ϵ für

$$k \sim \sqrt{\frac{|\log \epsilon|}{|\log q|}} - \frac{3}{2}.$$

Abbildung 8.2 zeigt nun, dass die Steigung von $\theta\left(e^{-\pi^2 t}\right)$ bei t_* ungefähr gleich -1 ist, der Abschneidefehler also einen etwa gleichgroßen Fehler in der Lösung der transzendenten Gleichung verursacht. Zusammenfassend erhalten wir asymptotisch die obere Schranke

$$k_{max} \lesssim k_{max}^* = \left\lceil \frac{\sqrt{\# \text{ Ziffern} \cdot \log(10)}}{\pi \sqrt{t_*}} - \frac{3}{2} \right\rceil.$$

Diese einfache Formel liefert exzellente Resultate, wie sich mit einem Blick auf Tabelle 8.3 erkennen lässt. Für 11 signifikante Ziffern erhalten wir $k_{max} = 1$, was uns zu der einfachen Approximation führt, die wir in der Einleitung dieses Kapitels erwähnt haben.

8.3.2 Mittels Intervallarithmetik

Alternierende Reihen wie diejenige, die $\theta(q)$ definiert, konvergieren gegen einen Wert, der stets von zwei sukzessiven Teilsummen *eingeschlossen* wird; für $0 < q < 1$ erhalten wir

$$\theta^{(1)}(q) < \theta^{(3)}(q) < \theta^{(5)}(q) < \cdots < \theta(q) < \cdots < \theta^{(4)}(q) < \theta^{(2)}(q) < \theta^{(0)}(q).$$

Gestützt auf diese Beobachtung können wir die Lösung t_* elegant durch eine intervallbasierte Nullstellensuche einschließen, ohne die gegenwärtige *Größe* des Abschneidefehlers explizit abschätzen zu müssen. Aus den abgeschnittenen Reihen konstruieren wir die Familie

$$\theta^{(k)}[Q] = \mathrm{conv}\big(\theta^{(k-1)}(Q) \cup \theta^{(k)}(Q)\big), \qquad Q \subset [0,1],$$

von Intervallabbildungen, welche θ zunehmend schärfer einschließen, indem sie eine *Filtration* von θ bilden:

$$\theta^{(k)}[Q] \supset \theta^{(k+1)}[Q] \supset \theta(Q), \qquad \lim_{k \to \infty} \theta^{(k)}[Q] = \theta(Q).$$

Diese Familie kann mit den Standardwerkzeugen eines Pakets zur Intervallarithmetik berechnet werden; Implementierungen finden sich im Anhang C.4.2 für Matlab/Intlab und im Anhang C.5.2 für Mathematica.

Spielt man den gleichen Trick mit der Ableitung von θ in Mathematica oder benutzt die Möglichkeit zur automatischen Differentiation in Matlab/Intlab, so kann man eine Einschließung von t_* mit dem Intervall-Newton-Verfahren aus §4.5 berechnen.[5] Nach Konstruktion liefert *jede* Wahl von k eine solche Einschließung von t_*; jedoch nimmt die Schärfe der Einschließung für größeres k zu.

Eine Sitzung mit Matlab/Intlab

```
>> f = inline('theta(exp(-pi^2*t),k)-pi/2/sqrt(5)','t','k'); kt = [];
>> for k=1:4, kt = [kt; k IntervalNewton(f,infsup(0.4,0.5),k)]; end
>> kt
intval kt =
   1 4.240___________e-001
   2 4.24011387033____e-001
   3 4.24011387033688_e-001
   4 4.24011387033688_e-001
```

Eine Sitzung mit Mathematica

```
Table[
   {k, t_* == IntervalForm@IntervalNewton[(θ[Exp[-π^2 #],k] - π/(2 Sqrt[5]))&, {0.4, 0.5}]},
   {k, 4}]//TableForm
```

$$
\begin{aligned}
1 \quad & t_* == 0.4240^{427176438009}_{113824891349}\\
2 \quad & t_* == 0.42401138703^{36890}_{26777}\\
3 \quad & t_* == 0.42401138703368^{90}_{79}\\
4 \quad & t_* == 0.42401138703368^{90}_{79}
\end{aligned}
$$

---

[5] Implementierungen finden sich im Anhang C.4.3 für Matlab/Intlab und im Anhang C.5.3 für Mathematica.

Tabelle 8.4. *Erweiterbarkeit der für Problem 8 vorgestellten Methoden.*

Methode	Genauigkeit	Polygone	Randwerte	nD-Quader
§8.1: Finite-Elemente	niedrig	✓	✓	✓
§8.2: Extrapolation	mittel	(✓)	✓	✓
§8.3: Trennung der Variablen	hoch	—	—	✓

Wir haben also, bei ausschließlicher Verwendung von IEEE-Maschinenzahlen, die Korrektheit von 15 Ziffern *bewiesen*:

$$t_* \doteq 0.42401\,13870\,33688.$$

Mit einer Laufzeit von 5 Minuten erlaubt uns Mathematica, gestützt auf die Intervallabbildung $\theta^{(74)}[Q]$, die Korrektheit der in Tabelle 8.3 erwähnten 10 000 Ziffern zu beweisen. Wie wir in §4.5 erklärt haben, besteht keine Notwendigkeit, die intervallarithmetische Methode von Beginn an zu verwenden. Stattdessen beginnen wir mit der Methode aus §8.3.1 und erhalten eine Approximation von t_*, die höchstwahrscheinlich auf die gewünschte Anzahl von Ziffern genau ist. Für die ϵ-Aufblähung nehmen wir ein kleines Intervall um diese Approximation mit einem Durchmesser von wenigen Einheiten in der letzten Ziffer. Auf dieses Startintervall wenden wir nun das Intervall-Newton-Verfahren an und erhalten eine validierte Einschließung. Diese Technik, zunächst zu approximieren und dann zu validieren, liefert und *beweist* die Korrektheit von 10 000 Ziffern innerhalb einer Minute Rechenzeit. Der Preis für eine validierte Lösung liegt also in einer gerade einmal um den Faktor 3 verlängerten Rechenzeit.

8.4 Schwierigere Probleme

Für Bewertung und Vergleich der vorgestellten Zugänge zu Problem 8 wollen wir uns überlegen, welche Veränderungen das Problem für einen der Zugänge schwieriger, oder gar unzugänglich, gemacht hätten. Drei Aspekte des Problems wurden in unterschiedlichem Umfang genutzt: Dass die räumliche Geometrie zweidimensional war, dass das Gebiet rechteckig war und dass die Randwerte besonders einfach waren. Drei Verallgemeinerungen liegen daher unmittelbar auf der Hand:

- allgemeine Polygone in zwei Raumdimensionen
- allgemeinere Randwerte
- n-dimensionaler Quader

Tabelle 8.4 führt im einzelnen auf, ob sich die Methoden dieses Kapitels erweitern lassen.

Wir wollen einen Aspekt dieser Tabelle kommentieren. *Finite-Differenzen* liefern in Verbindung mit *Extrapolation* eine universelle Methode, die sich gut für mittlere relative Genauigkeiten eignet. Wenn das Gebiet jedoch kein Quader ist, muss man bei der Diskretisierung des Randes Vorsicht walten lassen. Der Diskretisierungsfehler kann dann eine asymptotische Entwicklung in mehreren inkompatiblen Potenzen h^{γ_k} besitzen, was keine unmittelbare Verallgemeinerung unserer Programme zulässt.

Gradus ad Parnassum

Dirk Laurie

> *Es steht zu erwarten, dass jeder Pilger auf den Hängen bergan des mathematischen Parnassus an diesem oder jenem Punkt seiner Reise innehält und ein oder zwei bestimmte Integrale erfindet, um den allgemeinen Vorrat aufzustocken.*
>
> James Joseph Sylvester (1860)

> *Weil er da ist.*
>
> George Leigh Mallory (1923; auf die Frage, warum er den Mount Everest besteigen möchte)

Problem 9

Für welchen Wert $\alpha \in [0,5]$ nimmt das parameterabhängige Integral $I(\alpha) = \int_0^2 (2 + \sin(10\alpha))\,x^\alpha \sin\left(\alpha/(2-x)\right)\,dx$ sein Maximum an?

9.1 Auf den ersten Blick

Wir können $I(\alpha)$ als folgendes Produkt schreiben: $I(\alpha) = p(\alpha)q(\alpha)$ mit

$$p(\alpha) = 2 + \sin(10\alpha), \quad q(\alpha) = \int_0^2 f_1(x,\alpha)\,dx, \quad f_1(x,\alpha) = x^\alpha \sin\left(\frac{\alpha}{2-x}\right).$$

Um ohne große Anstrengung eine grobe graphische Vorstellung von I zu erhalten, approximieren wir q mit der Mittelpunktsregel. Sie ist sehr einfach und umgeht die Singularitäten in den Eckpunkten:

$$q(\alpha) \approx h \sum_{k=1}^{2n} f_1\left(\left(k - \frac{1}{2}\right)h, \alpha\right), \quad h = \frac{1}{n}.$$

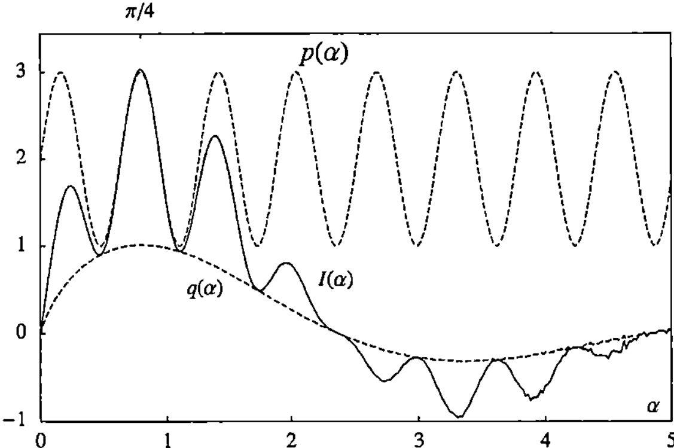

Abb. 9.1. *Graphen von $p(\alpha)$ (die Sinuswelle), $q(\alpha)$ und der Approximation von $I(\alpha)$ mit der Mittelpunktsregel (die durchgezogene Linie).*

Der in Abb. 9.1 für α zwischen 0 und 5 in Schritten der Weite 0.02 (251 Punkte) gezeigte Graph mit dem Diskretisierungsparameter $h = 0.0001$ wurde in ein paar Sekunden auf meinem Arbeitsplatzrechner ermittelt.

Das linke Drittel des Graphen $I(\alpha)$ sieht glatt aus und lässt sich auf meinem Bildschirm nicht von dem (hier nicht gezeigten) für $h = 0.0005$ unterscheiden. Der Rest macht einen raueren Eindruck. Das liegt daran, dass für größere Werte von α der Integrand in der Nähe des rechten Eckpunkts stärker oszilliert und die Mittelpunktsregel zunehmend ungenauer wird. Glücklicherweise benötigen wir keine allzu große Genauigkeit für $\alpha > 1$, da das verlangte Maximum ganz offensichtlich nicht in diesem Bereich zu finden ist.

Zufälligerweise liegen ein lokales Maximum von p und das globale von q sehr nahe beieinander. Das Maximum von q ist jedoch recht flach, so dass die Position unseres Maximums im wesentlichen durch p festgelegt wird. Das zweite Maximum von p wird in $\alpha = \pi/4$ erreicht und liefert uns eine erste Approximation:

$$\alpha_{\mathrm{opt}} \approx \pi/4 \doteq 0.785.$$

9.2 Genaue Auswertung des Integrals

Abbildung 9.2 zeigt, wie $f_1(x, \pi/4)$ aussieht. Wir haben eine klar umrissene Teilaufgabe: die genaue Auswertung dieses oszillatorischen Integrals für α in der Nähe von $\pi/4$. In Kapitel 1 diskutieren wir detailliert verschiedene allgemeine Zugänge für ein ähnliches Problem, in welchem das Integral selbst Zweck der Übung ist. Um Wiederholungen zu vermeiden und uns auf die speziellen Eigenarten von Problem 9 zu konzentrieren, greifen wir uns eine der einfachsten Methoden heraus, nämlich die Kurvenintegration.

Dazu müssen wir den Integranden durch analytische Funktionen ausdrücken, was sehr einfach ist: Für

$$f_0(z, \alpha) = z^\alpha e^{i\alpha/(2-z)} = e^{\alpha(\log z + i/(2-z))}, \tag{9.1}$$

gilt $f_1(x, \alpha) = \mathrm{Im} f_0(x, \alpha) = \mathrm{Re}(-if_0(x, \alpha))$. Damit der Integrand für $z \to 2$ exponentiell abfällt, sollte $i\alpha/(2 - z)$ entlang des Integrationsweges einen negativen Realteil besitzen, was einen positiven Imaginärteil von z nach sich zieht. Genau wie in Problem 1 funktioniert hier ein parabolischer Weg:

$$z(t) = t + it(2 - t), \qquad z'(t) = 1 + 2i(1 - t), \qquad t \in [0, 2]. \tag{9.2}$$

Abbildung 9.2 zeigt den Graph von $f_2(t, \pi/4)$, wobei wir

$$f_2(t, \alpha) = \mathrm{Re}\left(-if_0(z(t), \alpha) \cdot z'(t)\right)$$

setzen.

Die Funktion $f_2(t, \pi/4)$ lässt sich offensichtlich einfacher integrieren als $f_1(x, \pi/4)$. Die Oszillationen sind zwar nicht verschwunden, aber ihre Amplitude ist exponentiell gedämpft. Es gibt jedoch weiterhin eine kleine tückische Schwierigkeit: Der Faktor x^α ist weiterhin vorhanden; weil die interessanten Werte von α kleiner als 1 sind, besitzt dieser Faktor bei 0 eine unendlich große Ableitung. Quadraturverfahren (wie das von Romberg), die sich auf ein polynomartiges Verhalten des Integranden stützen, werden daran scheitern oder bestenfalls unerträglich langsam sein.

Es gibt verschiedene Wege aus diesem Dilemma: Man könnte eine Gauß–Jacobi-Formel benutzen oder eine Modifikation der Romberg-Integration, welche die präzise Form der Singularität in 0 berücksichtigt (siehe hierzu Anhang A, Tabelle A.6); man könnte eine weitere Transformation der Variablen t vornehmen, um bei einem Integral zu landen, für das die Trapezregel optimal ist (eine solche Transformation findet sich in §9.4); oder man könnte es mit einem guten automatischen Allzweck-Quadraturprogramm versuchen.

Auf der Suche nach einer schnellen Antwort ist die letzte Option unbestreitbar verführerisch. Der Industriestandard ist auch 20 Jahre nach seiner Publikation noch das Paket QUADPACK [PdDKÜK83]. Dabei ist es noch nicht einmal notwendig, das bequeme Umfeld von Octave zu verlassen, da der Befehl quad einfach die QUADPACK-Routine QAG aufruft: Diese verbindet eine robuste Strategie zur adaptiven Intervallunterteilung mit einer zugrundeliegenden Formel von hoher Ordnung und einem konservativen, sicherheitsorientierten Zugang zur Fehlerschätzung.

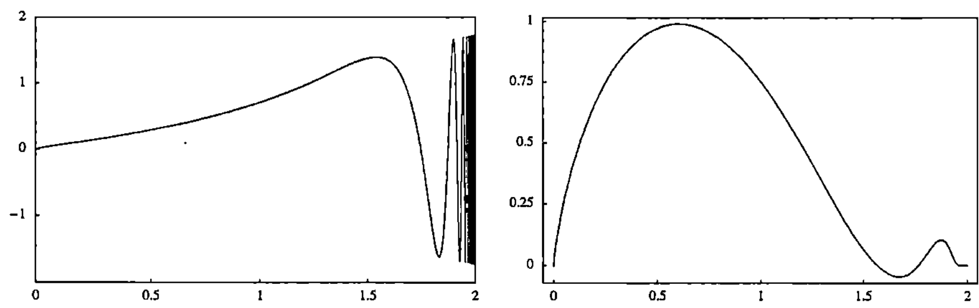

Abb. 9.2. *Graph von $f_1(x, \pi/4)$ (links) und von $f_2(t, \pi/4)$ (rechts).*

Eine Sitzung mit Octave (berechnet $q(\pi/4)$)

```
>> function y=f2(t)
>>    global alfa
>>    z=t+i*t.*(2-t); dz=1+2i*(1-t);
>>    y=real(-i*exp(alfa*(log(z)+i./(2-z))).*dz);
>> end
>> global alfa; alfa=pi/4;
>> quad_options('abs',1e-10); quad_options('rel',0);
>> [ans,ierr,neval,error]=quad('f2',0,2)

   ans = 1.01123909053353
   ierr = 0
   neval = 651
   error = 3.85247389544929e-13
```

Wenn wir strengere Anforderungen an die Fehlertoleranz stellen, braucht quad zwar eine größere Anzahl von Funktionsauswertungen, aber die Antwort ändert sich – bis auf ein paar Fluktuationen in der Größenordnung der Maschinengenauigkeit – nicht weiter. Dieses Verhalten ist typisch: QUAD-PACK ist wirklich nahezu paranoid in seinem Umgang mit der Fehlerschätzung.

Wir können nun also $I(\alpha)$ fast auf Maschinengenauigkeit berechnen. Haben wir damit Problem 9 das Genick gebrochen? Wir wollen mit dem eigentlichen Optimierungsproblem fortfahren.

9.3 Das Maximierungsproblem

Die Literatur zur Berechnung von Extremstellen numerisch gegebener Funktionen ist umfangreich und befasst sich damit, weit vom Extremum entfernte Startwerte zu verkraften oder sicherzustellen, dass Intervalleinschließungen einer Extremstelle beibehalten werden. Hier benötigen wir jedoch nichts derartiges, da sich die zu maximierende Funktion gutartig verhält und wir bereits im Rahmen der Zeichengenauigkeit wissen, wo sich das Maximum befindet.

Ein einfacher Algorithmus [Pow64] zur Maximierung einer Funktion ohne Verwendung ihrer Ableitungen ist die Methode der quadratischen Interpolation. Im Fall einer Funktion $f(x)$ einer Veränderlichen ist die Methode besonders einfach. Wir beginnen mit drei Startwerten x_1, x_2, x_3, die wir so nummerieren, dass $f(x_1) < f(x_2) < f(x_3)$ gilt. Im Schritt n ist dann x_{n+1} die Position des Maximums der Parabel durch die drei Punkte $(x_j, f(x_j))$, $j = n - 2, n - 1, n$. Man kann dies als Analogon zum Sekantenverfahren (siehe S. 234) zur Lösung einer skalaren nichtlinearen Gleichung auffassen. Wir setzen $h_n = x_{n+1} - x_n$. Die folgenden Formeln erlauben es, die Rechnung bequem zu implementieren:

$$d_{n-1} = \frac{f(x_n) - f(x_{n-1})}{h_{n-1}}, \qquad \theta_{n-1} = \frac{d_{n-1}}{2(d_{n-2} - d_{n-1})},$$

$$h_n = \theta_{n-1} h_{n-2} + \left(\theta_{n-1} - \frac{1}{2} \right) h_{n-1}.$$

Wir beginnen mit $n = 3$; wenn $h_n = 0$ oder $f(x_{n+1}) \leqslant f(x_n)$ ist, so brechen wir ab und nehmen x_n als Ergebnis; anderenfalls erhöhen wir n und fahren fort. Diese Implementierung ohne jede Notbremse wäre als Allzweck-Routine ungeeignet, aber für unser einfaches Optimierungsproblem funktioniert sie sehr gut.

Tatsächlich ist es oft besser, x_{n-1} als Ergebnis zu nehmen. Der Grund liegt darin, dass d_n sich der unbestimmten Form $0/0$ nähert und dass für zu kleine Werte von h_{n-1} die Berechnung von h_n stark unter Auslöschung leidet. Eine umfassende Diskussion des Wechselspiels zwischen Approximationsfehler und Auslöschung findet sich für das Thema der numerischen Differentiation in §9.7.

Wenden wir diesen Algorithmus auf I mit den Startwerten $\alpha_1 = \pi/4 - 0.01$, $\alpha_2 = \pi/4 - 0.005$ und $\alpha_3 = \pi/4$ an, so erhalten wir in doppelt-genauer IEEE-Arithmetik die Ergebnisse aus Tabelle 9.1.

Ein Aspekt von Tabelle 9.1 ist außerordentlich beunruhigend. Wir haben die Werte von $I(\alpha_n)$ auf 17 signifikante Ziffern angegeben (eine mehr als es die Maschinengenauigkeit eigentlich verdient), um zu zeigen, dass sich die letzten beiden Werte auch wirklich unterscheiden. Tatsächlich weichen sie nur im letzten Bit voneinander ab: Zwei verschiedene Maschinenzahlen nahe bei 3 können sich auf diesem Computer in ihrer Dezimaldarstellung nicht um weniger unterscheiden als gezeigt. Dennoch stimmen die entsprechenden Werte von α nur auf 9 Ziffern überein. Es wäre wirklich recht optimistisch von uns,

$$\alpha_{\mathrm{opt}} \doteq 0.78593\,3674$$

Tabelle 9.1. *Optimierung mit quadratischer Interpolation.*

n	α_n	$I(\alpha_n)$
1	0.7753981633974483	3.0278091521555970
2	0.7803981633974483	3.0320964090785236
3	0.7853981633974483	3.0337172716005982
4	0.7859375909509202	3.0337325856662893
5	0.7859337163733469	3.0337325864853986
6	0.7859336743674070	3.0337325864854936
7	0.7859336741864730	3.0337325864854945

zu behaupten, da die Berechnung von I doch vergleichsweise kompliziert ist: Sicherlich können wir nicht erwarten, dass die Werte von I bis zum letzten Bit korrekt sind.

Wir haben den Wert $I(\alpha_{\mathrm{opt}})$ des Optimums auf 15 Ziffern genau berechnet, aber anders als in den Problemen 4 und 5 reicht das hier nicht aus: Wir wurden nach der Position α_{opt} des Optimums gefragt, was stets die schwierigere Aufgabe ist. Wir wollen hierfür den Grund analysieren.

In der Umgebung eines relativen Maximums α_0 haben wir

$$I(\alpha_0 + h) = I(\alpha_0) + \frac{1}{2}h^2 I''(\alpha_0) + O(h^3),$$

da $I'(\alpha_0) = 0$ ist. Nehmen wir an, wir könnten I in doppelt-genauer IEEE-Arithmetik auf Maschinengenauigkeit, also 16 Ziffern, berechnen. Wenn nun α acht korrekte Ziffern besitzt, so liegt h in der Größenordnung von 10^{-8} und daher h^2 mit etwa 10^{-16} in der Größe der Rundungsfehler. Also könnte ein zwischen $I(\alpha)$ und $I(\alpha_0)$ beobachteter Unterschied bereits durch Rundungsfehler verursacht sein, so dass wir nicht entscheiden können, welche der beiden Zahlen wirklich größer als die andere ist. Wir dürfen daher nicht erwarten, mehr als 8 korrekte Ziffern aus einem Verfahren herauszuholen, das sich auf die Auswertung von $I(\alpha)$ für verschiedene Werte von α stützt und abbricht, sobald keine Verbesserung mehr erreicht wird. Wir bemerken, dass α_6 tatsächlich genauer als α_7 ist.

Abbildung 9.3 zeigt den Graphen von $I(\alpha)$ für die Werte $\alpha = \alpha_0 + nh$, $\alpha_0 = 0.785933674$, $h = 10^{-10}$, $n = -500, -499, \ldots, 499, 500$, berechnet mit der Anwendung von quad auf die Darstellung von I als Kurvenintegral. Dabei wurden kleine Punkte gezeichnet, die nicht durch Linien verbunden sind. Der Graph ist weit davon entfernt, wie die mathematische Idealisierung einer eindimensionalen Kurve in der zweidimensionalen Ebene auszusehen; tatsächlich sieht er eher danach aus, mit einem ungespitzten weichen Bleistift auf grobes Papier gezeichnet worden zu sein –

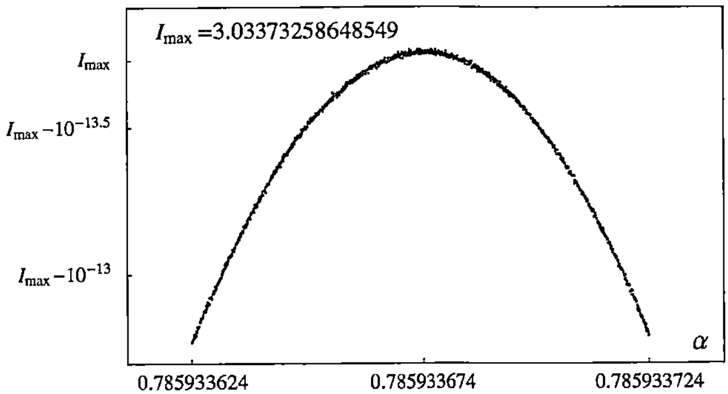

Abb. 9.3. *Detailausschnitt des Graphs der numerisch berechneten Werte von $I(\alpha)$.*

nicht gerade die Art, in der hochgenaue Zeichnungen angefertigt werden. Dieses Erscheinungsbild wird von dem pseudo-zufälligen Verhalten der Rundungsfehler verursacht. Aus dem Graph können wir ein Intervall von etwa der Länge $2 \cdot 10^{-9}$ ablesen, welches das Maximum enthält, aber das ist auch das Beste, was wir – wie in unserem Algorithmus – durch den Vergleich von jeweils gerade einmal zwei Funktionswerten erreichen können. (Etwas mehr lässt sich erreichen, wenn man gezielt weitere Funktionswerte einsetzt, siehe §9.7.)

Anders als bei Problem 2, wo es keine Alternative zur Verwendung hochgenauer Arithmetik gibt, verfügen wir hier über einen Standardweg aus der Schwierigkeit. Es handelt sich um das aus der Analysis vertraute Vorgehen, nach einer Nullstelle von $I'(\alpha)$ zu suchen. Zusätzliche Information sichert dann, dass das korrekte Maximum gefunden wurde – in unserem Fall die Information, dass α_0 nahe $\pi/4$ liegt.

Um $I'(\alpha)$ auswerten zu können, müssen wir unter dem Integralzeichen differenzieren dürfen. Dies könnte sich für die ursprüngliche Definition von I als problematisch herausstellen, da der üblicherweise verwendete Satz (siehe z.B. [Apo74, S. 167]) zur Differentiation unter dem Integralzeichen die Stetigkeit bezüglich x über $[0,2]$ erfordert, die hier nicht gegeben ist. Es gibt aber keine Schwierigkeit entlang des Weges (9.2), da

$$f_2^{(n)}(t,\alpha) = \frac{\partial^n f_2(t,\alpha)}{\partial \alpha^n} = \mathrm{Re}\left(-if_0(z(t),\alpha)\left(\log z(t) + \frac{i}{(2-z(t))}\right)^n z'(t)\right)$$

$$(9.3)$$

ein beschränkter Ausdruck über dem abgeschlossenen Intervall ist. Abbildung 9.4 zeigt den Graphen von $f_2'(t,\pi/4)$. Der logarithmische Term stellt keine wesentliche Erschwernis dar und der Befehl quad tut sich nach wie vor leicht mit der Auswertung von $q'(\alpha)$.

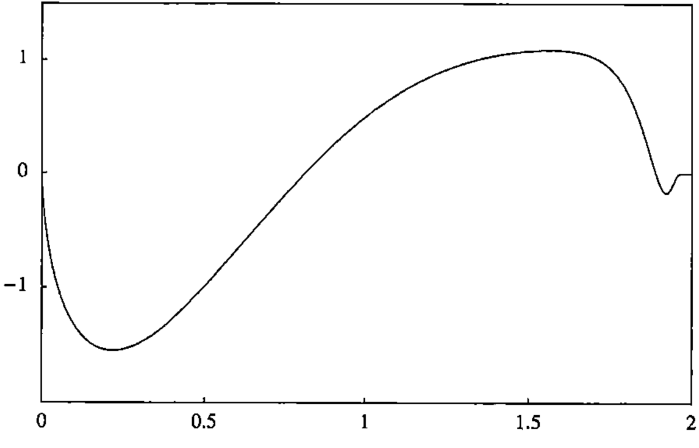

Abb. 9.4. *Graph von $f_2'(t, \pi/4)$.*

Die Nullstellensuche selbst birgt keine weiteren Gefahren. Das Verhalten von I ist in der Nähe unserer exzellenten ersten Näherung des Maximums in etwa parabelförmig und I' in der Nähe der Nullstelle fast linear. Alle gängigen Verfahren zur Lösung der nichtlinearen Gleichung $I'(\alpha) = 0$ lassen sich in der Form

$$\alpha_{n+1} = \alpha_n - \frac{I'(\alpha_n)}{m_n} \tag{9.4}$$

schreiben, wobei m_n eine Approximation der Steigung des Graphen von I' in der Nähe der Nullstelle ist. Das einfachstmögliche Verfahren nimmt einen konstanten Wert für m_n. Da $I(\alpha)$ so stark von dem Term $p(\alpha) = 2 + \sin(10\alpha)$ dominiert wird, ist die Steigung von I' in der Nähe des gesuchten Maximums etwa $p''(\pi/4) = -100$; wegen der Konkavität von p und q ist die Steigung sogar etwas größer. Die einfache Fixpunktiteration

$$\alpha_{n+1} = \alpha_n + 0.01 I'(\alpha_n)$$

ist immerhin so gut, pro Iterationsschritt etwas mehr als eine weitere korrekte Ziffer zu liefern. Die untere Schranke von 100 für $|I''|$ in der Nähe des Maximums bedeutet zudem, dass für $|I'(\alpha_n)| = \epsilon$ der Fehler in α_n kleiner als 0.01ϵ ist.

Eine etwas raffiniertere Methode zur Lösung der nichtlinearen Gleichung ist das Sekantenverfahren, das zwei aufeinanderfolgende Werte benutzt, um nahezu kostenlos zu der guten Abschätzung

$$m_n = \frac{I'(\alpha_n) - I'(\alpha_{n-1})}{\alpha_n - \alpha_{n-1}} \tag{9.5}$$

der Steigung des Graphs von I' zu gelangen. Das Ergebnis des Sekantenverfahrens findet sich für die Startwerte $\alpha_1 = \pi/4 - 0.005$ und $\alpha_2 = \pi/4$

Tabelle 9.2. *Sekantenverfahren zur Lösung von* $I'(\alpha_{\mathrm{opt}}) = 0$.

n	α_n	$I'(\alpha_n)$
1	0.7803981633974483	0.5910382447996654
2	0.7853981633974483	0.0571975138044098
3	0.7859338804239271	-0.0000220102325740
4	0.7859336743534198	-0.0000000003255850
5	0.7859336743503714	-0.0000000000000012

in Tabelle 9.2. Selbst unter dem Zugeständnis von Rundungsfehlern in der numerischen Integration sind wir von 14 Ziffern Genauigkeit überzeugt:

$$\alpha_{\mathrm{opt}} \doteq 0.78593\,36743\,5037.$$

Problem 9 ist damit gelöst. Dennoch hätten wir gerne noch eine andere Methode zur unabhängigen Bestätigung. Da selbstverständlich das Verhalten der Nullstellensuche nicht davon abhängt, wie die Funktionswerte berechnet wurden, widmen wir unsere Aufmerksamkeit in den nächsten Abschnitten der Frage nach weiteren Verfahren zur Berechnung von $q(\alpha)$ und $q'(\alpha)$. Für Prüfzwecke wollen wir die Auswertung von

$$q'\!\left(\tfrac{\pi}{4}\right) \doteq 0.01906583793480$$

verwenden. Angewendet auf $f_2'(\cdot, \pi/4)$ liefert der Octave-Befehl quad mit den gleichen Einstellungen wie zuvor den Wert 0.0190658379348022 – unter Verwendung von 693 Funktionsauswertungen.

9.4 Doppelt-exponentielle Quadraturformeln

Es ist bekannt, dass die Trapez- bzw. Mittelpunktsregel, so bescheiden ihre Herkunft auch sein möge, eine extrem effektive Formel zur Integration glatter periodischer Funktionen ist.[1] Insbesondere ist das der Fall, wenn alle Ableitungen des Integranden in beiden Endpunkten des Intervalls verschwinden. Man würde daher erwarten, dass die Trapezsumme besonders effektiv für Integrale über dem Intervall $(-\infty, \infty)$ ist. Tatsächlich kann gezeigt werden (siehe z.B. [LB92, S. 48] oder die Diskussion auf S. 84), dass für eine im Streifen $|\mathrm{Im}\,z| < d$ analytische Funktion $g(z)$ und eine reelle Konstante a_0 die exponentielle Fehlerabschätzung

---

[1] Nikolskij hat 1974 bewiesen [Nik74], dass diese Formel für derartige Funktionen in einem präzisen Sinne optimal und bis auf Translationsinvarianz auch eindeutig ist.

$$\left| \int_{-\infty}^{\infty} g(t)\,dt - h \sum_{k=-\infty}^{\infty} g(kh + a_0) \right| \leqslant \frac{\|g\|}{e^{2\pi d/h} - 1} \qquad (9.6)$$

gilt. Die genaue Bedeutung der Norm $\|g\|$ spielt für unsere Diskussion keine Rolle.

Die Abschätzung (9.6) zeigt uns, dass die folgenden Bedingungen für die Effizienz der Trapezsumme notwendig sind:

1. Die doppelt-unendliche Reihe muss schnell konvergieren.
2. h muss im Verhältnis zu d klein gewählt werden.

Die Methode der doppelt-exponentiellen Quadraturformeln wurde von Mori in Zusammenarbeit mit weiteren japanischen Mathematikern über etliche Jahre hin entwickelt. Die Grundidee besteht darin, das gegebene Integral $\int_a^b f(x)\,dx$ durch die Substitution $x = w(t)$ auf ein Integral $\int_{-\infty}^{\infty} g(t)\,dt$ zu transformieren, so dass der Betrag des neuen Integranden $g(t) = w'(t)f(w(t))$ sich für große $|t|$ wie $\exp(-c\exp(|t|))$ (mit einer Konstanten $c > 0$) verhält. Welche Genauigkeit wir auch immer fordern, die Trapezsumme wird sich dann in der Praxis stets wie eine endliche Summe verhalten. Dieses Verfahren führt nicht nur auf sehr effektive Quadraturformeln, sondern verhält sich auch robust gegen Singularitäten in den Endpunkten des Intervalls. Ein Überblick über diese Methode findet sich in [MS01]. Wir werden uns hier nur zu der praktischen Anwendung der Methode äußern, in §3.6.1 findet der Leser eine detaillierte Diskussion derjenigen Aspekte, die das Konvergenzverhalten von Trapezsummen beeinflussen.

Beispielsweise ist (mit einer positiven Konstante c)

$$w(t) = (a + b)/2 + ((b - a)/2)\,\tanh\,(\sinh ct)$$

die Standardtransformation für endliche Werte von a und b. Der genaue Wert von c ist dabei unwesentlich, oft wird $c = \pi/2$ empfohlen. Diese Transformation eignet sich für einen großen Bereich von Funktionen, einschließlich solcher, die in den Endpunkten unendlich werden. Sie ist jedoch zuviel des Guten für jene Funktionen, die bereits exponentiell in einem oder beiden Endpunkten abfallen, wie die in (9.3). Im Fall, dass f in b exponentiell abfällt, eignet sich die Transformation

$$w(t) = (a + b)/2 + ((b - a)/2)\,\tanh\left(t - e^{-ct}\right),$$

wiederum mit einer positiven Konstanten c.[2] Auch hier ist der Wert von c nicht entscheidend, die übliche Wahl ist $c = 1$.

---

[2] Diese Formel taucht zwar nicht explizit in [MS01] auf, kann aber sofort hergeleitet werden, wenn man auf [MS01, Formel (1.15)] die gleiche Argumentation anwendet, die von [MS01, Formel (1.16)] auf [MS01, Formel (1.17)] führt.

Alle doppelt-exponentiellen Quadraturformeln erfordern nahe der Endpunkte etwas Sorgfalt, um Überlauf, Unterlauf und unnötigen Genauigkeitsverlust durch Auslöschung zu vermeiden. Insbesondere sollte man, wenn der Integrand in einem der Endpunkte, sagen wir a, unendlich wird, die auslöschungsgefährdete Differenz $w(t) - a$ analytisch vereinfachen. Die Routine zur Auswertung des Integranden sollte jedenfalls diese Gesichtspunkte im Auge behalten. Im Fall des durch (9.3) definierten Integranden über dem Integrationsintervall $[0, 2)$ liegt ein exponentieller Abfall am rechten Endpunkt vor, so dass wir die Transformation

$$w(t) = \frac{2}{1 + e^{2(e^{-t} - t)}} \tag{9.7}$$

wählen.

Eine Sitzung mit Octave (berechnet $q(\alpha)$, $q'(\alpha)$, $q''(\alpha)$ in $\alpha = \pi/4$)

Der Bereich $-5.3 \leqslant t \leqslant 4.2$ wurde gewählt, damit $g(t)$ nicht unterläuft. Der Wert $h = 1/16$ wurde dadurch gefunden, dass die Schrittweite beginnend mit $h = 1/2$ solange halbiert wurde, bis zwei aufeinanderfolgende Ergebnisse auf mehr als acht Ziffern übereinstimmten. Das genügt, da wegen der exponentiellen Konvergenz jede Halbierung der Schrittweite die Anzahl der korrekten Ziffern verdoppelt.

```
>> function y=df2(t,n) % n-th derivative of f2
>>    global alfa
>>    z=t+i*t.*(2-t); dz=1+2i*(1-t); f=log(z)+i./(2-z);
>>    y=-i*exp(alfa*f).*dz;
>>    for k=1:n, y=f.*y; end
>>    y=real(y);
>> end
>> global alfa; alfa=pi/4;
>> h=1/16; t=-5.3:h:4.2;
>> x=2./(1+exp(2*(exp(-t)-t)));
>> w=h*sech(t-exp(-t)).^2.*(1+exp(-t));
>> for n=0:2
>>    wf=w.*df2(x,n); q=sum(wf),
>>    sum(abs(wf)>eps*abs(q)),
>> end

    q = 1.01123909053353
    ans = 78
    q = 0.0190658379348029
    ans = 82
    q = -1.89545525464014
    ans = 82
```

Die Anzahl der Funktionsauswertungen ist um mehr als den Faktor acht kleiner als bei der Verwendung von quad. Es ist häufig der Fall, dass die doppelt-exponentielle Technik, sofern sie anwendbar ist, so gut wie jeden anderen automatischen Integrationsalgorithmus übertrifft. Wir wollen aber fair zu quad sein und darauf hinweisen, dass dieser Befehl anders als die doppelt-exponentiellen Methoden mit Integranden umgehen kann, die über dem offenen Intervall nicht analytisch sind.

9.5 Transformation auf ein Fourierintegral

Die gewöhnliche doppelt-exponentielle Methode scheitert jedoch an hochoszillatorischen Integranden. Insbesondere kann sie die Funktion $f_1(\cdot, \pi/4)$ nicht direkt bewältigen. Leider steht die Lösung der vorangehenden Abschnitte, entlang eines anderen Weges in der komplexen Ebene zu integrieren, nicht immer zur Verfügung (beispielsweise, wenn keine Software zur Auswertung des Integranden in komplexen Argumenten vorhanden ist).

Eine häufig nützliche Technik besteht dann darin, das Integrationsintervall auf $[0, \infty)$ zu transformieren, um die Nullstellen äquidistant zu verteilen. In unserem Fall erhalten wir mit der Substitution

$$x(t) = \frac{2t}{1+t}, \quad x'(t) = \frac{2}{(1+t)^2},$$

die Integrale

$$q(\alpha) = \int_0^\infty x^\alpha(t) x'(t) \sin(\alpha(1+t)/2) \, dt \tag{9.8}$$

und

$$q'(\alpha) = 1/2 \int_0^\infty (1+t) x^\alpha(t) x'(t) \cos(\alpha(1+t)/2) \, dt$$

$$+ \int_0^\infty \log x(t) x^\alpha(t) x'(t) \sin(\alpha(1+t)/2) \, dt. \tag{9.9}$$

Das Integral $q(\alpha)$ ist dabei absolut konvergent, so dass wir problemlos unter dem Integralzeichen differenzieren durften. Abbildung 9.5 zeigt die Graphen von (9.8) und (9.9) für $\alpha = \pi/4$.

In beiden Fällen verschwindet für $t = 0$ der Integrand, auch wenn wir das an den Graphen auf der gezeigten Skala nicht so leicht ablesen können. Selbst damit ist der Integrand für Standardverfahren überhaupt nicht einfach. Es liegen in $t = 0$ noch immer die gleichen Singularitäten wie für das Kurvenintegral vor und der Integrand fällt nicht exponentiell ab. Ein Abschneiden des unendlichen Intervalls ist daher ungeeignet.

Der Integrand gehört jedoch zu einer recht großen Familie, für die sehr effektive Methoden bekannt sind: Integrale der Form

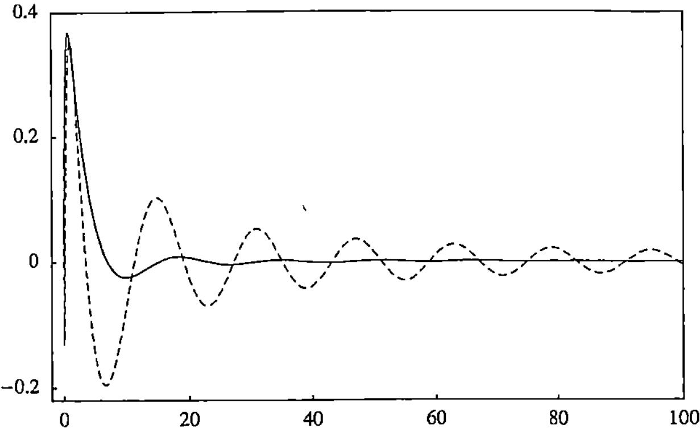

Abb. 9.5. *Graphen der Integranden nach der Transformation* $x(t) = 2t/(1+t)$. *Die durchgezogene Linie zeigt den Integranden aus (9.8), die gestrichelte Linie den Integranden aus (9.9).*

$$F(s; \omega, \theta) = \int_0^\infty s(x) \sin(\omega x + \theta \pi) \, dx \qquad (9.10)$$

tauchen in der Fourieranalysis auf (die Fälle $\theta = 0$ und $\theta = \frac{1}{2}$ liefern die vertraute Sinus- bzw. Kosinustransformation) und wurden infolgedessen wesentlich tiefer studiert als allgemeine oszillatorische Integrale; man kennt viele gute numerische Verfahren. Wir diskutieren hier die kürzlich von Ooura und Mori [OM99] angegebene Methode, eine einfallsreiche Variation der doppelt-exponentiellen Technik. Wie im Fall der anderen doppelt-exponentiellen Methoden wird die Singularität in $t = 0$ mühelos bewältigt.

Folgende Idee liegt dieser Methode zugrunde: Beim Transformieren des Integranden (9.10) durch die Substitution $x = w(t)$ auf die Form $g(t) = w'(t)f(w(t))$ mit $f(x) = s(x)\sin(\omega x + \theta \pi)$ wird nicht mehr versucht, ein doppelt-exponentielles Abfallen von $g(t)$ für alle hinreichend großen t zu erzielen, sondern *nur noch für die Stützstellen* t_k der Trapezsumme. Wir fordern also, dass sich $|g(t_k)|$ für große $|t_k|$ wie $\exp(-c \exp(|t_k|))$ verhält. Das reicht offenbar bereits für die schnelle Konvergenz der Summe. Im Fall des Fourierintegrals (9.10) ist ausschlaggebend, dass der Sinusterm äquidistante Nullstellen besitzt. Wenn nämlich die Bilder der Stützstellen t_k für große k doppelt-exponentiell gegen diese Nullstellen streben, dann wird $g(t_k)$ das geforderte Verhalten aufweisen.

Es lassen sich Funktionen ϕ finden, so dass $\phi(t) \to 0$ für $t \to -\infty$ und $\phi(t) \sim t$ für $t \to \infty$, wobei in beiden Fällen das Konvergenzverhalten doppelt-exponentiell ist. Für fest gewählte $c_1 > 0$ und c_2 bildet dann auch $w(t) = c_1 \phi(t - c_2)$ die reelle Achse auf $(0, \infty)$ ab. Es gilt zwar weiterhin $w(t) \to 0$ für $t \to -\infty$, jetzt aber $w(t) \sim c_1(t - c_2)$ für $t \to \infty$. Wiederum ist in beiden Fällen das Konvergenzverhalten doppelt-exponentiell. Wenn wir daher $a_0 = 0$ in (9.6) setzen, also $t_k = kh$ wählen, so wird die Funktion f an den Stellen $w(t_k)$ ausgewertet, die sich mit doppelt-exponentieller Genauigkeit asymptotisch wie $c_1(kh - c_2)$ verhalten. Wegen $f(t) = 0$ für $\omega t + \theta\pi = k\pi$ wählen wir c_1 und c_2 so, dass $\omega c_1(kh - c_2) + (\theta - k)\pi = 0$ identisch in k gilt:

$$w(t) = \frac{\pi}{\omega h}\phi(t - \theta h)\,. \tag{9.11}$$

Eine Familie von Funktionen ϕ mit den gewünschten Eigenschaften ist

$$\phi(t) = \frac{t}{1 - \exp(-(2t + \alpha(1 - e^{-t}) + \beta(e^t - 1)))}\,,$$

wobei α und β positive Zahlen sind, die von h abhängen dürfen. Nach beträchtlichen theoretischen Untersuchungen und praktischen Experimenten gelangten Ooura und Mori [OM99] zu der Empfehlung

$$\beta = \frac{1}{4}, \quad \alpha = \beta\left(1 + \frac{\log(1 + \pi/h)}{4h}\right)^{-1/2}\,.$$

Diese etwas esoterisch anmutende Formel für α ist dadurch motiviert, dass das Urbild $w^{-1}(z_0)$ einer Singularität der Funktion s im Punkt z_0 der komplexen Ebene für $h \to 0$ von der reellen Achse weg beschränkt bleibt. Dann verändert sich der Term d/h in (9.6) nämlich wirklich umgekehrt proportional zu h. (Die naheliegendere Wahl $\phi(t) = t/(1 - \exp(-k\sinh t))$ für ein $k > 0$ besitzt diese wünschenswerte Eigenschaft beispielsweise nicht, siehe [OM99].)

Die Implementierung muss mit großer Sorgfalt erfolgen, um unnötigen Genauigkeitsverlust durch numerische Instabilitäten zu vermeiden. Auf den Unachtsamen lauern nämlich zwei Fallstricke:

1. Die Funktion $e_1(x) = (e^x - 1)/x$ muss für kleine x auf volle Genauigkeit berechnet werden. Das ist ein bekanntes Problem und tatsächlich stellt der IEEE-Standard $2^x - 1$ als Hardwarefunktion zur Verfügung (mit deren Hilfe $e_1(x)$ leicht berechnet werden kann). Trotzdem besitzen nur wenige Programmiersprachen eine Bibliotheksroutine für e_1. Es gibt zwei mehr oder weniger befriedigende Abhilfen: Entweder nimmt man $e_1(x) = 2e^{x/2}\sinh(x/2)/x$ und verlässt sich auf die vermutlich gute Genauigkeit des eingebauten hyperbolischen Sinus. Oder man benutzt einen Algorithmus von Velvel Kahan:

$$y = e^x, \qquad e_1(x) = \frac{y - 1}{\log y}\,.$$

Selbstverständlich setzt man im trivialen Fall, dass x so nahe bei Null liegt, dass in Maschinenarithmetik $y = 1$ ist, auch $e_1(x) = 1$. Eine Erklärung, warum diese zweite Methode funktioniert, findet sich in [Hig96, §1.14.1].

2. Der Wert von $\sin(\omega w(kh) + \theta\pi)$ muss für große k auf eine hohe relative Genauigkeit berechnet werden. Das kann nur leider nicht dadurch bewerkstelligt werden, dass man die große Zahl $\omega w(kh) + \theta\pi \approx k\pi$ (für $k \to \infty$) der eingebauten Sinusroutine seiner bevorzugten Programmiersprache übergibt: Die Reduktion des Arguments modulo 2π hinterlässt nämlich aufgrund von Auslöschung eine Zahl mit großem relativen Fehler. Eine Abhilfe hierfür findet sich weiter unten.

Besitzen wir eine Routine für e_1, so können wir die Ableitung durch

$$e_1'(x) = e_1(x) - e_2(x), \qquad e_2(x) = (e_1(x) - 1)/x$$

berechnen. Mit logarithmischer Ableitung erhalten wir dann

$$\phi(t) = \frac{1}{v(t)e_1(-tv(t))}, \qquad \text{wobei} \quad v(t) = 2 + \alpha e_1(-t) + \beta e_1(t);$$

$$\phi'(t) = \phi(t)\left(-\frac{v'(t)}{v(t)} + (tv'(t) + v(t))\left(1 - \frac{e_2(-tv(t))}{e_1(-tv(t))}\right)\right).$$

Die Ausdrücke für $\phi(t)$ und $\phi'(t)$ bergen selbst dann keine Probleme, wenn t sehr nahe bei 0 liegt – sofern e_2 für kleine Argumente genau ausgewertet werden kann. Diese Aufgabe ist zwar noch schwieriger als im Fall von $e_1(t)$, aber in unserer Situation glücklicherweise nicht wirklich erforderlich. Nach (9.11) wird ϕ in den Stellen $(k - \theta)h$ mit ganzzahligen Werten von k berechnet. Nach (9.8) und (9.9) ist $\theta = \alpha/2\pi \approx 1/8$ für die Integrale mit der Sinusfunktion und $\theta \approx 5/8$ für das Integral mit der Kosinusfunktion. Keiner dieser Werte liegt wirklich nahe an einer ganzen Zahl; daher kann das Argument $t_k - \theta h = (k - \theta)h$, in dem ϕ ausgewertet werden muss, für keine ganze Zahl k in eine gefährliche Nähe von 0 geraten.

Wenden wir uns nun dem zweiten Problem zu, der Auswertung von

$$\sin(\omega w(kh) + \theta\pi) = \sin\left(\frac{\pi(\phi(w_k) - w_k)}{h} + \pi k\right)$$

$$= (-1)^k \sin\left(\frac{\pi(\phi(w_k) - w_k)}{h}\right) \qquad (9.12)$$

für $w_k = (k - \theta)h$. Hier reicht es, für $t \gg 0$ den Ausdruck $\phi(t) - t$ auf eine hohe relative Genauigkeit zu berechnen. Wegen

$$\phi(t) - t = \frac{te^{-tv(t)}}{1 - e^{-tv(t)}}$$

ist das aber eine leichte Aufgabe. Wir bemerken, dass die rechte Seite von (9.12) nur für recht große Werte von t benutzt werden sollte, sagen wir in dem Stadium, für das $|\phi(t) - t| < 0.1$ gilt. Für die anderen Werte bleiben wir bei $\sin(\omega w(kh) + \theta\pi)$.

Nach diesem guten Stück Arbeit haben wir jetzt alle für das Verfahren von Ooura und Mori notwendigen Bestandteile beieinander. Wie auch immer, es dürfte instruktiv gewesen sein, einmal den Unterschied zwischen der eleganten mathematischen Beschreibung einer großartigen Idee und den gewundenen und kniffeligen Details hinter ihrer akribischen numerischen Implementierung gesehen zu haben.

Eine Sitzung mit Octave (berechnet q $= q(\pi/4)$ und dq $= q'(\pi/4)$)

Wir haben all die diskutierten Vorsichtsmaßnahmen in eine Octave-Funktion namens

$$\texttt{q\_ossinf(M,omega,theta)}$$

eingebaut, die sich auf der Webseite des Buchs findet. Diese Funktion berechnet Stützstellen t_k und Gewichte w_k, so dass

$$F(s; \omega, \theta) \approx \sum w_k s(t_k),$$

wobei die Schrittweite der Trapezregel in der transformierten Variablen $h = \pi/M$ beträgt. Wir wählen $M = 16$ als Resultat eines Experiments, das wie zuvor mit $M = 2$ beginnt und M solange verdoppelt, bis die Ergebnisse auf mehr als 8 Ziffern übereinstimmen.

```
>> function y=intfun (t, alpha)
>>    x=2*t./(1+t); dx=2./(1+t).^2; y=dx.*x.^ alpha;
>> end
>> alfa=pi/4; [ts,ws]=q_ossinf(16,alfa/2,1/8);
>> [tc,wc]=q_ossinf(16,alfa/2,5/8);
>> wf=ws.*intfun(ts,alfa); q=sum(wf), sum(abs(wf)>eps*q)

 q = 1.01123909053353
 ans = 49

>> x=2*ts./(1+ts);
>> wf1=wc.*intfun(tc,alfa).*(1+tc)/2;
>> wf2=ws.*log(x).*intfun(ts,alfa);
>> dq=sum(wf1)+sum(wf2), sum(abs(wf1)>eps*dq), sum(abs(wf2)>eps*dq)

 dq = 0.0190658379347639
 ans = 51
 ans = 51
```

Es werden also nur 102 Funktionsauswertungen benötigt, um $q(\pi/4)$ und $q'(\pi/4)$ ohne komplexe Arithmetik auf Maschinengenauigkeit zu berechnen. Ein sehr gutes Ergebnis im Vergleich zu den 82 Funktionsauswertungen im Komplexen, die von der gewöhnlichen doppelt-exponentiellen Formel für das Wegintegral in §9.4 erfordert wurden.

9.6 Eine analytische Überraschung

Verlangen wir von einem Computeralgebrasystem wie Maple oder Mathematica, das Integral $q(\alpha)$ auszuwerten, so erhalten wir genau das, was wir bei einem Problem erwarten dürfen, das Trefethen schließlich für einen Wettbewerb entworfen hat: Es geschieht nichts, das Integral wird unausgewertet zurückgeliefert. Helfen wir jedoch ein wenig nach, indem wir stattdessen nach dem äquivalenten Ausdruck $\int_0^2 (2 - x)^\alpha \sin(\alpha/x)\,dx$ fragen, so erleben wir eine Überraschung. Beide Pakete können das Integral analytisch auswerten – es ist keine numerische Quadratur nötig!

Eine Sitzung mit Maple

```
> int( (2-x)^alpha * sin(alpha/x), x=0..2);
```

$$\tfrac{1}{4}\sqrt{\pi}\alpha\,\mathrm{MeijerG}\left([[],[\tfrac{1}{2}\alpha+1,\tfrac{1}{2}\alpha+\tfrac{1}{2}]],[[\tfrac{1}{2},0,0],[-\tfrac{1}{2}]],\tfrac{1}{16}\alpha^2\right)\Gamma(\alpha+1)$$

Hier[3] tritt eine wenig bekannte spezielle Funktion auf, die Meijer'sche G-Funktion [EMOT53, §5.3], eine recht universelle Verallgemeinerung der hypergeometrischen Funktionen. Sie ist nach dem niederländischen Mathematiker Cornelis Meijer benannt, der zwischen 1936 und 1957 in weit über 20 Arbeiten die Eigenschaften der von ihm eingeführten Funktion erforschte. In traditioneller Notation lautet das Ergebnis der Sitzung mit Maple

$$q(\alpha) = \frac{\sqrt{\pi}}{4}\alpha\,\Gamma(\alpha+1)\,G_{2,4}^{3,0}\left(\frac{\alpha^2}{16}\,\middle|\,\begin{matrix}(\alpha+1)/2,\ (\alpha+2)/2\\ 0,\ 0,\ 1/2,\ -1/2\end{matrix}\right).$$

Auch wenn wir nicht genau wissen sollten,[4] was diese G-Funktion im einzelnen ist, so kann Maple sie natürlich auswerten. Für die Einstellung `Digits:=50` liefert es den Wert

---

[3] Das Ergebnis dieser Sitzung stammt von Maple 10. Bis zur Version 9.5 liefert Maple eine unendliche Reihe, die äquivalent zu (9.13) ist. Sie findet sich in der englischen Originalausgabe unseres Buchs.

[4] Selbst für Experten spezieller Funktionen war die Überraschung groß. John Boersma, einer der Sieger des Wettbewerbs, hatte in Groningen bei Meijer studiert und unter seiner Anleitung als 23-Jähriger sogar eine preisgekrönte Arbeit [Boe61] zur G-Funktion verfasst. Er war etwas darüber erschüttert, dass ihm diese Möglichkeit hier nicht in den Sinn gekommen war: „So I feel kind of ashamed that I did not think of such a solution."

$$q(\pi/4) \doteq 1.0112\,39090\,53353\,25262\,70537\,50657\,49498\,85803\,05492\,49392.$$

Ermutigt stellen wir fest, dass die ersten 15 Ziffern mit unserem früheren Resultat aus §9.2 übereinstimmen.

Eine Sitzung mit Mathematica

$$\texttt{Simplify}\Big[\int_0^2 (2-x)^\alpha \texttt{Sin}\Big[\frac{\alpha}{x}\Big]\, \texttt{dx},\ \alpha > 0\Big]\ \texttt{// TraditionalForm}$$

$$\sqrt{\pi}\ \Gamma(\alpha+1)\, G_{2,4}^{3,0}\!\left(\frac{\alpha^2}{16}\ \middle|\ \begin{matrix}\frac{\alpha+2}{2},\ \frac{\alpha+3}{2}\\[2pt] \frac{1}{2},\ \frac{1}{2},\ 1,\ 0\end{matrix}\right)$$

Auch Mathematica bringt die Meijer'sche G-Funktion ins Spiel, allerdings sieht das Ergebnis oberflächlich betrachtet zunächst anders aus. In der Literatur finden wir jedoch eine einfache Verschiebungsformel, siehe [EMOT53, §5.3.1, Formel (8)] oder [MT03, Formel (07.34.17.0011.01)], nämlich

$$z^\sigma G_{p,q}^{m,n}\left(z\ \middle|\ \begin{matrix} a \\ b \end{matrix}\right) = G_{p,q}^{m,n}\left(z\ \middle|\ \begin{matrix} a+\sigma \\ b+\sigma \end{matrix}\right),$$

aus der unmittelbar die Äquivalenz der beiden Resultate folgt. Mathematica kann ebenfalls das eigene Resultat auswerten und liefert bei entsprechender Genauigkeitsanforderung die gleichen Ziffern wie Maple.

Hinter dem Vorhang ihrer Benutzeroberflächen lassen Mathematica und Maple bei der analytischen Auswertung bestimmter Integrale im wesentlichen den gleichen Algorithmus arbeiten. Er wurde von dem weißrussischen Mathematiker Oleg Marichev erfunden und 1983 von ihm in [Mar83] zunächst für manuelle Berechnungen beschrieben, die sich auf ein knappes „algorithmisches" Tabellenwerk stützen sollten. Heute arbeitet er für die Firma Wolfram Research, die Mathematica entwickelt. Es ist schon erstaunlich, dass sich die meisten der aus berüchtigten voluminösen Tabellenwerken[5] bekannten bestimmten Integrale mit Hilfe dieses Algorithmus reproduzieren bzw. korrigieren lassen. Und in seinem Innern werkelt nun die Meijer'sche G-Funktion – nur dass man sie normalerweise nicht bemerkt, da sie sich in vielen Fällen zu bekannteren Funktionen vereinfachen lässt. In unserem Fall gelingt dies nicht, da in der unteren Parameterzeile ein Wert *doppelt* auftritt (0 bei Maple, 1/2 bei Mathematica). Für weitere Details verweisen wir neben der Originalliteratur auf die Webseite unseres Buchs. Dort wird auch die erstaunlich kurze Rechnung gezeigt, die letztlich zum Ergebnis der beiden Computeralgebrasysteme führt.

---

[5] Wie etwa das fünfbändige, 3562-seitige Werk [PBM86] von Prudnikov, Brychkov und – Marichev.

Auswertung der Meijer'schen G-Funktion

Nach [Luk75, Formel 5.3.1(1)] ist die Meijer'sche G-Funktion als ein Barnes–Mellin'sches Integral definiert, das sich für unser Beispiel zu

$$G_{2,4}^{3,0}\left(z \left|\begin{array}{c} (\alpha+2)/2,\ (\alpha+3)/2 \\ 1/2,\ 1/2,\ 1,\ 0 \end{array}\right.\right)$$

$$= \frac{1}{2\pi i} \int_{\mathcal{C}} \frac{\Gamma^2(1/2-s)\Gamma(1-s)}{\Gamma(1+s)\Gamma(1+\alpha/2-s)\Gamma(3/2+\alpha/2-s)}\, z^s\, ds$$

spezialisiert, wobei der Integrationsweg $\mathcal{C}$ eine Schleife in der komplexen Ebene beschreibt, die bei $+\infty$ startet und endet und dabei alle Polstellen von $\Gamma^2(1/2-s)\Gamma(1-s)$ einmal im negativen Orientierungssinn umrundet.

Dieses Kurvenintegral kann mit Hilfe des Residuensatzes als eine unendliche Reihe geschrieben werden. Der Integrand besitzt doppelte Polstellen in $s = 1/2+n$, $n = 0,1,2,\ldots$, und einfache in $s = 1+n$, $n = 0,1,2,\ldots$. Die Berechnung der Residuen ist leicht, wenn auch im Fall der doppelten Polstellen etwas ermüdend. (Alternativ können wir einen der Faktoren $\Gamma(1/2-s)$ des Integranden durch $\Gamma(1/2+\delta-s)$ ersetzen, woraufhin die Polstellen in $s = 1/2+n$ zwar einfach werden, das aber zum Preis eines weiteren Satzes einfacher Polstellen in $s = 1/2+\delta+n$, $n = 0,1,2,\ldots$. Nach [Luk75, Formel 5.3.1(5)] sind die drei Residuenreihen dann gleich einer Summe von drei verallgemeinerten hypergeometrischen Funktionen $_2F_3$, für welche wir zum Grenzwert $\delta \to 0$ übergehen müssen.) Wir überspringen die Details und geben das Endresultat für $q(\alpha)$ in folgender hypergeometrischer Form an:

$$q(\alpha) = 2^{\alpha+1}\pi\alpha z \sum_{n=0}^{\infty} \frac{(1/2-\alpha/2)_n(1-\alpha/2)_n}{(2)_n((3/2)_n)^2\, n!}\, (-z)^n$$

$$+ 2^{\alpha+2}\pi\cot(\pi\alpha)z^{1/2} \sum_{n=0}^{\infty} \frac{(-\alpha/2)_n(1/2-\alpha/2)_n}{(1/2)_n(3/2)_n(n!)^2}\, (-z)^n$$

$$- 2^{\alpha+1}z^{1/2} \sum_{n=0}^{\infty} \frac{(-\alpha/2)_n(1/2-\alpha/2)_n}{(1/2)_n(3/2)_n(n!)^2}\, (-z)^n\, (\log z + h_n), \quad (9.13)$$

wobei wir $z = \alpha^2/16$ und

$$h_n = \psi(-\alpha/2+n) + \psi(1/2-\alpha/2+n)$$

$$- \psi(1/2+n) - \psi(3/2+n) - 2\psi(1+n)$$

setzen (mit der Digammafunktion ψ) und $(a)_n$ das Pochhammer'sche Symbol bezeichnet, das für $a \in \mathbb{C}$ durch

$$(a)_0 = 1, \quad (a)_n = \prod_{m=0}^{n-1} (a+m) \quad \text{für} \quad n = 1, 2, 3, \ldots$$

definiert ist. Die erste und zweite unendliche Reihe definieren die verallgemeinerten hypergeometrischen Funktionen

$${}_2F_3 \left(\begin{matrix} 1/2 - \alpha/2, \ 1 - \alpha/2 \\ 2, \ 3/2, \ 3/2 \end{matrix} \ ; -z \right)$$

bzw.

$${}_2F_3 \left(\begin{matrix} -\alpha/2, \ 1/2 - \alpha/2 \\ 1/2, \ 3/2, \ 1 \end{matrix} \ ; -z \right),$$

während sich die dritte unendliche Reihe als Ableitung einer derartigen Funktion ausdrücken lässt, nämlich

$$\frac{\Gamma(1/2)\Gamma(3/2)}{\Gamma(-\alpha/2)\Gamma(1/2 - \alpha/2)}$$

$$\cdot \frac{d}{dt} \left(\sum_{n=0}^{\infty} \frac{\Gamma(-\alpha/2 + n + t)\Gamma(1/2 - \alpha/2 + n + t)}{\Gamma(1/2 + n + t)\Gamma(3/2 + n + t)\Gamma^2(1 + n + t)} (-1)^n z^{n+t} \right) \Bigg|_{t=0}.$$

Vom Standpunkt der Programmierung (und weniger der mathematischen Eleganz) kann die Formel für $q(\alpha)$ optimiert werden, um schließlich

$$q(\alpha) = 2^\alpha \alpha \left(2\pi z \sum_{n=0}^{\infty} (-z)^n s_n + \sum_{n=0}^{\infty} (-z)^n t_n \right); \tag{9.14}$$

$$s_n = \prod_{m=1}^{n} \frac{(\alpha - 2m)(\alpha - 2m + 1)}{m(m+1)(2m+1)^2};$$

$$t_n = \left(1 - \log \frac{\alpha}{2} - \psi(\alpha + 1) - 2\gamma + u_n \right) \prod_{m=1}^{n} \frac{(\alpha - 2m + 1)(\alpha - 2m + 2)}{m^2(2m - 1)(2m + 1)};$$

$$u_n = \sum_{m=1}^{n} \left(\frac{1}{\alpha - 2m + 1} + \frac{1}{\alpha - 2m + 2} + \frac{1}{m} + \frac{1}{2m - 1} + \frac{1}{2m + 1} \right),$$

zu ergeben, wobei $z = \alpha^2/16$ ist und $\gamma \doteq 0.5772156649$ die Euler'sche Konstante bezeichnet. Nur eine einzige Auswertung der Digammafunktion wird benötigt, nämlich $\psi(\alpha + 1)$, während die Gammafunktion in der Formel jetzt erstaunlicherweise gar nicht mehr auftaucht. Diese Formeln sind in der PARI/GP-Datei `meijerg.gp` implementiert, die sich auf der Webseite des Buchs findet. Beide Reihen konvergieren sehr schnell für α in der Nähe von $\pi/4$: Die Reihenglieder verhalten sich asymptotisch wie $(-z)^n / (n!)^2$. Wegen $z \approx 0.04$ genügen bereits 6 Reihenglieder für eine Genauigkeit von 16 Ziffern.

9.7 Genaue numerische Differentiation

Die Darstellung von q in Form der G-Funktion und die Verfügbarkeit der Reihe (9.14) ergeben einen vielversprechenden Zugang zur genauen Lösung von Problem 9. Es bleibt da jedoch eine Schwierigkeit: Wir wissen, dass die Optimierungsmethode selbst nur die Hälfte der Genauigkeit abliefern kann, mit der die Funktionswerte berechnet werden. Sicher, wir könnten mit einer größeren Mantissenlänge arbeiten. Oder wir könnten das Ergebnis aus der Sitzung mit Mathematica auf S. 244 differenzieren, was auf eine gliedweise Differentiation von (9.14) hinausläuft.[6] Der resultierende Ausdruck enthält die Trigammafunktion $\psi_1 = \psi'$, die zwar von Mathematica und Maple zur Verfügung gestellt wird, aber nicht von PARI/GP.

Ein anderer Zugang, um Nullstellen von I' ohne analytische Differentiation zu finden, besteht in der Verwendung numerischer Ableitungen zur Berechnung von q'. Die Grundidee ist einfach: Für eine Schrittweite h gilt

$$q'(\alpha) = \frac{q(\alpha + h) - q(\alpha)}{h} + O(h). \tag{9.15}$$

Unglücklicherweise können wir h nicht unbegrenzt verkleinern, da Auslöschung im Zähler signifikante Ziffern vernichtet. Für $h = 10^{-t}$ ist die erhoffte Anzahl korrekter Ziffern (damit meinen wir die Anzahl korrekter Ziffern in exakter Arithmetik) ungefähr t, während die Anzahl der ausgelöschten Ziffern ebenfalls ungefähr t ist. Wenn wir mit einer Mantissenlänge von d Ziffern arbeiten, verbleiben nur $d - t$ Ziffern, die nicht von Rundungsfehlern verfälscht sind. Daher können wir bestenfalls eine Genauigkeit von etwa $\min(t, d - t)$ Ziffern erreichen. Die optimale Wahl liegt bei $t = d/2$, also genau an der Stelle, zu der wir zuvor auch ableitungsfrei gelangt sind – kein Fortschritt bisher.

Mit zentralen Differenzen können wir aber mehr erreichen: Wenn wir $O(h)$ durch $c_1 h + O(h^2)$ in (9.15) ersetzen und die Fälle mit den Schrittweiten h und $-h$ mitteln, so erhalten wir

$$q'(\alpha) = \frac{q(\alpha + h) - q(\alpha - h)}{2h} + O(h^2).$$

Die Anzahl von Ziffern, die wir aufgrund von Auslöschung verlieren, ist etwa die gleiche wie zuvor, aber die erhoffte Anzahl korrekter Ziffern ist jetzt $2t$. Wir können also $\min(2t, d - t)$ Ziffern berechnen, so dass die optimale Wahl $t = d/3$ ist und $2d/3$ korrekte Ziffern liefert.

Ein Schritt der Richardson-Extrapolation (siehe Anhang A, S. 298), für den wir $O(h)$ in (9.15) durch $c_1 h + c_2 h^2 + c_3 h^3 + O(h^4)$ ersetzen müssen, gibt uns eine weitere Verbesserung:

---

[6] Diesen Zugang haben wir gewählt, um Problem 9 auf eine Genauigkeit von 10 000 Ziffern zu lösen, siehe Anhang B.

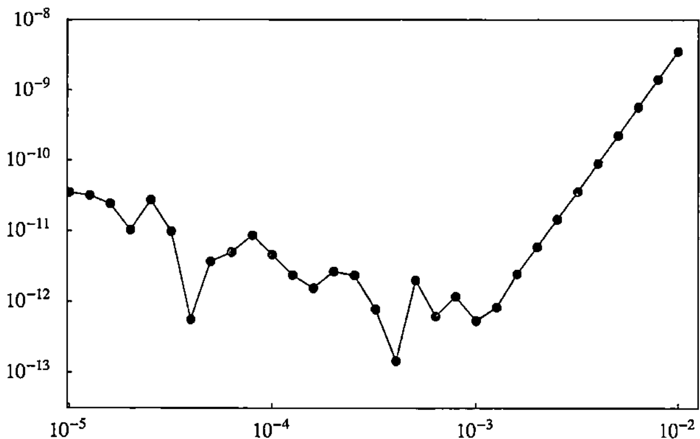

Abb. 9.6. *Fehler der numerischen Differentiation (zentrale Differenzen und ein Extrapolationsschritt) als Funktion der Schrittweite.*

$$q'(\alpha) = \frac{4}{3}\frac{q(\alpha+h)-q(\alpha-h)}{2h} - \frac{1}{3}\frac{q(\alpha+2h)-q(\alpha-2h)}{4h} + O(h^4). \quad (9.16)$$

Die erhoffte Anzahl korrekter Ziffern ist jetzt $4t$ und wir können daher $\min(4t, d-t)$ Ziffern berechnen. Die optimale Wahl ist $t = d/5$, was zu $4d/5$ korrekten Ziffern führt.

Wir könnten auf diese Weise mit immer raffinierteren numerischen Differentiationsformeln fortfahren, stoßen aber auf ein „Gesetz abnehmenden Gewinns". Wir haben bereits 80% der Arbeitsgenauigkeit der Arithmetik erreicht. Ein weiterer Extrapolationsschritt würde uns etwa $6d/7$ korrekte Ziffern geben: Das ist mit 86% der Arbeitsgenauigkeit lediglich eine Verbesserung um 7.5%. Abbildung 9.6 zeigt für doppelt-genaue IEEE-Maschinenarithmetik den tatsächlichen Fehler der numerischen Differentiationsformel (9.16) als Funktion von h, angewendet auf die Reihendarstellung (9.14) der Funktion $q(\alpha)$.

Der kleinste Fehler befindet sich ungefähr dort, wo wir ihn prognostizierten. Wir erkennen deutlich den unregelmäßigen Effekt der Rundungsfehler, wenn h zu klein ist, und den glatten Verlauf des Approximationsfehlers, wenn h zu groß ist. Wir stellen fest, dass ein etwas zu kleines h einem etwas zu großen vorzuziehen ist: In der doppelt logarithmischen Skala ist die approximative Gerade, die den durch $O(h^4)$ dominierten Fehlerverlauf beschreibt, ungefähr viermal so steil wie die gezackelte Linie im durch $O(h^{-1})$ dominierten Verlauf.

Mit dem Sekantenverfahren und der numerischen Differentiation zur Berechnung von q' erhalten wir die in Tabelle 9.3 gezeigten Resultate. Dreizehn Ziffern sind korrekt und die vierzehnte weicht nur leicht ab. Das ist etwas besser als wir erwarten durften; der Grund dafür besteht darin, dass nahe am Optimalwert α_{opt} kleine Veränderungen von α den Wert von q'

Tabelle 9.3. *Sekantenverfahren mit numerischer Differentiation.*

n	α_n	$I'(\alpha_n)$
1	0.7803981633974483	0.5910382447969147
2	0.7853981633974483	0.0571975138027900
3	0.7859338804239131	−0.0000220102314507
4	0.7859336743534163	−0.0000000003278613
5	0.7859336743503467	0.0000000000019298
6	0.7859336743503647	−0.0000000000025024
7	0.7859336743503545	0.0000000000005199
8	0.7859336743503563	−0.0000000000012696

(den wir nicht sehr genau berechnen können) nur um etwa das 0.06-fache des Betrags ändern, um den sie den Wert von p' (den wir sehr genau berechnen können) ändern. Also ist der Fehler in I', der durch den ungenauen Wert von q' verursacht wird, nur das etwa 0.06-fache des Fehlers von q'.

Wir bemerken, dass die Werte der numerischen Differentiation nicht gegen Null konvergieren. Ganz allgemein sind Rundungsfehler in numerischen Rechnungen (wenn wir nur ihre Anwesenheit feststellen!) unsere Freunde: Sie warnen uns, falls eine Zahl nicht sehr genau ist.

Treffe die Enden

Folkmar Bornemann

> *Monte-Carlo-Verfahren sind extrem schlecht; sie sollten nur dann verwendet werden, wenn sämtliche Alternativen noch schlechter sind.*   Alan Sokal (1997)

> *Trennung der Variablen ist von sehr begrenztem Nutzen; aber wenn sie funktioniert, ist sie sehr informativ.*
>
> Jeffrey Rauch (1991)

Problem 10

Ein Partikel startet im Mittelpunkt eines 10×1-Rechtecks eine Brown'sche Bewegung, also eine zweidimensionale Irrfahrt mit infinitesimal kleiner Schrittweite. Mit welcher Wahrscheinlichkeit trifft es eher auf die Enden als auf die Seiten des Rechtecks?

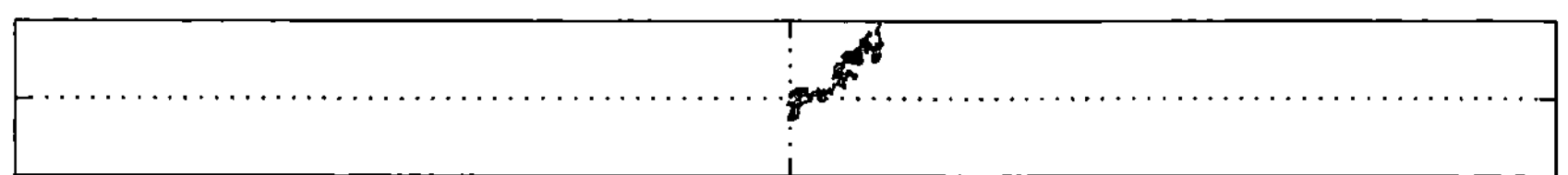

Abb. 10.1. *Eine Stichprobe: Ein Weg, der die obere Seite trifft.*

Die *Enden* sind die Schmalseiten der Länge 1; die *Seiten* die Längsseiten der Länge 10. Ein Blick auf Abb. 10.1 wird den Leser davon überzeugen, dass diese Zuordnung eine wesentlich kleinere Wahrscheinlichkeit p liefert als diejenige mit vertauschten Rollen und zugehöriger Wahrscheinlichkeit $1 - p$. Tatsächlich ist $p \approx 4 \cdot 10^{-7}$.[1] Somit entsprechen 10 Ziffern von $1 - p$

---

[1] Gil Strang erzählt in [Stro5b, S. 54] die folgende schöne Anekdote: Auf seine Rezension [Stro5a] der englischen Originalausgabe dieses Buchs in *Science* erreichte

gerade einmal 4 Ziffern von p; die Berechnung der kleineren Wahrscheinlichkeit p auf die Genauigkeit von 10 Ziffern ist also deutlich anspruchsvoller.

Speisefolge eines siebengängigen Festmahls

Problem 10 ist äußerst reichhaltig und bietet viele interessante mathematische Gerichte. Die in §10.1 servierten *Hors d'œuvre* erkunden die Möglichkeiten einer einfachen stochastischen Methode und liefern die Größenordnung von p. Die in §10.2 gereichte *deterministische Suppe* formuliert das Problem in der Sprache partieller Differentialgleichungen. Der in §10.3 angebotene *Gang mit numerischer Mathematik* verwendet handelsübliche Finite-Differenzen und Konvergenzbeschleunigung, um wenigstens 10 durch aposteriorische Fehlerschätzung gesicherte Ziffern zu präsentieren. Der in §10.4 folgende *Gang mit reeller Analysis* lässt die algorithmischen Zugänge zurück und wechselt zu analytischen Techniken. Wir erhalten eine Darstellung von p durch eine exponentiell schnell konvergierende alternierende Reihe, die uns erlaubt, die Korrektheit einer beliebigen Anzahl von Ziffern zu beweisen. Als Nebenprodukt erhalten wir die einfache Approximation

$$p \doteq \frac{8}{\pi} e^{-5\pi} \text{ auf 13 Ziffern Genauigkeit.}$$

Der in §10.5 servierte *Gang mit Funktionentheorie* liefert p mittels konformer Abbildungen als Lösung einer skalaren transzendenten Gleichung. Die in §10.6 vorgesetzte *gemischte Formelplatte* bietet reife Köstlichkeiten aus der Theorie elliptischer Funktionen. Darunter möchten wir besonders eine geschlossene Lösung empfehlen, die mit Hilfe der Jacobi'schen elliptischen Modulfunktion λ gewonnen wird:

$$p = \frac{2}{\pi} \arcsin \sqrt{\lambda(10i)}.$$

Dieser Ausdruck kann sekundenschnell auf eine Genauigkeit von 10 000 Ziffern ausgewertet werden. Das in §10.7 zelebrierte *Dessert* erkundet die Zahl $\lambda(10i)$ mit Hilfe einiger der wundervollen Resultate von Ramanujan und kulminiert in der elementaren geschlossenen Lösung

$$p = \frac{2}{\pi} \arcsin \left((3 - 2\sqrt{2})^2 (2 + \sqrt{5})^2 (\sqrt{10} - 3)^2 (5^{1/4} - \sqrt{2})^4 \right).$$

Bon appétit!

---

ihn eine E-Mail aus Hawaii, in der angezweifelt wurde, dass die Wahrscheinlichkeit wirklich so klein sein könne. Ein Vergleich der Seitenlängen ließe eine Erfolgsquote von 1 zu 10 oder 1 zu 100 begründeter erscheinen als 1 zu 2 500 000. Strang schlug dem Verfasser der E-Mail vor, das Rechteck auf eine Garagenzufahrt zu zeichnen und mit verbundenen Augen in kleinen zufälligen Schritten sein Glück zu versuchen (eine experimentelle Version der Methode aus §10.1).

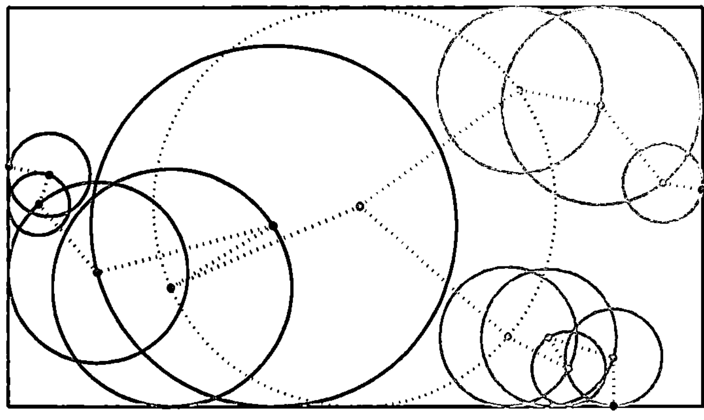

Abb. 10.2. *Drei Läufe einer Irrfahrt auf Sphären im Fall des $\sqrt{3} \times 1$-Rechtecks.*

10.1 Auf den ersten Blick: Warum nicht Monte-Carlo?

Es könnte so aussehen, als wäre einem stochastischen Problem mit einem randomisierten Algorithmus vom Typ der Monte-Carlo-Verfahren gut gedient. Ein derartiger Algorithmus ist rasch entworfen und implementiert, sobald wir uns nur daran erinnern, dass eine Brown'sche Bewegung *isotrop* ist: Nach einem Start im Mittelpunkt eines Kreises sind die Treffer auf der Kreislinie gleichverteilt. Diese Eigenschaft, die wir in Lemma 10.2 beweisen werden, führt unmittelbar zu folgendem Algorithmus (im Anhang C.1.1 findet sich eine sehr kurze Implementierung in der Programmiersprache C):

> *Ein einzelner Lauf:* Starte im Mittelpunkt des Rechtecks und betrachte den größten Kreis um diesen Punkt, der noch in das Rechteck passt. Gehe zu einem zufälligen Punkt auf dieser Kreislinie. Wiederhole die Konstruktion solange, bis der Punkt innerhalb eines Abstands h vom Rand des Rechtecks liegt. Zähle diesen Punkt passend als Treffer der Enden oder der Seiten.

> *Statistik:* Wiederhole den einzelnen Lauf N mal und nimm die relative Häufigkeit eines Treffers der Enden als Approximation der Wahrscheinlichkeit p.

Abbildung 10.2 zeigt einige typische Läufe. Dieser seit etwa 1956 bekannte Algorithmus wird *Irrfahrt auf Sphären* genannt. Seine n-dimensionale Verallgemeinerung wird (aus Gründen, die im nächsten Abschnitt klar werden) als punktweiser Löser der Laplace'schen Gleichung verwendet [DR90].

Da der Algorithmus eine Approximation der Gestalt $p \approx k/N$ mit $k \in \mathbb{N}_0$ liefert, stellen wir fest, dass kleinere p größere N erfordern, um

Tabelle 10.1. *Irrfahrt auf Sphären: Ergebnisse einiger Experimente.*

Rechteck	N	h	p	Laufzeit
1×1	10^7	10^{-4}	$4.997816 \cdot 10^{-1}$	26 s
	10^8	10^{-4}	$4.999777 \cdot 10^{-1}$	4 m 25 s
$\sqrt{3} \times 1$	10^7	10^{-4}	$1.667260 \cdot 10^{-1}$	29 s
	10^8	10^{-4}	$1.666514 \cdot 10^{-1}$	4 m 54 s
10×1	10^7	10^{-2}	$4 \cdot 10^{-7}$	15 s
	10^7	10^{-4}	$2 \cdot 10^{-7}$	29 s
	10^8	10^{-2}	$3.7 \cdot 10^{-7}$	2 m 38 s
	10^8	10^{-4}	$4.1 \cdot 10^{-7}$	4 m 57 s

zu aussagekräftigen Resultaten zu gelangen. Um ein Gefühl für das Problem zu bekommen, betrachten wir neben der Wettbewerbsaufgabe auch das 1×1- und das $\sqrt{3} \times 1$-Rechteck. Aus Symmetriegründen ist für Ersteres offensichtlich $p = 1/2$; für Letzteres bestimmen wir die explizite Wahrscheinlichkeit $p = 1/6$ in §10.4.1, sie kann zur Überprüfung der verschiedenen Methoden herangezogen werden.

Die Verwendung eines Monte-Carlo-Verfahrens sollte stets von einer sorgfältigen statistischen Bewertung begleitet werden, siehe [Sok97]. Da sich aus der Tabelle 10.1 jedoch ergibt, dass wir die gewünschte Genauigkeit von 10 Ziffern ohnehin völlig verfehlen, begnügen wir uns mit weniger und geben einfach folgende grobe Approximationen an:

$$p\big|_{\sqrt{3} \times 1 \text{ Rechteck}} \approx 0.166, \qquad p\big|_{10 \times 1 \text{ Rechteck}} \approx 4 \cdot 10^{-7}. \qquad (10.1)$$

Tabelle 10.1 zeigt dabei, dass h in die Laufzeit des Algorithmus nur logarithmisch eingeht; der Fehler wird hingegen von einer Potenz von h beeinflusst, siehe [DR90, S. 131]. Die Hauptmasse des Fehlers ist aber von jener statistischen Natur, die allgemein die Genauigkeit von Monte-Carlo-Verfahren begrenzt.

Grob gesprochen konstruiert ein Monte-Carlo-Verfahren mittels eines einfachen stochastischen Prozesses, den wir oben einen „einzelnen Lauf" genannt haben, eine Zufallsvariable X, deren Erwartungswert gerade die Antwort für das betrachtete Problem ist: $E(X) = p$. Wir ziehen N unabhängige Stichproben X_k und nehmen das Stichprobenmittel als Approximation von p:

$$S_N = \frac{1}{N} \sum_{k=1}^{N} X_k.$$

Nun ist der *mittlere quadratische Fehler* des Monte-Carlo-Verfahrens gerade die Varianz von S_N und daher unmittelbar mit der Varianz von X verknüpft,

$$E\left(|S_N - p|^2\right) = \sigma^2(S_N) = \sigma^2(X)/N.$$

Das zugehörige Fehlerkonzept ist daher dasjenige eines *absoluten* Fehlers und nicht das im Wettbewerb verfolgte Konzept korrekter Ziffern, also eines relativen Fehlers. Meist wird der einfache stochastische Prozess, so auch die Irrfahrt auf Sphären, durch eine Varianz $\sigma(X) \approx 1$ charakterisiert. Daher liefert $N = 10^8$ einen absoluten Fehler von etwa 10^{-4}, eine Abschätzung, die sich in den drei für das $\sqrt{3} \times 1$-Rechteck in (10.1) behaupteten Ziffern widerspiegelt. Für das 10×1-Rechteck würde eine Genauigkeit von 10 Ziffern für $p \approx 4 \cdot 10^{-7}$ ein N der Größenordnung 10^{33} erfordern. Dies liegt weit jenseits des Machbaren, wenn wir bedenken, dass die Gesamtzahl aller bisher von Mensch und Maschine durchgeführten arithmetischen Operationen auf gerade einmal 10^{24} geschätzt wird, siehe [CP01, S. 4].

Aber wir haben Glück: Es stehen uns sehr viel genauere Methoden zur Verfügung, wenn wir das Problem so umformulieren, dass es *deterministisch* wird.

10.2 Formulieren wir es deterministisch

Was ist eigentlich die mathematische Definition einer Brown'schen Bewegung? Auf der einen Seite kann man die Frage direkt in der Sprache der stochastischen Analysis angehen und über zeitstetige stochastische Prozesse und Wiener'sche Maße sprechen. Oder man betrachtet den Grenzwert einer zweidimensionalen symmetrischen Irrfahrt, wie es sich ja bereits in Trefethens Formulierung von Problem 10 andeutet. Wir folgen dem zweiten, weniger technischen Zugang [Zau89, §1.3]: Wir definieren die Wahrscheinlichkeit, eher auf die Enden zu treffen, zunächst für die Irrfahrt und gehen dann zum Grenzwert verschwindender Schrittweite über. Dieses Vorgehen ist schematisch in Abb. 10.3 dargestellt.

Für eine positive ganze Zahl n betrachten wir das Gitter $L_h = h\mathbb{Z} \times h\mathbb{Z}$ der Schrittweite $h = 1/2n$. Wir zerlegen den Rand des Rechtecks $\mathcal{R} = (-5,5) \times (-1/2,1/2)$ in zwei Teile: die „Enden" $\Gamma_1 = \{(x,y) \in \partial\mathcal{R} : x = \pm 5\}$ und die „Seiten" $\Gamma_0 = \{(x,y) \in \partial\mathcal{R} : y = \pm 1/2\}$. Statt davon zu sprechen, eher auf einen Teil des Randes als auf den anderen zu treffen, vereinbaren wir die bequemere Auffassung, den Rand als *absorbierend* zu betrachten. Das Partikel beendet am Rand die Bewegung oder hört einfach auf zu existieren.

In der Mathematik wird ein Problem mitunter sehr viel einfacher, wenn man versucht, mehr als nur das Verlangte zu tun. Hier wollen wir versuchen, die Wahrscheinlichkeit $u_h(x,y)$ zu bestimmen, dass ein Partikel von einem beliebigen Gitterpunkt $(x,y) \in \mathcal{R} \cap L_h$ aus – also nicht nur vom Mittelpunkt $(0,0)$ des Rechtecks – die Enden Γ_1 erreicht.

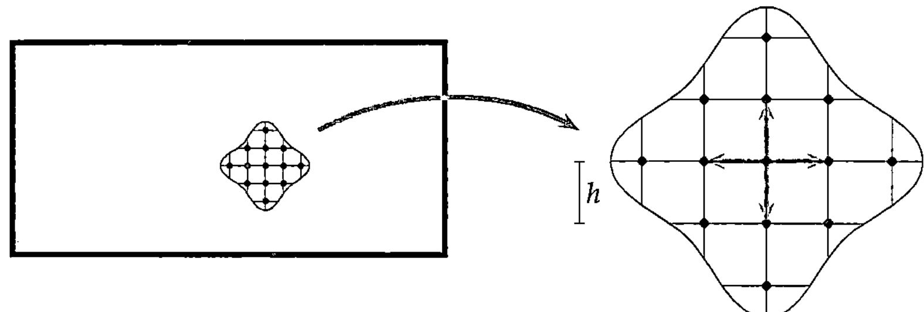

Abb. 10.3. *Approximation einer Brown'schen Bewegung durch eine Irrfahrt.*

Für eine symmetrische Irrfahrt sind die Übergangswahrscheinlichkeiten zwischen nächsten Nachbarn sämtlich 1/4. Da nun die Wahrscheinlichkeit, dass das Partikel die Enden Γ_1 vom Punkt (x,y) aus erreicht, durch die Wahrscheinlichkeit ausgedrückt werden kann, dass es zu einem seiner nächsten Nachbarn geht und von dort aus Γ_1 erreicht, erhalten wir die *partielle Differenzengleichung*

$$u_h(x,y) = \frac{1}{4}\left(u_h(x+h,y) + u_h(x-h,y) + u_h(x,y+h) + u_h(x,y-h)\right)$$

mit den absorbierenden Randbedingungen $u_h|_{\Gamma_1} = 1$ und $u_h|_{\Gamma_0} = 0$. Problem 10 wird durch den Grenzwert $p = \lim_{h\to 0} u_h(0,0)$ gelöst. Die Differenzengleichung kann als lineares Gleichungssystem in $\mathbb{R}^{(2n-1)(20n-1)}$ geschrieben werden; die in §10.3 diskutierte numerische Methode beinhaltet im wesentlichen die Lösung dieses Gleichungssystems für mehrere kleine Werte von n und eine anschließende Grenzwertextrapolation für $n \to \infty$.

Der Grenzwert lässt sich aber auch mit analytischen Methoden anpacken. Tatsächlich bemerken wir, dass uns die Differenzengleichung recht vertraut ist, wenn wir sie in der äquivalenten Form

$$\frac{u_h(x+h,y) - 2u_h(x,y) + u_h(x-h,y)}{h^2}$$
$$+ \frac{u_h(x,y+h) - 2u_h(x,y) + u_h(x,y-h)}{h^2} = 0$$

schreiben. Wir erkennen die wohlbekannte Fünfpunktestern-Diskretisierung der *Laplace'schen Gleichung*

$$\Delta u(x,y) = \frac{\partial^2}{\partial x^2}u(x,y) + \frac{\partial^2}{\partial y^2}u(x,y) = 0$$

auf $\mathcal{R}$ mit Dirichlet'schen Randbedingungen $u|_{\Gamma_1} = 1$ und $u|_{\Gamma_0} = 0$. In §10.3 sehen wir, dass die Diskretisierung punktweise konvergiert: $u_h(0,0) \to u(0,0)$; also haben wir $p = u(0,0)$.

Solche Randwertprobleme wurden intensiv in der ebenen Potentialtheorie studiert, siehe [Hen86, §15.5] bzw. [Neh52, §I.10]. Es sei $\Omega \subset \mathbb{R}^2$ ein beschränktes Gebiet und sein Rand die disjunkte Vereinigung

$$\partial\Omega = \Gamma_0 \cup \Gamma_1 \cup \{t_1, \ldots, t_n\},$$

wobei Γ_0 und Γ_1 für zwei nichtleere, relativ offene Teilmengen von $\partial\Omega$ stehen, die nur endlich viele Komponenten besitzen. Die Lösung u des Dirichlet'schen Randwertproblems

$$\Delta u = 0 \qquad \text{auf } \Omega, \qquad u|_{\Gamma_1} = 1, \quad u|_{\Gamma_0} = 0, \tag{10.2}$$

heißt *harmonisches Maß* von Γ_1 bezüglich Ω. Der geeignete Lösungsbegriff erfordert allerdings etwas Sorgfalt: Zusätzlich zu (10.2), also dazu, dass u harmonisch ist und die Randwerte annimmt, fordern wir die Stetigkeit von u auf $\Omega \cup \Gamma_0 \cup \Gamma_1$ und die Beschränktheit auf Ω. Die endlich vielen Punkte $\{t_1, \ldots, t_n\}$ sind daher mögliche Unstetigkeitsstellen. Die Eindeutigkeit der Lösung folgt aus dem Maximumprinzip für beschränkte harmonische Funktionen [Hen86, Lem. 15.4c]; die Existenz beweisen wir für Rechtecke in §10.4. Im allgemeinen existiert eine Lösung [Hen86, Prop. 15.4b], falls keine der Komponenten von $\mathbb{R}^2 \setminus \Omega$ aus nur einem Punkt besteht.

Wir können Problem 10 jetzt in einem knappen Satz neu formulieren:

Welchen Wert hat das harmonische Maß der Enden eines 10×1-Rechtecks in seinem Mittelpunkt?

10.3 Numerische Lösung

Wir zeigen, dass handelsübliche Finite-Differenzen eine effiziente und genaue numerische Lösung von Problem 10 ermöglichen, wenn ihre Konvergenz durch Richardson-Extrapolation beschleunigt wird. Mit etwas Sorgfalt und Werkzeugen des wissenschaftlichen Rechnens wie etwa *aposteriorischen Fehlerabschätzungen* können wir sehr gute wissenschaftliche Gründe – wenn auch keinen strengen mathematischen Beweis – dafür angeben, warum wir von der Korrektheit von wenigstens 10 Ziffern überzeugt sind.

Wir betrachten das allgemeine $2a \times 2b$-Rechteck, wobei wir jetzt als seine „Enden" die zwei parallelen Kanten der Länge $2b$ auffassen wollen, und studieren das folgende Dirichlet'sche Randwertproblem für die Laplace'sche Gleichung:

$$\Delta u = 0 \qquad \text{auf } \mathcal{R}, \qquad u|_{\Gamma_1} = 1, \quad u|_{\Gamma_0} = 0. \tag{10.3}$$

Das Rechteck und seinen Rand bezeichnen wir dabei wie folgt:

$$\mathcal{R} = (-a, a) \times (-b, b), \quad \Gamma_1 = \{-a, a\} \times (-b, b), \quad \Gamma_0 = (-a, a) \times \{-b, b\}.$$

Wir diskretisieren das Problem mit einem Finite-Differenzen-Gitter R_h auf $\mathcal{R}$, das $2n_x - 1$ Gitterpunkte in der x-Richtung und $2n_y - 1$ Gitterpunkte in der y-Richtung besitzt:

$$\mathcal{R}_h = \mathcal{R} \cap \left(h_x \mathbb{Z} \times h_y \mathbb{Z} \right), \qquad h_x = a/n_x, \quad h_y = b/n_y.$$

Um ein annähernd uniformes Gitter, also $h_x \approx h_y$, zu erhalten, wählen wir $n_x = r \cdot n$ und $n_y = s \cdot n$ mit einem $n \in \mathbb{N}$ so, dass das Seitenverhältnis $\rho = a/b$ durch $\rho \approx r/s$ mit kleinen ganzen Zahlen r und s angenähert wird. Wir fassen $h = 1/n$ als „den" Diskretisierungsparameter auf. Der diskrete Rand $\Gamma_h = \partial \mathcal{R} \cap \left(h_x \mathbb{Z} \times h_y \mathbb{Z} \right)$ zerfällt in die beiden Teile

$$\Gamma_{1,h} = \{(x,y) \in \Gamma_h : x = \pm a\}, \qquad \Gamma_{0,h} = \Gamma_h \setminus \Gamma_{1,h}.$$

Die Diskretisierung von (10.3) mit dem Fünfpunktestern liefert das lineare Gleichungssystem

$$h_x^{-2} u_h(x + h_x, y) + h_x^{-2} u_h(x - h_x, y)$$
$$+ h_y^{-2} u_h(x, y + h_y) + h_y^{-2} u_h(x, y - h_y)$$
$$- 2 \left(h_x^{-2} + h_y^{-2} \right) u_h(x,y) = 0$$

mit den Indizes $(x,y) \in \mathcal{R}_h$ für eine Gitterfunktion $u_h : \mathcal{R}_h \cup \Gamma_h \to \mathbb{R}$, die den Randbedingungen

$$u_h|_{\Gamma_{1,h}} = 1, \qquad u_h|_{\Gamma_{0,h}} = 0$$

genügt. Nach Elimination der Randpunkte erhalten wir ein großes lineares Gleichungssystem der Dimension $N = (2n_x - 1)(2n_y - 1)$ für die Werte von u_h in den inneren Punkten $\mathcal{R}_h$, welches wir kompakt in der Form

$$A_h x_h = b_h \tag{10.4}$$

schreiben können. Dabei ist $A_h \in \mathbb{R}^{N \times N}$ eine symmetrisch positiv definite und dünnbesetzte Matrix mit fünf besetzten Diagonalen. Es gibt verschiedene Methoden zur Lösung von (10.4), siehe etwa [Dem97, S. 277, Tabelle 6.1]. Die optimale Komplexität $O(N)$ für die Laufzeit wird von den iterativen Mehrgitterverfahren erreicht. Zwei direkte Methoden lassen sich in Matlab recht einfach benutzen bzw. programmieren: die Cholesky-Zerlegung, deren Komplexität hier bei $O(N^{3/2})$ liegt, und der FFT-gestützte schnelle Poisson-Löser, dessen Komplexität von der Ordnung $O(N \log N)$ ist, siehe [Dem97, §6.7]. Im Anhang C.3.2 findet der Leser das kurze Matlab-Programm `poisson`, welches diese beiden Lösungsverfahren implementiert. Für ein Gitter mit $N = 2559 \times 255 = 652\,545$ Unbekannten benötigt

die Cholesky-Zerlegung etwa eine Minute und der schnelle Poisson-Löser
gerade einmal zwei Sekunden.[2]

Wie genau ist nun die Approximation $p_h = u_h(0,0) \approx p$? Bevor wir
diese Frage bezüglich des Diskretisierungsfehlers klären, müssen wir noch
einsehen, dass aufgrund von Rundungsfehlern der Löser des linearen Gleichungssystems nicht wirklich u_h, sondern eine *gestörte* Gitterfunktion $\hat{u}_h$
abgeliefert hat. Da für den Fünfpunktestern das lineare Gleichungssystem recht schlecht konditioniert ist, kann dieser numerische Fehler von
beträchtlicher Größe sein.

10.3.1 Beurteilung der Lösung des linearen Gleichungssystems

Ein vorwärtsstabiles Lösungsverfahren [Hig96, §7.6] wie die Cholesky-
Zerlegung oder der schnelle Poisson-Löser bleiben garantiert innerhalb der
apriorischen Abschätzung

$$\|u_h - \hat{u}_h\|_\infty \leqslant c\,\kappa_\infty(A_h)\,\epsilon_M\,\|u_h\|_\infty, \tag{10.5}$$

wobei c eine vom Lösungsverfahren abhängige Konstante, $\kappa_\infty(A_h)$ die Konditionszahl der Matrix A_h und ϵ_M die Maschinengenauigkeit bezeichnet.[3]
In zwei Dimensionen wächst die Konditionszahl gemäß $\kappa_\infty(A_h) \propto N$,
siehe [Hac92, Thm. 4.4.1]. Für unser Problem mit dem Seitenverhältnis
$\rho = a/b = 10$ haben wir $\|u_h\|_\infty = 1$ und $p \approx 4 \cdot 10^{-7}$. Auf dem Gitter mit
$N = 2559 \times 255$ erhalten wir daher für doppelt-genaue IEEE-Arithmetik
$(\epsilon_M \approx 10^{-16})$ – unter der Annahme brauchbarer Konstanten – im Mittelpunkt des Rechtecks eine Abschätzung der Form

$$|\hat{p}_h - p_h| \lesssim 10^{-4}|p_h|.$$

Wäre diese Abschätzung scharf, so wären nur etwa 4 Ziffern korrekt: ein
dramatischer Rückschlag angesichts des Ziels, 10 korrekte Ziffern abzuliefern.

Eine Sitzung mit Matlab

```
>> h = 1/128; % N = 2559 x 255
>> p = poisson([0,0],[10,1],0,[1,1,0,0],'Cholesky',h)

p = 3.838296382528924e-007
```

---

[2] Die angegebenen Laufzeiten beziehen sich auf einen PC mit 2 GHz.

[3] In der Literatur, und so auch in den anderen Kapiteln dieses Buchs, wird die
Maschinengenauigkeit gerne mit u notiert (für „unit round-off"). Um einer Ver-
wechslung mit der Lösung der Laplace'schen Gleichung (10.3) vorzubeugen, haben wir für dieses Kapitel eine andere Notation gewählt.

Tabelle 10.2. *A-posteriori Schätzung des relativen algebraischen Fehlers, $\rho = a/b = 10$.*

Gitter	159×15	319×31	639×63	1279×127	2559×255
Cholesky	$8.3 \cdot 10^{-14}$	$3.9 \cdot 10^{-13}$	$1.5 \cdot 10^{-12}$	$6.7 \cdot 10^{-12}$	$2.6 \cdot 10^{-11}$
FFT	$5.4 \cdot 10^{-9}$	$1.3 \cdot 10^{-8}$	$1.3 \cdot 10^{-7}$	$2.9 \cdot 10^{-7}$	$2.0 \cdot 10^{-6}$

```
>> p = poisson([0,0],[10,1],0,[1,1,0,0],'FFT',h)

p = 3.838296354378100e-007
```

Beide Verfahren lösen das gleiche lineare Gleichungssystem, stimmen aber
für das Gitter mit $N = 2559 \times 255$ nur auf etwa acht Ziffern überein. Sind
beide Lösungsmethoden vom Verlust von acht Ziffern betroffen, oder nur
eine? Um diese Frage zu beantworten, müssen wir eine feinere Analyse
durchführen, indem wir den aposteriorischen Fehlerschätzer aus §7.4.1 verwenden. Die Ergebnisse sind in Tabelle 10.2 aufgelistet. Bei der Cholesky-
Zerlegung beobachten wir einen geschätzten relativen Fehler von $\hat{p}_h$, der
sich – in schöner Übereinstimmung mit der theoretischen Vorhersage (10.5)
für den normweisen relativen Fehler – etwa wie $0.4N\epsilon_M$ verhält. Der geschätzte relative Fehler des schnellen Poisson-Lösers ist um fünf Größenordnungen größer. Also sind aller Voraussicht nach in der obigen Matlab-
Sitzung wenigstens 10 Ziffern des ersten Resultats korrekt. Das zweite ist
dann, wie ein Vergleich zeigt, nur auf acht Ziffern korrekt.

Wir ziehen aus diesen Betrachtungen die Lehre, dass wir für unser Problem die Cholesky-Zerlegung benutzen und es bei kleinen Gittern belassen
sollten.

10.3.2 Diskretisierungsfehler und Extrapolation

Die Diskretisierung mit dem Fünfpunktestern ist von der Ordnung zwei.
Wir brauchen aber mehr; die wohlbegründete Anwendung der Richardson-
Extrapolation (siehe Anhang A, S. 298) zur Konvergenzbeschleunigung und
Fehlerschätzung verlangt die Gültigkeit einer asymptotischen Entwicklung

$$u_h(x,y) = u(x,y) + \sum_{k=1}^{m} e_k(x,y)\, h^{\gamma_k} + O(h^{\gamma_{m+1}}) \tag{10.6}$$

mit $\gamma_1 < \gamma_2 < \cdots < \gamma_{m+1}$. Man weiß (vgl. [MS83, Thm. 4.2.1]), dass für die
Diskretisierung zweidimensionaler Poisson'scher Probleme mit dem Fünfpunktestern auf glatten Gebieten mit glatten Daten $\gamma_k = 2k$ gilt, sofern man
mit den Randbedingungen geeignet umgeht. Für polygonale Gebiete und
Randbedingungen mit Sprüngen wie in unserem Problem (10.3) gilt die

asymptotische Entwicklung (10.6) jedoch nicht gleichmäßig in (x,y). Eine verbreitete Auffassung besagt daher, dass die asymptotische Entwicklung auch für innere Punkte erheblich durch derartige Randeffekte gestört sein kann.

Hofmann hat eine wenig bekannte, äußerst sorgfältige Analyse des Dirichlet'schen Problems für die Laplace'sche Gleichung auf einem Rechteck durchgeführt [Hof67, Thm. 2]: Sie gestattet die explizite Bestimmung der Koeffizienten γ_k aus den Randdaten. Für unseren Fall harmonischer Maße ergibt sich [Hof67, S. 309, Bem. 1]

$$\gamma_k = 2k, \qquad k \in \mathbb{N}.$$

Die asymptotische Entwicklung (10.6) ist dann für alle $m \in \mathbb{N}$ gültig:

$$u_h(x,y) = u(x,y) + \sum_{k=1}^{m} e_k(x,y)\, h^{2k} + O(h^{2m+2}). \tag{10.7}$$

Die Restgliedabschätzung ist dabei gleichmäßig in h, aber nicht in (x,y). In der Nähe des Randes können die zugehörigen Konstanten sehr groß werden.

Schreiben wir $e_* = e_1(0,0)$, so erhalten wir

$$p_h - p = e_* h^2 + O(h^4), \qquad p_{2h} - p_h = 3e_* h^2 + O(h^4).$$

Ein Vergleich liefert die aposteriorische Schätzung[4] des relativen Diskretisierungsfehlers von p_h, nämlich

$$\frac{p_h - p}{p} = \underbrace{\frac{p_{2h} - p_h}{3p_h}}_{=\epsilon_h} + O(h^4).$$

Tabelle 10.3 zeigt die mit der Cholesky-Zerlegung berechneten Ergebnisse zusammen mit dem relativen Diskretisierungsfehler für genau die gleichen Gitter wie in Tabelle 10.2. Da wir aus letzterer Tabelle für diese Gitter wissen, dass das Cholesky-Verfahren mindestens die angegebenen 10 Ziffern korrekt berechnet, unterscheiden wir nicht länger zwischen $\hat{p}_h$ und p_h. Die letzte Spalte der Tabelle 10.3 spiegelt die zweite Ordnung der Diskretisierung wider. Wir sehen, dass auf dem 2559×255-Gitter p_h den Wert p auf gerade einmal 3 korrekte Ziffern genau approximiert. Eine weitere Verfeinerung des Gitters würde sich aus Gründen des Speicherplatzbedarfs und der erforderlichen Laufzeit nicht auszahlen, außerdem würde sich der Fehler des Cholesky-Verfahrens allmählich bis zur zehnten Ziffer ausbreiten.

---

[4] Derartige Abschätzungen sind wesentlich für den Erfolg von Extrapolationsverfahren mit Ordnungs- und Schrittweitensteuerung, die für Systeme gewöhnlicher Differentialgleichungen dem Stand der Kunst entsprechen [DB02, §5.3].

Tabelle 10.3. *A-posteriori Schätzung ϵ_h des relativen Diskretisierungsfehlers.*

Gitter	h	p_h	ϵ_h	ϵ_{2h}/ϵ_h
159×15	$1/8$	$4.022278462 \cdot 10^{-7}$	—	—
319×31	$1/16$	$3.883130701 \cdot 10^{-7}$	$1.2 \cdot 10^{-2}$	—
639×63	$1/32$	$3.848934609 \cdot 10^{-7}$	$3.0 \cdot 10^{-3}$	4.0
1279×127	$1/64$	$3.840422201 \cdot 10^{-7}$	$7.4 \cdot 10^{-4}$	4.0
2559×255	$1/128$	$3.838296383 \cdot 10^{-7}$	$1.8 \cdot 10^{-4}$	4.0

Wir müssen also die Genauigkeit der Lösung durch *Konvergenzbeschleunigung* verbessern. Die Idee ist einfach: Durch Abziehen der Fehlerschätzung erhalten wir eine Diskretisierung von höherer Ordnung, nämlich

$$p'_h = p_h + \tfrac{1}{3}(p_h - p_{2h}) = p + O(h^4).$$

Diese neue Approximation erbt die asymptotische Entwicklung (10.7),

$$p'_h = p + \sum_{k=2}^{m} e'_{*,k} h^{2k} + O(h^{2m+2}),$$

mit dem Unterschied dass die Entwicklung jetzt mit dem Term der Ordnung $O(h^4)$ beginnt. In voller Analogie zu unserem Vorgehen für p_h können wir eine aposteriorische Fehlerschätzung konstruieren und den Prozess wiederholen. Das ist die Richardson-Extrapolation für eine Folge von Gittern mit den Diskretisierungsparametern $h, h/2, h/4, h/8$, usw. Es ist offensichtlich, wie man das Ganze auf beliebige Folgen verallgemeinert; einen guten Kompromiss zwischen Stabilität und Effizienz liefert $h = 1/(2n)$ für $n = n_{\min}, n_{\min} + 1, \ldots, n_{\max}$. Im Anhang C.3.2 findet der Leser das kurze Matlab-Programm `richardson`, das diese allgemeine Extrapolationstechnik mit aposteriorischer Schätzung des relativen Diskretisierungsfehlers implementiert. Zusätzlich enthält es eine *mitlaufende* Analyse (siehe [Hig96, §3.3] oder S. 319) der Verstärkung jener Rundungsfehler, die aus der Lösung der linearen Gleichungssysteme stammen. Nach Tabelle 10.2 liegen diese Fehler in der folgenden Sitzung mit Matlab unterhalb von $3.9 \cdot 10^{-13}$.

Eine Sitzung mit Matlab

```
>> f = inline('poisson([0,0],[10,1],0,[1,1,0,0],sol,h)','sol','h');
>> order = 2; nmin = 4; tol = 1e-11;
>> [p,err,ampl] = richardson(tol,order,nmin,f,'Cholesky');
>> p, err = max(err,ampl*3.9e-13)

p   = 3.837587979250745e-007
err = 3.325183129259237e-011
```

Die Laufzeit liegt unter einer halben Sekunde. Die Extrapolation stützt sich auf die Gitter der Größe 159×15, 199×19, 239×23, 279×27 und 319×31. Der geschätzte relative Gesamtfehler beträgt $3.3 \cdot 10^{-11}$. Nach unserem besten numerischen Kenntnisstand ist daher die abgelieferte Approximation von p auf wenigstens 10 Ziffern genau:

$$p|_{\rho=10} \doteq 3.8375\,87979 \cdot 10^{-7}.$$

Die analytische Methode des nächsten Abschnitts liefert einen *Beweis* dafür, dass die Lösung der Matlab-Sitzung tatsächlich sogar auf 12 Ziffern genau ist. Wir haben den Fehler also um gerade einmal zwei Größenordnungen überschätzt – nicht schlecht.

10.4 Analytische Lösung I: Trennung der Variablen

Eine traditionelle analytische Methode, um Randwertprobleme in der Art von (10.3) zu lösen, ist die *Trennung der Variablen*. Im wesentlichen ist diese Technik dann anwendbar, wenn die zugrundeliegende Geometrie rechteckig ist und die Differentialgleichung sowie die Randbedingungen zweier gegenüberliegender Seiten homogen sind.

Trennung der Variablen setzt die Lösung in der Form

$$u(x,y) = \sum_{k=0}^{\infty} v_k(x) \cdot w_k(y)$$

an. Dabei ist die Idee, dass jeder einzelne Term die Differentialgleichung erfüllt und erst die Summe selbst für die Erfüllung der Randbedingungen sorgt. Setzen wir $v_k(x)\,w_k(y)$ in die Laplace'sche Gleichung ein, so erhalten wir

$$v_k''(x)\,w_k(y) + v_k(x)\,w_k''(y) = 0, \text{ d.h. } v_k''(x)/v_k(x) = -w_k''(y)/w_k(y) = \lambda_k.$$

Nun hängt der Quotient λ_k einerseits nur von x und andererseits nur von y ab, ist also von beiden unabhängig und daher eine Konstante. Die homogenen Randbedingungen auf Γ_0 können dann leicht erfüllt werden, wenn wir $w_k(-b) = w_k(b) = 0$ setzen. Daher löst jedes $w_k \neq 0$ folgendes *Eigenwertproblem* zweiter Ordnung:

$$w_k''(y) + \lambda_k w_k(y) = 0, \qquad w_k(-b) = w_k(b) = 0. \tag{10.8}$$

Weil die Randwerte in $x = \pm a$ *gerade* Funktionen von y sind, reicht es, nach geraden Lösungen $w_k(y)$ zu suchen. Man kann leicht überprüfen, dass alle derartigen Funktionen durch

$$w_k(y) = \cos\big((k+1/2)\pi y/b\big), \qquad \lambda_k = \big((k+1/2)\pi/b\big)^2, \qquad k \in \mathbb{N}_0,$$

gegeben sind. Um den Randbedingungen auf Γ_1 zu genügen, berechnen wir die Koeffizienten $(c_k)_{k\geqslant 0}$ der Reihenentwicklung

$$\sum_{k=0}^{\infty} c_k w_k(y) = 1, \qquad y \in (-b,b).$$

Orthogonalität und Vollständigkeit der Eigenfunktionen w_k liefert

$$c_k \int_{-b}^{b} w_k^2(y)\,dy = \int_{-b}^{b} w_k(y)\,dy, \text{ d.h.} \qquad c_k\,b = \frac{4(-1)^k}{\pi(2k+1)}\,b.$$

Auf diesem Wege erhalten wir für v_k das Randwertproblem

$$v_k''(x) - \lambda_k v_k(x) = 0, \qquad v_k(-a) = v_k(a) = c_k = \frac{4\,(-1)^k}{\pi\,(2k+1)}.$$

Eine kurze Rechnung – oder der Griff zum Mathematica-Befehl `DSolve` bzw. zum Maple-Befehl `dsolve` – liefert

$$v_k(x) = \frac{4\,(-1)^k}{\pi(2k+1)}\,\frac{\cosh\big((k+1/2)\pi x/b\big)}{\cosh\big((k+1/2)\pi a/b\big)}.$$

Zusammenfassend haben wir die Lösung

$$u(x,y) = \frac{4}{\pi}\sum_{k=0}^{\infty}\frac{(-1)^k}{2k+1}\,\frac{\cosh\big((k+1/2)\pi x/b\big)}{\cosh\big((k+1/2)\pi a/b\big)}\,\cos((k+1/2)\pi y/b),$$

von (10.3) ermittelt, eine Fourierreihe bezüglich y. Prinzipiell gibt es zwei Wege, um zu beweisen, dass dies auch wirklich die beschränkte Lösung von (10.3) ist. Der Erste [Rau91, §5.7] nutzt die Vollständigkeit der Eigenfunktionen von (10.8) in $L^2(0,b)$ und beweist *a priori* den Erfolg unserer Rechnungen. Der Zweite [Zau89, §4.4] nutzt die exponentiell schnelle Konvergenz der resultierenden Reihe, um die Beschränktheit zu beweisen, gliedweise zu differenzieren und damit *a posteriori* zu zeigen, dass Differentialgleichung und Randdaten erfüllt werden.

Im Mittelpunkt des Rechtecks vereinfacht sich die Lösung $p = u(0,0)$ zu

$$p = \frac{4}{\pi}\sum_{k=0}^{\infty}\frac{(-1)^k}{2k+1}\,\operatorname{sech}((2k+1)\pi\rho/2), \tag{10.9}$$

wobei wir daran erinnern, dass wir das Seitenverhältnis des Rechtecks durch $\rho = a/b$ abkürzen. Dies ist nun eine alternierende Reihe, deren Terme betragsmäßig monoton gegen Null konvergieren. Folglich konvergiert die Reihe gegen einen Wert, der stets zwischen zwei aufeinanderfolgenden Teilsummen liegt. Daher werden einige wenige Terme der exponentiell schnell konvergierenden Reihe reichen, um ein genaues Resultat mit einer beweisbaren Fehlerschranke zu liefern. Für $\rho = 10$ liefern bereits die ersten beiden Terme die Einschließung

$$3.8375\,87979\,25122\,8 \cdot 10^{-7} \doteq \frac{4}{\pi}\operatorname{sech}(5\pi) - \frac{4}{3\pi}\operatorname{sech}(15\pi)$$

$$< p|_{\rho=10} < \frac{4}{\pi}\operatorname{sech}(5\pi) \doteq 3.8375\,87979\,25125\,8 \cdot 10^{-7}.$$

Da die Bibliotheksroutine für sech das Resultat innerhalb der Maschinengenauigkeit berechnet, vertreten wir die Auffassung, dass wir die Korrektheit der ersten 14 Ziffern von p, nämlich

$$p|_{\rho=10} \doteq 3.8375\,87979\,2512 \cdot 10^{-7},$$

bewiesen haben.[5] Der erste Term $\frac{4}{\pi}\operatorname{sech}(\rho\pi/2)$ der Reihe liefert die weiter vereinfachte Approximation

$$p = \frac{4}{\pi}\operatorname{sech}(\rho\pi/2) + O(e^{-3\pi\rho/2}) = \frac{8}{\pi}e^{-\pi\rho/2} + O(e^{-3\pi\rho/2}).$$

Abbildung 10.6 zeigt, dass $p \approx \frac{8}{\pi}e^{-\pi\rho/2}$ für $\rho \geqslant 1$ eine gute Zeichengenauigkeit liefert. Tatsächlich gilt bereits

$$p|_{\rho=10} \doteq \frac{8}{\pi}e^{-5\pi} \text{ auf 13 Ziffern Genauigkeit.}$$

10.4.1 Intermezzo à la Cauchy

Wenn wir die Rollen von a und b vertauschen, so erhalten wir aus Symmetriegründen die Wahrscheinlichkeit, dass das Partikel die Seiten vor den Enden trifft. Offensichtlich addieren sich die beiden Wahrscheinlichkeiten zu 1:

$$p|_{\rho=a/b} + p|_{\rho=b/a} = 1.$$

Mit der Reihendarstellung (10.9) erhalten wir somit die bemerkenswerte Identität

---

[5] Für jene Leser mit einem (übersteigerten) Bedürfnis nach weitergehender Evidenz: Ein rechnergestützter Beweis, der auch die Rundungsfehler bei der Auswertung des hyperbolischen Sekans berücksichtigt, kann mit der in §8.3.2 vorgestellten intervallarithmetischen Methode für die Auswertung alternierender Reihen durchgeführt werden.

$$\sum_{k=0}^{\infty} \frac{(-1)^k}{2k+1} \left(\operatorname{sech}((2k+1)\pi\rho/2) + \operatorname{sech}((2k+1)\pi\rho^{-1}/2) \right) = \frac{\pi}{4}, \quad (10.10)$$

gültig für alle $\rho > 0$. Der Spezialfall $\rho = 1$ vereinfacht sich zu

$$\sum_{k=0}^{\infty} \frac{(-1)^k}{2k+1} \operatorname{sech}((2k+1)\pi/2) = \frac{\pi}{8},$$

während der Grenzwert $\rho \to \infty$ die Leibniz'sche Reihe

$$\sum_{k=0}^{\infty} \frac{(-1)^k}{2k+1} = \frac{\pi}{4}$$

reproduziert. Interessanterweise sind die Identität (10.10) und ein weiterer expliziter Wert von p für $\rho = \sqrt{3}$ bereits im Jahre 1827 von Cauchy [Cau27] als Anwendung seines Residuenkalküls entdeckt worden – in der gleichen Arbeit, in der er erstmalig systematisch komplexe Integrale entlang kreisförmiger Wege verwendete [Smi97, §5.10]. Die Identität wurde später von Ramanujan wiederentdeckt und findet sich als ein Eintrag in seinen Notizbüchern [Ber89, Eintrag 15, S. 262].

Lemma 10.1 (Cauchy 1827 [Cau27, Formel (86/87)]).

(i) *Für $\eta \in \mathbb{C} \setminus \mathbb{R}$ gilt*

$$\sum_{k=0}^{\infty} \frac{(-1)^k}{2k+1} \left(\sec\left((2k+1)\pi\eta/2\right) + \sec\left((2k+1)\pi\eta^{-1}/2\right) \right) = \frac{\pi}{4}.$$

(ii) *Für $\eta \in \mathbb{C} \setminus \mathbb{R}$ gilt*

$$\sum_{n=1}^{\infty} \frac{(-1)^{n-1}}{n} \left(\csc(n\pi\eta) + \csc(n\pi\eta^{-1}) \right) = \frac{\pi}{12}(\eta + \eta^{-1}).$$

Beweis. Wir bemerken, dass beide Reihen absolut und damit unbedingt konvergieren.

(i) Die Funktion $\sec(\pi z)\sec(\pi\eta z)$ strebt gleichmäßig in $\arg z$ gegen Null, wenn $|z| = k$, $z \in \mathbb{C}$, und $k \to \infty$ entlang ganzzahliger Werte. Folglich summieren sich nach dem Residuensatz [Hen74, Thm. 4.7a] die Residuen der Funktion

$$\frac{\pi \sec(\pi z) \sec(\pi\eta z)}{z}$$

über alle ihre Polstellen zu Null. Die Bestimmung der Residuen kann unmittelbar mit den einschlägigen Formeln [Hen74, Formel (4.7-9/10)] oder durch einen Griff zum Mathematica-Befehl Residue bzw. zum Maple-Befehl residue erfolgen: Das Residuum in der einfachen Polstelle $z = k + 1/2$ ($k \in \mathbb{Z}$) ist

$$\frac{(-1)^{k-1}}{k+1/2}\sec((k+1/2)\pi\eta);$$

das in der einfachen Polstelle $z = (k+1/2)/\eta$ $(k \in \mathbb{Z})$ ist

$$\frac{(-1)^{k-1}}{k+1/2}\sec((k+1/2)\pi/\eta);$$

und schließlich π in der einfachen Polstelle $z = 0$. Daher gilt

$$\sum_{k\in\mathbb{Z}}\frac{(-1)^k}{k+1/2}\left(\sec((k+1/2)\pi\eta) + \sec((k+1/2)\pi/\eta)\right) = \pi,$$

also die Behauptung.

(ii) Die Funktion $\csc(\pi z)\csc(\pi\eta z)$ strebt gleichmäßig in $\arg z$ gegen Null, wenn $|z| = n + 1/2$, $z \in \mathbb{C}$, und $n \to \infty$ entlang ganzzahliger Werte. Folglich summieren sich auch hier nach dem Residuensatz die Residuen der Funktion

$$\frac{\pi\csc(\pi z)\csc(\pi\eta z)}{z}$$

über alle ihre Polstellen zu Null. Das Residuum in der einfachen Polstelle $z = \pm n$ $(n \in \mathbb{N})$ ist

$$\frac{(-1)^n}{n}\csc(n\pi\eta);$$

das in der einfachen Polstelle $z = \pm n/\eta$ $(n \in \mathbb{N})$ ist

$$\frac{(-1)^n}{n}\csc(n\pi/\eta);$$

und schließlich besitzt dasjenige in der Polstelle $z = 0$ dritter Ordnung den Wert

$$\frac{\pi}{6}(\eta + \eta^{-1}).$$

Daher gilt

$$2\sum_{n=1}^{\infty}\frac{(-1)^{n-1}}{n}\left(\csc(n\pi\eta) + \csc\left(\frac{n\pi}{\eta}\right)\right) = \frac{\pi}{6}(\eta + \eta^{-1})$$

und damit die Behauptung. $\qquad\square$

Wenn wir $\eta = i\rho$ in (i) einsetzen, gelangen wir zu unserer bemerkenswerten Identität (10.10). Die Cauchy'sche Beziehung (ii) lässt sich zu einem weiteren speziellen Wert von p auswerten, indem wir $\eta = e^{i\pi/3} = (1 + i\sqrt{3})/2$ setzen. Dann ist $\eta + \eta^{-1} = 1$ und daher

On conclura, en particulier, de la formule (108), en prenant $m = 0$,

$$(110) \quad \frac{1}{e^{\frac{\pi\sqrt{3}}{2}}+e^{-\frac{\pi\sqrt{3}}{2}}} - \frac{\frac{1}{3}}{e^{\frac{3\pi\sqrt{3}}{2}}+e^{-\frac{3\pi\sqrt{3}}{2}}} + \frac{\frac{1}{5}}{e^{\frac{5\pi\sqrt{3}}{2}}+e^{-\frac{5\pi\sqrt{3}}{2}}} - \ldots = \frac{\pi}{48}.$$

Abb. 10.4. *Die ursprüngliche Gestalt von Formel (10.11) in den Cauchy'schen* Exercices de mathématiques *aus dem Jahre 1827.*

$$\operatorname{csc}\left(n\pi e^{i\pi/3}\right) + \operatorname{csc}\left(n\pi e^{-i\pi/3}\right)$$

$$= \begin{cases} 0, & n = 2k, \\ 2(-1)^k \operatorname{sech}((2k+1)\pi\sqrt{3}/2), & n = 2k+1, \end{cases}$$

so dass wir aus (ii) wie Cauchy [Cau27, Formel (110)] im Jahre 1827 die Gleichung

$$\sum_{k=0}^{\infty} \frac{(-1)^k}{2k+1} \operatorname{sech}((2k+1)\pi\sqrt{3}/2) = \frac{\pi}{24}, \quad \text{d.h.} \quad p|_{\rho=\sqrt{3}} = \frac{1}{6} \qquad (10.11)$$

erhalten. Abbildung 10.4 zeigt, wie diese Formel bei Cauchy ursprünglich ausgesehen hat. Dieses beachtliche und unerwartet explizite Resultat wollen wir wie folgt festhalten:

Die Wahrscheinlichkeit, dass ein Partikel im Zuge seiner Brown'schen Bewegung die Enden eines $\sqrt{3} \times 1$-Rechtecks von seinem Mittelpunkt aus erreicht, beträgt $1/6$.

10.5 Analytische Lösung II: Konforme Abbildungen

Die *konforme Verpflanzung* einer harmonischen Funktion, also der Pullback unter einer schlichten[6] konformen Abbildung, ist wiederum harmonisch. Für einfach zusammenhängende Gebiete $\Omega \subset \mathbb{R}^2 = \mathbb{C}$ kann dies sofort bewiesen werden, wenn man bemerkt, dass sich jede harmonische Funktion $u : \Omega \to \mathbb{R}$ als Realteil einer analytischen Funktion auf Ω darstellen lässt, siehe [Hen86, Thm. 15.1a]. Demnach sind konforme Verpflanzungen harmonischer Maße wiederum harmonische Maße. Mehr noch, konforme Verpflanzungen Brown'scher Bewegungen sind wiederum Brown'sche Bewegungen.

Das führt uns auf die Idee, das $2a \times 2b$-Rechteck konform und schlicht auf ein Gebiet abzubilden, für welches sich das harmonische Maß im Bild des Mittelpunkts leicht auswerten lässt. Welches Gebiet eignet sich dafür?

---

[6] schlicht = injektiv

Bemerkenswerterweise ist es Hersch [Her83] gelungen, das Resultat $p|_{\rho=\sqrt{3}} = 1/6$ aus (10.11) allein dadurch zu beweisen, dass er ein gleichmäßiges Sechseck durch Spiegelungen und konforme Symmetrien in das $\sqrt{3} \times 1$-Rechteck überführte.[7] Den allgemeinen Fall behandeln wir jedoch am besten mit der Einheitskreisfläche.

Lemma 10.2. *Es sei Γ_1 eine endliche Vereinigung offener Bögen der Einheitskreislinie. Γ_1 habe die Länge $2\pi p$. Das harmonische Maß von Γ_1 bezüglich der Einheitskreisfläche $\mathcal{D}$ besitzt im Mittelpunkt von $\mathcal{D}$ den Wert p.*

Beweis. Wir führen einen Beweis, der den geometrischen Charakter des Problems vermittelt. Es sei zunächst Γ_1 ein einzelner Kreisbogen der Länge $2\pi/n$ für ein $n \in \mathbb{N}$. Bis auf n Punkte können wir die Kreislinie mit n geeignet rotierten Kopien von Γ_1 überdecken. Addiert man die harmonischen Maße dieser Kreisbögen, so erhält man das harmonische Maß der Kreislinie selbst, das identisch 1 ist. Da der Wert des harmonischen Maßes eines Kreisbogens im Mittelpunkt des Kreises invariant unter Rotationen ist, erhalten wir also $u(0) = 1/n$. Fügt man nun $m \in \mathbb{N}$ geeignet rotierte Kopien des Bogens Γ_1 zusammen, so erhält man für das harmonische Maß eines einzelnen Bogens der Länge $2\pi m/n$ den Wert $u(0) = m/n$. Monotonieargumente und eine Einschließung durch rationale Zahlen erlauben uns darauf zu schließen, dass ein einzelner Bogen einer beliebigen Länge $2\pi p$ ein harmonisches Maß mit $u(0) = p$ besitzt. Summation der harmonischen Maße einzelner Bögen beendet schließlich den Beweis für endliche Vereinigungen. □

Wir konstruieren nun eine geeignete konforme Abbildung der Einheitskreisfläche $\mathcal{D}$ auf das $2a \times 2b$-Rechteck $\mathcal{R}$. Dazu positionieren wir das Rechteck derart, dass die reelle und imaginäre Achse seine beiden Symmetrieachsen sind. Die Ecken des Rechtecks sind daher durch

$$(A, B, C, D) = (a + ib, -a + ib, -a - ib, a - ib)$$

gegeben. Nach dem Riemann'schen Abbildungssatz [Hen74, Kor. 5.10c] und dem Schwarz'schen Spiegelungsprinzip [Hen74, Thm. 5.11b] gibt es eine schlichte konforme Abbildung f von $\mathcal{D}$ auf $\mathcal{R}$, welche die Symmetrien beachtet (siehe Abb. 10.5):

$$f(-z) = -f(z), \qquad \overline{f(z)} = f(\bar{z}). \tag{10.12}$$

Insbesondere gilt $f(0) = 0$: Der Mittelpunkt des Rechtecks ist Bild des Kreismittelpunkts. Nach dem Satz von Osgood und Carathéodory [Hen86,

---

[7] Man werfe einen Blick auf die Abfolge der Abbildungen 7, 7′, 7″, 11″, 13, 41″ und 41 in seiner Arbeit und bewundere einen „Beweis ohne Worte" (und ohne Rechnungen). Diese Bildfolge findet sich auch auf der Webseite des Buchs.

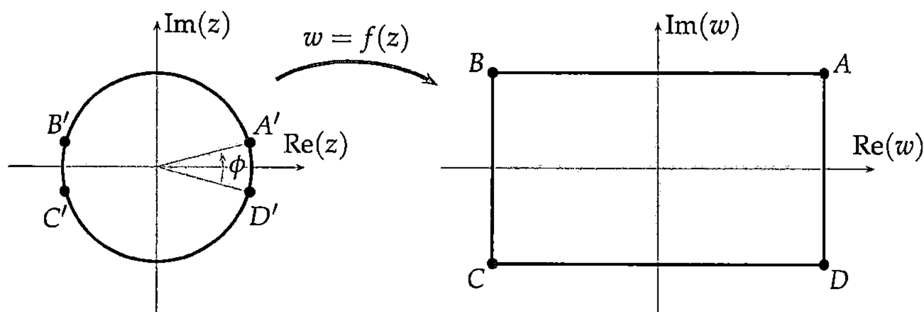

Abb. 10.5. *Symmetrieerhaltende konforme Abbildung $f : \mathcal{D} \to \mathcal{R}$.*

Thm. 16.3a] lässt sich die Abbildung f zu einem Homöomorphismus fortsetzen, der den Abschluss von $\mathcal{D}$ auf den Abschluss von $\mathcal{R}$ abbildet. Die Urbilder von (A, B, C, D) sind daher von der Gestalt

$$(A', B', C', D') = \left(e^{i\phi/2}, -e^{-i\phi/2}, -e^{i\phi/2}, e^{-i\phi/2} \right)$$

mit einem Winkel ϕ mit $0 < \phi < \pi$. Nehmen wir Γ_1 als die Vereinigung der Bögen von B' zu C' und von D' zu A', so zeigen Lemma 10.2 und die Invarianz des Werts p des harmonischen Maßes im Mittelpunkt, dass

$$\phi = p\pi.$$

Die konforme Abbildung f ist explizit durch die Schwarz–Christoffel'sche Formel [Hen86, Formel (16.10-1)] gegeben:

$$f(z) = 2c \int_0^z \frac{d\zeta}{\sqrt{(1 - e^{-ip\pi/2}\zeta)(1 + e^{ip\pi/2}\zeta)(1 + e^{-ip\pi/2}\zeta)(1 - e^{ip\pi/2}\zeta)}}$$

$$= 2c \int_0^z \frac{d\zeta}{\sqrt{(1 - e^{-ip\pi}\zeta^2)(1 - e^{ip\pi}\zeta^2)}}.$$

Dabei kann entlang jedes Wegs integriert werden, der 0 und z innerhalb der Kreisfläche $\mathcal{D}$ verbindet. Die Symmetrien (10.12) bewirken, dass der unbekannte Parameter c reell ist. Die Auswertung von $f(A') = A$ entlang des radialen Wegs $\zeta = e^{ip\pi/2}t$ mit $t \in [0, 1]$ liefert

$$a + ib = 2c \int_0^{e^{ip\pi/2}} \frac{d\zeta}{\sqrt{(1 - e^{-ip\pi}\zeta^2)(1 - e^{ip\pi}\zeta^2)}}$$

$$= 2c\, e^{ip\pi/2} \int_0^1 \frac{dt}{\sqrt{(1 - t^2)(1 - e^{2ip\pi}t^2)}} = 2c\, e^{ip\pi/2} K(e^{ip\pi}), \quad (10.13)$$

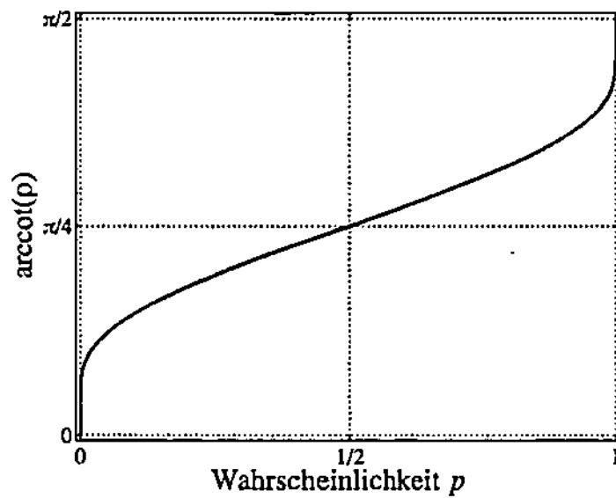
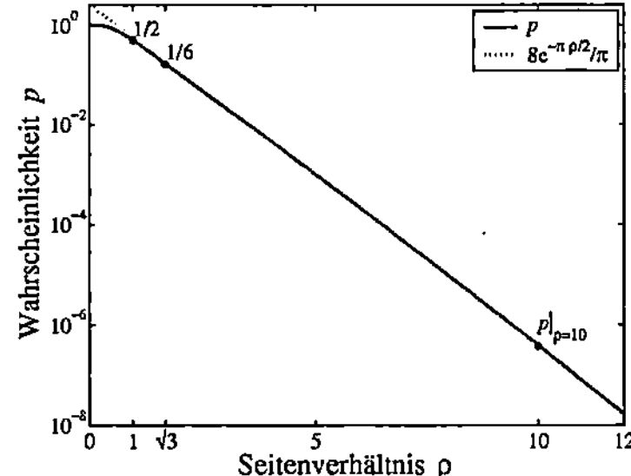

Abb. 10.6. *Beziehung zwischen dem Seitenverhältnis ρ und der Wahrscheinlichkeit p.*

wobei

$$K(k) = \int_0^1 \frac{dt}{\sqrt{(1 - t^2)(1 - k^2 t^2)}} \tag{10.14}$$

das vollständige elliptische Integral erster Art zum Modul k bezeichnet. Betrachten wir auf beiden Seiten der Gleichung (10.13) das Argument der komplexen Zahl, so erhalten wir eine transzendente Gleichung, die das Seitenverhältnis $\rho = a/b$ des Rechtecks und die Antwort auf unser Problem, die Wahrscheinlichkeit p, zueinander in Beziehung setzt:

$$\operatorname{arccot} \rho = \frac{p\pi}{2} + \arg K(e^{ip\pi}). \tag{10.15}$$

Abbildung 10.6 macht deutlich, dass es zu jedem Seitenverhältnis $\rho > 0$ eine eindeutige Lösung $0 < p < 1$ gibt.

10.5.1 Lösung der transzendenten Gleichung

Sowohl Mathematica als auch Maple erlauben die Auswertung des vollständigen elliptischen Integrals K für komplexe Argumente. Ihre auf das Sekantenverfahren gestützten Programme zur Nullstellensuche können daher unmittelbar herangezogen werden, um (10.15) für $\rho = 10$ nach p aufzulösen.

Eine Sitzung mit Maple

```
> p:= rho->fsolve(
>        arccot(rho)=P*Pi/2+argument(EllipticK(exp(I*P*Pi))),P=1e-3):
> Digits:= 16: p(10);
```

$$0.3837587979251226e\text{-}6$$

```
> Digits:= 17: p(10);
```

$$0.38375879792512261e\text{-}6$$

Eine Sitzung mit Mathematica

```
p[ρ_, prec_] := Block[{$MinPrecision = prec},
    p/.FindRoot[ArcCot[ρ] == (p π)/2 + Arg[EllipticK[e^(2 i p π)]],
    {p, 10^-8, 10^-3}, AccuracyGoal → prec, WorkingPrecision → prec]]

{Precision == #, p_* == p[10, #]}&/@{MachinePrecision, 17}//TableForm
Precision == MachinePrecision   p_* == 3.837587979228946 × 10^-7
Precision == 17                 p_* == 3.8375879792512261 × 10^-7
```

Man beachte, dass Mathematica K als eine Funktion des Parameters $m = k^2$ auswertet.

Bei der Mantissenlänge von 17 Ziffern stimmen beide Programmpakete in allen Ziffern überein. Ein Vergleich mit der Methode aus §10.4 lehrt, dass all diese Ziffern in der Tat korrekt sind. Bei einer Mantissenlänge von 16 Ziffern liefert Maple hingegen 16 korrekte Ziffern, während Mathematica mit der etwa gleichlangen Maschinenarithmetik nur 10 schafft.

Was ist passiert? Mathematica kontrolliert Rundungsfehler nur in Softwarearithmetik, jedoch nicht bei der Verwendung doppelt-genauer IEEE-Arithmetik. Es liegt dann in der Verantwortung des Nutzers, keine numerisch instabilen Formeln und Algorithmen zu verwenden. Der Verlust von sechs Ziffern verweist also auf eine ernsthafte numerische Instabilität bei naiver Verwendung der transzendenten Gleichung (10.15).

Tatsächlich ist die Auswertung von $\arg K(e^{ip\pi})$ für kleine p instabil, wenn wir den Ausdruck so verwenden, wie er da steht. Ein Blick auf die linke Seite von Abb. 10.6 zeigt, dass $\arg K(e^{ip\pi})$ für $p = 0$ Null ist und sehr sensitiv von kleinen Werten von p abhängt. Wenn wir jedoch die Zwischengröße $e^{ip\pi} \approx 1$ berechnen, so verlieren wir unwiederbringlich etwas von der kostbaren Information über die letzten entscheidenden Ziffern von p: eine Art „versteckter" Auslöschung.

Wir können diese Instabilität vermeiden, indem wir uns näher ansehen, wie $K(k)$ eigentlich berechnet wird. Im wesentlichen benutzen alle effizienten Implementierungen die Beziehung [BB87, Alg. 1.2(a)]

$$K(k) = \frac{\pi}{2M(1, \sqrt{1 - k^2})} \tag{10.16}$$

zwischen dem vollständigen elliptischen Integral K und dem überaus schnell konvergenten *arithmetisch-geometrischen Mittel* $M(a, b)$ von Gauß:

$$M(a, b) = \lim_{n \to \infty} a_n = \lim_{n \to \infty} b_n,$$

$$a_0 = a, \quad b_0 = b, \quad a_{n+1} = \frac{a_n + b_n}{2}, \quad b_{n+1} = \sqrt{a_n b_n}.$$

Diese Iterationsvorschrift konvergiert nämlich *quadratisch*. Die Beziehung (10.16) gilt zunächst für $0 \leqslant k < 1$ und kann analytisch auf alle $k^2 \in \mathbb{C} \setminus [1, \infty)$ fortgesetzt werden, indem wir das Vorzeichen der Quadratwurzeln stets so wählen, dass ihr Realteil positiv ist, siehe [Cox84]. Für ein $k = e^{i\phi}$ mit kleinem $\phi > 0$ wird die Auslöschung nun im Ausdruck $1 - k^2$ sichtbar. Diese Differenz kann jedoch auslöschungsfrei mit Hilfe der trigonometrischen Formeln

$$1 - e^{2i\phi} = -2i\,\sin(\phi)\,e^{i\phi}, \qquad \sqrt{1 - e^{2i\phi}} = (1-i)\sqrt{\sin(\phi)}\,e^{i\phi/2},$$

berechnet werden. Zusammenfassend erhalten wir die *stabilisierte* Beziehung

$$\operatorname{arccot}\rho = \frac{p\pi}{2} - \arg M\left(1, (1-i)\sqrt{\sin(p\pi)}\,e^{ip\pi/2}\right).$$

Damit schaffen wir nun 14 korrekte Ziffern auch in doppelt-genauer IEEE-Arithmetik:

Eine Sitzung mit Mathematica (Ein zweiter Blick auf die Sitzung von S. 272)

```
P* ==

   (P/.

     FindRoot[
       ArcCot[10] ==
       P π
       ─── - Arg[ArithmeticGeometricMean[1, (1 - i) √(Sin[p π]) e^(i P π/2)]],
        2

       {p, 10^-8, 10^-5}, AccuracyGoal → MachinePrecision])
   P* == 3.837587979251236 × 10^-7
```

Wenn man sich der leichten Mühe unterzieht, das arithmetisch-geometrische Mittel in Matlab zu implementieren, so liefert der Matlab-Befehl `fzero` genau das gleiche Resultat.

10.6 Freude an elliptischen Funktionen

Die Theorie elliptischer Funktionen ist ein Füllhorn wunderschöner Formeln und wird uns schließlich sogar die Lösung von Problem 10 in geschlossener Form erlauben.

Dazu trennen wir zunächst in (10.13) Real- und Imaginärteil. Wir verwenden die klassische Notation $k' = \sqrt{1 - k^2}$ und $K'(k) = K(k')$. (Also ganz deutlich: $K'(k)$ bezeichnet *nicht* die Ableitung von $K(k)$, sondern das *komplementäre* elliptische Integral; k' heißt *komplementärer* Modul.)

Lemma 10.3. *Für $0 < \phi < \pi$ gilt*

$$e^{i\phi/2}K(e^{i\phi}) = \frac{1}{2}\left(K'(\sin(\phi/2)) + i\,K(\sin(\phi/2))\right).$$

Beweis. Wir führen zwei verschiedene Beweise: Einen, der einige der vielen nützlichen Transformationsformeln für elliptische Integrale aus der Literatur benutzt, und einen elementaren, in sich geschlossenen, den wir John Boersma verdanken.

(i) Mit Hilfe der Transformation von Landen [BB87, Thm. 1.2(b)] und der imaginär quadratischen Transformation von Jacobi [BB87, Ex. 3.2.7(d)] schließen wir auf

$$K\left(\frac{k'-ik}{k'+ik}\right) = K\left(\frac{1-ik/k'}{1+ik/k'}\right) = \frac{1+ik/k'}{2}K'(ik/k')$$

$$= \frac{1+ik/k'}{2}k'(K'(k) - iK(k)) = \frac{k'+ik}{2}(K'(k) - iK(k)).$$

Komplexe Konjugation und die Wahl $k = \sin(\phi/2)$, also $k' = \cos(\phi/2)$, liefern die Behauptung.

(ii) Wir gehen zurück zu (10.13) und integrieren diesmal entlang des Weges, der 0 und $e^{i\phi/2}$ verbindet, indem er zunächst von 0 bis 1 entlang der reellen Achse verläuft und dann dem Kreisbogen $\zeta = e^{i\theta}$ für θ von 0 bis $\phi/2$ folgt:

$$e^{i\phi/2}K(e^{i\phi}) = \int_0^{e^{i\phi/2}} \frac{d\zeta}{\sqrt{(1 - e^{-i\phi}\zeta^2)(1 - e^{i\phi}\zeta^2)}}$$

$$= \int_0^1 \frac{d\zeta}{\sqrt{1 - 2\zeta^2\cos\phi + \zeta^4}} + \int_1^{e^{i\phi/2}} \frac{d\zeta}{\sqrt{1 - 2\zeta^2\cos\phi + \zeta^4}}.$$

Mit der Substitution $t = 2\zeta/(1 + \zeta^2)$ reduziert sich das erste Integral auf (siehe die Definition (10.14) von K)

$$\frac{1}{2}\int_0^1 \frac{dt}{\sqrt{(1 - t^2)(1 - \cos^2(\phi/2)\,t^2)}} = \frac{1}{2}K(\cos(\phi/2)) = \frac{1}{2}K'(\sin(\phi/2)).$$

Analog liefert die Substitution $t = i(1 - \zeta^2)/(2\zeta\sin(\phi/2))$ für das zweite Integral den Ausdruck

$$\frac{i}{2}\int_0^1 \frac{dt}{\sqrt{(1 - t^2)(1 - \sin^2(\phi/2)\,t^2)}} = \frac{i}{2}K(\sin(\phi/2)),$$

was schließlich die Behauptung beweist.   □

Damit wird die komplexe Gleichung (10.13) in die beiden reellen Gleichungen

$$a = c\,K'(\sin(p\pi/2)), \qquad b = c\,K(\sin(p\pi/2)),$$

zerlegt. Nach Elimination von c erhalten wir

$$\rho = \frac{K'(\sin(p\pi/2))}{K(\sin(p\pi/2))} = \frac{M(1,\cos(p\pi/2))}{M(1,\sin(p\pi/2))}. \tag{10.17}$$

Hierbei bezeichnet M wie in §10.5.1 das arithmetisch-geometrische Mittel. Wir könnten diese Gleichung statt (10.15) benutzen, um für das gegebene Seitenverhältnis $\rho = 10$ numerisch nach p aufzulösen.

Wir führen zwei klassische Größen aus der Theorie elliptischer Funktionen ein, den *elliptischen Nomen*[8] q und das Weierstraß'sche Periodenverhältnis τ:

$$q = e^{i\pi\tau}, \qquad \tau = i\frac{K'(k)}{K(k)}.$$

Aus (10.17) erhalten wir die folgende Entsprechung zwischen den Parametern ρ und p unseres Problems und diesen klassischen Größen:

$$q = e^{-\pi\rho}, \qquad \tau = i\,\rho, \qquad k = \sin(p\pi/2). \tag{10.18}$$

Daher ist die Berechnung des Moduls k für gegebenen Nomen q im wesentlichen äquivalent zur Berechnung der Wahrscheinlichkeit p für gegebenes Seitenverhältnis ρ. Die Reihe (10.9) aus §10.4 mit dem hyperbolischen Sekans liefert eine solche Lösung; wir erhalten daraus die Identität

$$\arcsin k = 2\sum_{n=0}^{\infty} \frac{(-1)^n}{2n+1}\operatorname{sech}((2n+1)\pi\rho/2) = 4\sum_{n=0}^{\infty} \frac{(-1)^n\,q^{n+1/2}}{(2n+1)(1+q^{2n+1})}, \tag{10.19}$$

welche ursprünglich 1829 von Jacobi in seiner wegweisenden Schrift über elliptische Integrale und Funktionen angegeben wurde [Jac29, S. 108, Formel (46)]. Indem er $1/(1+q^{2k+1})$ in eine geometrische Reihe entwickelte und die Reihenfolge der Summation vertauschte, erhielt Jacobi („quae in hanc facile transformatur") die Identität [Jac29, S. 108, Formel (47)]

$$\arcsin k = 4\sum_{n=0}^{\infty} (-1)^n \arctan q^{n+1/2}, \tag{10.20}$$

„welche", wie er stolz bemerkt, „zu den elegantesten Formeln gezählt werden muss" („quae inter formulas elegantissimas censeri debet"). Abbildung 10.7 zeigt diese Passage des Jacobi'schen Originals. Für $\rho = 10$ liefern

---

[8] Der angelsächsische Fachausdruck lautet „elliptic nome". Eine umfangreiche Literaturrecherche und eine Befragung von Experten hat für das Deutsche keinen eigenen Fachbegriff zu Tage gefördert: Die Größe wird immer nur q genannt.

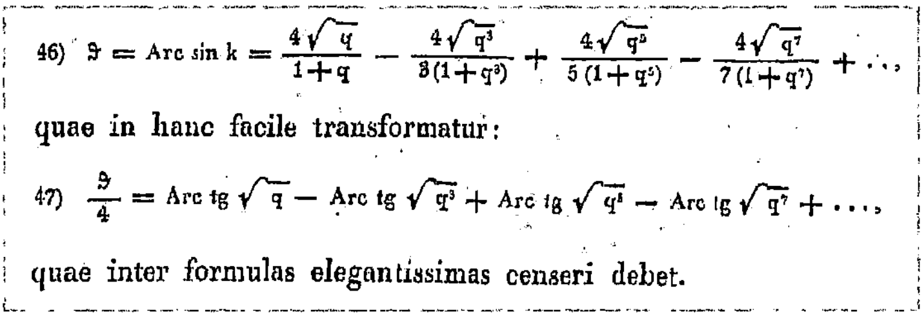

46) ϑ = Arc sin k = $\dfrac{4\sqrt{q}}{1+q} - \dfrac{4\sqrt{q^3}}{3(1+q^3)} + \dfrac{4\sqrt{q^5}}{5(1+q^5)} - \dfrac{4\sqrt{q^7}}{7(1+q^7)} + \cdots,$
quae in hanc facile transformatur:
47) $\dfrac{\vartheta}{4}$ = Arc tg $\sqrt{q}$ — Arc tg $\sqrt{q^3}$ + Arc tg $\sqrt{q^5}$ — Arc tg $\sqrt{q^7}$ + ...,
quae inter formulas elegantissimas censeri debet.

Abb. 10.7. *Die ursprüngliche Gestalt der Formeln (10.19) und (10.20) in den Jacobi'schen* Fundamenta nova *aus dem Jahre 1829.*

die ersten beiden Terme dieser Reihe – mit dem gleichen Argument wie am Ende von §10.4 – die Einschließung

$$3.8375\,87979\,25122\,9 \cdot 10^{-7} \doteq 8/\pi \left(\arctan e^{-5\pi} - \arctan e^{-15\pi} \right)$$

$$< p|_{\rho=10} < 8/\pi \arctan e^{-5\pi} \doteq 3.8375\,87979\,25131\,6 \cdot 10^{-7}.$$

Daher approximiert $8\arctan(e^{-5\pi})/\pi$ die Wahrscheinlichkeit $p|_{\rho=10}$ auf 13 Ziffern genau. Oder noch einfacher, da beide Ausdrücke in den ersten 13 Ziffern übereinstimmen: $8e^{-5\pi}/\pi$ wie in §10.4.

Der Modul k lässt sich als Funktion von τ durch die klassische *elliptische Modulfunktion* $k^2 = \lambda(\tau)$ ausdrücken. Mit der Entsprechung (10.18) erhalten wir daher

$$p = \frac{2}{\pi} \arcsin \sqrt{\lambda(i\rho)}. \tag{10.21}$$

Mathematica stellt für die Auswertung von $\lambda(\tau)$ den Befehl `ModularLambda` zur Verfügung. Er nutzt intern (in Form von Thetafunktionen) exponentiell schnell konvergierenden Reihen wie (10.9).

Eine Sitzung mit Mathematica

```
N[2/π ArcSin [√ModularLambda[10i]] , 100]
3.8375879792512261034071331862048391007930055940725095690300227991734
  660685274327650084284564726991 × 10⁻⁷
```

Die angegebenen 100 Ziffern sind sämtlich korrekt; ebensogut könnten wir in etwa zwei Sekunden Laufzeit 10 000 korrekte Ziffern berechnen lassen.

Ob wir nun (10.21) als eine Lösung in geschlossener Form auffassen oder nicht, ist eine reine Geschmacksfrage. Es hängt davon ab, ob wir die Modulfunktion $\lambda(\tau)$ als bloße Abkürzung oder als eine nützliche Funktion des Kanons auffassen. Wie dem auch sei, es gibt eine andere Lösung, die wohl nach jedermanns Auffassung „geschlossen" ist, so dass sich jede weitere Debatte erübrigt.

Tabelle 10.4. *Die ersten singulären Moduln k_n [Zuc79, Tabelle 4].*

n	k_n
1	$1/\sqrt{2}$
2	$\sqrt{2}-1$
3	$(\sqrt{3}-1)/(2\sqrt{2})$
4	$3-2\sqrt{2}$
5	$(\sqrt{5}-1)(\sqrt{\sqrt{5}+1}-\sqrt{2})/4$
6	$(2-\sqrt{3})(\sqrt{3}-\sqrt{2})$
7	$(3-\sqrt{7})/(4\sqrt{2})$
8	$(\sqrt{2}+1)^2\bigl(1-\sqrt{2\sqrt{2}-2}\bigr)^2$
9	$(\sqrt{2}-3^{1/4})(\sqrt{3}-1)/2$
10	$(\sqrt{10}-3)(\sqrt{2}-1)^2$

10.7 Finale à la Ramanujan: Singuläre Moduln

Abel entdeckte, dass gewisse Werte von k, sogenannte *singuläre Moduln*, auf elliptische Integrale führen, die durch eine algebraische Substitution in ein komplexes Vielfaches ihrer selbst transformiert werden können. Dieses Phänomen wurde später *komplexe Multiplikation* genannt. Die singulären Moduln mit einem rein imaginären Periodenverhältnis τ lassen sich durch die Bedingung

$$\frac{K'(k_r)}{K(k_r)} = \sqrt{r}, \qquad r \in \mathbb{Q}_{>0},$$

charakterisieren. Mit Blick auf (10.17) und die Entsprechungen (10.18) finden sich die singulären Moduln in unserem Problem wieder, wenn das Seitenverhältnis ρ die Quadratwurzel einer rationalen Zahl ist:

$$p = \frac{2}{\pi}\arcsin k_{\rho^2}.$$

Abel behauptete bereits 1828, und Kronecker bewies es 1857, dass die singulären Moduln algebraische Zahlen sind, die sich durch Radikale über dem Grundkörper der rationalen Zahlen lösen lassen:[9] *das* klassische Konzept einer Lösung in geschlossener Form. Diese Studien führten Kronecker zu seiner Vermutung über abelsche Erweiterungen imaginär quadratischer

---

[9] Arithmetisch gesehen besitzen die singulären Moduln einen sehr angemessenen Namen: Ein Satz von Schneider [Bak90, Thm. 6.3] aus dem Jahre 1937 besagt nämlich, dass für ein algebraisches $\tau = i\rho$ mit positivem Imaginärteil, welches keine quadratische Irrationalität ist, der zugehörige Modul k *transzendent* ist.

Körper, sein berühmter „Jugendtraum", Gegenstand von Hilberts 12. Problem, gelöst durch eine Perle der reinen Mathematik des 20. Jahrhunderts, der Klassenkörpertheorie. Das wunderschöne Buch [Cox89] von Cox bietet eine zugängliche moderne Einführung in die Theorie der komplexen Multiplikation und der Klassenkörper entlang ihrer historischen Entwicklung und eines konkreten zahlentheoretischen Problems. Durch die Anstrengungen von Weber, Ramanujan, Watson, Berndt, den Gebrüdern Borwein und anderen konnten Ausdrücke singulärer Moduln k_n in Radikalen für etliche $n \in \mathbb{N}$ tatsächlich ausgerechnet werden. Die beiden uns aus §10.4.1 bekannten expliziten Werte für die Wahrscheinlichkeiten p, also

$$p\big|_{\rho=1} = \frac{1}{2}, \qquad p\big|_{\rho=\sqrt{3}} = \frac{1}{6},$$

erlauben sofort die Angabe der Ausdrücke in Radikalen für k_1 und k_3:

$$k_1 = \sin(\pi/4) = 1/\sqrt{2}, \qquad k_3 = \sin(\pi/12) = (\sqrt{3}-1)/\sqrt{8}.$$

Weitere Beispiele für k_n finden sich für kleine ganze Zahlen n in Tabelle 10.4. Um Problem 10 zu lösen, benötigen wir jedoch einen derartigen Ausdruck für k_{100}. Weber führt den Fall $n = 100$ in einer langen Liste von *Klasseninvarianten* im Anhang seines Buchs [Web91, S. 502] aus dem Jahre 1891 auf; für gerade n verwendet er dabei die Klasseninvariante $f_1(\sqrt{-n}) = \sqrt[6]{2}\,\sqrt[12]{k_n'^2/k_n}$ [Web91, S. 149] und erhält

$$\sqrt[8]{2}\,f_1(\sqrt{-100}) = x, \qquad x^2 - x - 1 = \sqrt{5}\,(x+1).$$

Das ist sicherlich eine Lösung von k_{100} in Radikalen. Nach k_{100} aufgelöst sieht die Formel jedoch nicht mehr so attraktiv aus. Sie zeigt vor allem nicht unmittelbar, dass sich k_n für natürliche Zahlen n weiterer arithmetischer Eigenschaften erfreut und bis auf eine Potenz von $\sqrt{2}$ Einheit[10] eines algebraischen Zahlkörpers ist, siehe Tabelle 10.5. Ramanujan besaß eine große Kunstfertigkeit darin, Formeln zu erschaffen, die singuläre Moduln als Produkt einfacher Einheiten darstellten. Das berühmteste Beispiel stammt aus seinem Brief an Hardy[BR95, S. 60] vom 27. Februar 1913:

$$k_{210} = (\sqrt{2}-1)^2(2-\sqrt{3})(\sqrt{7}-\sqrt{6})^2(8-3\sqrt{7})$$

$$\cdot\,(\sqrt{10}-3)^2(4-\sqrt{15})^2(\sqrt{15}-\sqrt{14})(6-\sqrt{35}).$$

Hardy nannte diese Identität später „eines der umwerfendsten Resultate von Ramanujan" [Har40, S. 229]. Wir wollen etwas ähnliches für k_{100} versuchen.

---

[10] Eine algebraische Zahl x ist eine Einheit, wenn x und $1/x$ ganze algebraische Zahlen sind.

Tabelle 10.5. *Arithmetische Eigenschaften der singulären Moduln k_n [Ber98, S. 184].*

$n \in \mathbb{N}$	$n \equiv 0 \bmod 2$	$n \equiv 1 \bmod 4$	$n \equiv 3 \bmod 8$	$n \equiv 7 \bmod 8$
$2^{m/2}k_n$ ist Einheit für:	$m = 0$	$m = 1$	$m = 2$	$m = 4$

Lemma 10.4.

$$k_{100} = (3 - 2\sqrt{2})^2\,(2 + \sqrt{5})^2\,(\sqrt{10} - 3)^2\,(5^{1/4} - \sqrt{2})^4. \qquad (10.22)$$

Beweis. Wir folgen der Methode zur Berechnung von k_{4n}, die Berndt in seiner Edition der Notizbücher von Ramanujan (vgl. [Ber98, S. 284, Bsp. 9.4]) benutzt, um die Ramanujan'schen Ausdrücke für k_4, k_{12}, k_{28} und k_{60} zu beweisen. Sie stützt sich auf eine Ramanujan'sche Formel [Ber98, S. 283, Formel (9.4)], die k_{4n} mit der Klasseninvariante $G_n = (2k_n k_n')^{-1/12}$ in Beziehung setzt:

$$k_{4n} = \left(\sqrt{G_n^{12} + 1} - \sqrt{G_n^{12}}\right)^2 \left(\sqrt{G_n^{12}} - \sqrt{G_n^{12} - 1}\right)^2$$
$$= \left(G_n^3\sqrt{G_n^6 + G_n^{-6}} - G_n^6\right)^2 \left(G_n^3 - \sqrt{G_n^6 - G_n^{-6}}\right)^2 (G_n^3)^2.$$

Bereits Weber [Web91, S. 500] wusste, dass G_{25} der goldene Schnitt ist: $G_{25} = (\sqrt{5} + 1)/2$; siehe auch [Ber98, S. 190]. Wenn wir beachten, dass $G_{25}^3 = 2 + \sqrt{5}$, $G_{25}^6 = 9 + 4\sqrt{5}$ und $G_{25}^{-6} = 9 - 4\sqrt{5}$ gilt, so werden wir schließlich auf die behauptete Identität

$$k_{100} = \left((2 + \sqrt{5})\,3\sqrt{2} - (9 + 4\sqrt{5})\right)^2 \left((2 + \sqrt{5}) - 2\sqrt{2}\cdot 5^{1/4}\right)^2 (2 + \sqrt{5})^2$$
$$= (3 - 2\sqrt{2})^2(\sqrt{10} - 3)^2(5^{1/4} - \sqrt{2})^4(2 + \sqrt{5})^2,$$

geführt. $\qquad\qquad\square$

Arithmetisch betrachtet ist dieser Ausdruck für k_{100} zweifellos wunderschön. Numerisch ist er jedoch leicht instabil, da wir aufgrund von Auslöschung eine Ziffer bei der Berechnung von $3 - 2\sqrt{2}$ bzw. $\sqrt{10} - 3$ verlieren, und zwei bei $5^{1/4} - \sqrt{2}$. Wir können also insgesamt einen Verlust von zwei signifikanten Ziffern prognostizieren, in doppelt-genauer IEEE-Arithmetik werden wir etwa 14 korrekte Ziffern erhalten. Die Darstellung von k_{100} als Produkt von algebraischen Einheiten ermöglicht uns aber einfach, zu einer *stabilisierten* Version ohne jede Subtraktion überzugehen:

$$k_{100} = \frac{1}{(3 + 2\sqrt{2})^2(2 + \sqrt{5})^2(3 + \sqrt{10})^2(\sqrt{2} + 5^{1/4})^4}.$$

Zusammenfassend werden unsere Bemühungen zur Berechnung von k_{100} durch folgende elementare *geschlossene Lösung* von Problem 10 gekrönt:

$$p|_{\rho=10} = \frac{2}{\pi} \arcsin\left((3 - 2\sqrt{2})^2(2 + \sqrt{5})^2(\sqrt{10} - 3)^2(5^{1/4} - \sqrt{2})^4\right)$$

$$= \frac{2}{\pi} \arcsin\left(\frac{1}{(3 + 2\sqrt{2})^2(2 + \sqrt{5})^2(3 + \sqrt{10})^2(\sqrt{2} + 5^{1/4})^4}\right).$$

Eine Sitzung mit Matlab

```
>> r1=3-2*sqrt(2); r2=sqrt(5)+2;          % im Stile Ramanujans
>> r3=sqrt(10)-3;r4=5^(1/4)-sqrt(2);
>> p=2/pi*asin(r1^2*r2^2*r3^2*r4^4)

p = 3.837587979251201e-007

>> r1=3+2*sqrt(2); r2=sqrt(5)+2;          % stabilisiert
>> r3=sqrt(10)+3;r4=5^(1/4)+sqrt(2);
>> p=2/pi*asin(1/r1^2/r2^2/r3^2/r4^4)

p = 3.837587979251226e-007
```

Wie vorhergesagt, liefert die Formel im Stile Ramanujans bei Verwendung in doppelt-genauer IEEE-Arithmetik 14 korrekte Ziffern, die Stabilisierung hingegen volle 16.

10.7.1 Coda à la Borwein

In einer Rezension [Bor05] der englischen Originalausgabe dieses Buchs im *Mathematical Intelligencer* schlägt Jonathan Borwein vor, mit Methoden der experimentellen Mathematik (wie er sie in seinen Büchern [BB04, BBG04] mit David Bailey propagiert) eine Lösung von k_{100} in Radikalen *herzuleiten*, aber nicht zu beweisen. Er benutzt in seinem Artikel Maple, wir nehmen im folgenden Mathematica zur Hand.

Im Wissen, dass $\sqrt{k_{100}}$ eine algebraische Zahl ist, nimmt Borwein einen sehr genauen numerischen Wert (100 Ziffern) und einen Algorithmus zur Aufdeckung ganzzahliger Relationen (siehe das Bailey'sche Geleitwort zum Buch), um das Minimalpolynom über dem Körper der rationalen Zahlen zu berechnen:

```
<< NumberTheory`Recognize`
k100SqrtNumerical = N[ModularLambda[10 i]^(1/4), 50];
p = Recognize[k100SqrtNumerical, 12, t]
```

$$1 - 1288\,t + 20\,t^2 - 1288\,t^3 - 26\,t^4 + 1288\,t^5 + 20\,t^6 + 1288\,t^7 + t^8$$

Die Primfaktoren von 100 sind 2 und 5, also versucht er eine Faktorisierung dieses Polynoms über der algebraischen Körpererweiterung $\mathbb{Q}[\sqrt{2}, \sqrt{5}]$. Auf diese Weise erhält er $\sqrt{k_{100}}$ als Nullstelle der quadratischen Gleichung [Bor05, S. 47]

$$0 = z^2 + 322z - 228z\sqrt{2} + 144z\sqrt{5} - 102z\sqrt{2}\sqrt{5}$$

$$+ 323 - 228\sqrt{2} + 144\sqrt{5} - 102\sqrt{2}\sqrt{5}.$$

Damit begnügt er sich und überlässt es dem Leser, den experimentellen Weg bis zu der schönen Formel (10.22) weiterzugehen. Das wollen wir jetzt nachholen. Die Koeffizienten $\sqrt{2}$ und $\sqrt{5}$ der quadratischen Gleichung legen nahe, es mit einer Zerfällung in Linearfaktoren über einem Körper zu probieren, dem vierte Wurzeln adjungiert wurden. Die Wahl $\mathbb{Q}[\sqrt{2}, 5^{1/4}]$ führt zum Erfolg:

```
√k₁₀₀ == (k100SqrtRadical = Factor[p, Extension → {√2 , 5^(1/4)}] ⟦3⟧ /. t → 0)

√k₁₀₀ == -161 + 114 √2 - 108 5^(1/4) + 76 √2 5^(1/4) - 72 √5 - 48 5^(3/4) + 34 √2 5^(3/4) + 51 √10
```

Dabei haben wir den dritten Linearfaktor des zerfällten Polynoms genommen, da sich sein numerischer Wert mit dem von $\sqrt{k_{100}}$ deckt. Der Rest ist einfach; wir setzen $\sqrt{k_{100}}$ als Produkt einfacher Faktoren an und lassen Mathematica die Koeffizienten ermitteln:

```
k100SqrtRadicalFactored = a₁ (a₂ + √2) (a₃ + √5) (a₄ + √10) (a₅ √2 + 5^(1/4))²;
k₁₀₀ ==
  (k100SqrtRadicalFactored /. First@Solve[# == 0 & /@ Coefficient[Expand[
        k100SqrtRadicalFactored] - k100SqrtRadical /. {√2 5^(1/4) → u₁,
      √2 5^(3/4) → u₂, √2 → u₃, √5 → u₄, 5^(1/4) → u₅, 5^(3/4) → u₆, √10 → u₇},
    Table[uᵢ, {i, 7}]], Table[aᵢ, {i, 5}]] // Simplify)²

k₁₀₀ == (-3 + 2 √2)² (√2 - 5^(1/4))⁴ (2 + √5)² (-3 + √10)²
```

Voilà, da steht der gleiche Ausdruck wie in (10.22), diesmal ohne langes Studium der Ramanujan'schen Notizbücher, prosaisch und rechnerorientiert, aber auch ohne Beweis.

10.8 Schwierigere Probleme

Für Bewertung und Vergleich der vorgestellten Zugänge zu Problem 10 wollen wir uns überlegen, welche Veränderungen das Problem für einen der Zugänge schwieriger, oder gar unzugänglich, gemacht hätten. Drei Aspekte des Problems wurden in unterschiedlichem Umfang genutzt: Dass

Tabelle 10.6. *Erweiterbarkeit der für Problem 10 vorgestellten Methoden.*

Methode	Genauig.	Startpunkte	Polygone	nD-Quader
§10.1: Monte-Carlo	niedrig	✓	✓	✓
§10.3: Finite-Differenzen	mittel	✓	(✓)	✓
§10.4: Trennung der Variablen	hoch	✓	—	✓
§10.5: Konforme Abbildung	mittel	✓	✓	—
§10.6: Elliptische Integrale	hoch	✓	—	—
§10.7: Singuläre Moduln	hoch	—	—	—

die räumliche Geometrie zweidimensional war, dass das Gebiet rechteckig war und dass das Partikel im Mittelpunkt, dem eindeutigen Schnittpunkt der beiden Symmetrieachsen gestartet wurde. Neben der in diesem Kapitel bereits ausgeführten Veränderung des Seitenverhältnisses liegen daher drei Verallgemeinerungen unmittelbar auf der Hand:

- allgemeine Startpunkte
- allgemeine Polygone in zwei Raumdimensionen
- n-dimensionale Quader

Tabelle 10.6 führt im einzelnen auf, ob sich die Methoden dieses Kapitels erweitern lassen. Wir wollen einige Aspekte dieser Tabelle etwas näher betrachten.

Monte-Carlo-Verfahren sind zwar universell, aber nur für niedrige Genauigkeiten zu gebrauchen. Sie sind leicht programmiert und die Methode der Wahl für hohe Dimensionen $n > 4$, für die uns der „Fluch der Dimension" bislang bessere allgemeine Methoden vorenthält.

Finite-Differenzen liefern in Verbindung mit *Extrapolation* eine universelle Methode, die sich für mittlere Genauigkeiten eignet. Aus Gründen der Laufzeiteffizienz kann man sie jedoch nur für die niedrigen Dimensionen $n = 1, \ldots, 4$ benutzen. Wenn das Gebiet kein Quader ist, muss man bei der Diskretisierung des Randes Vorsicht walten lassen. Der Diskretisierungsfehler kann dann eine asymptotische Entwicklung in mehreren inkompatiblen Potenzen h^{γ_k} besitzen, so dass sich unsere Programme nicht unmittelbar verallgemeinern lassen.

Trennung der Variablen. Wegen der exponentiellen Konvergenz der entstehenden Reihe ist diese Methode für hohe relative Genauigkeiten verwendbar. Geometrisch ist sie jedoch auf Quader beschränkt.

Konforme Abbildungen. Diese Methode ist vom Wesen her zweidimensional. Für allgemeine Polygone muss die Schwarz–Christoffel'sche Formel numerisch ausgewertet werden, was zum reichhaltigen Gebiet der numerischen konformen Abbildungen führt; siehe das kürzlich erschienene Buch von Driscoll und Trefethen [DT02].[11]

Theorie elliptischer Funktionen. Für Startpunkte außerhalb des Mittelpunkts müssen wir ein allgemeineres Resultat als Lemma 10.2 (vgl. [Hen86, §15.5, Bsp. 2]) verwenden und erhalten eine transzendente Gleichung mit dem *unvollständigen* elliptischen Integral erster Art. Alternativ können wir das Rechteck mittels der Jacobi'schen elliptischen Sinusfunktion auf die obere komplexe Halbebene abbilden. Das harmonische Maß lässt sich dann mit [Hen86, §15.5, Bsp. 1] berechnen.

Singuläre Moduln. Hier spielen alle Spezifikationen von Problem 10 eine wesentliche Rolle; außer für bestimmte andere Seitenverhältnisse lässt sich die Methode nicht auf allgemeinere Probleme anwenden.

---

[11] Driscoll hat für Matlab eine *Schwarz–Christoffel Toolbox* geschrieben, die von der Internetadresse `http://www.math.udel.edu/~driscoll/software/SC` heruntergeladen werden kann. Mit ihr lässt sich unser Problem innerhalb einer Sekunde lösen:

```
>> pol = polygon([10+i -10+i -10-i 10-i]);
>> f = center(crdiskmap(pol,scmapopt('Tolerance',1e-11)),0);
>> prevert = get(diskmap(f),'prevertex'); p = angle(prevert(1))/pi

p = 3.837587979278246e-007
```

Indem wir die Fehlertoleranzen von 10^{-8} bis 10^{-14} variieren, stellen wir fest, dass höchstwahrscheinlich 10 Ziffern korrekt sind. Tatsächlich wissen wir aus §10.4, dass sogar 11 korrekt sind. Interessanterweise hat Driscoll für seinen Wettbewerbsbeitrag die eigene Software nicht benutzt: Man lese seine auf S. 17 zitierte Bemerkung zu Problem 10.

Konvergenzbeschleunigung

Dirk Laurie

*Analytische Methoden scheinen in der numerischen und ange-
wandten Mathematik zunehmend beliebter zu werden. Deshalb
dürfte man erwarten (und wir hoffen es in der Tat), dass Extrapolationsverfahren in Zukunft breitere Verwendung finden werden.*

Claude Brezinski und Michela Redivo Zaglia (1991)

*Die Idee, geeignete Transformationen zur Beschleunigung der
Konvergenz von Reihen oder zur Summation divergenter Reihen
anzuwenden, ist beinahe so alt wie die Analysis selbst.*

Ernst Joachim Weniger (1989)

A.1 Der numerische Gebrauch von Folgen und Reihen

So gut wie jede praktisch bedeutsame numerische Methode kann als Approximation des Grenzwertes einer Folge

$$s_1, s_2, s_3, \ldots \tag{A.1}$$

angesehen werden; zuweilen handelt es sich dabei um die Folge der Teilsummen

$$s_k = \sum_{i=1}^{k} a_i \tag{A.2}$$

einer unendlichen Reihe. Wir werden hier nur den Fall diskutieren, dass
es sich bei den Folgengliedern um reelle Zahlen handelt (wobei sich das
meiste, was wir zu sagen haben, auf den komplexwertigen Fall überträgt),
und lassen die Frage nach vektorwertigen, matrixwertigen oder funktions-
wertigen Folgen beiseite.

Die Folge (A.1) und die Reihe (A.2) sind zwar theoretisch äquivalent
(indem wir $s_0 = 0$ setzen), aber in der Praxis lässt sich etwas Genauigkeit

(wenn auch nicht viel – siehe §A.5.3) beim Arbeiten mit Reihen gewinnen. Dazu müssen wir natürlich annehmen, dass sich die Terme a_i auf volle Maschinengenauigkeit finden lassen und nicht über die Formel $a_i = s_i - s_{i-1}$ berechnet werden müssen.

Ob eine Reihe konvergiert, ist weitgehend irrelevant, wenn wir sie benutzen, um ihre Summe numerisch zu approximieren.

Konvergenz ist nicht hinreichend

Im Fall konvergenter Folgen, für die $\rho = \lim(s - s_{k+1})/(s - s_k)$ existiert, heißt die Konvergenz *linear* für $-1 \leqslant \rho < 1$, *sublinear* (oder auch *logarithmisch*) für $\rho = 1$ und superlinear für $\rho = 0$. Es gibt wichtige Reihen, für die ρ nicht existiert, beispielsweise

$$\frac{1}{\zeta(s)} = \sum_{k=1}^{\infty} \mu(k)\, k^{-s},$$

wobei ζ die Riemann'sche Zetafunktion und $\mu(k)$ die Möbiusfunktion (wenn k ein Produkt von n verschiedenen Primzahlen ist, dann ist $\mu(k) = (-1)^n$; anderenfalls ist $\mu(k) = 0$) bezeichnet. Wir werden über diese Reihen hier jedoch nichts weiter sagen.

Für praktische Zwecke benötigt man *schnelle* Konvergenz, also etwa lineare Konvergenz mit $\rho \ll 1$ oder vorzugsweise superlineare Konvergenz. Eine Reihe wie

$$s_k = \sum_{n=1}^{k} \frac{1}{n^2}$$

ist ohne Konvergenzbeschleunigung nutzlos, da $O(1/\epsilon)$ Reihenglieder benötigt werden, um eine Genauigkeit von ϵ zu erreichen.

Selbst schnelle Konvergenz reicht zuweilen nicht aus. Eine Reihe wie

$$s_k = \sum_{n=0}^{k} \frac{x^n}{n!}$$

ist in Gleitkommaarithmetik für große negative Werte von x ohne Nutzen, da der betragsgrößte Term die Summe um Größenordnungen übersteigt. Der Rundungsfehler dieses Terms überschwemmt dann die winzige Summe.

Konvergenz ist nicht notwendig

Es gibt wichtige Beispiele divergenter Reihen, die numerisch höchst nützlich sind: *asymptotische* Reihen (auch asymptotische Entwicklungen genannt).[1] Diese Reihen hängen typischerweise von einer reellen oder komplexen Variablen x ab und besitzen Teilsummen der Form

---

[1] Eine Einführung in ihre mathematischen Grundlagen findet sich etwa in [Kno47, §65], [Erd56, Kap. 1] oder [Olv74, Kap. 1].

$$s_k(x) = \sum_{n=0}^{k} a_n x^n$$

mit folgenden Eigenschaften:

- Die Potenzreihe $\sum_{n=0}^{\infty} a_n x^n$ hat den Konvergenzradius 0.
- Für hinreichend kleines x nimmt die Größe der $a_n x^n$ zunächst ab, steigt nach Erreichen eines kleinsten Werts dann aber wieder an.
- Es gibt eine Funktion $f(x)$, deren formale Potenzreihe mit der betrachteten Entwicklung übereinstimmt.
- Wenn die Reihe alternierend ist, dann ist der Betrag von $s_k(x) - f(x)$ kleiner als der des letzten Terms $a_k x^k$.

Falls alle diese Eigenschaften vorliegen, lässt sich aus einer alternierenden asymptotischen Reihe oft in bequemerer Weise ein guter approximativer Wert von $f(x)$ mit einer rigorosen Fehlerschranke erhalten als aus einer konvergenten Reihe: Man bricht nach dem kleinsten Term ab und der Absolutwert dieses Terms ist die Schranke. Die Größe dieser Schranke nennen wir die *Endgenauigkeit* der asymptotischen Reihe.

Selbst wenn die asymptotische Reihe aus monoton fallenden Termen besteht, kann die durch Abschneiden nach dem kleinsten Term definierte Approximation für praktische Zwecke ausreichend gut sein, allerdings ohne jetzt eine so einfache Fehlerschranke mitzuliefern. Der Leser sei gewarnt, dass asymptotische Reihen in der Regel (und nicht bloß in Ausnahmefällen) nur in gewissen Sektoren der komplexen Ebene gültig sind.

Ein bekanntes Beispiel einer asymptotischen Reihe ist die logarithmische Form der Stirling'schen Formel zur Approximation der Fakultät (vgl. [Olv74, §8.4]):

$$\log(n!) \sim \left(n + \frac{1}{2}\right)\log n - n + \frac{1}{2}\log(2\pi) + \sum_{j=1}^{\infty} \frac{B_{2j}}{2j(2j-1)n^{2j-1}}$$

$$= \left(n + \frac{1}{2}\right)\log n - n + \frac{1}{2}\log(2\pi)$$

$$+ \frac{1}{12n} - \frac{1}{360n^3} + \frac{1}{1260n^5} - \frac{1}{1680n^7} + \cdots,$$

wobei B_j die j-te Bernoullizahl bezeichnet. Da die Zahlen B_j schneller als jede Potenz von j wachsen, ist die Reihe für alle n divergent. Dennoch ist sie für große n sehr nützlich und bleibt auch dann gültig, wenn wir als ersten Schritt der Berechnung von $\Gamma(z)$ die ganze Zahl n durch $z + 1$ für eine komplexe Zahl z (mit Ausnahme der negativen reellen Zahlen) ersetzen. Unsere Lösung von Problem 5 auf eine Genauigkeit von 10 000 Ziffern stützt sich auf diese Formel, siehe §5.7.

Algorithmen zur Konvergenzbeschleunigung (oder synonym: Extrapolationsverfahren) helfen, verbesserte Approximationen des Grenzwerts s einer Folge s_k zu gewinnen, falls

- *die Folgenglieder relativ genau berechnet werden können;*
- *das Verhalten von s_k als Funktion von k ausreichend „regulär" ist.*

A.2 Vermeidung von Extrapolation

Für eine wichtige Klasse von Reihen lassen sich Extrapolationsverfahren vermeiden: Reihen, deren Terme sich (mit oder ohne das alternierende Vorzeichen) als analytische Funktion des Summationsindexes schreiben lassen. In solchen Fällen können wir die Summe nämlich als Kurvenintegral ausdrücken. Die Formeln dafür sind (siehe Theorem 3.7)

$$\sum_{k=1}^{\infty} (-1)^k f(k) = \frac{1}{2i} \int_{\mathcal{C}} f(z) \csc(\pi z)\, dz, \qquad \sum_{k=1}^{\infty} f(k) = \frac{1}{2i} \int_{\mathcal{C}} f(z) \cot(\pi z)\, dz,$$

falls

1. der Integrationsweg $\mathcal{C}$ von ∞ nach ∞ verläuft, dabei in der oberen Halbebene beginnt und die reelle Achse zwischen 0 und 1 kreuzt;
2. f geeignet für $z \to \infty$ abfällt und in derjenigen von $\mathcal{C}$ ausgeschnittenen Komponente der komplexen Ebene analytisch ist, welche die ganzen Zahlen $1, 2, 3, \ldots$ enthält.

Hier gibt es bei der Wahl geeigneter Wege und Parametrisierungen beträchtlichen Freiraum für technisches Können und Einfallsreichtum. Ein einfaches Beispiel findet sich in §1.7, ein wesentlich raffinierteres in §3.6.2. Dort findet sich auch eine Diskussion der für eine solche Wahl wesentlichen Aspekte.

Die Methode der Kurvenintegration ist üblicherweise rechenintensiver als ein geeignetes Extrapolationsverfahren, besitzt aber den Vorteil, prinzipiell jede gewünschte Genauigkeit liefern zu können.

A.3 Ein Beispiel zur Konvergenzbeschleunigung

Hierfür haben wir einen absoluten Klassiker ausgewählt:

Algorithmus A.1 (Verfahren von Archimedes zur Approximation von π).
  Zweck: Berechnung der Zahlen (für $k = 1, 2, \ldots, m$)

$$a_k = n_k \sin(\pi/n_k) \leqslant \pi \leqslant b_k = n_k \tan(\pi/n_k), \qquad \text{wobei } n_k = 3 \cdot 2^k,$$

Tabelle A.1. *Auswertung von Algorithmus A.1 durch Archimedes und einen modernen Computer.*

k	$\underline{a}_k$	$\underline{a}_k$	$\hat{a}_k$	$\overline{b}_k$	$\overline{b}_k$	$\hat{b}_k$
1	3	3.00000	3.000000000000000	$\dfrac{918}{265}$	3.46416	3.46410161513775
2	$\dfrac{9360}{3013\frac{3}{4}}$	3.10576	3.105828541230249	$\dfrac{1836}{571}$	3.21542	3.21539030917347
3	$\dfrac{5760}{1838\frac{9}{11}}$	3.13244	3.132628613281238	$\dfrac{3672}{1162\frac{1}{8}}$	3.15973	3.15965994209750
4	$\dfrac{3168}{1009\frac{1}{6}}$	3.13922	3.139350203046867	$\dfrac{7344}{2334\frac{1}{4}}$	3.14620	3.14608621513143
5	$\dfrac{6336}{2017\frac{1}{4}}$	3.14090	3.141031950890510	$\dfrac{14688}{4673\frac{1}{2}}$	3.14283	3.14271459964537

über die Zwischengrößen

$$s_k = \csc(\pi/n_k), \qquad t_k = \cot(\pi/n_k).$$

Verfahren:

$$t_1 = \sqrt{3}, \quad s_1 = 2, \quad n_1 = 6, \quad a_1 = n_1/s_1, \quad b_1 = n_1/t_1.$$

$$\text{Für } k = 2,3,\ldots,m : \quad \left\{ \begin{array}{l} t_k = s_{k-1} + t_{k-1}, \quad s_k = \sqrt{t_k^2 + 1}, \\[2mm] n_k = 2n_{k-1}, \quad a_k = n_k/s_k, \quad b_k = n_k/t_k. \end{array} \right.$$

Archimedes erledigte die ganze Rechnung bis $m = 5$ in Intervallarithmetik (ihrer Erfindung um mehr als 2000 Jahre vorauseilend), was in der berühmten Ungleichung

$$3\tfrac{10}{71} < \pi < 3\tfrac{1}{7}$$

gipfelte. In Tabelle A.1 führen wir die tatsächlich von Archimedes berechneten unteren Schranken $\underline{a}_k$ für a_k und oberen Schranken $\overline{b}_k$ für b_k auf. Weiter geben wir ihre auf 6 signifikante Ziffern geeignet auf- oder abgerundete Dezimaldarstellung an, sowie die auf 15 Ziffern gerundeten Maschinenzahlen $\hat{a}_k$ und $\hat{b}_k$, die man bei der Ausführung des Algorithmus in doppelt-genauer IEEE-Arithmetik erhält.

Man könnte nun denken, dass die auf 15 Ziffern angegebenen Approximationen nicht viel besser sind als die rationalen Schranken: Eine Fehlerschranke von $\hat{b}_5 - \hat{a}_5 = 0.00168$ statt $\overline{b}_k - \underline{a}_k = 0.00193$ scheint ein armseliger Gewinn für die doppelt-genaue Rechnung zu sein. Die zusätzlichen

Tabelle A.2. *Beschleunigung der Folge der unteren Schranken aus Algorithmus A.1.*

k	$\hat{a}_k'$	$\hat{a}_k''$	$\hat{a}_k'''$	$\hat{a}_k''''$
1	3.14110472164033	3.14159245389765	3.14159265357789	3.14159265358979
2	3.14156197063157	3.14159265045789	3.14159265358975	
3	3.14159073296874	3.14159265354081		
4	3.14159253350506			

Tabelle A.3. *Beschleunigung der Folge der oberen Schranken aus Algorithmus A.1.*

k	$\hat{b}_k'$	$\hat{b}_k''$	$\hat{b}_k'''$	$\hat{b}_k''''$
1	3.13248654051871	3.14165626057574	3.14159254298228	3.14159265363782
2	3.14108315307218	3.14159353856967	3.14159265320557	
3	3.14156163947608	3.14159266703939		
4	3.14159072781668			

Ziffern in den Werten von $\hat{a}_k$ und $\hat{b}_k$ können jedoch nutzbringend verwertet werden. Da wir wissen, dass $\sin(\pi x)/x$ eine Taylorentwicklung der Form

$$c_0 + c_1 x^2 + c_2 x^4 + \cdots$$

besitzt, schließen wir für a_k auf eine Reihe der Form

$$d_0 + d_1 4^{-k} + d_2 4^{-2k} + \cdots. \tag{A.3}$$

Damit besitzt die Folge $a_k' = a_k + (a_{k+1} - a_k)/(4^1 - 1)$ eine Reihe, die mit der Ordnung 4^{-2k} beginnt; die Folge $a_k'' = a_k' + (a_{k+1}' - a_k')/(4^2 - 1)$ eine Reihe, die bei 4^{-3k} beginnt; usw.

Diese Werte finden sich in Tabelle A.2. Es fällt sofort auf, dass die Zahlen in jeder Spalte auf mehr Ziffern übereinstimmen als in der voranstehenden Spalte. Das Schlussresultat $\hat{a}_1''''$ ist zufälligerweise in allen angegebenen 15 Ziffern korrekt – aber natürlich wird von uns nicht erwartet, das zu wissen. Indem wir uns jedoch die erste Zeile näher ansehen, können wir, gestützt auf unser Wissen und unsere Erfahrung mit diesem Extrapolationsalgorithmus, behaupten, dass der Grenzwert der ursprünglichen Folge auf 12 Ziffern gerundet 3.14159265359 ist. Und wir sind davon überzeugt, dass $\hat{a}_1''''$ vermutlich sogar auf 14 Ziffern korrekt ist (im Bewusstsein, dass unsere Maschine mit etwas weniger als 16 Ziffern arbeitet,[2] sind wir uns der 15. Ziffer nicht restlos sicher).

---

[2] $\log_{10} 2^{53} \approx 15.95$.

Ebenso enthält die Taylorentwicklung von $\tan(\pi x)/x$ bloß gerade Potenzen von x, so dass sich auch b_k durch eine Reihe der Form (A.3) ausdrücken lässt. Eine Anwendung des Extrapolationsverfahrens auf die Folge $\hat{b}_k$ liefert die Werte in Tabelle A.3. Die Verbesserung der Konvergenzgeschwindigkeit ist weniger spektakulär. Nur ein Optimist würde mehr als neun Ziffern aufgrund dieser Evidenz behaupten wollen. Im Nachhinein können wir das unterschiedliche Verhalten wie folgt erklären: Die Koeffizienten der Taylorentwicklung von $\tan(\pi x)/x$ fallen nicht exponentiell ab, da tan im Gegensatz zu sin keine ganze Funktion ist.

Der typische Teilnehmer des Wettbewerbs[3] wäre hiermit glücklich, aber der spitzfindige Mathematiker ist nicht befriedigt. Wie könne man einer Zahl vertrauen, von der man noch nicht einmal wisse, ob sie größer oder kleiner als die gewünschte Größe sei?

Wir wollen es ganz deutlich sagen: Die Kunst, mit Gewissheit die Korrektheit einer berechneten Zahl auf eine gewisse Genauigkeit zu behaupten, ohne diese Behauptung auch beweisen zu können, und dabei trotzdem *Recht zu haben*, ist keine Mathematik. Aber sie ist eine Wissenschaft. Wie Richard Feynman sagte:

> Von unserem Standpunkt aus ist die Mathematik keine Wissenschaft, jedenfalls keine *Natur*wissenschaft. Die Prüfung ihrer Stichhaltigkeit geschieht nicht im Experiment.[4] [FLS63, S. 3-1]

Wissenschaftliches Rechnen *ist* eine Wissenschaft im Feynman'schen Sinn. Die Prüfung der Stichhaltigkeit *erfolgt* hier durch Experimente: Nachdem wir die Theorie aufgestellt haben, dass 3.14159265359 den gesuchten Grenzwert auf eine Genauigkeit von zwölf Ziffern approximiert, können wir diese Theorie durch Berechnung von a_6 und einer weiteren Diagonale extrapolierter Werte überprüfen, eventuell unter Verwendung einer höheren Genauigkeit der Arithmetik, und indem wir die Rechnungen auf einem anderen Typ von Computer wiederholen.

Mehr als jeder andere Zweig der numerischen Mathematik ist Konvergenzbeschleunigung eine experimentelle Wissenschaft. Der Forscher wendet den Algorithmus zunächst an und betrachtet dann die Ergebnisse, um ihren Wert zu beurteilen.

A.4 Eine Auswahl von Extrapolationsverfahren

Genau genommen liegt der einzige Unterschied zwischen Interpolation und Extrapolation darin, ob der Punkt, an dem wir eine Funktion auswer-

---

[3] Natürlich kann ich nur für Einen sprechen.

[4] Es handelt sich um den klassischen Kant'schen Gegensatz zwischen dem Apriori und dem Aposteriori, zwischen „reiner Vernunft" und „Verstand".

ten wollen, innerhalb oder außerhalb der konvexen Hülle derjenigen Punkte liegt, für welche die Funktion bekannt ist. In Theorie und Praxis ist der Unterschied aber gewaltig, wenn die Extrapolation wie hier zur Approximation eines Grenzwertes benutzt wird. Beim Interpolieren betrachtet man typischerweise denjenigen Grenzübergang, bei welchem die Schrittweite h zwischen den Stützstellen gegen Null geht und dabei für abnehmendes h das Verhalten der zu interpolierenden Funktion zunehmend polynomähnlicher wird. Beim Extrapolieren hingegen werden im Grenzprozess immer mehr Terme zu berücksichtigen sein. Jedoch stellt sich hier nicht die Frage, ob das Verhalten der Teilsummen s_n als Funktion von n polynomähnlicher wird: Nur wenige Funktionen auf $[0, \infty)$ verhalten sich asymptotisch wie Polynome außer diesen selbst.

Die Übersicht, die wir hier geben wollen, kann unmöglich umfassend sein. Ich stelle in einem vereinheitlichten Rahmen meine persönlichen Favoriten unter den Methoden zur Konvergenzbeschleunigung vor. Etliche von ihnen schätze ich, weil sie so oft funktionieren; andere sind nützliche Zwischenschritte auf dem Weg zum Verständnis raffinierterer Methoden. Der Schwerpunkt liegt auf rechentechnischen Aspekten und nicht auf der Theorie.

Leser mit einem Interesse an einer vollständigeren Darstellung sollten die exzellente Monographie [BZ91] von Brezinski und Redivo-Zaglia studieren: Sie geht viel stärker ins Detail, als wir es können, gibt eine Übersicht über alle verfügbaren Resultate aus der Theorie der Konvergenzbeschleunigung von Folgen, stellt etliche weitere Methoden vor und enthält für alle Methoden Computerprogramme (auf einer Diskette). Andere Monographien, die jeweils ihre eigenen Stärken haben, sind die von Wimp [Wim81] und Sidi [Sid03]. Die historische Entwicklung dieses Gebiets wurde sehr kenntnisreich von Brezinski [Bre00] zusammengefasst. Die Arbeit von Weniger [Wen89] verfolgt ähnliche Ziele wie wir hier, ist jedoch viel umfassender.

Die meisten Extrapolationsverfahren entstehen in natürlicher Weise aus der Betrachtung von Folgen, ihrer Formulierung als Transformation von Reihen wurde nur wenig Beachtung geschenkt.

Wir vereinbaren die folgende Notation für alle Methoden:

- $s_{k,n}$ bezeichnet den extrapolierten Wert, der von den Elementen $s_k, s_{k+1}, \ldots, s_{k+n}$ der Folge abhängt. Insbesondere gilt $s_{k,0} = s_k$.
- X bezeichnet einen generischen Extrapolationsoperator, der die Folge s_k auf eine Folge $X(s_k)$ abbildet.

Wenn Bedarf besteht, die Elemente $s_{k,n}$ zweidimensional darzustellen,[5] formen wir folgende Matrix, das *Extrapolationstableau*:

---

[5] Unserer Notation $s_{k,j}$ entspricht T_j^k in [Bre00]. Es gibt keine allgemeine Übereinkunft darüber, wie die extrapolierten Werte dargestellt werden sollten. Einige

$$S = \begin{pmatrix} s_{1,0} & s_{1,1} & s_{1,2} \cdots s_{1,n-2}\, s_{1,n-1} \\ s_{2,0} & s_{2,1} & s_{2,2} \cdots s_{2,n-2} \\ \vdots & \vdots & \\ s_{n-1,0}\, s_{n-1,1} & & \\ s_{n,0} & & \end{pmatrix}.$$

Gelegentlich kann es eine Zeilennummer 0 geben, falls wir uns etwa entscheiden, das Element $s_0 = 0$ als sinnvollen Vertreter der betrachteten Folge anzusehen. Dass dies nicht immer der Fall ist, zeigt das Beispiel von Archimedes: Wir hätten die Folge ein Glied eher beginnen können (Archimedes hat das nicht getan), mit dem halben Umfang eines Dreiecks, was auf $s_0 = 3\sqrt{3}/2$ und nicht auf $s_0 = 0$ geführt hätte.

Die Erzeugung des gesamten dreiecksförmigen Tableaus S birgt den Vorteil, dass wir auf diese Weise mehr Einsicht in die Genauigkeit und Zuverlässigkeit der Extrapolation gewinnen, als es aufgrund einer einzigen Zahl oder selbst einer Folge von Zahlen möglich wäre. Wir greifen diesen Punkt in §A.5.4 wieder auf.

Alle sinnvollen Extrapolationsverfahren sind quasilinear. Das bedeutet, dass sie der Beziehung $X(\lambda s_k + \delta) = \lambda X(s_k) + \delta$ für skalare Konstanten λ und δ genügen. Die meisten (aber nicht alle) Verfahren stützen sich auf ein Modell der Form

$$s_k = s + \sum_{j=1}^{m} c_j \phi_{k,j} + \eta_k, \tag{A.4}$$

wobei wir uns die Hilfsgrößen so angeordnet denken, dass jede Spalte $\phi_{k,j+1}$ für wachsendes k schneller gegen Null konvergiert als ihr Vorgänger $\phi_{k,j}$. Außerdem hofft man, dass das Restglied η_k schneller als $\phi_{k,m}$ gegen Null geht. Üblicherweise (aber nicht immer) werden die Elemente der Matrix $\Phi = (\phi_{k,j})$ durch einen Ausdruck der Form

$$\phi_{k,j} = \phi_j(k) \tag{A.5}$$

mit gewissen einfachen Funktionen ϕ_j gegeben.

Man kann Extrapolationsverfahren als linear und nichtlinear klassifizieren; im letzteren Fall ist es nützlich, weiter zwischen semilinearen und hochgradig nichtlinearen Methoden zu unterscheiden.

Lineare Extrapolationsverfahren

Diese Methoden erfüllen für konstante Skalare λ und μ die Beziehung

---

Autoren packen sie in eine untere Dreiecksmatrix, so dass unsere Zeilen entlang ihrer Diagonalen verlaufen. Andere betonen die Symmetrie einer Formel, indem sie eine dreiecksförmige Anordnung wählen, in der die Elemente jeder neuen Spalte auf Höhe der Zwischenräume der vorangehenden Spalte gesetzt werden.

$$X(\lambda s_k + \mu t_k) = \lambda X(s_k) + \mu X(t_k). \tag{A.6}$$

Typischerweise liegt ihnen ein Modell der Form (A.4) zugrunde, bei dem die Matrix Φ vorab bekannt und unabhängig von den Folgengliedern ist, wenngleich bereits bestehende Information über die Folge die Wahl des Modells beeinflussen wird.

Indem wir in den Modellgleichungen für $s_k, s_{k+1}, \ldots, s_{k+n}$ die Summationsgrenze auf $m = n$ setzen, das Restglied η_k ignorieren und den unbekannten Grenzwert s durch $s_{k,n}$ ersetzen, erhalten wir die $n + 1$ Gleichungen

$$s_i = s_{k,n} + \sum_{j=1}^{n} c_j \phi_{i,j}, \quad i = k, k+1, \ldots, k+n. \tag{A.7}$$

Die verschiedenen Verfahren unterscheiden sich im zugrundegelegten Modell und der Art und Weise, in der die Koeffizienten c_j eliminiert werden, um $s_{k,n}$ zu berechnen.

Wir dürfen nur dann erwarten, dass lineare Extrapolationsverfahren funktionieren, wenn wir beträchtliches Vorwissen über das Verhalten der Folge ausnutzen können.

Mit anderen Worten: Das Modell muss die Folge recht genau beschreiben oder das Extrapolationsverfahren wird nichts bringen.

Semilineare Extrapolationsverfahren

Diesen Verfahren liegt typischerweise ein Modell der Form (A.4) zugrunde, für das die Matrixelemente die Gestalt $\phi_{k,j} = \alpha_k \beta_{k,j}$ besitzen, wobei der Koeffizient α_k von den Folgengliedern abhängen darf. Das entstehende lineare Gleichungssystem wird dann durch einen zu (A.7) ähnlichen Prozess gelöst. Insbesondere stehen für alle Paare (k, l) mit $k + l \leqslant n$ extrapolierte Werte zur Verfügung.

Semilineare Methoden können auch dann äußerst effektiv sein, wenn keine Kenntnisse über das asymptotische Verhalten der Folge vorliegen.

Hochgradig nichtlineare Extrapolationsverfahren

Diesen Verfahren kann ein Modell der Form (A.4) und (A.5) zugrundeliegen, für das die Funktionen ϕ_j von unbekannten Parametern so abhängen, dass nichtlineare Gleichungen entstehen. Oder aber es gibt kein explizites Modell und sie wurden mit einer heuristischen Argumentation aus anderen Methoden entwickelt. Extrapolierte Werte $s_{k,l}$ stehen hier meist nur für einige Paare (k, l) zur Verfügung.

A.4.1 Lineare Extrapolationsverfahren

Nach Auswahl der Hilfsfunktionen ϕ_j in (A.5) könnte man für jedes Paar (k, n) einfach die Gleichungen (A.7) mit roher Gewalt lösen – sie sind schließlich linear. Man würde so $O(n^5)$ Operationen benötigen, um sämtliche Elemente $s_{k,l}$, $k + l \leqslant n$ zu berechnen. Es geht aber viel besser.

Da es wünschenswert ist, dass alle $s_{k,j}$ zur Verfügung stehen, sollten lineare Extrapolationsverfahren auf die Form

$$s_{k,j} = s_{k+1,j-1} + f_{k,j}(s_{k+1,j-1} - s_{k,j-1}) \tag{A.8}$$

gebracht werden, wobei die Multiplikatoren $f_{k,j}$ von der betrachteten Folge s_k unabhängig sind. Das geometrische Bild ist also

$$\begin{pmatrix} s_{k,j-1} & s_{k,j} \\ s_{k+1,j-1} & \end{pmatrix} \cdot \begin{pmatrix} -f_{k,j} & -1 \\ 1 + f_{k,j} & \end{pmatrix} = 0.$$

In den meisten Fällen lassen sich die Multiplikatoren einfacher interpretieren, wenn das Modell in der Form

$$s_{k,j} = s_{k+1,j-1} + \frac{r_{k,j}}{1 - r_{k,j}}(s_{k+1,j-1} - s_{k,j-1}) \tag{A.9}$$

geschrieben wird. Es ist offensichtlich, dass mit völlig frei gewählten Multiplikatoren $f_{k,j}$ jedes Extrapolationstableau S, das $s_{k+1,j-1} \neq s_{k,j-1}$ erfüllt, erzeugt werden kann. Das würde die Eigenschaft der Selbstvalidierung eines Extrapolationstableaus zunichte machen. Daher betrachtet man gewöhnlich nur solche Modelle, die nicht mehr als n freie Parameter besitzen, falls $n + 1$ Terme der Folge zur Verfügung stehen.

Oft ist es möglich, eine einfache Formel für die Konstanten $f_{k,j}$ anzugeben, so dass der gesamte Extrapolationsprozess nicht mehr als $O(n^2)$ Operationen benötigt. Das ist optimal, da das dreiecksförmige Extrapolationstableau $O(n^2)$ Elemente besitzt. Im allgemeinen ist eine solch niedrige Komplexität nicht erreichbar, aber es gibt einen kunstvollen Weg, den sogenannten E-Algorithmus, um die Gauß'sche Elimination so zu organisieren, dass sich die Ordnung der Operationsanzahl von $O(n^5)$ auf $O(n^3)$ reduziert. Er lässt sich in wenigen Sätzen skizzieren. Man denke sich den ersten Schritt in (A.8) als $s_{:,1} = Xs_{:,0}$; das bedeutet, die erste Spalte von S ergibt sich durch Anwendung des Extrapolationsoperators X auf die nullte Spalte. Die Konstanten $f_{:,0}$ werden nun anhand der Eigenschaft $X(\phi_{:,1}) = 0$ bestimmt. Daraufhin werden die Spalten $\phi_{:,j}$ durch $X(\phi_{:,j})$, $j = 2, 3, \ldots, n$, ersetzt. Mit anderen Worten: Wir wenden genau diejenige Extrapolationsformel auf jede Spalte der Matrix Φ an, die wir auf die Folge s_k angewendet haben. Dann fahren wir fort, indem wir die neue Spalte der extrapolierten Werte statt s_k benutzen und die modifizierte Matrix Φ anstelle der ursprünglichen, usw.

Wenn sich das Modell eignet, sollte jede Spalte $s_{k,j}$, $k = 1, 2, 3, \ldots$, des Tableaus S schneller als die vorangehende konvergieren. Die Zeilen $s_{k,j}$, $j = 0, 1, 2, \ldots$, sollten in diesem Fall sogar noch schneller konvergieren. Dieses Verhalten, dass die Zeilen schneller als die Spalten konvergieren, sollte augenfällig sein; seine Abwesenheit zeigt ein schlechtes Modell an.

Euler'sche Transformation

Die Euler'sche Methode ist ein seltenes Beispiel einer echten Reihentransformation. Die Herleitung dieses Ahnen aller Extrapolationsverfahren ist typisch Euler. Es sei I die Identität ($Ia_k = a_k$) und Δ der Vorwärtsdifferenzenoperator ($\Delta a_k = a_{k+1} - a_k$) auf einer Folge. Wir bemerken, dass $(I + \Delta)a_k = a_{k+1}$. Wir setzen $b_k = a_k/r^{k-1}$ mit einem festen $r \neq 1$. Dann gilt

$$\sum_{k=1}^{\infty} a_k = \sum_{k=0}^{\infty} r^k b_{k+1} = \sum_{k=0}^{\infty} (r(I + \Delta))^k b_1$$

$$= (I - r(I + \Delta))^{-1} b_1 = \frac{1}{1-r} \left(I - \frac{r\Delta}{1-r} \right)^{-1} b_1$$

$$= \frac{1}{1-r} \sum_{j=0}^{\infty} \left(\frac{r\Delta}{1-r} \right)^j b_1 = \frac{1}{1-r} \sum_{j=0}^{\infty} \left(\frac{r}{1-r} \right)^j \Delta^j b_1.$$

Wir erhalten nun das zweidimensionale Tableau nicht dadurch, dass wir mit dem ersten Glied der Reihe anfangen, sondern indem wir die Transformation bloß auf den Rest einer Teilsumme anwenden. Nach Abschneiden der Summen erhalten wir

$$s_{k,n} = \sum_{i=1}^{k} a_i + \frac{r^k}{1-r} \sum_{j=0}^{n-1} \left(\frac{r}{1-r} \right)^j \Delta^j b_{k+1}. \tag{A.10}$$

Eine leichte Rechnung zeigt, dass wir diese Werte spaltenweise durch die Rekursion

$$s_{k,j+1} = s_{k+1,j} + \frac{r}{1-r}(s_{k+1,j} - s_{k,j}) \tag{A.11}$$

erhalten können. Also kann die Euler'sche Transformation als einfachstmöglicher Fall von (A.8) aufgefasst werden: Die Multiplikatoren $f_{k,l}$ sind konstant.

Auch wenn wir dieser Herleitung kein explizites Modell zugrundegelegt haben, so wird es durch die Form der Gleichung (A.10) offengelegt: Falls b_k ein Polynom vom Höchstgrad $m - 1$ in k ist, so ist $s_{k,n}$ konstant in n für $n \geqslant m$. Mit anderen Worten, das Modell ist

Tabelle A.4. *Anwendung der Euler'schen Transformation auf $\sum_{k=1}^{\infty}(-1)^{k-1}k^{-1}$.*

k	s_k	$s_{0,k}$	t_k
1	1.000000000000000	0.500000000000000	1.000000000000000
2	0.500000000000000	0.625000000000000	0.750000000000000
3	0.833333333333333	0.666666666666667	0.708333333333333
4	0.583333333333333	0.682291666666667	0.697916666666667
5	0.783333333333333	0.688541666666667	0.694791666666667
6	0.616666666666667	0.691145833333333	0.693750000000000
7	0.759523809523809	0.692261904761905	0.693377976190476
8	0.634523809523809	0.692750186011905	0.693238467261905
9	0.745634920634921	0.692967199900793	0.693184213789682
10	0.645634920634921	0.693064856150793	0.693162512400794

$$a_k = r^k(c_0 + c_1 k + c_2 k^2 + \cdots + c_{m-1}k^{m-1}).$$

Offensichtlich besitzt a_k diese Form für

$$s_k = s + r^k(c_0 + c_1 k + c_2 k^2 + \cdots + c_{m-1}k^{m-1}).$$

Auch wenn solche Folgen zweifellos auftreten, so sind sie nicht typisch. Meistens konvergiert die erste Spalte $s_{k,1}$ in jenen Fällen, in denen wir den richtigen Wert von r kennen, zwar wesentlich schneller als s_k, aber die erste Zeile $s_{0,k}$, die ja eigentlich richtig schnell konvergieren sollte, zeigt bestenfalls eine geometrische Konvergenz mit der Rate $r/(1-r)$.

Üblicherweise wird die Euler'sche Transformation mit $r = -1$ auf alternierende Reihen angewendet, die sublinear konvergieren. Sie ist in diesem Fall recht effizient, nicht etwa weil das Modell geeignet wäre (das ist es selten), sondern wegen $r/(1-r) = -1/2$, was keine allzuschlechte Konvergenzrate ist. So wird beispielsweise die Konvergenz der Reihe

$$\sum_{k=1}^{\infty}(-1)^{k-1}k^{-1} = \log 2 \doteq 0.693147180559945$$

durch die Euler'sche Transformation einigermaßen gut beschleunigt, obwohl die höheren Differenzen $\Delta^k b_1$ keinesfalls schneller gegen Null konvergieren als a_k. (Es ist eine nette kleine Übungsaufgabe, für diese Reihe zu beweisen, dass $\Delta^k b_1 = a_{k+1}$ gilt.)

Tabelle A.4 zeigt,[6] dass $s_{0,k}$ wie erwartet ungefähr geometrisch mit der Rate $\frac{1}{2}$ konvergiert: Nach 10 Schritten haben wir drei Ziffern und es ist

---

[6] Hier und im Rest des Anhangs tabellieren wir, um Vergleiche zu vereinfachen, die Zeilen eines Extrapolationstableaus oft auch in Form von Spalten.

$2^{-10} \approx 0.001$. Es ist zwar verlockend, dieses Verhalten durch eine weitere Anwendung der Euler'schen Transformation mit $r = 1/2$ auszunutzen, aber dann taugt nur noch die erste Spalte. Die Elemente dieser Spalte finden sich in Tabelle A.4 unter der Bezeichnung t_k: nur eine weitere Ziffer, nicht der Mühe wert. (Der Leser möge einmal raten, wie die erste Zeile aussähe, wenn man bis zum bitteren Ende des neuen Tableaus ginge. Und es dann ausprobieren. Sollte man das Ergebnis nicht erwartet haben?)

Wir haben der Euler'schen Transformation eine ganze Menge Aufmerksamkeit geschenkt, nur um zu merken, dass sie nicht besonders effektiv ist. Aber jetzt können wir auf den Schultern eines Riesen stehen.

Modifiziertes Euler'sches Extrapolationsverfahren

Eine naheliegende Verallgemeinerung von (A.11) setzt r in jeder Spalte auf einen anderen Wert:

$$s_{k,j+1} = s_{k+1,j} + \frac{r_j}{1 - r_j}(s_{k+1,j} - s_{k,j}). \tag{A.12}$$

Es ist nicht schwer zu zeigen, dass diese Formel $s_{k,n} = s$ liefert, falls

$$s_k = s + \sum_{j=1}^{n} c_j r_j^k. \tag{A.13}$$

Sie kann daher verwendet werden, wenn die Reihe sich gut durch eine Summe geometrischer Folgen mit bekannten Abfallraten approximieren lässt. Mehrfache Werte von r_j haben den gleichen Effekt wie im Fall der gewöhnlichen Euler'schen Transformation (der Vorfaktor von r_j wird ein Polynom entsprechenden Grades in k).

Richardson-Extrapolation

Die Richardson-Extrapolation eignet sich für diejenigen Folgen, die sich wie Polynome in einer gegebenen Folge h_k verhalten.

In ihren ursprünglichen Anwendungen ist das Modell von der Form (A.4) und (A.5) mit

$$\phi_j(k) = h_k^{p_j}, \tag{A.14}$$

wobei die Größen h_k für Schrittweiten von Finite-Differenzen-Methoden stehen und die Exponenten p_j durch eine auf Taylorentwicklungen gestützte Analyse vorab in Erfahrung gebracht werden. In voller Allgemeinheit benötigen wir den E-Algorithmus, aber in den zwei gebräuchlichsten Fällen lassen sich die Parameter $r_{k,j}$ in (A.9) einfacher ermitteln.

Tabelle A.5. *Anwendung der Romberg-Integration auf $\int_0^1 \log(x^{-1})\,dx = 1$ unter der Annahme einer Entwicklung in geraden Potenzen.*

h_k^{-1}	$s_{k,1}$	$s_{0,k}$
2	0.942272533258662	0.942272533258662
4	0.971121185130247	0.973044428588352
8	0.985559581182433	0.986736072861005
16	0.992779726126725	0.993394043936872
32	0.996389859013850	0.996700250685739
64	0.998194929253506	0.998350528242663

1. Wenn sich die Schrittweiten in geometrischer Progression befinden, also $h_{k+1}/h_k = r$ (üblicherweise $r = 1/2$) gilt, dann setzen wir $r_{k,j} = r^{p_j}$.
2. Wenn die Exponenten konstante Vielfache von $1, 2, 3, \ldots$ sind, also $p_j = cj$ für ein festes c, dann setzen wir $r_{k,j} = (h_{k+1}/h_k)^c$.

Man erkennt, dass der Fall 1 äquivalent zum modifizierten Euler'schen Extrapolationsverfahren ist, während der Fall 2 auf eine Anwendung des Interpolationsschemas von Neville und Aitken hinausläuft.

Wir haben bereits in §A.3 eine spektakuläre Anwendung der Richardson-Extrapolation gesehen, so dass wir kein weiteres Beispiel eines Erfolgsfalls benötigen. Stattdessen zeigen wir, was bei unsachgemäßer Verwendung passieren kann.

Richardson-Extrapolation ist der Motor hinter der Romberg-Integration. Hier wird die Folge s_k aus der Anwendung der Trapez- oder Mittelpunktsregel zu jeweils halbierter Schrittweite erzeugt, also etwa durch die Mittelpunktssumme

$$\int_0^1 f(x)\,dx \approx s_k = h \sum_{j=1}^{2^k} f((j - \tfrac{1}{2})h) \quad \text{mit } h = 2^{-k}.$$

Für glatte Funktionen findet das gleiche Modell einer Entwicklung in geraden Potenzen von h Anwendung wie im Fall der Berechnung von π. Tabelle A.5 zeigt jedoch, was für das Integral

$$\int_0^1 \log(x^{-1})\,dx = 1$$

geschieht: Die erste Zeile des Extrapolationstableaus konvergiert nicht besser als die erste Spalte, ein deutliches Zeichen dafür, dass das Modell unsachgemäß ist.

Tabelle A.6. *Anwendung der Romberg-Integration auf $\int_0^1 \log(x^{-1})\,dx = 1$ unter der Annahme einer Entwicklung in den Potenzen $1, 2, 4, 6, \ldots$.*

h_k^{-1}	$s_{k,1}$	$s_{0,k}$
2	0.994914691495074	0.994914691495074
4	0.998706050625142	0.999969837001832
8	0.999674995582249	0.999999853250138
16	0.999918652198826	0.999999999613708
32	0.999979656975437	0.999999999999550
64	0.999994913863731	0.999999999999999

Eine sorgfältige Analyse der Fehlerentwicklung legt offen, welche Potenzen von h durch die logarithmische Singularität ins Spiel kommen; aber auch eine numerische Diagnose ist recht einfach, siehe §A.5.2. Da sich die Schrittweiten in geometrischer Progression befinden, können wir die p_j so wählen, dass sie genau diese Potenzen herausstanzen: Nehmen wir für die p_j die Folge $\{1, 2, 4, 6, \ldots\}$, so erhalten wir die Ergebnisse in der Tabelle A.6. Wir bemerken, dass $s_{k,1}$ jetzt zwar sehr viel schneller als zuvor konvergiert, aber das ist nicht der entscheidende Punkt. Die erste Zeile $s_{0,k}$ konvergiert noch viel schneller: Das ist genau, wonach wir suchen, um uns zu vergewissern, dass wir das richtige Modell verwenden.

Salzer'sches Extrapolationsverfahren

Die Methode von Salzer [Sal55] eignet sich für jene s_k, die sich gut durch eine rationale Funktion in k approximieren lassen.

Das Modell ist von der Form (A.4) und (A.5) mit $\phi_j(k) = (k + k_0)^{-j}$, wobei k_0 eine feste vorab gewählte Zahl ist (oft $k_0 = 0$). Dies ist ein Spezialfall der Richardson-Extrapolation, wenn wir dort $h_k = (k + k_0)^{-1}$ und $p_j = j$ in (A.14) setzen. Also können wir die extrapolierten Werte wie im Fall 2 der Richardson-Extrapolation erhalten.

Es gibt zwei weitere Wege zur Lösung dieser Gleichungen. Wir beschreiben hier zunächst nur den Ersten, der Zweite ist Thema des nächsten Abschnitts. Indem wir (A.7) mit $(i + k_0)^n$ multiplizieren, erhalten wir

$$(i + k_0)^n s_i = (i + k_0)^n s_{k,n} + \sum_{j=1}^{n} c_j (i + k_0)^{n-j}, \quad i = k, k+1, \ldots, k+n.$$

Nehmen wir die n-te Differenz in $i = k$, so verschwindet alles unter dem Summenzeichen und es bleibt

Tabelle A.7. *Anwendung des Salzer'schen Extrapolationsverfahrens auf $\sum_{k=1}^{\infty} k^{-2}$.*

k	$s_{k,1}$	$s_{0,k}$
1	1.50000000000000	1.50000000000000
2	1.58333333333333	1.62500000000000
3	1.61111111111111	1.64351851851852
4	1.62361111111111	1.64496527777778
5	1.63027777777778	1.64495138888888
6	1.63424603174603	1.64493518518521
7	1.63679705215420	1.64493394341858
8	1.63853316326531	1.64493404116995
9	1.63976773116654	1.64493406624713
10	1.64067682207563	1.64493406714932
11	1.64136552730979	1.64493406688417
12	1.64189971534398	1.64493406684468
13	1.64232236961279	1.64493406683127

$$s_{k,n} = \frac{\Delta^n\left((k+k_0)^n s_k\right)}{\Delta^n (k+k_0)^n} \tag{A.15}$$

übrig. Diese Formel ist nicht rekursiv (sie kommt Salzers eigener Formulierung in [Sal55] nahe) und die vorangehende Multiplikation jeder Spalte $s_{:,l}$ mit jeweils einer eigenen Potenz von $(k + k_0)$ ist nicht wünschenswert. Trotzdem erlaubt sie uns einen interessanten Blick auf dieses Extrapolationsverfahren: Es handelt sich um ein diskretes Analogon zur n-fachen Anwendung der Regel von l'Hospital. Nehmen wir an, wir wollten $\lim_{x\to\infty} f(x)$ berechnen. Ein Mittel dazu besteht in der Verwendung einer Hilfsfunktion g mit $g(x) \to_{x\to\infty} 0$ und der Berechnung von

$$\lim_{x\to\infty} \frac{\frac{d^n}{dx^n}\left(f(x)/g(x)\right)}{\frac{d^n}{dx^n}\left(1/g(x)\right)}.$$

Für die Reihe $s = \sum_{k=1}^{\infty} k^{-2} = \pi^2/6 \doteq 1.6449340668482$ erhalten wir in doppelt-genauer IEEE-Arithmetik die in Tabelle A.7 aufgeführten Ergebnisse. Das Endresultat liefert etwa 11 korrekte Ziffern, was angesichts von Rundungsfehlern so ziemlich das Beste ist, was wir erwarten durften (siehe §A.5.3).

Modifiziertes Salzer'sches Extrapolationsverfahren

Wie alle anderen linearen Verfahren versagt auch die Salzer'sche Extrapolation sang- und klanglos für jene Folgen, die nicht dem zugrundeliegenden Modell entsprechen. Eine einfache Modifikation versucht über einen Umweg, diesen Mangel zu beseitigen.

Das modifizierte Modell besteht aus (A.4) und (A.5) mit

$$\phi_j(k) = \psi(k)(k+k_0)^{1-j}$$

für eine gewisse von Null verschiedene Hilfsfunktion $\psi(k)$. Offensichtlich erhält man die besten Resultate, falls $\psi(k)$ den Fehler $s - s_k$ approximiert. Dieses Modell fällt nicht mehr in den Rahmen der Richardson-Extrapolation und wir müssen einen anderen Weg zu seiner Berechnung finden. Natürlich kann der E-Algorithmus benutzt werden, aber es gibt eine ökonomischere Alternative.

Indem wir (A.7) durch $\psi(i)$ teilen, erhalten wir

$$\frac{s_i}{\psi(i)} = \frac{s_{k,n}}{\psi(i)} + \sum_{j=0}^{n-1} c_{j+1}(i+k_0)^{-j}, \quad i = k, k+1, \ldots, k+n.$$

Sodann wenden wir nicht wie zuvor einfache Differenzen darauf an, sondern dividierte Differenzen. Dabei denken wir uns s_k als Funktion einer Variablen t, die wir in $t_k = (k+k_0)^{-1}$ ausgewertet haben. Die dividierten Differenzen einer Folge von Funktionswerten f_k in diesen Abszissen lassen sich rekursiv durch

$$\delta^0 f_k = f_k;$$

$$\delta^n f_k = \frac{\delta^{n-1} f_{k+1} - \delta^{n-1} f_k}{t_{k+n} - t_k} \tag{A.16}$$

definieren. Wir erhalten damit

$$s_{k,n} = \frac{\delta^n \left(\frac{s_k}{\psi(k)} \right)}{\delta^n \left(\frac{1}{\psi(k)} \right)}. \tag{A.17}$$

Dies lässt sich ökonomisch durch Aufstellen zweier Tableaus von dividierten Differenzen implementieren, eines für den Zähler und ein anderes für den Nenner.[7]

Für Reihen der Form $s = \sum_{k=1}^{\infty} \phi(k)$ lässt sich oft ein gutes ψ durch Integration erraten: Wenn ϕ sich als Funktion auf $(0, \infty)$ fortsetzen lässt, so liegt die Wahl

---

[7] Dieses Vorgehen ist tatsächlich sogar äquivalent zum E-Algorithmus, wenn man die spezielle Abhängigkeit der Funktionen ϕ_j von j ausnutzt.

Tabelle A.8. *Anwendung der Salzer'schen Extrapolation und ihrer Modifikation auf $\sum_{k=1}^{\infty} k^{-3/2}$.*

k	$s_{0,k}$ mit $\psi = 1$	$s_{0,k}$ mit $\psi(k) = k^{-1/2}$
2	2.04280209908108	2.55223464247637
3	2.20053703479084	2.60809008399373
4	2.28756605115163	2.61255796998662
5	2.34336074156378	2.61244505799459
6	2.38255729176400	2.61237916796721
7	2.41169662004271	2.61237468295396
8	2.43423616494222	2.61237522998939
9	2.45220141289729	2.61237534769965
10	2.46686223192588	2.61237535041131
11	2.47905652271137	2.61237534876941
12	2.48936011369519	2.61237534899252
13	2.49818208203943	2.61237534782506

$$\psi(x) = \int_x^{\infty} \phi(x)\, dx \tag{A.18}$$

nahe. Zur Illustration betrachten wir

$$s = \sum_{k=1}^{\infty} k^{-3/2} = \zeta(3/2) \doteq 2.61237534868549.$$

In Tabelle A.8 finden sich die Ergebnisse der Salzer'schen Extrapolation und ihrer Modifikation mit der durch Integration ermittelten Wahl $\psi(k) = k^{-1/2}$.

Extrapolation durch Operatorpolynome

Eine weitere Verallgemeinerung der Euler'schen Transformation liefert eine reichhaltige Familie linearer Extrapolationsverfahren. Dazu drücken wir (A.11) durch den Shiftoperator E (definiert durch $Es_k = s_{k+1}$) wie folgt aus:

$$s_{k,j+1} = \frac{(E - rI)s_{k,j}}{1 - r} = \frac{p_1(E)s_{k,j}}{p_1(1)},$$

wobei $p_1(t) = (t - r)$. Hieraus schließen wir auf

$$s_{k,n} = \frac{p_n(E)s_k}{p_n(1)} \tag{A.19}$$

mit dem Polynom $p_n(t) = (t - r)^n$. Das modifizierte Euler'sche Verfahren lässt sich ebenfalls auf die Form (A.19) bringen, nur dass jetzt das Polynom $p_n(t) = \prod_{j=1}^{n}(t - r_j)$ lautet. Entsprechendes gilt mit einem angepassten Polynom auch für das modifizierte Salzer'sche Verfahren (A.17). Für allgemeine Polynome p_n vom Grad n nennen wir (A.19) *Extrapolation durch Operatorpolynome*.

Um zu begreifen, wie wir hier auf Eulers Schultern stehen können, benötigen wir die folgenden Konzepte:

Eine Folge a_k heißt *vollständig monoton*, falls jede der Differenzen $\Delta^j a_k$, $j = 0, 1, 2, \ldots$ (also mit $j = 0$ auch a_k selbst) das konstante Vorzeichen $(-1)^j$ besitzt. Eine Folge a_k heißt *vollständig alternierend*, falls $(-1)^k a_k$ vollständig monoton ist.

Vollständig monotone Folgen haben viele angenehme Eigenschaften, wovon die weitaus wichtigste Inhalt eines Satzes von Hausdorff ist:

Eine Nullfolge a_k ist genau dann vollständig monoton, wenn sie mit einer nichtnegativen Gewichtsfunktion w über dem Intervall $(0, 1)$ die Darstellung

$$a_k = \int_0^1 t^{k-1} w(t)\, dt, \quad k = 1, 2, \ldots$$

besitzt.

Zwei Korollare sind:

1. Die Folge a_k ist genau dann vollständig alternierend, wenn sie mit einer nichtnegativen Gewichtsfunktion w über dem Intervall $(-1, 0)$ die Darstellung

$$a_k = \int_0^{-1} t^{k-1} w(t)\, dt, \quad k = 1, 2, \ldots$$

   besitzt.
2. Falls für ein $0 < r < 1$ der Träger von w das Intervall $[0, r]$ ist (bzw. im alternierenden Fall $[-r, 0]$), dann konvergiert a_k geometrisch mit der Rate r.

In Hinblick auf diese Korollare werden wir im folgenden ein abgeschlossenes Intervall mit den Endpunkten 0 und r auch dann mit $[0, r]$ bezeichnen, wenn $r < 0$ gilt.

Durch den Hausdorff'schen Satz inspiriert wollen wir annehmen, dass $a_k = \int_0^r t^{k-1} w(t)\, dt$ mit einer nichtnegativen Gewichtsfunktion w ist. Dann gilt

$$s_k = \sum_{j=1}^{k} \int_0^r t^{j-1} w(t)\, dt = \int_0^r \frac{(1 - t^k) w(t)\, dt}{1 - t}.$$

Dies erlaubt uns für (A.19) die Darstellung

$$s_{k,n} = \frac{1}{p_n(1)} \int_0^r \frac{(p_n(1) - t^k p_n(t)) w(t)\, dt}{1 - t}.$$

Wegen $s = \lim s_k = \int_0^r \frac{w(t)\, dt}{1-t}$ erhalten wir schließlich die Fehlerformel

$$s - s_{k,n} = \frac{1}{p_n(1)} \int_0^r \frac{t^k p_n(t) w(t)\, dt}{1 - t}, \tag{A.20}$$

die verschiedene Strategien nahelegt:

1. Wenn wir von der Folge a_k nicht mehr wissen, als dass sie vollständig monoton oder vollständig alternierend ist, können wir den relativen Fehler des Extrapolationsverfahrens wenigstens grob abschätzen:

$$\left| \frac{s - s_{0,n}}{s} \right| \leqslant \frac{\max_{t \in [0,r]} |p_n(t)|}{p_n(1)}.$$

   Im Fall des Euler'schen Verfahrens für eine alternierende Reihe mit $r = -1$ haben wir $p_n(t) = (t+1)^n$, so dass diese grobe Abschätzung gerade 2^{-n} ist. Vom Standpunkt dieser Schranke aus ist das Tschebyscheffpolynom vom Grad n nach Verlagerung auf das Intervall $[-1, 0]$ optimal und liefert die Fehlerschranke $O(\lambda^{-n})$ mit $\lambda = 3 + 2\sqrt{2} \doteq 5.828$ [CRZoo]. Das entsprechende Extrapolationsverfahren findet sich als Algorithmus 1 in [CRZoo].[8]

2. Wenn wir etwas über die Gewichtsfunktion w wissen, so können wir das nutzen, um das Polynom zu optimieren. So leiten beispielsweise Cohen, Rodriguez Villegas und Zagier [CRZoo] (von jetzt an mit CRVZ abgekürzt) Polynome her, die gut funktionieren, falls w in gewissen Gebieten der komplexen Ebene, die $[0, r]$ enthalten, analytisch ist. Vom resultierenden Verfahren kann in besonders günstigen Fällen garantiert werden, dass es einen Fehler der Ordnung $O(\lambda^{-n})$ mit $\lambda \doteq 17.9$ liefert. Die einfachste Familie A_n von Polynomen aus dieser Klasse ist durch

$$A_n(\sin^2 \theta) = \frac{d^n(\sin^n \theta \cos^n \theta)}{d\theta^n} \tag{A.21}$$

---

[8] Ein gutes Beispiel für die Anwendung dieses Verfahrens liefert die Auswertung des Fourierintegrals (1.11) aus §1.8. Integration zwischen den Nullstellen und anschließende Summation liefert eine Reihe mit vollständig alternierenden Termen. Letzteres lässt sich leicht aus dem Umstand beweisen, dass die Potenzreihe (1.5) der Lambert'schen W-Funktion alternierende Koeffizienten besitzt. Also reichen 52 Reihenglieder für das Euler'sche Verfahren bzw. $21 = \lceil 52/\log_2 5.828 \rceil$ für das auf die Tschebyscheffpolynome gestützte Verfahren aus, um das Integral in doppelt-genauer IEEE-Arithmetik *beweisbar* auf volle Genauigkeit (2^{-52}) zu approximieren.

definiert. Sie genügen keiner Dreitermrekursion und es scheint, als wäre eine Anzahl von $O(n^3)$ Operationen nötig, um alle Koeffizienten von $A_0, A_1, \ldots, A_n$ zu erzeugen. Natürlich kann man diese vorab berechnen und abspeichern.

3. Wenn wir annehmen, dass $w(t)/(1-t)$ eine $(2n)$-fach stetig differenzierbare Funktion ist, dann sind die Legendrepolynome eine vielversprechende Wahl.

4. Wenn $w(t)$ in $t = 0$ eine Singularität vom Typ $O(t^\beta)$ besitzt, so empfehlen sich die Jacobipolynome. So kann man beispielsweise für Reihen der Form

$$\eta(\beta, r) = \frac{1}{\beta} - \frac{r}{1+\beta} + \frac{r^2}{2+\beta} - \frac{r^3}{3+\beta} + \cdots, \qquad \text{(A.22)}$$

die Jacobipolynome $J^{(0,\beta-1)}$ verwenden, wobei man ihr Definitionsintervall $x \in [-1, 1]$ durch die Transformation $t = r(x+1)/2$ auf $t \in [0, r]$ verlagert.

5. Für monotone Reihen mit $r = 1$ ist diese Methodik bisher nicht besonders erfolgreich. Ein Grund besteht darin, dass der maßgebliche Faktor $\max_{t \in [0,r]} |p_n(t)|/|p_n(1)|$ wegen $1 \in [0, r]$ nicht kleiner als 1 gemacht werden kann.

Da sich so viele dieser Möglichkeiten auf Orthogonalpolynome stützen, lohnt es sich, im Detail zu zeigen, wie man sie anwendet. Dazu nehmen wir an, dass die erforderlichen Orthogonalpolynome (auf das Intervall $[0, r]$ verlagert) folgender Rekursion genügen:

$$p_0(t) = 1;$$

$$p_1(t) = (t - a_0);$$

$$p_{n+1}(t) = (t - a_n)p_n(t) - b_n p_{n-1}(t), \qquad n = 1, 2, \ldots.$$

Das Extrapolationsverfahren ist dann durch

$$\hat{s}_{k,0} = s_{k,0};$$

$$\hat{s}_{k,1} = s_{k+1,0} - a_0 s_{k,0};$$

$$\hat{s}_{k,n+1} = \hat{s}_{k+1,n} - a_n \hat{s}_{k,n} - b_n \hat{s}_{k,n-1}, \qquad n = 1, 2, \ldots;$$

$$s_{k,n} = \frac{\hat{s}_{k,n}}{p_n(1)}$$

gegeben.

Ein Beispiel soll hier genügen. Wir wollen die in (A.22) definierte Reihe $\eta(\beta, r)$ für $r = 0.94$ und $\beta = 0.125$ auswerten. Wir machen das auf vier

Tabelle A.9. *Anwendung der CRVZ-Methode auf $\eta(\beta, r)$ mit $r = 0.94$ und $\beta = 0.125$.*

k	CRVZ(-1)	Legendre(-1)	CRVZ(-0.94)	Jacobi(-0.94)
1	8.00000000000000	8.00000000000000	8.00000000000000	8.00000000000000
2	7.44296296296296	7.44296296296296	7.43159486016629	7.24346076458753
3	7.40927089580931	7.42063107088989	7.41224315975913	7.41890823284965
4	7.42291549578755	7.42333978080714	7.42286010429028	7.42300312779417
5	7.42312861386679	7.42305165138502	7.42312700068607	7.42310843651716
6	7.42311090693716	7.42311564776528	7.42311289945816	7.42311121107761
7	7.42311207370828	7.42311055990758	7.42311135754321	7.42311128485659
8	7.42311117324569	7.42311127821820	7.42311128787958	7.42311128682738
9	7.42311130057045	7.42311129133954	7.42311128684365	7.42311128688016
10	7.42311128604961	7.42311128388467	7.42311128688337	7.42311128688157
11	7.42311128677714	7.42311128731700	7.42311128688239	7.42311128688161
12	7.42311128692742	7.42311128679323	7.42311128688171	7.42311128688161
13	7.42311128687268	7.42311128688948	7.42311128688162	7.42311128688161
14	7.42311128688278	7.42311128688073	7.42311128688161	7.42311128688161
15	7.42311128688154	7.42311128688153	7.42311128688161	7.42311128688161
16	7.42311128688161	7.42311128688164	7.42311128688161	7.42311128688161

verschiedene Weisen, wobei die letzten beiden mehr und mehr Information nutzen; in Tabelle A.9 gibt jede Spalte die transponierte erste Zeile des entsprechenden Extrapolationstableaus wieder: Erstens, die in (A.21) definierten Polynome A_n von CRVZ über dem Intervall $(0, -1)$; zweitens, die auf $[0, -1]$ verlagerten Legendrepolynome; drittens, die auf $[0, -0.94]$ verlagerten CRVZ-Polynome; und schließlich die auf $[0, -0.94]$ verlagerten Jacobipolynome $J^{(0, -0.875)}$. Es lässt sich zwischen den ersten beiden Methoden (abgesehen von der größeren Bequemlichkeit der Dreitermrekursion im Fall der Legendrepolynome) kein Unterschied feststellen. Die dritte Methode ist jedoch deutlich besser. Nicht aufgeführt ist der Fall „Legendre (-0.94)", der auch eine Verbesserung bringt, wenn auch weniger ausgeprägt als „CRVZ (-0.94)". Die letzte Spalte weist ein äußerst beeindruckendes Konvergenzverhalten auf, dem nicht einmal eines der später diskutierten nichtlinearen Verfahren das Wasser reichen kann. Dieses Beispiel belegt, welch großen Vorteil analytische Kenntnisse über eine Folge mit sich bringen.

A.4.2 Semilineare Algorithmen

Diese Verfahrensfamilie geht auf Levin [Lev73] zurück. Die Algorithmen sind dabei modifizierte Salzer'sche Extrapolationsverfahren mit den folgenden von der Folge a_k abhängigen Hilfsfunktionen (die Labels rühren aus Levins eigenen Bezeichnungen her):

(T) $\psi(k) = a_k.$
(U) $\psi(k) = (k + k_0)a_k.$
(W) $\psi(k) = a_k^2/(a_{k+1} - a_k).$

Wir bemerken, dass wir im allgemeinen keine Funktion $\psi(x)$ angeben können, die für alle x definiert wäre. Die Implementierung geht genauso, wie wir sie für die modifizierte Salzer'sche Methode beschrieben haben.

Insbesondere der U-Algorithmus ist für eine große Klasse von Folgen erstaunlich effektiv. Mit dem T-Algorithmus funktioniert auch der U-Algorithmus, auch wenn er zuweilen einen Term mehr für die gleiche Genauigkeit benötigt. Da wir Rundungsfehler nicht ignorieren dürfen (siehe §A.5.3), empfiehlt es sich, in den Fällen, in denen beide Algorithmen funktionieren, den T-Algorithmus zu verwenden. Der Nachteil des W-Algorithmus besteht darin, dass er stets einen Term mehr als der U-Algorithmus benötigt, um das Element $s_{k,l}$ des Extrapolationstableaus zu bilden. Zudem lassen sich schwerlich Fälle finden, in denen zwar der W-Algorithmus funktioniert, aber nicht der U-Algorithmus.

Unglücklicherweise ist es auch sehr schwer, diejenigen Folgen zu charakterisieren, für die einer dieser Algorithmen exakt ist. Ein Grund liegt gerade darin, dass semilineare Algorithmen nichtlinear sind: So können wir nicht erwarten, dass sie für die Summe zweier Folgen exakt sind, wenn sie es für jede einzelne getrennt sind.

Um die verblüffende Effektivität dieser Algorithmen zu verstehen, nützt es, an die Analogie zur Integration zu denken: Nach (A.18) ist ψ eine plausible Wahl der Hilfsfunktion, falls $\psi' = \phi$. (Dabei sei $\phi(k) = a_k$.) Jedes Vielfache von ψ wird ebensogut funktionieren, so dass die drei Transformationen folgende kontinuierliche Analoga besitzen:

(T) $c\psi(x) = \psi'(x).$
(U) $c\psi(x) = (x + x_0)\psi'(x).$
(W) $c\psi(k) = (\psi'(x))^2/\psi''(x).$

Diese Differentialgleichungen haben folgende Lösungen:

(T) $\psi(x) = e^{cx}.$
(U) $\psi(x) = (x + x_0)^c.$
(W) Die allgemeine Lösung beinhaltet (T) und (U) als Spezialfälle.

Wir erwarten daher, dass der T-Algorithmus für $s_k \sim r^k$ effektiv ist und der U-Algorithmus für $s_k \sim k^{-j}$, während es der W-Algorithmus in beiden Fällen ist. Tatsächlich ist der U-Algorithmus sogar für $s_k \sim r^k$ nahezu so effektiv wie der T-Algorithmus, da das Modell des U-Algorithmus als $(j + 1)$-te Hilfsfunktion die j-te des T-Algorithmus verwendet. In der Praxis genügt es üblicherweise, grundsätzlich den U-Algorithmus zu verwenden (ein Beispiel findet sich in Tabelle A.10) und die anderen zu vergessen. In jedem Fall reagiert der W-Algorithmus anfälliger auf Rundungsfehler.

A.4.3 Hochgradig nichtlineare Methoden

Hochgradig nichtlineare Methoden besitzen die typische Eigenart, dass nicht für alle denkbaren Kombinationen von k und l eine aus genau den Folgengliedern $s_{k:k+l}$ gebildete Approximation $s_{k,l}$ zur Verfügung steht.

Aitken'sche Δ^2-Methode

Obwohl jünger als die Euler'sche Transformation ist die „Aitken'sche Δ^2-Methode" sicherlich das bekannteste aller Verfahren zur Konvergenzbeschleunigung. Es bildet aus drei Folgengliedern s_k, s_{k+1}, s_{k+2} eine neue Zahl, die wir dann im Sinne dieser Abhängigkeit mit $s_{k,2}$ bezeichnen. Die zugrundeliegende Formel erinnert an (A.9):

$$s_{k,2} = s_{k+2} + \frac{r_k}{1 - r_k}(s_{k+2} - s_{k+1}), \tag{A.23}$$

$$\text{wobei } r_k = \frac{s_{k+2} - s_{k+1}}{s_{k+1} - s_k}. \tag{A.24}$$

Die Formel für r_k ist durch das Modell

$$a_k = cr^k$$

motiviert, also durch das gleiche Modell wie für die erste Spalte der Euler'schen Transformation, nur dass r diesmal als unbekannt angesehen wird. Der Name der Methode rührt von einer anderen Schreibweise für (A.23) her:

$$s_{k,2} = s_{k+2} - \frac{(\Delta s_{k+1})^2}{\Delta^2 s_k}. \tag{A.25}$$

Die Aitken'sche Methode ist Bestandteil zweier anderer Methoden:

1. Wendet man die Aitken'sche Formel auf $s_0, s_1, s_2, \ldots, s_n$ an, so erhält man die gleichen Werte für $s_{k,2}$, welche die Levin'sche T-Transformation bei Anwendung auf $s_1, s_2, \ldots, s_n$ für $s_{k,1}$ abliefert.
2. Die zweite Spalte $s_{k,2}$ des Epsilon-Algorithmus (siehe den nächsten Abschnitt) ist identisch mit der Aitken'schen Methode.

Oft ist es effektiv, die Aitken'sche Methode wiederholt auf die eigenen Resultate anzuwenden (ein Beispiel findet sich in §1.3). Hierfür liegt jedoch kein Modell vor, das uns sagt, für welche Folgen dieses Vorgehen exakt ist.

Der Wynn'sche Epsilon-Algorithmus

Das Modell des Wynn'schen Epsilon-Algorithmus [Wyn56a] ist mit (A.13) das gleiche wie für die modifizierte Euler'sche Methode, nur dass die Raten r_j jetzt nicht mehr bekannt sind. Mit anderen Worten, der Epsilon-Algorithmus kann unter Verwendung von $2n + 1$ Folgengliedern den exakten Grenzwert liefern, sofern sich die Folge als Summe von n geometrischen Folgen schreiben lässt.

Es handelt sich zweifellos um die eleganteste aller Methoden zur Konvergenzbeschleunigung, mit einer fabelhaft einfachen Rekursionsformel:

$$s_{k,j} = s_{k+1,j-2} + \frac{1}{s_{k+1,j-1} - s_{k,j-1}}.$$

Sie enthält keinerlei wesensfremde Parameter. Um die Rekursion zu starten, setzen wir $s_{k,-1} = 0$ und wie üblich $s_{k,0} = s_k$. Die Indizes verschleiern allerdings das zugrundeliegende hübsche geometrische Bild. Wenn wir die vier beteiligten Einträge des Tableaus mit den vier Buchstaben der Himmelsrichtungen bezeichnen und das Tableau so anordnen, dass jede Spalte um eine halbe Zeile verschoben wird, dann erhalten wir

$$\begin{pmatrix} & s_{k,j-1} & \\ s_{k+1,j-2} & & s_{k,j} \\ & s_{k+1,j-1} & \end{pmatrix} = \begin{pmatrix} & N & \\ W & & E \\ & S & \end{pmatrix}, \qquad (N - S)(W - E) = 1.$$

Die extrapolierten Werte finden sich in den Spalten $s_{:,j}$ mit einem geraden Index j. Im Fall, dass die Spalten mit geradem Index konvergieren (was sie gewöhnlich tun), divergieren die Spalten mit einem ungeraden Index gegen unendlich.

Da also nur jede zweite Spalte eine Rolle spielt, eliminiert eine nützliche alternative Formulierung [Wyn66] die dazwischenliegenden „Hilfsspalten". Wieder erhalten wir ein hübsches Bild:

$$\begin{pmatrix} & s_{k,j-2} & \\ s_{k+2,j-4} & s_{k+1,j-2} & s_{k,j} \\ & s_{k+2,j-2} & \end{pmatrix} = \begin{pmatrix} & N & \\ W & C & E \\ & S & \end{pmatrix},$$

$$\frac{1}{C - N} + \frac{1}{C - S} = \frac{1}{C - W} + \frac{1}{C - E}.$$

Die Spalte $s_{:,2m}$ des Epsilon-Algorithmus ist exakt, falls die Folge $s - s_k$ einer linearen Differenzengleichung der Ordnung m genügt, es also Konstanten $c_0, c_1, \ldots, c_m$ gibt, so dass

$$c_0 s_k + c_1 s_{k+1} + \cdots + c_m s_{k+m}$$

für alle k konstant ist. Der Algorithmus eignet sich also für die gleichen
Folgen wie die modifizierte Euler'sche Methode, allerdings mit zwei wichtigen Unterschieden: Auf der positiven Seite können wir verbuchen, dass
es nicht nötig ist, die Faktoren r_j in (A.12) tatsächlich zu kennen, auf der
negativen Seite hingegen, dass dafür doppelt soviele Folgenglieder benötigt werden. Beispiele für die Anwendung des Epsilon-Algorithmus finden
sich in §3.2, §3.3 und §6.3.2.

Der Rho-Algorithmus

Der Rho-Algorithmus [Wyn56b] ist genauso einfach wie der Epsilon-Algorithmus:

$$s_{k,j} = s_{k+1,j-2} + \frac{j}{s_{k+1,j-1} - s_{k,j-1}}. \tag{A.26}$$

Die extrapolierten Werte stehen in den gleichen Spalten wie beim Epsilon-Algorithmus.

Die Spalten $s_{:,2m}$ des Rho-Algorithmus sind exakt für das Modell

$$s_k = p(k)/q(k), \tag{A.27}$$

wobei p und q Polynome höchstens vom Grad m sind. Er eignet sich daher
für die gleichen Folgen wie die Salzer'sche Transformation. Die Einfachheit
von (A.26) begründet sich aus dieser Modellannahme. Zuweilen kann

$$s_k = p(x_k)/q(x_k)$$

mit einer bekannten Folge x_k ein sachgemäßeres Modell sein. Der Rho-Algorithmus verändert sich dann zu

$$s_{k,j} = s_{k+1,j-2} + \frac{x_k - x_{k-j}}{s_{k+1,j-1} - s_{k,j-1}}. \tag{A.28}$$

Ein Beispiel für die Anwendung des Rho-Algorithmus findet sich in Tabelle A.11.

Der modifizierte Rho-Algorithmus

Wie der Salzer'sche Algorithmus ist auch der Rho-Algorithmus nicht besonders effektiv, wenn die betrachtete Folge nicht dem Modell rationaler
Funktionen entspricht. Er kann aber für gewisse andere Funktionen modifiziert werden. Die Idee besteht darin, einen stetigen Übergang vom Epsilon-Algorithmus (als Fall $\theta = 0$) zum Rho-Algorithmus (als Fall $\theta = 1$) zu
konstruieren:

$$s_{k,j} = s_{k+1,j-2} + \frac{1 + \theta(j-1)}{s_{k+1,j-1} - s_{k,j-1}}. \tag{A.29}$$

Wenn sich s_k gut durch das Modell $s - s_k \approx k^{-1/\theta}\psi(k)$ mit einer rationalen Funktion $\psi(k)$ beschreiben lässt, kann der modifizierte Rho-Algorithmus sehr effektiv sein.

Der Theta-Algorithmus

Der Theta-Algorithmus [Bre71] übernimmt das Rätselraten, wie θ im modifizierten Rho-Algorithmus gewählt werden sollte. Um ihn herzuleiten, schreiben wir die ersten zwei Schritte von (A.29) in der Form

$$s_{k,1} = \frac{1}{s_{k+1,0} - s_{k,0}},$$

$$s_{k,2} = s_{k+1,0} + \frac{t}{s_{k+1,1} - s_{k,1}} \tag{A.30}$$

mit $t = 1 + \theta$ und fragen uns dann, ob wir nicht t von k abhängen lassen könnten? Da das Ziel von Konvergenzbeschleunigung schließlich darin besteht, eine (fast) konstante Folge zu konstruieren, werfen wir jede Vorsicht über Bord und wählen t_k so, dass in (A.30) $s_{k+1,2} = s_{k,2}$ gilt, nämlich

$$s_{k+1,0} + \frac{t_k}{s_{k+1,1} - s_{k,1}} = s_{k+2,0} + \frac{t_k}{s_{k+2,1} - s_{k+1,1}}.$$

Dies lässt sich zu

$$t_k = -\frac{\Delta s_{k+1,0}}{\Delta^2 s_{k,1}}$$

umstellen. Der Theta-Algorithmus wird dann auf den weiteren Spalten in Analogie zum Epsilon- und Rho-Algorithmus fortgeführt:

$$s_{k,2j+1} = s_{k+1,2j-1} + \frac{1}{\Delta s_{k,2j}},$$

$$s_{k,2j+2} = s_{k+1,2j} + \frac{\Delta s_{k+1,2j}\, \Delta s_{k,2j+1}}{\Delta^2 s_{k,2j}}.$$

Der Theta-Algorithmus ist in dem Sinne äußerst vielseitig, dass er eine große Klasse von Folgen beschleunigen kann, die sich jedoch schwierig charakterisieren lässt. Somit erinnert er uns etwas an den Levin'schen W-Algorithmus. Negativ schlägt zu Buche, dass er bis zu $3n + 1$ Folgenglieder benötigt, um eine Zeile von n beschleunigten Werten zu berechnen. Man vergleiche dies mit den $2n + 1$ Gliedern für die anderen hier diskutierten hochgradig nichtlinearen Methoden und den bloß $n + 1$ Gliedern für die linearen und semilinearen Methoden. Außerdem ist er wesentlich anfälliger für Rundungsfehlereffekte.

Tabelle A.10. *Anwendung des Levin'schen U-Algorithmus auf die Folge $\|A_{n_k}\|$ aus Problem 3.*

n_k	$t_k = s_{n_k}$	$t_{1,k}$
1	1.00000000000000	1.00000000000000
2	1.18335017655166	1.28951567784715
4	1.25253739751680	1.36301342016060
8	1.27004630585408	1.26782158984849
16	1.27352521545013	1.27445564643953
32	1.27411814436915	1.27422101365494
64	1.27420913129766	1.27422405834917
128	1.27422212003778	1.27422416013221
256	1.27422388594855	1.27422415291307
512	1.27422411845808	1.27422415282063

A.5 Praktische Gesichtspunkte

A.5.1 Der Gebrauch von Teilfolgen

Eine triviale Möglichkeit zur Beschleunigung einer Folge ist das Bilden einer Teilfolge $t_k = s_{n_k}$ mit $1 \leqslant n_1 < n_2 < n_3 < \cdots$. Diese Technik ist zuweilen eine nützliche „Vorkonditionierung" – vor der Anwendung eines subtileren Verfahrens zur Konvergenzbeschleunigung.

Als Beispiel betrachten wir die Folge $s_k = \|A_k\|$ aus Problem 3, die durch Berechnung (in Matlab) der Normen der $k \times k$-Hauptuntermatrizen A_k der unendlichen Matrix A entsteht (siehe §3.1). Das Beste, was wir mit dem Levin'schen U-Algorithmus erreichen bevor numerische Instabilitäten (siehe §A.5.3) zu dominieren beginnen, sind etwa sieben korrekte Ziffern unter Verwendung von 16 Folgengliedern. Mehr Glieder machen die Sache schlechter, nicht besser.

Betrachten wir nun den Fall, dass wir wiederum 16 Folgenglieder nehmen, aber später starten: $t_k = s_{k+16}$. Man könnte glauben, da diese Folgenglieder doch dichter am Grenzwert sind, dass sich so ein besserer extrapolierter Wert erzielen ließe. Tatsächlich erreichen wir immer noch etwa sieben Ziffern, diesmal aber bereits mit zehn Folgengliedern. Numerische Instabilitäten setzen hier früher ein. Wenn wir kein Folgenglied jenseits von s_{32} verwenden, aber mit einer größeren Schrittzahl voranschreiten, schneiden wir etwas besser ab. So liefert beispielsweise die Schrittzahl zwei, also das Arbeiten mit der Folge s_{2k}, neun korrekte Ziffern. Die Verwendung von Schrittzahlen 3, 4, usw. liefert keine wesentliche weitere Verbesserung.

Der eigentliche Vorteil von Teilfolgen wird jedoch erreicht, wenn die Indexfolge n_k stärker als linear anwächst. Ist beispielsweise $s - s_k \equiv k^{-1}$ und wählen wir $n_k = 2^k$, so ist $s - t_k \equiv 2^{-k}$: Eine sublineare Konvergenz wurde in eine lineare verwandelt. Genauso lässt sich lineare Konvergenz in eine quadratische verwandeln. Für Problem 3 lassen sich etwa 12 Ziffern in doppelt-genauer IEEE-Arithmetik erzielen, indem man $n_k = 2^{k-1}$, $k = 1, 2, \dots, 10$ benutzt. Da die Teilfolge bereits linear mit der Rate $r \approx \frac{1}{2}$ konvergiert, gibt es nur sehr wenig Verstärkung von Rundungsfehlern und es ist prinzipiell möglich, mit dieser Technik in die Nähe der Maschinengenauigkeit zu gelangen. Die extrapolierten Werte finden sich für dieses Beispiel in Tabelle A.10. Da wir in jedem Extrapolationsschritt anhaltend eine bis zwei Ziffern hinzugewinnen (kenntlich am „Stehenbleiben" der führenden Ziffern) und Rundungsfehler hier ohne Bedeutung sind, bedarf es keiner großen Glaubensanstrengung, den auf 12 Ziffern korrekten Wert $s = \|A\| \doteq 1.27422415282$ zu akzeptieren.

Der Epsilon-Algorithmus liefert bei Anwendung auf die Folge t_k ebenfalls Wettbewerbsgenauigkeit (10, beinahe 11 Ziffern), siehe Tabelle 3.1.

A.5.2 Wie sich die Natur einer Folge diagnostizieren lässt

Um die Konvergenzrate ρ abzuschätzen, kann man die Hilfsfolge $\rho_k = \lim(s_{k+2} - s_{k+1})/(s_{k+1} - s_k)$ bilden, deren Grenzwert (wenn er existiert) gerade die Zahl ρ sein muss. Ganz allgemein ist es sehr riskant, sich eine Meinung über das Verhalten einer langsam konvergenten Folge allein durch Untersuchung einer endlichen Anzahl ihrer Glieder zu bilden. Eine Ausnahme liegt dann vor, wenn wir wissen, dass ρ nur einen von endlich vielen möglichen Werten annehmen kann, und die einzige Ungewissheit darüber besteht, welcher Wert es genau ist.

Für das Beispiel von Tabelle A.5 erhalten wir für ρ_k folgende Werte:

$$0.500487721799137$$
$$0.500065583337346$$
$$0.500008367557636$$
$$0.500001051510722$$

Wenn wir wissen, dass die asymptotische Entwicklung des Fehlers eine negative Zweierpotenz liefert, fällt es leicht, sich für $\rho = 1/2$ und gegen $1/4$ oder 1 zu entscheiden. Wir betonen nochmals, dass diese Art Test von sehr begrenztem Nutzen ist.

Im Fall divergenter alternierender Reihen müssen sich die Nutzer von Konvergenzbeschleunigung bewusst sein, dass diese typischerweise einen „Antigrenzwert" approximieren.[9] Es gibt Situationen, in denen sich der

---

[9] In der deutschen wie der angelsächsischen Literatur nennt man die Zahl, die eine auf divergente Reihen spezialisierte Methode (ein sogenanntes Limitierungsver-

Antigrenzwert rigoros durch analytische Fortsetzung definieren lässt: So ist beispielsweise die rechte Seite des Ausdrucks

$$1 + r + r^2 + r^3 + \cdots = \frac{1}{1-r}$$

für alle $r \neq 1$ erklärt und definiert den Antigrenzwert der unendlichen Reihe auf der rechten Seite für den divergenten Fall ($r \leqslant -1$ oder $r > 1$).

Dieses Verhalten kann zwar sehr nützlich sein (ein Beispiel findet sich weiter unten), es bedeutet aber nicht, dass sich Divergenz nicht diagnostizieren ließe. So ist mir beispielsweise einmal die Folge

$$
\begin{aligned}
&-1.000000000000000\\
&0.732050807568878\\
&-0.630414938191809\\
&0.576771533743575\\
&-0.543599590009618\\
&0.521053669642427\\
&-0.504731494506494\\
&0.492368058352063\\
&-0.482678712072860\\
&0.474880464055156\\
&-0.468468857699484\\
&0.463104220153723\\
&-0.458549452588645\\
&0.454634026719303
\end{aligned}
$$

von einem Forscher vorgelegt worden, der wissen wollte, ob sie gegen Null konvergiert. Für diese Daten liefert die Euler'sche Transformation -0.0001244, der Levin'sche T-Algorithmus -3.144×10^{-17}, der Epsilon-Algorithmus 1.116×10^{-10} und der Theta-Algorithmus -4.737×10^{-12}. Aber Null ist nicht der Grenzwert dieser Folge, er ist ein Antigrenzwert; die Folge divergiert nämlich. Denn die Folge $|s_k|$ konvergiert, jedoch nicht gegen Null. Die Salzer'sche Transformation liefert hier 0.402759395, der Levin'sche U-Algorithmus 0.4027594, der Rho-Algorithmus 0.4027593957 und der Theta-Algorithmus 0.4027594. Die Evidenz ist überwältigend, dass der Grenzwert von Null verschieden ist.

Als Beispiel für die Nützlichkeit von Antigrenzwerten betrachten wir die Folge $s_k = \sum_{n=0}^{k}(-1)^n n!$. Mit 16 Folgengliedern ergibt der Levin'sche

fahren) abliefert, oft einfach nur einen „Wert" oder eine „Summe". Diesen wenig prägnanten Bezeichnungen stellen einige Mathematiker den ideosynkratischen Begriff des „anti-limit" entgegen – ein passender Anklang an den Antichristen, da viele Mathematiker divergente Reihen noch immer als Teufelszeug ansehen, obwohl es eine ausgereifte und strenge mathematische Theorie zum Umgang mit ihnen gibt, vgl. [Har49].

T-Algorithmus 0.59634736, der Epsilon-Algorithmus 0.596 und der Theta-Algorithmus 0.596347. Tatsächlich ist diese Reihe die asymptotische Entwicklung der Funktion $f(z) = \int_z^\infty e^{z-x} x^{-1} \, dx$ in negativen Potenzen von z, ausgewertet in $z = 1$. Eine Auswertung des Integrals mit anderen Methoden liefert $f(1) \doteq 0.596347362323194$. Wir sehen also, dass nichtlineare Methoden zur Konvergenzbeschleunigung einige stark divergente Reihen summieren können, wenn auch nicht auf hohe Genauigkeit. Das geht soweit, dass die Eingabe einer Folge von über $(0,1)$ gleichverteilten Zufallszahlen in den Epsilon-Algorithmus recht wahrscheinlich „beschleunigte" Werte produziert, die sich bei 0.5 häufen.

Hochgradig nichtlineare Methoden zur Konvergenzbeschleunigung sind so mächtig, dass der Umgang mit ihnen große Sorgfalt erfordert.

Es folgt ein Beispiel zur Warnung. Wir definieren die beiden Folgen

$$s_k = \sum_{n=1}^{k} (0.95)^n / n,$$

$$t_k = s_k + 19(0.95)^k / k.$$

Da $t_k - s_k$ eine Nullfolge bildet, konvergieren beide Folgen gegen den gleichen Grenzwert, nämlich $\log 20 \doteq 2.995732273553399$. Und tatsächlich approximiert die Levin'sche U-Transformation diesen Grenzwert in doppeltgenauer IEEE-Arithmetik auf eine Endgenauigkeit von fünf bzw. sieben Ziffern. Wir bilden jetzt die Folge $u_k = \sqrt{s_k t_k}$, die offensichtlich immer noch den gleichen Grenzwert besitzt. Nun besteht aber der Levin'sche Algorithmus bei Verwendung von 30 Gliedern darauf, dass der Grenzwert 2.9589224422146 sei, wobei sich die Einträge in der ersten Zeile des Extrapolationstableaus mit den Nummern 25 bis 30 nur um eine halbe Ziffer in der letzten Stelle unterscheiden. Der Theta-Algorithmus beharrt hingegen auf dem Grenzwert 2.958919941, wobei diese Ziffern für die Einträge der ersten Zeile mit den Nummern 21, 24 und 27 übereinstimmen.

Die Folge u_k verhält sich nicht gutartig genug, als dass Extrapolation funktionieren könnte. Sie ist weder monoton noch alternierend. Sie fällt von einem Wert größer als 4 auf 2.95887231295868, um dann wieder anzuwachsen. Beide Algorithmen scheinen u_k als asymptotische Folge zu behandeln und liefern einen unechten Grenzwert, einen Pseudogrenzwert in der Nähe der Stelle, an welcher sich u_k zunächst am wenigsten ändert. Was uns hier rettet ist, dass, obwohl beide Algorithmen einen auf zehn Ziffern genauen Grenzwert abzuliefern scheinen, diese beiden „Grenzwerte" nur auf sechs Ziffern übereinstimmen. Lineare Algorithmen wie der von Salzer können hingegen keine unechten Grenzwerte liefern.

Wenn möglich, sollte mehr als ein Extrapolationsverfahren eingesetzt werden.

Für lineare Methoden wie die Richardson-Extrapolation kann gewöhnlich bewiesen werden, dass die beschleunigte Folge zum gleichen Grenzwert wie die ursprüngliche konvergiert. Für nichtlineare Methoden ist hingegen ein solcher Beweis selten verfügbar, und wenn doch, dann unter Voraussetzungen, die in der Praxis nicht überprüft werden können. Und wie wir gesehen haben, garantiert eine „interne" Konsistenz der Einträge des Extrapolationstableaus für nichtlineare Methoden rein gar nichts.

In endlich-genauer Arithmetik bedeutet „Konvergenz" noch lange nicht, dass wir prinzipiell auf volle Genauigkeit an den gewünschten Grenzwert herankommen können. Sie bedeutet nur, dass wir früher oder später (im Fall eines guten Extrapolationsverfahrens: eher früher als später) ein Stadium erreichen, wo das Hinzunehmen weiterer Folgenglieder keine Verbesserung der Approximation mehr liefert. Wie eine asymptotische Reihe besitzt eine numerisch in ihrer Konvergenz beschleunigte Folge in endlicher Arithmetik eine gewisse Endgenauigkeit. Im nächsten Abschnitt diskutieren wir, welche Faktoren diese Endgenauigkeit beeinflussen.

A.5.3 Kondition und Stabilität

Obwohl wir uns diese Frage fast bis zum Schluss aufgehoben haben, ist sie extrem wichtig. In jeder numerischen Rechnung gibt es zwei hauptsächliche Quellen von Fehlern: Abschneidefehler, die dadurch entstehen, dass nur endlich viele Glieder einer unendlichen Folge berücksichtigt werden können; und Rundungsfehler, die dadurch verursacht werden, dass ein Computer die arithmetischen Operationen nicht exakt ausführen kann.

Bei der Konvergenzbeschleunigung starten wir typischerweise mit einer Folge, für welche die Abschneidefehler sehr viel größer als die Rundungsfehler sind. Extrapolation reduziert nun zwar den Abschneidefehler, das aber zum Preis verstärkter Rundungsfehler. Üblicherweise spielen Rundungsfehler jedoch nur dann eine wesentliche Rolle, wenn die ursprüngliche Folge monoton ist.

Als nützliches visuelles Hilfsmittel lässt sich der Absolutwert der Differenzen in der extrapolierten Folge $s_{1,k}$ in logarithmischer Skala aufzeichnen. Für das Beispiel aus Tabelle A.7 findet sich der entsprechende Graph in Abb. A.1. Dort findet sich auch der Graph einer Schätzung des akkumulierten Rundungsfehlers (wir werden gleich erklären, wie man diese erhält). Es fällt auf, dass die Differenzen zunächst abnehmen, um dann erneut anzusteigen und dabei in der Nähe des geschätzten Rundungsfehlers zu bleiben.

Als Faustregel können wir uns hier merken, dass die numerische Beschleunigung der Konvergenz einer monotonen Folge sich fast genauso verhält wie eine asymptotische Reihe: Die beste Stelle um abzubrechen befindet sich gerade dort, wo die erste Differenz wieder zu wachsen beginnt.

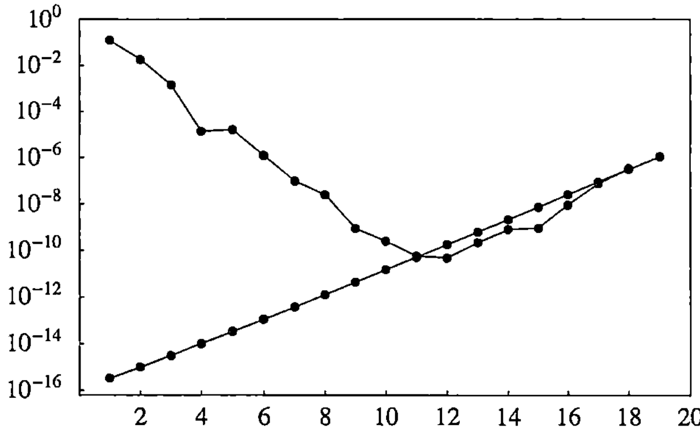

Abb. A.1.   *Die V-förmige Linie zeigt $|s_{1,j+1} - s_{1,j}|$ für die Anwendung der Salzer'schen Extrapolation auf die Folge $s_k = \sum_{n=1}^{k} n^{-2}$ (vgl. Tabelle A.7). Die aufsteigende Linie zeigt eine Schranke des akkumulierten Rundungsfehlers in $|s_{1,j}|$. Dieser Graph ist typisch für die Anwendung linearer oder semilinearer Methoden auf monotone Folgen. Die beiden Linien treffen sich in der Nähe der Spitze des Vs, was uns erlaubt, mit Überzeugung die Endgenauigkeit des Extrapolationsverfahrens anzugeben.*

Das ist die Stelle, an der Abschneide- und Rundungsfehler gleich sind und damit die Endgenauigkeit bestimmen.

Auch für die Rundungsfehler selbst gibt es zwei hauptsächliche Quellen. Die erste rührt von den Eingangsdaten her, die ihrerseits durch eine nicht völlig exakte Prozedur gewonnen wurden, und sei es nur durch Rundung der exakten Werte auf Gleitkommazahlen. Die zweite stammt von den weiteren Gleitkommarechnungen. Gute Implementierungen von Algorithmen zur Konvergenzbeschleunigung sind jedoch rückwärtsstabil, was bedeutet, dass die Numerik keine Fehler verursacht, die wesentlich über das hinausgehen, was bereits eine Störung der Daten in der Größenordnung der Maschinengenauigkeit verursachen könnte. Es reicht daher in der Praxis, nur die Fortpflanzung der Rundungsfehler in den Daten zu betrachten.

Man kann sich jeden der betrachteten Algorithmen zur Konvergenzbeschleunigung auf die Form

$$s_{k,j} = f(s_k, s_{k+1}, \dots, s_{k+j})$$

gebracht denken, auch wenn diese Funktion nie explizit ausgeschrieben, sondern rekursiv aufgebaut wird. Wir definieren die Konditionszahl der Formel durch

$$\kappa[f] = \sum_{i=k}^{k+j} \left| \frac{\partial}{\partial s_i} f(s_k, s_{k+1}, \dots, s_{k+j}) \right|.$$

Grob gesprochen, können wir bei Störung eines jeden s_i durch einen Rundungsfehler der Größe μ darauf schließen, dass $s_{k,j}$ von einem Folgefehler der Größe $\mu\,\kappa[f]$ verfälscht wird.

Im Fall linearer Transformationen lassen sich die Konditionszahlen leicht abschätzen. Dazu bezeichnen wir mit $\kappa_{k,j}$ den Wert von $\kappa[f]$ für $s_{k,j}$. Offenbar gilt $\kappa_{k,0} = 1$ für alle k. Aus (A.8) schließen wir, dass

$$\kappa_{k,j} \leqslant \kappa_{k+1,j-1} + |f_{k,j}|(\kappa_{k+1,j-1} + \kappa_{k,j-1}).$$

Diese Abschätzung ist zwar nur eine Ungleichung, aber sie ist scharf und in der Praxis neigen Rundungsfehler nicht dazu, sich wechselseitig aufzuheben. Die in Abb. A.1 gezeigte Schätzung des akkumulierten Rundungsfehlers ist nun durch $2^{-53}\eta_{k,j}$ gegeben, wobei der Verstärkungsfaktor $\eta_{k,j}$ rekursiv wie folgt definiert wird:

$$\eta_{k,0} = 1,$$

$$\eta_{k,j} = \eta_{k+1,j-1} + |f_{k,j}|(\eta_{k+1,j-1} + \eta_{k,j-1}).$$

Wir haben bereits zu Beginn dieses Anhangs bemerkt, dass sich vom Standpunkt der Genauigkeit nicht viel dadurch gewinnen lässt, dass man mit Reihen statt mit Folgen arbeitet. Selbst wenn uns die Reihenglieder exakt als Maschinenzahlen vorlägen und nur die Teilsummen in Gleitkommaarithmetik ausgewertet werden müssten, erhielten wir lediglich $\eta_{k,1} = 1$ anstelle von $\eta_{k,1} = 1 + |f_{k,1}|$. Die Rekursion liefe ansonsten wie gewohnt weiter. Es lässt sich nun leicht zeigen, dass dies den Verstärkungsfaktor $\eta_{k,j}$ bestenfalls um den Faktor $(1+c)$ mit $c = \max\{|f_{k,1}|, |f_{k+1,1}|, \ldots, |f_{k+j-1,1}|\}$ reduzierte.

Im Fall der modifizierten Salzer'schen Transformation wäre es Unfug zu der Form (A.8) überzugehen. Stattdessen geben wir eine direkte Prozedur zur Berechnung der Verstärkungsfaktoren für die Formel (A.16) mit den dividierten Differenzen an:

$$\alpha^0 f_k = f_k;$$

$$\alpha^n f_k = \frac{\alpha^{n-1} f_{k+1} + \alpha^{n-1} f_k}{t_{k+n} - t_k};$$

$$\eta_{k,n} = \frac{\alpha^n\left(\frac{1}{\psi(k)}\right)}{\delta^n\left(\frac{1}{\psi(k)}\right)}.$$

Die Berechnung der Verstärkungsfaktoren $\eta_{k,j}$ für die Datenfehler in einem linearen Extrapolationsverfahren wird in der Literatur „mitlaufende" Rundungsfehleranalyse genannt, siehe [Hig96, §3.3]. Wir haben sie in §8.2 und

§10.3.2 erfolgreich im Zusammenhang mit der Richardson-Extrapolation eingesetzt.

Für die semilinearen Transformationen kann man in erster Näherung die Abhängigkeit der Hilfsfolge $\psi(k)$ von den Daten ignorieren. Man geht dann weiter wie bei der modifizierten Salzer'schen Transformation vor.

Die hochgradig nichtlinearen Verfahren lassen sich nicht so einfach analysieren. Wir können nicht mehr wie im Fall der semilinearen Methoden in (A.8) die Abhängigkeit der Multiplikatoren $f_{k,j}$ von den Daten ignorieren. Denn die Multiplikatoren hängen jetzt selbst von ersten und sogar zweiten Differenzen berechneter Größen ab. Es wäre daher unvernünftig anzunehmen, dass sie hinreichend genau seien, um für die Analyse keine Rolle zu spielen.

Im Fall der hochgradig nichtlinearen Methoden ist weiterer substantieller analytischer Aufwand jedoch nutzlos. Anders als bei den linearen und semilinearen Methoden neigen die Schranken für die Rundungsfehler hier dazu, viel zu pessimistisch zu sein. Denn sobald Rundungsfehler eine Rolle zu spielen beginnen, erweisen sich Differenzen jener extrapolierten Werte, die in exakter Arithmetik sehr nahe beieinander liegen sollten (da sie beide nahe am Grenzwert sind), als gar nicht so klein. Die großen, von Rundungsfehlern verfälschten Multiplikatoren, die aus der Division durch Differenzen vermeintlich nahe beieinander liegender Größen entstehen könnten, gibt es in der Form gar nicht. Sobald Rundungsfehler und Abschneidefehler bei hochgradig nichtlinearen Verfahren in etwa von der gleichen Größenordnung sind, beobachten wir, dass die extrapolierten Werte nicht zunehmend schlechter werden, sondern in eher zufälliger Weise um den Grenzwert schwanken. Die Amplitude dieser Schwankung liegt dabei in der Größenordnung des akkumulierten Rundungsfehlers.

Ein Beispiel soll das verdeutlichen. Tabelle A.11 zeigt den Rho-Algorithmus in Aktion, angewendet auf die Werte $s_k = \|A_k\|$ aus Problem 3 (siehe §3.2). Die Differenzen dieser extrapolierten Werte sind in Abb. A.2 dargestellt.

Wir bemerken, dass in beiden Fällen der Algorithmus bei ungefähr $j = 10$ aufhört, weitere korrekte Ziffern zu liefern. Er beginnt jedoch nicht wie die linearen und semilinearen Algorithmen unvermittelt schlechter zu werden. Er mahlt vor sich hin, ohne wesentlich besser oder schlechter zu werden. Zur Warnung sei gesagt, dass die leichte Tendenz der Differenzen, kleiner zu werden, nicht bedeutet, dass sich noch eine weitere Ziffer an Genauigkeit gewinnen ließe, sobald die erste Phase der schnellen Konvergenz vorbei ist. Hier zeigt sich bloß, dass eine hochgradig nichtlineare Methode Antigrenzwerte auch für Zufallsfolgen bildet.

Schließlich weisen wir darauf hin, dass mathematisch äquivalente Formeln numerisch nicht äquivalent zu sein brauchen. Zwei Beispiele sollen diesen Punkt verdeutlichen. Die Formel (A.8) kann auch als

Tabelle A.11. *Anwendung des Rho-Algorithmus auf die Folge $\|A_{k_j}\|$ aus Problem 3.*

j	$k_j = j$	$k_j = 5j$
1	1.00000000000000	1.26121761618336
2	1.32196073923600	1.27547538244135
3	1.27123453514403	1.27414260105494
4	1.27393314066972	1.27422328312872
5	1.27422017029519	1.27422410947073
6	1.27421718653107	1.27422414923215
7	1.27422358265440	1.27422414886405
8	1.27422398509675	1.27422415124899
9	1.27422414504466	1.27422415281792
10	1.27422416342250	1.27422415281284
11	1.27422409923149	1.27422415267127
12	1.27422410946623	1.27422415266073
13	1.27422412252998	1.27422415258201
14	1.27422411949585	1.27422415265168
15	1.27422415828802	1.27422415267954
16	1.27422413800383	1.27422415266834
17	1.27422414441947	1.27422415267514

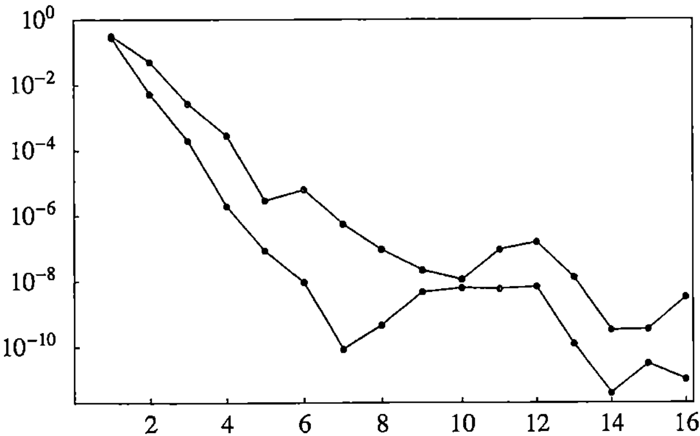

Abb. A.2. *Die obere Linie zeigt $|s_{1,2j+2} - s_{1,2j}|$ für die Anwendung des Rho-Algorithmus auf die Folge $s_k = \|A_k\|$ aus Problem 3. Die untere Linie zeigt das gleiche für die Teilfolge s_{5k} von s_k. Der Graph weist das typische Verhalten hochgradig nichtlinearer Methoden bei der Anwendung auf monotone Folgen auf. Anders als bei den linearen und semilinearen Methoden gibt es hier keine V-Form. Stattdessen schwankt, sobald Rundungsfehler wesentlich werden, die Größe der Differenzen um die Endgenauigkeit des Verfahrens.*

$$s_{k,j} = (1 + f_{k,j})s_{k+1,j-1} - f_{k,j}s_{k,j-1} \tag{A.31}$$

geschrieben werden. Nehmen wir an, dass $s_{k,j} \approx 1$, $s_{k+1,j-1} - s_{k,j-1} \approx 0.01$ und $f_{k,j} \approx 0.1$ sei. Dann ist der Korrekturterm in (A.8) ungefähr von der Größe 0.001, so dass wir uns den Verlust dreier Ziffern in der Berechnung von $f_{k,j}$ leisten könnten. Der Korrekturterm in (A.31) ist hingegen ungefähr 0.1, so dass wir hier nur den Verlust einer Ziffer verkraften könnten. Ein extremeres Beispiel liefert uns die Aitken'sche Formel: Anstelle von (A.23) und (A.24) bzw. (A.25) könnte man versucht sein, die „elegantere" Formel

$$s_{k,2} = \frac{s_k s_{k+2} - s_{k+1}^2}{s_k - 2s_{k+1} + s_{k+2}}$$

zu benutzen. Diese Formel ergibt aber einen Wert von $s_{k,2}$, der die gleiche Anzahl korrekter Ziffern besitzt wie der Nenner, also die zweite Differenz $\Delta^2 s_k$, was offensichtlich eine ganz stark an Auslöschung leidende Größe ist.

A.5.4 Abbruchkriterien

Ich will gleich zu Beginn den Leser warnen, dass jeder reine Mathematiker, dem es vor dem vorangegangen Material ekelte, sich mit Grausen von dem abwenden wird, was folgt. Tatsächlich fühle ich mich selbst damit nicht ganz wohl.

Wir betrachten die folgende Situation: Die Folge s_k sei so teuer zu berechnen, dass wir jedes Mal, bevor wir ein weiteres Folgenglied berechnen, die Entscheidung treffen müssen, ob es nötig und wirklich nützlich ist, dies zu tun. Beispielsweise könnte man s nur auf eine Genauigkeit von 10 Ziffern benötigen und man würde dann aufhören wollen (den Erfolgsfall verkündend), wenn diese Genauigkeit bereits erreicht wurde, oder abbrechen (den Mißerfolg verkündend), wenn sich kein weiterer Genauigkeitsgewinn mit dem laufenden Algorithmus in der verwendeten Mantissenlänge erwarten ließe.

Ein Abbruchkriterium ist ein algorithmisches Instrument, das diese Entscheidung automatisiert. Wir geben ein paar Beispiele für solche Kriterien, allerdings nicht ohne den deutlichen Hinweis, dass das kompetente menschliche Urteilsvermögen bei weitem vorzuziehen ist.

Ein plausibles Abbruchkriterium für das Beschleunigen einer alternierenden Folge ist (für jedes der diskutierten Verfahren):

- Prüfe, ob $|s_{1,n-1} - s_{1,n-2}| \geqslant |s_{1,n-2} - s_{1,n-3}|$. Wenn ja, dann gebe als besten extrapolierten Wert $s_{1,n-2}$ mit der Fehlerschätzung $c|s_{1,n-1} - s_{1,n-2}|/(1-c)$ aus, wobei $c = |s_{1,n-1} - s_{1,n-2}|/|s_{1,n-2} - s_{1,n-3}|$. (Das ist tatsächlich oft auch dann eine recht gute Fehlerabschätzung, wenn das Abbruchkriterium noch nicht erfüllt ist.)

Für die linearen und semilinearen Verfahren ist ein plausibles Abbruchkriterium für monotone Folgen (unmittelbar nach der Berechnung von $s_{1,n-1}$ und $\eta_{1,n-1}$):

- Prüfe, ob $|\eta_{1,n-1}|\mu \geq |s_{1,n-1}| - |s_{1,n-2}|$, wobei μ den typischen Fehler bei der Auswertung von s_k bezeichnet. Wenn ja, dann gebe als besten extrapolierten Wert $s_{1,n-1}$ mit der Fehlerschätzung $|\eta_{1,n-1}|\mu$ aus. Wenn nein, wende den gleichen Test wie für alternierende Folgen an.

Für die hochgradig nichtlinearen Methoden ist kein besonders befriedigendes Abbruchkriterium bei monotonen Folgen bekannt. Mein Vorschlag wäre, genauso wie für alternierende Folgen vorzugehen und die Fehlerabschätzung mit einem Faktor 10 zu multiplizieren.

Für das menschliche Auge gibt es eine sehr wertvolle visuelle Hilfestellung: Man drucke eine Tabelle der Anzahl von Ziffern, auf die $s_{k,j}$ mit $s_{k-1,j}$ übereinstimmt, also die gerundeten Werte von $-\log_{10}|1 - s_{k-1}/s_k|$. Solch kleine ganze Zahlen passen prima in eine Zeile und das Verhalten des Beschleunigungstableaus wird deutlich.

Hier ist beispielsweise ein derartiger Ausdruck für das Beispiel aus Tabelle A.8 mit dem modifizierten Salzer'schen Verfahren:

```
1   2   3   4   5   6   7   7   9   9  10   9   9   9   8   8   7
1   2   4   5   5   7   7   8   9  11   9  10   9   8   8   7   6
2   3   4   5   6   8   8   9  10  10  10   9   8   8   7   6
2   3   5   5   7   8   8  10  10  10   9   8   8   7   6
2   3   5   6   7   8   9  10  11   9   8   8   7   6
2   4   5   6   7   8   9  10   9   9   9   7   7
3   4   6   6   8   9  10   9   9   9   8   7
3   4   6   7   8   9  10   9  10   8   7
3   4   6   7   8   9  10  10   8   7
3   4   6   7   9  10  10   9   8
3   4   7   7   9  10   9   8
3   4   7   7   9   9   9
3   5   7   7   9   9
3   5   7   8   9
3   5   7   8
3   5   7
3   5
3
```

Es wird deutlich, dass die Endgenauigkeit hier bei zehn, vielleicht auch elf Ziffern liegt. Der Grat, den die Positionen mit der Endgenauigkeit bilden, zu beiden Seiten von weniger genauen Werten flankiert, ist typisch für lineare und semilineare Methoden. Der modifizierte Rho-Algorithmus liefert mit $\theta = 2$ für die gleiche Folge s_k hingegen diese Tabelle:

3	5	7	9	11	11	11	11	12
3	5	8	10	10	10	11	12	
4	6	8	10	10	11	10	10	
4	6	9	10	11	11	11		
4	7	9	10	10	10	11		
4	7	9	10	10	10			
4	7	10	10	10	11			
5	7	10	10	10				
5	8	10	10	10				
5	8	10	10					
5	8	10	11					
5	8	10						
5	8	10						
5	8							
5	8							
5								
6								

Wir beobachten ein für hochgradig nichtlineare Methoden typisches Plateau von Positionen mit der Endgenauigkeit. Auch hier liegt sie bei 10, vielleicht 11 Ziffern; es wäre unklug den wenigen Werten zu trauen, die auf 12 Ziffern übereinstimmen.

A.5.5 Ein Leitfaden zum Gebrauch von Extrapolationsverfahren

Wir haben viele Methoden zur Konvergenzbeschleunigung vorgestellt. Hier ist nun ein kurzer Leitfaden zu ihrem Gebrauch.

1. Wenn das Verhalten der Folge sehr gut bekannt ist, sollte man eine angepasste lineare Transformation verwenden. Wenn also beispielsweise die Folge aus einer Finite-Differenzen-Diskretisierung einer Differentialgleichung stammt, sollte man Richardson-Extrapolation verwenden, oder, falls diese nicht anwendbar ist, den E-Algorithmus. Eine der Lösungen von Problem 10 geht genau diesen Weg, siehe §10.3.2. Problem 8 kann ebenfalls mittels einer Finite-Differenzen-Methode, beschleunigt durch Richardson-Extrapolation, gelöst werden, siehe §8.2.

2. Wenn eine alternierende Folge vorliegt, versuche die Levin'sche T-Transformation; für eine monotone Folge die Levin'sche U-Transformation. Die T-Transformation funktioniert etwa sehr gut für diejenigen alternierenden Reihen, welche sich aus Anwendung der Longman'schen Methode auf die Probleme 1 und 9 ergeben, vgl. §1.2.

3. Für alternierende Folgen sollte das Ergebnis der Levin'schen T-Methode dadurch bestätigt werden, dass man auch den Epsilon-Algorithmus ausprobiert. Liegt hingegen eine monotone Folge vor und man weiß ein

bisschen über ihr Verhalten, so sollte das Ergebnis der Levin'schen U-Methode durch einen Versuch mit dem modifizierten Rho-Algorithmus bei geeigneter Wahl von θ bestätigt werden.

4. Wenn alles andere misslingt, sollten die Levin'sche W-Transformation und der Theta-Algorithmus ausprobiert werden.

5. Wenn keiner der bisherigen Vorschläge besonders befriedigend ausfällt, sollte man untersuchen, welchen Effekt die Transformationen auf eine geeignet gewählte Teilfolge haben. Dabei ist $k_j = 2^{j-1}$ die naheliegende erste Wahl.

6. Unregelmäßige Folgen und Reihen eignen sich nicht zur Konvergenzbeschleunigung. So macht beispielsweise die Abhängigkeit von den Primzahlen und das sprunghafte Hinzukommen weiterer Nebendiagonalen in Problem 7 den Zugang ungeeignet, wie in Problem 3 von kleineren Matrizen auf eine größere zu extrapolieren. Ein weiteres Beispiel mit sehr viel erratischerem Verhalten ist die Reihe

$$\frac{1}{\zeta(s)} = 1 - 2^{-s} - 3^{-s} - 5^{-s} + 6^{-s} - 7^{-s} + \cdots$$

(Der Vorfaktor von n^{-s} ist dabei $\mu(n)$, die *Möbiusfunktion*, vgl. S. 286.)

7. Einige Folgen und Reihen lassen sich nur mit Hilfe detaillierter Informationen beschleunigen, die für eine bloß numerisch vorliegende Reihe nicht erhältlich sind. So stellen sich beispielsweise jene Reihen als erstaunlich schwer zu bewältigen heraus, deren Glieder sich als Produkt zweier langsam konvergenter Nullfolgen schreiben lassen, wobei jede einzelne sich durch eine einfache, aber von der anderen grundverschiedene Funktion gut modellieren lässt. Eine derartige Reihe ist etwa $g(x, k_0) = \sum_{k=0}^{\infty} x^k(k + k_0)^{-1}$, die sich für $k_0 = 0.125$ und $x \approx 0.94$ ähnlich verhält, wie die Reihe für den Erwartungswert in Problem 6 (siehe §6.3). Keine der diskutierten allgemeinen Methoden bringt mehr als sechs Ziffern; Tabelle A.9 zeigt aber, was bei Vorliegen detaillierter analytischer Information alles möglich ist. Glücklicherweise erfordert diese Reihe nicht wirklich eine Konvergenzbeschleunigung: Denn für $(k + k_0)(1 - x) > 1$ haben wir die Schranke $|s - s_k| < x^k$; also reichen 600 unbeschleunigte Glieder der Reihe für eine Genauigkeit von 16 Ziffern aus. In diesem Zusammenhang ist daher $0.94 \ll 1$.

A.6 Bemerkungen und Literaturhinweise

Obwohl es sich bei der Konvergenzbeschleunigung hauptsächlich um eine experimentelle Wissenschaft handelt, gibt es auch einige Theoreme (eine Auswahl davon findet sich in [BZ91]), die besagen, dass gewisse Klassen von Folgen durch gewisse Algorithmen beschleunigt werden (so etwa geometrische Reihen durch die Aitken'sche Methode).

Der Gebrauch von Extrapolation zur Beschleunigung der von Archimedes definierten Folge wird von Bauer, Rutishauser und Stiefel [BRS63] erwähnt, die darauf hinweisen, dass Huygens den Wert a_3' im Jahre 1654 und Kommerell a_2'' im Jahre 1936 gefunden hat.

Der Begriff „quasi-linear" wurde von Brezinski [Bre88] eingeführt.

Der E-Algorithmus wurde von nicht weniger als fünf Autoren unabhängig voneinander in den 1970ern gefunden. Er wird zuweilen mit prächtigeren Namen versehen und etwa als verallgemeinerte Extrapolation von Mühlbach, Neville und Aitken oder als Protokoll von Brezinski und Håvie bezeichnet. Seine Geschichte findet sich in [Bre00].

Die Literatur zur Konvergenzbeschleunigung ist voll von Namen wie E-Algorithmus, g-Algorithmus, ε-Algorithmus, usw. Sie spiegeln gewöhnlich die Notation wider, die in frühen Artikeln zur Beschreibung der Algorithmen verwendet wurde.

Gleichung (A.12) kann wie folgt verallgemeinert werden: Wenn jeder Faktor r_j insgesamt m-fach vorkommt, werden Folgenglieder der Form $s_k = r_j^k p(k)$, wobei p ein Polynom vom Höchstgrad $m - 1$ ist, auf Null abgebildet.

Auch wenn für das Modell (A.14) die Ermittlung des exakten Grenzwertes im allgemeinen ein Prozess der Komplexität $O(n^3)$ ist, so gibt es Varianten der Richardson-Extrapolation von der Komplexität $O(n^2)$, welche die Folge zwar nicht auf eine Konstante abbilden, aber immerhin auf eine Folge, die schneller als jede der beteiligten Modellfunktionen ϕ_j konvergiert. Mehr als die Hälfte des neuen Buchs [Sid03] ist der detaillierten Analyse etlicher derartiger Varianten der Richardson-Extrapolation gewidmet.

In Büchern zum Differenzenkalkül bleibt die Bezeichnung δ gewöhnlich den zentralen Differenzen vorbehalten und wird nicht wie hier für dividierte Differenzen verwendet.

Unsere Beschreibung der Methode der Operatorpolynome stützt sich auf den Artikel von Cohen, Rodriguez Villegas und Zagier [CRZ00]. Der Vorschlag zur Verwendung der Legendre- bzw. Jacobipolynome wird dort jedoch nicht erwähnt.

Der Epsilon-Algorithmus hat einige weitere großartige Eigenschaften: So kann er etwa vollständig monotone und vollständig alternierende Folgen beweisbar beschleunigen. Wird er auf eine Potenzreihe angewendet, dann liefert er eine bestimmte Teilmenge der Padé-Approximationen der dadurch definierten analytischen Funktion.

Carl DeVore hat für die Lösung von Problem 3 [DeV02] ein eigenes Verfahren zur Konvergenzbeschleunigung entwickelt. Es handelt sich dabei um ein maßgeschneidertes nichtlineares Extrapolationsverfahren, das sich auf das Modell

$$s_{k+1} - s_k \approx c_k(k + b_k)^{-d_k}$$

stützt. Die Parameter c_k, b_k und d_k werden dadurch bestimmt, dass man die Exaktheit des Modells in vier konsekutiven Werten von k unterstellt. Man kann nun c_k leicht eliminieren, was auf zwei nichtlineare Gleichungen für b_k und d_k führt. Nachdem man diese Parameter ermittelt hat, nutzt man den Umstand, dass es sich bei

$$\zeta(d,b) = \sum_{n=1}^{\infty} (n + b)^{-d}$$

um eine recht bekannte Funktion handelt (in der Implementierung in Maple wird sie die Hurwitz'sche Zetafunktion genannt). Das liefert folgende Beschleunigungsformel

$$s_{k,3} = s_k + c_k \left(\zeta(d_k, k + b_k) - \zeta(d_k, b_k) \right).$$

In den Fällen, in denen die Lösung der beiden nichtlinearen Gleichungen Schwierigkeiten verursacht, schlägt DeVore vor, $b_k = 0$ zu setzen und die Koeffizienten c_k und d_k aus nur drei Folgengliedern zu bestimmen. Die Beschleunigungsformel lautet dann

$$s_{k,2} = s_k + c_k \left(\zeta(d_k, k) - \zeta(d_k, 0) \right).$$

DeVore erhält 12 Ziffern von $\|A\|$ in einer Arithmetik der Mantissenlänge 20, indem er die letzte Formel auf $t_k = s_{3k}$, $k = 1, 2, \dots, 14$, anwendet.

Die numerische Folge auf S. 315 besteht aus den Werten s_k des $(k+1)$-ten Laguerrepolynoms in seiner ersten Extremstelle über $[0, \infty)$. Sie wurde mir 1973 von Syvert Nørsett vorgelegt. Wir arbeiteten beide ein Wochenende lang an ihr. Ich fand eine numerische Approximation des Grenzwerts von $|s_k|$ mit einem mechanischen Tischrechner und Nørsett konnte zeigen, dass der analytische Grenzwert gleich $|J_0(x_0)|$ ist, wobei x_0 die erste Extremstelle der Besselfunktion J_0 über $[0, \infty)$ bezeichnet. Also ist der korrekte Wert in diesem Fall $s \doteq 0.40275\,93957\,02553$.

Extreme Ziffernjagd

*Addiert man unsere glorreichen Zahlen zusammen,
so ist das Ergebnis $\tau \doteq 1.497258836$. Ich frage mich,
ob jemals die zehntausendste Ziffer dieser fundamentalen Konstante berechnet wird?*

Nick Trefethen (2002)

Ich schäme mich, Ihnen mitzuteilen, auf wieviele Ziffern ich diese Berechnung ausdehnte, als ich zu der Zeit kein anderes Geschäft hatte.

Isaac Newton (1666; nach der Berechnung von π auf 15 Ziffern)

Um unser Verständnis der relevanten Algorithmen zu prüfen, haben wir uns große Mühe gegeben, jedes der 10 Probleme des Wettbewerbs auf 10 000 Ziffern genau zu lösen. Bei neun von ihnen waren wir erfolgreich und wir wollen unsere Ergebnisse hier zusammenfassen. Diese selbstgestellte Aufgabe war für alle Probleme mit einer geraden Nummer recht einfach. Diejenigen mit ungeraden Nummern stellten uns jedoch vor neue Herausforderungen. Wie man vermuten kann, bricht eine Methode, die wunderbar 10 bis 20 Ziffern liefert, mitunter beim Versuch, hunderte oder tausende von Ziffern zu berechnen, völlig zusammen.

Die Probleme gehören zu zwei Gruppen, je nachdem, ob ihre ultragenaue Lösung viele arithmetische Operationen in der Mantissenlänge 10 000 benötigt oder nicht: Probleme 1 und 3 benötigen viele, die anderen nicht. Zwar erfordert beispielsweise Problem 5 wesentlich mehr Zeit als Problem 9, diese wird jedoch nur für die Initialisierung der Auswertungen der Gammafunktion verwendet: Liegt sie erst einmal vor, so kann der Rest schnell erledigt werden.

Auch wenn eine derartige Übung müßig erscheinen mag, so haben wir doch eine Menge daraus gelernt, unsere Algorithmen solange zu verfeinern, bis sie auch bei ultrahohen Genauigkeitsanforderungen effizient funktionierten. Der Lohn besteht in einem tieferen Verständnis der Theorie und in einigen Fällen auch in einem besseren Algorithmus für die technische Genauigkeit (10 Ziffern) des Wettbewerbs. Bemerkenswerte Beispiele solcher Verfeinerungen sind Problem 7 und Problem 9. Problem 9 benötigte bei Verwendung einer komplizierten Reihe für die Meijer'sche G-Funktion, welche die Gammafunktion enthielt, zunächst 20 Stunden für 10 000 Ziffern. Es gelang uns aber, die sehr teure Gammafunktion aus der Reihenentwicklung zu eliminieren und das Ergebnis symbolisch zu differenzieren, so dass unsere Bestzeit nun bei 34 Minuten liegt. Nach Drucklegung der englischen Originalausgabe dieses Buchs kündigte Zhendong Wan einen völlig neuen Algorithmus für Problem 7 an, der es uns nun erlaubt, die Rechenzeit für 10 000 Ziffern von über 5 Tagen auf etwa eine halbe Stunde zu reduzieren. Nur so gelingt es hier, die Genauigkeit auf jene astronomische Anzahl von 194 779 Ziffern hochzutreiben, welche für die Rekonstruktion der *exakten*, rationalen Lösung des Problems benötigt wird (siehe §7.5.2).

Wie stets zuvor stellen wir uns die Frage nach der Korrektheit der Ziffern. Diese haben wir für die Probleme 2, 4, 6, 7, 8 und 10 intervallarithmetisch validiert. Für die anderen verlassen wir uns auf traditionellere Techniken: den Vergleich unterschiedlicher Algorithmen, Maschinen, Software, Programmierer und Programmiersprachen. Und wir arbeiten uns schrittweise voran, indem wir die Ziffern aus Läufen niedrigerer Genauigkeit durch solche höherer Genauigkeit bestätigen. Wir meinen daher, mehr als ausreichend Evidenz zusammengetragen zu haben, um von der Korrektheit der 10 002 Ziffern fest überzeugt zu sein, die wir im Folgenden für neun der Probleme angeben.

Soweit nicht anders gesagt, beziehen sich die in diesem Anhang angegebenen Laufzeiten auf das Programmpaket Mathematica mit einem Macintosh G4 mit 1 GHz. Die hochgenaue Arithmetik von Mathematica ist ab der Version 5 besonders schnell, wie auch die von PARI/GP, das in einigen Fällen benutzt wurde. Der Programmtext jeder einzelnen Rechnung findet sich auf der Webseite des Buchs.

Problem 1

0.32336 74316 77778 76139 93700 <<9950 Ziffern>> 42382 81998 70848 26513 96587 27

Mit der Methode aus §1.4 schaffen wir die Berechnung des Realteils von $\int_C z^{i/z-1}\, dz$ mit 91 356 Termen einer Trapezsumme. Dabei ist C der durch

$$z = \frac{\pi e^t}{\pi e^t + 2 - 2t} + \frac{2i}{\cosh t},$$

gegebene Integrationsweg (t läuft von -8.031 bis 10.22). Diese einfache Methode und dieses kleine Integrationsintervall funktionieren für die ultrahohe Genauigkeit wegen des doppelt-exponentiellen Abfallens des Integranden und der exponentiellen Konvergenz der Trapezsumme. Dennoch brauchen wir 22.6 Stunden und über 2 Millionen Operationen in der vollen Mantissenlänge von 10 000 Ziffern. Diese Rechnungen wurden unabhängig von zweien von uns durchgeführt, in unterschiedlichen Programmiersprachen (Mathematica, Maple und C++), auf unterschiedlichen Betriebssystemen und Computern sowie mit einem weiteren Algorithmus (Methode von Ooura und Mori).

Problem 2

```
0.99526 29194 43354 16089 03118 <<9950 Ziffern>> 39629 06470 50526 05910 39115 30
```

Hier reicht es, einfach die Anfangswerte entsprechend genau anzusetzen. In einer Umgebung mit fester Mantissenlänge würde man verschiedene Experimente durchführen, um dasjenige k zu ermitteln, für welches eine Mantissenlänge von $d + k$ Ziffern d korrekte Ziffern der Antwort liefert. Aber es ist eleganter, schneller und rigoroser, den Intervallalgorithmus aus §2.4 zu verwenden, der uns validierte Ziffern abliefert. Wenn wir mit einem Intervall des Durchmessers 10^{-10038} starten, so benötigen wir nur zwei Sekunden, um zum Ergebnis zu gelangen. Diese Zeitangabe beinhaltet jedoch nicht jene Experimente, die benötigt wurden, um die Notwendigkeit von 38 zusätzlichen Ziffern zu ermitteln.

Problem 3

```
1.2742 24152 82122 81882 12340 <<220 Ziffern>> 75880 55894 38735 33138 75269 029
```

Von diesem Problem kennen wir „nur" 273 Ziffern aus einem *einmonatigen* Lauf mit der Methode aus §3.6.2. Wir wählen den Integrationsweg (3.29) mit dem Parameter $\sigma = 3/4$, die Reparametrisierung

$$t = \Phi(\tau) = \sinh\left(2\sinh\left(\frac{1}{2}\operatorname{arcsinh}(\tau)\right)\right) = \sinh\left(\frac{\tau}{\sqrt{(1+\sqrt{1+\tau^2})/2}}\right),$$

den Abschneidepunkt

$$T = \frac{1}{2}\left(\log\log\left(\frac{8}{\epsilon}\right)\right)^2, \quad \epsilon = 10^{-275},$$

und die reziproke Schrittweite $1/h = 516.2747$. Analog zu (3.32) haben wir an die Daten von Läufen niedrigerer Genauigkeit ein empirisches Genauigkeitsmodell gefittet. Bezeichnen wir mit d die Anzahl der korrekten Ziffern, so lautet das Modell

$$h^{-1} \approx 0.2365 \left(\frac{d}{\log d} - 2.014\right)^2 \quad \text{für} \quad d > 120.$$

Es prognostiziert die Korrektheit von 273 Ziffern.

Problem 4

```
-3.3068 68647 47523 72800 76113 <<9950 Ziffern>> 46888 47570 73423 31049 31628 61
```

Kennen wir die Position des Minimums erst einmal auf ein paar Ziffern, so können wir mit dem Newton-Verfahren den nächstgelegenen kritischen Punkt von f als Nullstelle des Gradienten auf beliebige Genauigkeit berechnen. Dabei reicht eine Genauigkeit des Punkts von 5000 Ziffern, um die Funktion dort auf 10 000 Ziffern genau auszuwerten. Das Ganze benötigt acht Sekunden mit einer Variante des Newton-Verfahrens, in welcher die Mantissenlänge von Iterationsschritt zu Iterationsschritt verdoppelt wird (entsprechend der quadratischen Konvergenz des Verfahrens). Das Ergebnis kann in 44 Sekunden mit der Methode der ϵ-Aufblähung aus §4.6 validiert werden: Man legt um den hochgenauen kritischen Punkt ein Quadrat der Seitenlänge 10^{-3} und überprüft die Krawczyk'sche Bedingung.

Problem 5

```
0.21433 52345 90459 63946 15264 <<9950 Ziffern>> 68023 90106 82332 94081 32745 91
```

Aus den sechs Gleichungen (5.3) berechnen wir θ_1 und θ_2 auf eine Genauigkeit von 5000 Ziffern, um daraufhin den in §5.6 diskutierten maximalen Wert $\epsilon(\theta_1, \theta_2)$ auf eine Genauigkeit von 10 000 Ziffern auswerten zu können. Das funktioniert sehr gut: Nach den 6 Stunden einer ersten Auswertung der Gammafunktion auf 10 000 Ziffern sind die restlichen Funktionsauswertungen sehr schnell. Gerade einmal eine Stunde wird für die Lösung der sechs Gleichungen benötigt und vier Minuten genügen für die Auswertung von $\epsilon(\theta_1, \theta_2)$. Dagegen läuft die ausschließliche Verwendung des sechsdimensionalen Gleichungssystems zwar sehr viel länger, liefert aber beruhigenderweise das gleiche Resultat. Ein völlig unabhängiger Lauf, der nur die Methode der Maximierung von $\epsilon(\theta_1, \theta_2)$ benutzt, bestätigt ein weiteres Mal die Korrektheit der 10 000 Ziffern.

Problem 6

```
0.061913 95447 39909 42848 17521 <<9950 Ziffern>> 92584 84417 28628 87590 08473 83
```

Aufgrund der einfachen Form (6.1) des Ergebnisses, nämlich $\epsilon = \frac{1}{4}\sqrt{1 - \eta^2}$ für η aus der Gleichung

$$M\left(\sqrt{4 - (\eta - 1)^2}, \sqrt{4 - (\eta + 1)^2}\right) = 1$$

mit dem arithmetisch-geometrischen Mittel M, erhält man 10 000 Ziffern sehr schnell. Dazu benutzt man die schnelle Iterationsvorschrift für das arithmetisch-geometrische Mittel und das Sekantenverfahren, um η zu finden. Die Laufzeit liegt bei etwa einer halben Sekunde. Das Resultat kann mit der in §6.5.1 erklärten Intervallmethode schnell validiert werden.

Problem 7

> 0.72507 83462 68401 16746 86877 <<9950 Ziffern>> 52341 88088 44659 32425 66583 88

Der Algorithmus [Wan06] von Zhendong Wan (siehe §7.5.2) braucht für die 1109 in doppelt-genauer IEEE-Arithmetik ausgeführten Nachverbesserungsschritte etwas weniger als zwei Minuten (auf einem PC mit 2 GHz). Einzig und allein die „Umkodierung" der Liste der Maschinenzahlen

$$\zeta_1^{(1)}, \ldots, \zeta_1^{(1109)}$$

zu den 10 000 Ziffern der Lösung x_1 benötigt hochgenaue Arithmetik, läuft aber im Bruchteil einer Sekunde ab. Falls der zur Nachiteration verwendete Löser das Abbruchkriterium strikt einhält (wovon wir vernünftigerweise ausgehen dürfen), garantiert uns die Theorie aus §7.5.2 sogar die Korrektheit der 10 000 Ziffern *a priori*. Wenn wir andererseits nicht nur die Komponente x_1, sondern den gesamten Vektor x auf diese Genauigkeit berechnen (was die Rechenzeit der iterativen Nachverbesserung unberührt lässt, aber den Speicherbedarf von 9 KB auf 170 MB hochschießen lässt), können wir das Ergebnis mit der in §7.4.2 diskutierten intervallarithmetischen Methode *a posteriori* validieren.

Problem 8

> 0.42401 13870 33688 36379 74336 <<9950 Ziffern>> 34539 79377 25453 79848 39522 53

Die Methode von (8.8) liefert das Resultat durch einfache Nullstellensuche: Die Lösung t erfüllt $\theta(e^{-\pi^2 t}) = \pi/2\sqrt{5}$. Die Reihe, welche θ definiert, kann problemlos nach 73 Termen abgebrochen werden. Die Ableitung lässt sich also ebenfalls einfach berechnen und das Newton-Verfahren liefert 10 000 Ziffern in acht Sekunden. Der Mathematica-Befehl FindRoot ist dabei in dem Sinne besonders effizient, dass er sich von einem auf Maschinengenauigkeit gegebenen Startwert an die ultragenaue Lösung durch eine von Iterationsschritt zu Iterationsschritt verdoppelte Mantissenlänge heranarbeitet. Das Resultat kann mit der intervallarithmetischen Technik der ε-Aufblähung validiert werden, siehe §8.3.2.

Problem 9

> 0.78593 36743 50371 45456 52439 <<9950 Ziffern>> 63138 27146 32604 77167 80805 93

Das Integral $I(\alpha)$ kann durch die Gammafunktion und die Meijer'sche G-Funktion ausgedrückt werden (siehe §9.6), was zu einer Darstellung als unendliche Reihe führt. Diese Reihe darf darüberhinaus gliedweise differenziert werden, so dass wir eine Approximation von $I'(\alpha)$ durch Teilsummen erhalten. Es bleibt die Lösung der Gleichung $I'(\alpha) = 0$ durch das Sekantenverfahren. Formel (9.14) zeigt, wie sich die Gammafunktion eliminieren lässt, um eine Menge Rechenzeit einzusparen (siehe §5.7). Diese Formel gestattet ebenfalls die gliedweise Differentiation und führt schließlich dazu, dass 10 000 Ziffern in 34 Minuten berechnet werden können. Die Differentiation kann auch numerisch erfolgen, nur wird dann eine Mantissenlänge von 12 500 Ziffern benötigt, was die Sache etwas verlangsamt. Beide Methoden liefen auf unterschiedlichen Maschinen mit unterschiedlicher Software (Mathematica und PARI/GP) und lieferten die gleiche Antwort. Mit Intervallmethoden (Bisektion für eine Intervallversion von $I'(\alpha)$) konnten wir die ersten 1000 Ziffern validieren.

Problem 10

```
0.00000038375 87979 25122 61034 07133 <<9950 Ziffern>> 65284 03815 91694 68620 19870 94
```

Nach all der Vorarbeit aus §10.7, welche uns die *exakte* Lösung in der symbolischen Form

$$\frac{2}{\pi} \arcsin \left((3 - 2\sqrt{2})^2 (2 + \sqrt{5})^2 (\sqrt{10} - 3)^2 (5^{1/4} - \sqrt{2})^4 \right)$$

liefert, ist das nun das einfachste Problem: Wir berechnen einfach π, drei Quadratwurzeln und einen Arkussinus auf 10 010 Ziffern, was insgesamt 0.4 Sekunden benötigt. Eine Intervallrechnung validiert die Korrektheit.

C

Programmtext

> *Wir dürfen äusserst treffend sagen, dass die analytische Maschine genauso algebraische Muster webt, wie der Jacquard'sche Webstuhl Blumen und Blätter webt.*
>
> Augusta Ada King, Gräfin von Lovelace (1843)

Als Annehmlichkeit für den Leser stellen wir hier all jene kurzen Programme zusammen, die wir in den einzelnen Kapiteln zwar verwendet, aber nicht hingeschrieben haben, um den Argumentationsfluss nicht zu unterbrechen. Diese Programme und ausgefeiltere Versionen mit allem Schnickschnack können von der Webseite des Buchs heruntergeladen werden:

`www.numerikstreifzug.de`

C.1 Programme in C

C.1.1 Problemabhängige Funktionen und Routinen

Monte-Carlo Simulation der Brown'schen Bewegung

Dieses kleine C-Programm wurde für Tabelle 6.1 in §10.1 verwendet.

```c
#include <math.h>
#include <stdio.h>
#include <stdlib.h>

void main()                              /* walk on spheres */
{
    const float pi2 = 8.*atan(1.)/RAND_MAX;
    const float a = 10., b = 1., h = 1.e-2; /* geometry */
    const int n = 1e8;               /* number of samples */
    float x,y,r,phi,p;
```

```
    int k,count,hit;

    count = 0;
    for (k=0; k<n; k++) {              /* statistics loop */
        x = 0.; y = 0.;
        do {                          /* a single run */
            r = min(min(a-x,a+x),min(b-y,b+y));
            phi = pi2*rand();
            x += r*cos(phi); y += r*sin(phi);
        } while ((fabs(x)<a-h) & (hit=(fabs(y)<b-h)));
        count += hit;
    }
    p = ((float)count)/n;
    printf("%e \n",p);
}
```

C.2 Programme in PARI/GP

PARI/GP ist eine interaktive Programmierumgebung, die von Karim Belabas und Henri Cohen ursprünglich für die algorithmische Zahlentheorie entwickelt wurde. Sie besitzt eine sehr leistungsfähige Ausstattung in symbolischer Algebra und hochgenauer Arithmetik einschließlich der Grundoperationen der linearen Algebra. PARI/GP (wir verwenden Version 2.1.3) ist für private und akademische Zwecke frei auf folgender Webseite erhältlich:

```
http://pari.math.u-bordeaux.fr/download.html
```

C.2.1 Problemabhängige Funktionen und Routinen

Operatornorm mit Vektoriteration (§3.3)

Für die Sitzung auf S. 64.

```
{OperatorNorm(x,tol) =
    n=length(x); b=vector(2*n,l, 1+(1^2-1)/2);
    lambda=0; lambda0=1;
    while(abs(lambda-lambda0)>tol,
        xhat=x/sqrt(sum(k=-n,-1, x[-k]^2));
        y=vector(n,k, sum(l=-n,-1, xhat[-l]/(b[k-l]+1)));
        x=vector(n,j, sum(k=-n,-1,  y[-k]/(b[j-k]-j)));
        lambda0=lambda; lambda=sum(k=-n,-1,xhat[-k]*x[-k]);
    );
    [sqrt(lambda),x]
}
```

C.3 Programme in Matlab

Die Matlab-Programme sind unter Version 6.5 (R13) lauffähig.

C.3.1 Problemabhängige Funktionen und Routinen

Operatornorm mit Vektoriteration (§3.3)

Matlab-Version des PARI/GP-Programms der Sitzung auf S. 64.

```
function [s,v,u] = OperatorNorm(x,tol)

% Input:     x        initial right singular vector
%            tol      desired absolute tolerance
% Output:    s        maximal singular value (operator norm)
%            v        right singular vector
%            u        left  singular vector

n = length(x); y = zeros(n,1);
k = 1:n;
lambda = 0; lambda0 = 1;
while abs(lambda-lambda0) > tol
    xhat = x/norm(x);
    for j=1:n, y(j)=(1./((j+k-1).*(j+k)/2-(k-1)))*xhat; end
    for j=1:n, x(j)=(1./((k+j-1).*(k+j)/2-(j-1)))*y;    end
    lambda0 = lambda; lambda   = x'*xhat;
end
s = sqrt(lambda);
v = x/norm(x);
u = y/norm(y);

return
```

Rückkehrwahrscheinlichkeit (§6.2)

Für die Sitzung auf S. 153.

```
function p = ReturnProbability(epsilon,n)

pE = 1/4 + epsilon; pW = 1/4 - epsilon; pN = 1/4; pS = 1/4;

m = 2*n+1; ctr = sub2ind([m,m],n+1,n+1);
A_EW = spdiags(ones(m,1)*[pW pE],[-1 1],m,m);
A_NS = spdiags(ones(m,1)*[pS pN],[-1 1],m,m);
A = kron(A_EW,speye(m)) + kron(speye(m),A_NS);
r = A(:,ctr); A(:,ctr) = 0; q = (speye(m^2)-A)\r;
p = q(ctr);

return
```

Besetzungswahrscheinlichkeiten (§6.3.1)

Für die Sitzung auf S. 158 und die Funktion ExpectedVisitsExtrapolated.

```
function p = OccupationProbability(epsilon,K)

global pE pW pN pS;
pE = 1/4 + epsilon; pW = 1/4 - epsilon; pN = 1/4; pS = 1/4;

p = zeros(K,1); p(1) = 1; Pi = 1;
for k=1:K-1
    Pi = step(step(Pi)); p(k+1) = Pi(k+1,k+1);
end

return

function PiNew = step(Pi)

global pE pW pN pS;
[k,k] = size(Pi); PiNew = zeros(k+1,k+1); i=1:k;
PiNew(i+1,i+1) =                         pE*Pi;
PiNew(i  ,i  ) = PiNew(i  ,i  ) + pW*Pi;
PiNew(i  ,i+1) = PiNew(i  ,i+1) + pN*Pi;
PiNew(i+1,i  ) = PiNew(i+1,i  ) + pS*Pi;

return
```

Extrapolation der erwarteten Anzahl von Besuchen (§6.3.2)

Für die Sitzung auf S. 159.

```
function val = ExpectedVisistsExtrapolated(epsilon,K,extraTerms)

p = OccupationProbability(epsilon,K+extraTerms);
steps = (extraTerms-1)/2;
val = sum(p(1:K))+WynnEpsilon(p(end-2*steps:end),steps,'series','off');

return
```

C.3.2 Allgemeine Funktionen und Routinen

Die Strebel'sche Summenformel

Für die Sitzung auf S. 75.

```
function [w,c] = SummationFormula(n,alpha)

% Calculates weights w and nodes c for a summation formula that
% approximates sum(f(k),k=1..infinity) by sum(w(k)*f(c(k)),k=1..n).
% Works well if f(k) is asymptotic to k^(-alpha) for large k.
```

```matlab
% Put alpha = 'exp' to use an exponential formula.

switch alpha
    case 'exp'
        k=n:-1:2;
        u=(k-1)/n;
        c1 = exp(2./(1-u).^2-1./u.^2/2); c = k + c1;
        w = 1 + c1.*(4./(1-u).^3+1./u.^3)/n;
        kinf = find(c==Inf);
        c(kinf)=[]; w(kinf)=[];
        c = [c 1]; w = [w 1];
    otherwise
        n = ceil(n/2); a1 = (alpha-1)/6; a6 = 1+1/a1;
        k2 = n-1:-1:0;
        w2 = n^a6./(n-k2).^a6-a6*k2/n;
        c2 = n+a1*(-n+n^a6./(n-k2).^(1/a1))-a6*k2.^2/2/n;
        k1 = n-1:-1:1;
        w = [w2 ones(size(k1))];
        c = [c2            k1  ];
end

return
```

Trapezsumme mit sinh-Transformationen

Für die Sitzung auf S. 84.

```matlab
function [s,steps] = TrapezoidalSum(f,h,tol,level,even,varargin)

% [s,steps] = TrapezoidalSum(f,h,tol,level,even,varargin)
%
% applies the truncated trapezoidal rule with sinh-transformation
%
% f            integrand, evaluates as f(t,varargin)
% h            step size
% tol          truncation tolerance
% level        number of recursive applications of sinh-transformation
% even         put 'yes' if integrand is even
% varargin     additional arguments for f
%
% s            value of the integral
% steps        number of terms in the truncation trapezoidal rule

[sr,kr] = TrapezoidalSum_(f,h,tol,level,varargin{:});
if isequal(even,'yes')
    sl = sr; kl = kr;
else
    [sl, kl] = TrapezoidalSum_(f,-h,tol,level,varargin{:});
end
s = sl+sr; steps = kl+kr+1;
```

```
return

function [s,k] = TrapezoidalSum_(f,h,tol,level,varargin)

t = 0; F0 = TransformedF(f,t,level,varargin{:})/2;
val = [F0]; F = 1; k = 0;
while abs(F) >= tol
    t = t+h; F = TransformedF(f,t,level,varargin{:});
    k = k+1; val = [F val];
end
s = abs(h)*sum(val);

return

function val = TransformedF(f,t,level,varargin)

dt = 1;
for j=1:level
    dt = cosh(t)*dt; t = sinh(t);
end
val = feval(f,t,varargin{:})*dt;

return
```

Der Wynn'sche Epsilon-Algorithmus

Für die Funktion ExpectedVisistsExtrapolated.

```
function val = WynnEpsilon(a,steps,object,display)

% function S = WynnEpsilon(a,steps,object,display)
%
% extrapolates a sequence or series by using Wynn's epsilon algorithm
%
% a          vector of terms
% steps      number of extrapolation steps
% object     'sequence': extrapolation to the limit of a
%            'series'  : extrapolation to the limit of cumsum(a)
% display    'on':  plot the absolute value of differences in the
%            first row of the extrapolation table for diagnosis
%
% val        extrapolated value

S = zeros(length(a),2*steps+1);
switch object
    case 'sequence'
        S(:,1) = a;
    case 'series'
        S(:,1) = cumsum(a);
    otherwise
        error('MATLAB:badopt','%s: no such object known',object);
```

```
end
for j=2:2*steps+1
    if j==2
        switch object
            case 'sequence'
                S(1:end-j+1,j) = 1./diff(a);
            case 'series'
                S(1:end-j+1,j) = 1./a(2:end);
        end
    else
        S(1:end-j+1,j) = S(2:end-j+2,j-2)+1./diff(S(1:end-j+2,j-1));
    end
end
S = S(:,1:2:end);
if isequal(display,'on')
    h=semilogy(0:length(S(1,:))-2,abs(diff(S(1,:))));
    set(h,'LineWidth',3);
end
val = S(1,end);

return
```

Vorkonditioniertes Richardson-Verfahren

Für die Sitzung auf S. 197.

```
function [x,fail,relres,k] = pri(A,b,tol,kmax,M,p)

r = b; x = zeros(size(b));
normb = norm(b,p); relres = inf; fail = true;
for k=0:kmax
    if relres < tol, fail = false; break; end
    x = x + M*r; r = b - A*x;
    relres = norm(r,p)/normb;
end

return
```

Richardson-Extrapolation mit Fehlerschätzung

Für die Sitzungen auf S. 216 f. und S. 262.

```
function [val,err,ampl] = richardson(tol,p,nmin,f,varargin)

% [val,err,ampl] = richardson(tol,p,nmin,f,varargin)
%
% richardson extrapolation with error control
%
% tol      requested relative error
% p        f(...,h) has an asymptotic expansion in h^p
```

```
%    nmin      start double harmonic sequence at h=1/2/nmin
%    f         function, evaluates as f(varargin,h)
%
%    val       extrapolated value (h -> 0)
%    err       estimated relative error
%    ampl      amplification of relative error in the
%                  evaluation of f

% initialize tableaux
j_max = 9; T = zeros(j_max,j_max);
n = 2*(nmin:(j_max+nmin));   % double harmonic sequence
j=1; h=1/n(1);
T(1,1) = feval(f,varargin{:},h);
val=T(1,1); err=abs(val);


% do Richardson until convergence
while err(end)/abs(val) > tol & j<j_max
    j=j+1; h=1/n(j);
    T(j,1) = feval(f,varargin{:},h);
    A(j,1) = abs(T(j,1));
    for k=2:j
        T(j,k)=T(j,k-1)+(T(j,k-1)-T(j-1,k-1))/((n(j)/n(j-k+1))^p-1);
        A(j,k)=A(j,k-1)+(A(j,k-1)+A(j-1,k-1))/((n(j)/n(j-k+1))^p-1);
    end
    val = T(j,j);
    err = abs(diff(T(j,1:j)));   % subdiagonal error estimates
    if j > 2               % extrapolate error estimate once more
        err(end+1) = err(end)^2/err(end-1);
    end
end
ampl = A(end,end)/abs(val);
err = max(err(end)/abs(val),ampl*eps);


return
```

Approximation der Wärmeleitungsgleichung auf Rechtecken

Für die Sitzung auf S. 216.

```
function u_val = heat(pos,rectangle,T,u0,f,bdry,h);

% u_val = heat(pos,rectangle,T,u0,f,bdry,h)
%
% solves the heat equation u_t - \Delta u(x) = f with dirichlet
% boundary conditions on rectangle [-a,a] x [-b,b] using a five-point
% stencil and explicit Euler time-stepping
%
% pos       [x,y] a point of the rectangle
% rectangle [a,b]
%               2a    length in x-direction
```

```
%                       2b    length in y-direction
%    T                  final time
%    u0                 intial value                         (constant)
%    f                  right-hand side                      (constant)
%    bdry               Dirichlet data [xl,xr,yl,yu]
%                       xl  boundary value on {-a} x [-b,b]   (constant)
%                       xr  boundary value on { a} x [-b,b]   (constant)
%                       yl  boundary value on [-a,a] x {-b}   (constant)
%                       yu  boundary value on [-a,a] x { b}   (constant)
%    h   h = 1/n suggested approximate grid-size
%    u_val              solution at pos = [x,y]

% the grid
a = rectangle(1); b = rectangle(2);
n = 2*ceil(1/2/h); % make n even
nx = ceil(2*a)*n+1; ny = ceil(2*b)*n+1;
dx = 2*a/(nx-1); dy = 2*b/(ny-1);
nt = ceil(4*T)*ceil(1/h^2); dt = T/nt;
x = 1:nx; y=1:ny;

% initial and boundary values
u = u0*ones(nx,ny);
u(x(1),y) = bdry(1); u(x(end),y) = bdry(2);
u(x,y(1)) = bdry(3); u(x,y(end)) = bdry(4);

% the five-point stencil
stencil = [-1/dy^2 -1/dx^2 2*(1/dx^2+1/dy^2) -1/dx^2 -1/dy^2];

% the time-stepping
x = x(2:end-1); y = y(2:end-1);
for k=1:nt
    u(x,y) = u(x,y) + dt*(f - stencil(1)*u(x,y-1)...
                          - stencil(2)*u(x-1,y)...
                          - stencil(3)*u(x,y)...
                          - stencil(4)*u(x+1,y)...
                          - stencil(5)*u(x,y+1));
end

% the solution
u_val = u(1+round((pos(1)+a)/dx),1+round((pos(2)+b)/dy));

return
```

Poissonlöser auf einem Rechteck mit konstanten Randdaten

Für die Sitzungen auf S. 259 und S. 262.

```
function u_val = poisson(pos,rectangle,f,bdry,solver,h);

% u_val = poisson(pos,rectangle,f,bdry,solver,h)
%
```

```matlab
% solves poisson equation with dirichlet boundary conditions
% on rectangle [-a,a] x [-b,b] using a five-point stencil
%
% pos           [x,y] a point of the rectangle
% rectangle     [a,b]
%               2a    length in x-direction
%               2b    length in y-direction
% f             right-hand side of -\Delta u(x) = f    (constant)
% bdry          Dirichlet data [xl,xr,yl,yu]
%               xl  boundary value on {-a} x [-b,b]    (constant)
%               xr  boundary value on { a} x [-b,b]    (constant)
%               yl  boundary value on [-a,a] x {-b}    (constant)
%               yu  boundary value on [-a,a] x { b}    (constant)
% solver        'Cholesky'  sparse Cholesky solver
%               'FFT'        FFT based fast solver
% h             h discretization parameter
%
% u_val         solution at pos = [x,y]

% the grid
n = ceil(1/h);
a = rectangle(1); b = rectangle(2);
nx = 2*ceil(a)*n-1; ny = 2*ceil(b)*n-1; x=1:nx; y=1:ny;
dx = (2*a)/(nx+1); dy = (2*b)/(ny+1);

% the right hand side
r = f*ones(nx,ny);
r(1,y) = r(1,y)+bdry(1)/dx^2; r(nx,y) = r(nx,y)+bdry(2)/dx^2;
r(x,1) = r(x,1)+bdry(3)/dy^2; r(x,ny) = r(x,ny)+bdry(4)/dy^2;

% solve it
switch solver
    case 'Cholesky' % [Dem87,Sect. 6.3.3]
        Ax = spdiags(ones(nx,1)*[-1 2 -1]/dx^2,-1:1,nx,nx);
        Ay = spdiags(ones(ny,1)*[-1 2 -1]/dy^2,-1:1,ny,ny);
        A  = kron(Ay,speye(nx)) + kron(speye(ny),Ax);
        u = A\r(:); u = reshape(u,nx,ny);
    case 'FFT'      % [Dem87,Sect. 6.7]
        u = dst2(r);
        d = 4*(sin(x'/2*pi/(nx+1)).^2*ones(1,ny)/dx^2+ ...
                    ones(nx,1)*sin(y/2*pi/(ny+1)).^2/dy^2);
        u = u./d;
        u = dst2(u);
    otherwise
        error('MATLAB:badopt','%s: no such solver known',solver);
end

% the solution
u_val = u(round((pos(1)+a)/dx),round((pos(2)+b)/dy));

return
```

```
% subroutines for 1D and 2D fast sine transform [Dem97,p.324]

function y = dst(x)
n = size(x,1); m = size(x,2);
y = [zeros(1,m);x]; y = imag(fft(y,2*n+2));
y = sqrt(2/(n+1))*y(2:n+1,:);
return

function y = dst2(x)
y = dst(dst(x)')';
return
```

C.4 Intlab

Intlab ist eine von Siegfried Rump [Rum99a, Rum99b] geschriebene Matlab-Toolbox für selbstvalidierende Algorithmen. Aus Portabilitätsgründen wurde die Toolbox unter massiver Verwendung von BLAS-Routinen ganz in Matlab geschrieben. Intlab (wir verwenden Version 4.1.2) ist für private und akademische Zwecke frei auf folgender Webseite erhältlich:

$$\texttt{www.ti3.tu-harburg.de/~rump/intlab/.}$$

Eine Anleitung findet sich in der Masterarbeit von Hargreaves [Har02].

C.4.1 Hilfsprogramme

Gradient des `hull`-Befehls

Für die Anwendung von `IntervalNewton` *auf die Funktion* `theta`.

Das automatische Differenzieren des Befehls 'hull' erfordert, dass sich das folgende kurze Programm in einer Datei namens 'hull.m' im Unterverzeichnis '@gradient' des Arbeitsverzeichnisses findet:

```
function a = hull(a,b)

a.x  = hull(a.x,b.x);
a.dx = hull(a.dx,b.dx);

return
```

Unterteilung von Intervallen und Rechtecken

Für die Befehle `IntervalBisection` *und* `IntervalNewton`.

```
function x = subdivide1D(x)

% subdivides the intervals of a list (row vector) by bisection

x1 = infsup(inf(x),mid(x));
x2 = infsup(mid(x),sup(x));
x = [x1 x2];

return

function x = subdivide2D(x)

% subdivides the rectangles of a list of
% rectangles (2 x k matrix of intervals)

x1_ = x(1,:); x2_ = x(2,:);
l1 = infsup(inf(x1_),mid(x1_));
r1 = infsup(mid(x1_),sup(x1_));
l2 = infsup(inf(x2_),mid(x2_));
r2 = infsup(mid(x2_),sup(x2_));
x = [l1 l1 r1 r1; l2 r2 l2 r2];

return
```

C.4.2 Problemabhängige Funktionen und Routinen

Zielfunktion (Kapitel 4)

```
function f = fun(x)

f.x       = exp(sin(50*x(1,:)))+sin(60*exp(x(2,:)))+ ...
            sin(70*sin(x(1,:)))+sin(sin(80*x(2,:)))- ...
            sin(10*(x(1,:)+x(2,:)))+(x(1,:).^2+x(2,:).^2)/4;

f.dx(1,:) = 50*cos(50*x(1,:)).*exp(sin(50*x(1,:)))+ ...
            70*cos(70*sin(x(1,:))).*cos(x(1,:))- ...
            10*cos(10*x(1,:)+10*x(2,:))+1/2*x(1,:);

f.dx(2,:) = 60*cos(60*exp(x(2,:))).*exp(x(2,:))+ ...
            80*cos(sin(80*x(2,:))).*cos(80*x(2,:))- ...
            10*cos(10*x(1,:)+10*x(2,:))+1/2*x(2,:);

return
```

Beweis der strengen Schranke für $\lambda_{\min}(A_{1142})$ (§7.4.2)

Die Resultate der folgenden Sitzung werden im Beweis von Lemma 7.3 verwendet.

```
>> n = 1142; p_n = 9209;
>> A = spdiags(primes(p_n)',0,n,n); e = ones(n,2);
```

```
>> for k=2.^(0:floor(log2(n))), A = A + spdiags(e,[-k k],n,n); end
>> [V,D] = eig(full(A)); V = intval(V);
>> R = V*D-A*V;
>> for i=1:n, lambda(i) = midrad(D(i,i),norm(R(:,i))/norm(V(:,i))); end
>> [lambda0,j] = min(inf(lambda));
>> lambda_min = infsup(lambda(j))

lambda_min = [   1.120651470854673e+000,   1.120651470922646e+000]

>> lambda0 = intval(1.120651470854673);
>> alpha2 = 11*100; lambda1 = 9221-100;
>> lambdaF = infsup(2*(lambda0*lambda1-alpha2)/...
                 (lambda0+lambda1+sqrt(4*alpha2+(lambda1-lambda0)^2)))

lambdaF = [   1.000037435271862e+000,   1.000037435271866e+000]
```

Intervallversion der Theta-Funktion (§8.3.2)

Für die Sitzung auf S. 179.

```
function val = theta(q,k)

val = hull(theta_(q,k-1),theta_(q,k));

return

function val = theta_(q,k)

j=0:k; a=(-1).^j./(2*j+1).*q.^(j.*(j+1));
val=2*q^(1/4).*sum(a);

return
```

C.4.3 Allgemeine Funktionen und Routinen

Zweidimensionale Minimierung

Als Alternative zur Verwendung von Mathematica in der Sitzung auf S. 104.

```
>> [minval,x]=LowestCriticalPoint(@fun,infsup([-1;-1],[1;1]),...
                 infsup(-inf,-3.24),5e-11)

intval minval = -3.306868647_____
x =   -0.02440307969482
       0.21061242715405
```

Implementierung von Algorithmus 4.2.

```
function [minval,x] = LowestCriticalPoint(fun,x,minval,tol)
```

```
% [minval,x] = LowestCriticalPoint(fun,x,minval,tol)
%
% solves (interior) global minimization problem on a list
% of rectangles using interval arithmetic.
%
% fun          objective function. f = fun(x) should give
%              for a (2 x n)-vector of input intervals x
%              a cell structure f.x, f.dx containing the
%              (1 x n)-vector of f-intervals f.x and the
%              (2 x n)-vector of df-intervals f.dx
%
% x            input: list of rectangles, i.e. (2 x n)-
%              vector of intervals, specifying search region
%              output: midpoint of final enclosing rectangle
%
% minval       interval enclosing global minimum
%
% tol          relative tolerance (for minima below 1e-20,
%              absolute tolerance)

while relerr(minval) > tol
    x = subdivide2D(x);
    f = feval(fun,x);
    upper = min(minval.sup,min(f.x.sup));
    rem = (f.x > upper) | any(not(in(zeros(size(f.dx)),f.dx)));
    f.x(rem) = []; x(:,rem) = [];
    minval = infsup(min(f.x.inf),upper);
end
x = mid(x);

return
```

Intervallversion des Bisektionsverfahrens

Für die Sitzung auf S. 170.

```
function x = IntervalBisection(fun,x,tol,varargin)

% x = IntervalBisection(f,x,tol,varargin)
%
% applies the interval bisection method for root-finding
%
% f            interval function
% x            at input:  search interval
%              at output: interval enclosing the roots
% tol          relative error
% varargin     additional arguments for f

while max(relerr(x))>tol
    x = subdivide1D(x);
    f = x;
```

```
    for k=1:length(x)
        f(k) = feval(fun,x(k),varargin{:});
    end
    rem = not(in(zeros(size(f)),f));
    f(rem) = []; x(rem) = [];
end
x=infsup(min(inf(x)),max(sup(x)));

return
```

Intervall-Newton-Verfahren

Für die Sitzung auf S. 223.

```
function X = IntervalNewton(f,X1,varargin)

% X = IntervalNewton(f,X1,varargin)
%
% applies interval Newton method until convergence
%
% f            interval function, must be enabled for automatic
%                 differentiation, call f(x,varargin)
% X1           initial interval
% varargin     additional arguments for f
%
% X            converged interval

X = intval(inf(X1));
while X ~= X1
    X = X1;
    x = intval(mid(X));
    F = feval(f,gradientinit(X),varargin{:});
    fx = feval(f,x,varargin{:});
    X1 = intersect(x-fx/F.dx,X);
end

return
```

Intervallversion des arithmetisch-geometrischen Mittels

Für die Sitzung auf S. 170.

```
function m = AGM(a,b)

rnd = getround;
if isa(a,'double'), a = intval(a); end
if isa(b,'double'), b = intval(b); end
minf = inf(EnclosingAGM(a.inf,b.inf));
msup = sup(EnclosingAGM(a.sup,b.sup));
m = infsup(minf,msup);
```

```
setround(rnd);

return

function m = EnclosingAGM(a,b)

a1 = -inf; b1 = inf;
while (a > a1) | (b < b1)
    a1 = a; b1 = b;
    setround(-1); a = sqrt(a1*b1);
    setround( 1); b = (a1+b1)/2;
end
m = infsup(a,b);

return
```

C.5 *Mathematica*

Die Mathematica-Programme sind unter Version 5.0 lauffähig.

C.5.1 Hilfsprogramme

Kronecker'sches Tensorprodukt von Matrizen

Für die Funktion ReturnProbability *auf S. 352.*

```
SetAttributes[KroneckerTensor, OneIdentity];
KroneckerTensor[u_?MatrixQ, v_?MatrixQ] :=
 Module[{w = Outer[Times, u, v]}, Partition[
    Flatten[Transpose[w, {1, 3, 2, 4}]], Dimensions[w][[2]] Dimensions[w][[4]]];
KroneckerTensor[u_, v_, w__] := Fold[KroneckerTensor, u, {v, w}];
CircleTimes = KroneckerTensor;
```

Aufrüstung der Intervallarithmetik

Für verschiedene Intervallfunktionen wie ReliableTrajectory, LowestCritical-Point, IntervalBisection *und* IntervalNewton.

```
mid[X_] := (Min[X] + Max[X]) / 2;
diam[X_] := Max[X] - Min[X];
diam[{X__Interval}] := Max[diam /@ {X}];
extremes[X_] := {Min[X], Max[X]};
hull[X_] := Interval[extremes[X]];
MidRad[x_, r_] := x + Interval[{-1, 1}] r;
IntervalMin[{Interval[{a_, b_}], Interval[{c_, d_}]}] :=
   Interval[{Min[a, c], Min[b, d]}];
IntervalMin[{}] := ∞;
```

Unterteilung von Intervallen und Rechtecken

Für verschiedene Intervallfunktionen wie LowestCriticalPoint, IntervalBisection *und* IntervalNewton.

```
subdivide1D[X_] := Interval /@ {{Min[X], mid[X]}, {mid[X], Max[X]}};
subdivide2D[{X_, Y_}] := Distribute[{subdivide1D[X], subdivide1D[Y]}, List];
```

Anzahl übereinstimmender Ziffern und Intervallausgabe

Für die Sitzungen auf S. 51, S. 171, S. 201, S. 223 und S. 352.

```
DigitsAgreeCount[a_, b_] := (prec = Ceiling@Min[Precision /@ {a, b}];
    {{ad, ae}, {bd, be}} = RealDigits[#, 10, prec] & /@ {a, b};
    If[ae ≠ be ∨ a b ≤ 0, Return[0]]; If[ad == bd, Return@Length[ad]];
    {{com}} = Position[MapThread[Equal, {ad, bd}], False, 1, 1] - 1; com);
DigitsAgreeCount[Interval[{a_, b_}]] := DigitsAgreeCount[a, b];
IntervalForm[Interval[{a_, b_}]] :=
  (If[(com = DigitsAgreeCount[a, b]) == 0, Return@Interval[{a, b}]];
   start = Sign[a] N[FromDigits@{ad[[Range@com]], 1}, com];
   {low, up} = SequenceForm @@ Take[#, {com + 1, prec}] & /@ {ad, bd};
   If[ae == 0, start /= 10; ae++];
   SequenceForm[DisplayForm@SubsuperscriptBox[NumberForm@start, low, up],
     If[ae ≠ 1, Sequence @@ {" x ", DisplayForm@SuperscriptBox[10, ae - 1]}, ""]])
```

C.5.2 Problemabhängige Funktionen und Routinen

Verlässliche Trajektorie des Photons (§2.4)

Für die Sitzung auf S. 51.

```
Options[ReliableTrajectory] :=
    {StartIntervalPrecision → Automatic, AccuracyGoal → 12};
ReliableTrajectory[p_, v_, tMax_, opts___Rule] :=
    Module[{error = ∞, ε, s0, s, P, V, t, Trem, path, S, T},
      {ε, s, s0} = {10.^(-AccuracyGoal), AccuracyGoal, StartIntervalPrecision} /.
        {opts} /. Options[ReliableTrajectory];
      If[s0 === Automatic, s0 = s];
      s = s0; wp = Max[17, s + 2];
      While[error > ε,
        P = N[(MidRad[#, 10^-s] &) /@ p, wp];
        V = N[(MidRad[#, 10^-s] &) /@ v, wp];
        path = {P};
        Trem = Interval[tMax];
        While[Trem > 0, M = Round[P + 2 V / 3];
          S = t /. (Solve[(P + t V - M).(P + t V - M) == 1 / 9, t]);
          If[FreeQ[S, Power[Interval[{_?Negative, _?Positive}], _]],
              T = IntervalMin[Cases[S, _?Positive]], Break[]];
```

```
Which[
  T ≤ Trem, P += T V; V = H[P - M].V; Trem -= T,
  T > Trem && Trem ≥ 2 / 3, P += 2 V / 3; Trem -= 2 / 3,
  T > Trem && Trem < 2 / 3, P += Trem V; Trem = 0,
  True, Break[]];
 AppendTo[path, P];
 If[Precision [ {Trem, P, V, T}] < ag, Break[]]];
wp = Max[17, (++s) + 2];
error = diam[P + Table[MidRad[-Max[Abs[Trem]], Max[Abs[Trem]]], {2}]]];
Print[StringForm["Initial condition interval radius is 10^``.", s]];
path];
```

Rückkehrwahrscheinlichkeit (§6.2)

Mathematica-Version der Matlab-Funktion von S. 337.

```
Matrices[n_] := Matrices[n] = (m = 2 n + 1; pE = 1/4 + e0;

  pW = 1/4 - e0; pN = 1/4; pS = 1/4; Id = SparseArray[{i_, i_} → 1, {m, m}];
  PEW = SparseArray[{{i_, j_} /; j == i + 1 → pE, {i_, j_} /; j == i - 1 → pW}, {m, m}];
  PNS = SparseArray[{{i_, j_} /; j == i + 1 → pN, {i_, j_} /; j == i - 1 → pS}, {m, m}];
  {PEW⊗Id + Id⊗PNS, Id⊗Id});
ReturnProbability[e_Real, n_Integer] := ({A, Id} = Matrices[n];
  Block[{e0 = e}, m = 2 n + 1; ctr = n m + n + 1; r = A[[All, ctr]];
  A[[All, ctr]] = 0; q = LinearSolve[Id - A, r]; q[[ctr]]]);
```

Matrixmultiplikation mit A_n (§7.3)

Blackbox-Definition der dünnbesetzten Matrix A_n von S. 183.

```
n = 20000;
BitLength := Developer`BitLength;
indices[i_] := indices[i] =
  i + Join[2^(Range@BitLength[n - i] - 1), -2^(Range@BitLength[i - 1] - 1)]
diagonal = Prime[Range@n];
A[x_] := diagonal * x + MapIndexed[Plus @@ x[[indices[#2[[1]]]]] &, x];
```

Beweis der strengen Schranke für $\lambda_{\min}(A_{1142})$ (§7.4.2)

Der Beweis von Lemma 7.3 kann auf folgende Sitzung gestützt werden.

```
n = 1142;
A = SparseArray[{{i_, i_} → Prime[i]}, n] + (# + Transpose[#]) &@
  SparseArray[Flatten@Table[{i, i + 2^j} → 1, {i, n - 1}, {j, 0, Log[2., n - i]}], n];
{λ, V} = Eigensystem[Normal@N[A]];
r = (λMin = λ[[n]]) (x = Interval /@ V[[n, All]]) - x.A;
(λMin += Interval[{-1, 1}] Norm[r] / Norm[x]) // IntervalForm
```

$$1.1206514708^{96148}_{84156}$$

```
λ1 = Prime[n + 1] - 100; α2 = 11 × 100;
```

$$\left(\lambda\mathtt{FMin} = \frac{2\,((\lambda 0 = \mathtt{Interval[Min[\lambda Min]]})\,\lambda 1 - \alpha 2)}{\lambda 0 + \lambda 1 + \sqrt{4 \times \alpha 2 + (\lambda 1 - \lambda 0)^2}} \right)\,//\,\mathtt{IntervalForm}$$

```
1.0000374353013458
```

Intervallversion der Theta-Funktion (§8.3.2)

Für die Sitzung auf S. 223.

```
SetAttributes[{θ0, θ1}, Listable];
```

$$\theta 0\,[\mathtt{q\_,\ K\_}]\ := 2\,q^{1/4} \sum_{k=0}^{K} \frac{(-1)^k}{2\,k+1}\,q^{k\,(k+1)};$$

$$\theta 1\,[\mathtt{q\_,\ K\_}]\ := \frac{q^{-3/4}}{2} \sum_{k=0}^{K} (-1)^k\,(2\,k+1)\,q^{k\,(k+1)};$$

```
θ[q_Interval, K_Integer] := hull[θ0[q, {K - 1, K}]];
θ^(1,0) [q_Interval, K_Integer] := hull[θ1[q, {K - 1, K}]];
```

C.5.3 Allgemeine Funktionen und Routinen

Zweidimensionale Minimierung

Für die Sitzung auf S. 104.

```
LowestCriticalPoint[f_, {x_, a_, b_}, {y_, c_, d_}, upperbound_, tol_] :=
  (rects = N[{ {Interval[{a, b}], Interval[{c, d}]}}];
   fcn[{xx_, yy_}] := f /. {x → xx, y → yy};
   gradf[{xx_, yy_}] := Evaluate[{D[f, x], D[f, y]} /. {x → xx, y → yy}];
   {low, upp} = {-∞, upperbound};
   While[(upp - low) > tol,
     rects = Join @@ subdivide2D /@ rects;
     fvals = fcn /@ rects;
     upp = Min[upp, Min[Max /@ fvals]];
     pos = Flatten[Position[Min /@ fvals, _? (# ≤ upp &)]];
     rects = rects[[pos]]; fvals = fvals[[pos]];
     pos = Flatten[
       Position[Apply[And, IntervalMemberQ[gradf /@ rects, 0], {1}], True]];
     rects = rects[[pos]]; low = Min[fvals[[pos]]]];
   {{low, upp}, Map[mid, rects, {2}]});
```

Intervallversion des arithmetisch-geometrischen Mittels

Für die Sitzung auf S. 171.

```
AGMStep[{a_, b_}] := {√(a b), 1/2 (a + b)};

EnclosingAGM[{a_Real, b_Real}] :=
  Interval@FixedPoint[extremes@AGMStep[Interval /@ #] &, {a, b}];
```

```
Unprotect[ArithmeticGeometricMean];
ArithmeticGeometricMean[A_Interval, B_Interval] :=
  Block[{Experimental`$EqualTolerance = 0, Experimental`$SameQTolerance = 0},
    Interval@extremes[EnclosingAGM /@ {Min /@ #, Max /@ #} &@{A, B}]];
Protect[ArithmeticGeometricMean];
```

Intervallversion des Bisektionsverfahrens

Für die Sitzung auf S. 171.

```
IntervalBisection[f_, {a_, b_}, tol_] :=
  (X = Interval[{a, b}]; pos = {1}; While[Max[diam /@ X] > tol,
    pos = Flatten@Position[f /@ (X = Join @@ subdivide1D /@ X),
      _?(IntervalMemberQ[#, 0] &)]; X = X[[pos]]]; IntervalUnion @@ X)
```

Rekonstruktion rationaler Zahlen aus rationalen Approximationen

Für die Sitzung auf S. 210.

```
RationalReconstruction[p_, q_, Bnd_] :=
  Module[{a = p, b = q, u0 = 0, u1 = 1, v0 = 1, v1 = 0},
    While[Abs[v1] ≤ Bnd, qt = Quotient[a, b]; b = a - qt (a = b);
```
$$u1 = u0 + qt\,(u0 = u1); \quad v1 = v0 + qt\,(v0 = v1)]; \frac{u0}{v0}\,];$$

Intervall-Newton-Verfahren

Für die Sitzung auf S. 223.

```
IntervalNewton[f_, {a_, b_}] := Block[{Experimental`$EqualTolerance = 0},
  X1 = Interval[{a, b}]; X = Interval[a]; While[X =!= X1, X = X1;
```
$$x = \text{Interval}[\text{mid}[X]]; \; X1 = \text{IntervalIntersection}\Big[x - \frac{f[x]}{f'[X]}, X\Big]\Big]; X\Big]$$

D

Weitere Probleme

> *Was auch immer die Details der Angelegenheit sind, findet sie mich von vielzähligen Beschäftigungen zu sehr in Anspruch genommen, als dass ich in der Lage wäre, ihr unmittelbar meine Aufmerksamkeit zuzuwenden.*
>
>> John Wallis (1657; als Reaktion auf ein von Fermat gestelltes Problem)

> *Auch wenn man begreifen sollte, dass das Lösen von Problemen eine der niedersten Formen mathematischer Forschung darstellt und es im allgemeinen keinen wissenschaftlichen Wert hat, so kann seine erzieherische Bedeutung kaum überschätzt werden. Es ist die Leiter, auf welcher der Geist in die höheren Gefilde schöpferischer Untersuchung und Forschung vordringt. Viele verborgene Geister sind durch das Meistern eines einzelnen Problems zur Tätigkeit geweckt worden.*
>
>> Benjamin Finkel und John Colaw (1894; auf der ersten Seite der ersten Ausgabe des *American Mathematical Monthly*)

Damit unsere Leser aus erster Hand die Anspannung, Frustration und Freude erleben können, die das Arbeiten an einem fesselnden numerischen Problem mit sich bringt, haben wir eine Auswahl von 22 Problemen im Stile der Trefethen'schen 10 zusammengestellt. Die letzten beiden können in dem Sinne als Forschungsprobleme aufgefasst werden, dass selbst den Aufgabenstellern keine einzige Ziffer des Resultats bekannt ist. Wir werden Lösungen von Lesern auf Wunsch gerne auf der Webseite des Buchs allgemein zugänglich machen. Der Blick auf die Webseite sollte aber weder Ausgangspunkt noch schneller Notbehelf bei der Auseinandersetzung mit einem Problem sein. Geduld mit sich und dem Gegenstand der Untersuchung ist eine Grundvoraussetzung für erfolgreiches Problemlösen. „Eile ist Irrtum", wie ein chinesisches Sprichwort feststellt.

1. (Folkmar Bornemann)

Welchen Wert hat $\sum_n 1/n$, wenn n nur diejenigen natürlichen Zahlen durchläuft, deren Dezimaldarstellung nicht die Ziffernfolge 42 enthält?

2. (David Smith)

Welchen Wert hat die Summe der Reihe $\sum_{n=1}^{\infty} 1/f(n)$ mit $f(1) = 1$, $f(2) = 2$ und, für $n > 2$, $f(n) = nf(d)$, wobei d die Anzahl der Ziffern von n zur Basis 2 bezeichnet?

Bemerkung. Problem A6 des Putnam-Wettbewerbs 2002 verlangte die Bestimmung derjenigen ganzen Zahlen b, für welche die Reihe, auf Ziffern zur Basis b verallgemeinert, konvergiert.

3. (Arnold Knopfmacher)

Es sei $m(k) = k - k/d(k)$, wobei $d(k)$ den kleinsten Primfaktor von k bezeichnet. Welchen Wert hat

$$\lim_{x\uparrow 1} \frac{1}{1-x} \prod_{k=2}^{\infty} \left(1 - \frac{x^{m(k)}}{k+1}\right) ?$$

Bemerkung. Dieses Problem geht auf eine Arbeit von Knopfmacher und Warlimont [KW95] zurück und ist die Variation eines Ausdrucks, der beim Studium von Wahrscheinlichkeiten im Zusammenhang mit irreduziblen Faktoren von Polynomen über endlichen Körpern auftritt.

4. (Nick Trefethen)

Für N auf der Einheitssphäre verteilte Punktladungen ist die potentielle Energie durch

$$E = \sum_{j=1}^{N-1} \sum_{k=j+1}^{N} |x_j - x_k|^{-1}$$

gegeben, wobei $|x_j - x_k|$ den euklidischen Abstand zwischen x_j und x_k bezeichnet. Mit E_N bezeichnen wir das Minimum von E über alle möglichen Konfigurationen von N Ladungen. Welchen Wert hat E_{100}?

5. (Jörg Waldvogel)

Die Riemann'sche Primzahlzählfunktion ist definiert als

$$R(x) = \sum_{k=1}^{\infty} \frac{\mu(k)}{k}\,\mathrm{li}(x^{1/k}),$$

wobei $\mu(k)$ die Möbiusfunktion ist, also $(-1)^{\rho}$, wenn k ein Produkt von ρ verschiedenen Primzahlen ist, und Null sonst. Weiter ist $\mathrm{li}(x) = \int_0^x dt/\log t$ die Integrallogarithmusfunktion, aufgefasst als Cauchy'scher Hauptwert. Welchen Wert hat die größte positive Nullstelle von R?

Bemerkung. Das Ergebnis dieser Aufgabe ist wahrhaft schockierend.

6. (Nick Trefethen)

Es sei A die 48×48 Toeplitzmatrix, deren Elemente den Wert -1 auf der ersten Subdiagonalen, $+1$ auf der Hauptdiagonalen und den ersten drei Superdiagonalen und 0 auf dem Rest besitzen. Ferner bezeichne $\|\cdot\|$ die 2-Norm einer Matrix. Welchen Wert hat $\min_p \|p(A)\|$, wenn p über alle normierten Polynome vom Grad 8 variiert wird?

7. (Nick Trefethen)

Welchen Wert hat

$$\int_{-1}^{1} \exp\left(x + \sin e^{e^{e^{x+1/3}}}\right)\,dx \quad ?$$

8. (Folkmar Bornemann)

Welchen Wert hat

$$\int_0^{\infty} x\,J_0(x\sqrt{2})J_0(x\sqrt{3})J_0(x\sqrt{5})J_0(x\sqrt{7})J_0(x\sqrt{11})\,dx,$$

wobei J_0 die Besselfunktion erster Art und nullter Ordnung bezeichnet?

9. (Nick Trefethen)

Gegeben

$$f(x,y) = e^{-(y+x^3)^2} \quad \text{und} \quad g(x,y) = \frac{1}{32}y^2 + e^{\sin y},$$

welche Fläche misst das Gebiet in der x-y Ebene mit $f > g$?

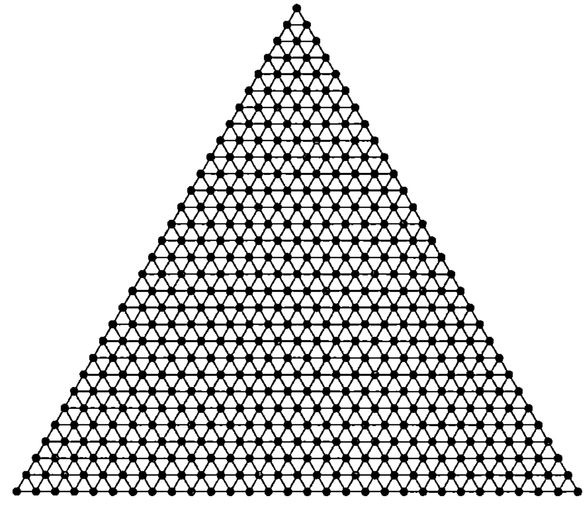

Abb. D.1.   *Ein Dreiecksgitter.*

10. (Jörg Waldvogel)

Das Quadrat $c_m(\mathbb{R}^N)^2$ der kleinstmöglichen Konstante in der Sobolev'schen Ungleichung für das Gebiet $\mathbb{R}^N$ ist durch das mehrdimensionale Integral

$$c_m(\mathbb{R}^N)^2 := (2\pi)^{-N} \int_{\mathbb{R}^N} \left(\sum_{|k| \leqslant m} x^{2k} \right)^{-1} dx$$

gegeben, wobei wir für den Multiindex $k = (k_1, k_2, \ldots, k_N)$ aus nichtnegativen ganzzahligen Elementen definieren, dass

$$|k| := \sum_{j=1}^{N} k_j, \quad x^k := \prod_{j=1}^{N} x_j^{k_j}.$$

Es ist beispielsweise $c_3(\mathbb{R}^1) = 0.5$. Welchen Wert hat $c_{10}(\mathbb{R}^{10})$?

11. (Nick Trefethen)

Ein Partikel startet im obersten Knoten des Dreiecksgitters aus Abb. D.1, das 30 Punkte auf jeder Seite besitzt. Wie groß ist die Wahrscheinlichkeit, dass das Partikel nach 60 zufälligen Schritten auf der untersten Zeile endet?

12. (Folkmar Bornemann)

Die Folge x_n von Zufallszahlen erfülle $x_0 = x_1 = 1$ und die Rekursion $x_{n+1} = 2x_n \pm x_{n-1}$, wobei die Vorzeichen $\pm$ unabhängig mit gleicher Wahrscheinlichkeit gewählt werden. Zu welchem Wert konvergiert $|x_n|^{1/n}$ für $n \to \infty$ fast sicher?

13. (Nick Trefethen)

Sechs Massenpunkte der Masse 1 seien auf den Positionen $(2, -1)$, $(2, 0)$, $(2, 1)$, $(3, -1)$, $(3, 0)$ und $(3, 1)$ fixiert. Ein weiteres Partikel der Masse 1 startet in $(0, 0)$ mit der Geschwindigkeit 1 in einer Richtung θ (als Winkel gegen den Uhrzeigersinn von der x-Achse gemessen). Es bewegt sich gemäß der Newton'schen Gesetze unter dem Einfluß einer umgekehrt quadratischen Anziehungskraft der Stärke r^{-2} von jeder der sechs festen Massen. Welches ist die minimale Zeit, die das Partikel bei geeigneter Wahl von θ benötigt, um zur Position $(4, 1)$ zu gelangen?

14. (Folkmar Bornemann)

Die Bewegung eines Partikels in der x–y Ebene werde durch die kinetische Energie $T = \frac{1}{2}(\dot{x}^2 + \dot{y}^2)$ und die potentielle Energie

$$U = y + \frac{\epsilon^{-2}}{2}(1 + \alpha x^2)(x^2 + y^2 - 1)^2$$

bestimmt. Das Partikel startet in der Position $(0, 1)$ mit der Geschwindigkeit $(1, 1)$. Für welchen Wert des Parameters α trifft das Partikel im Grenzwert $\epsilon \to 0$ die Achse $y = 0$ erstmalig zur Zeit 10?

15. (Nick Trefethen)

Der Punkt $u = (x, y, z)$ starte in $(0, 0, z_0)$ zur Zeit $t = 0$ mit $z_0 \geqslant 0$ und bewege sich gemäß den Gleichungen

$$\dot{x} = -x + 10y + \|u\|(-0.7y - 0.03z),$$
$$\dot{y} = -y + 10z + \|u\|(0.7x - 0.1z),$$
$$\dot{z} = -z + \|u\|(0.03x + 0.1y),$$

wobei $\|u\|^2 = x^2 + y^2 + z^2$ ist. Für welchen Wert von z_0 ist $\|u(50)\| = 1$?

16. (Folkmar Bornemann)

Betrachte die Poissongleichung $-\Delta u(x) = \exp(\alpha\|x\|^2)$ auf einem regulären Fünfeck, welches dem Einheitskreis einbeschrieben ist. Entlang von vier Seiten des Fünfecks sei die Dirichlet'sche Randbedingung $u = 0$ gegeben, während entlang der fünften Seite u eine Neumann'sche Bedingung erfülle, d.h. die Normalenableitung von u sei Null. Für welchen Wert von α ist das Integral von u über die Neumann'schen Seite gleich e^α?

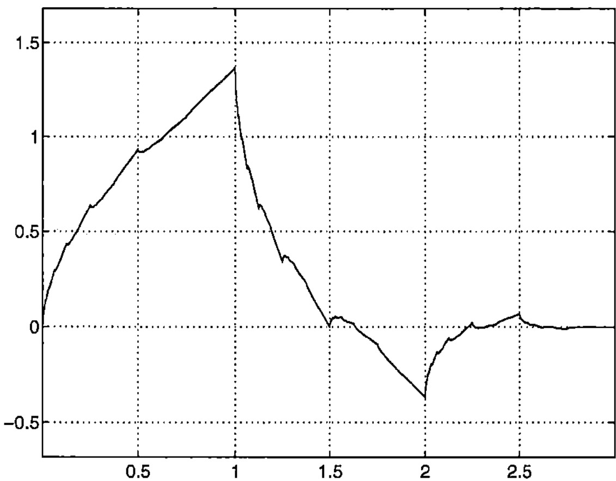

Abb. D.2.   *Daubechies'sche Skalierungsfunktion $\phi_2(x)$.*

17. (Nick Trefethen)

Zu welcher Zeit t_∞ explodiert die Lösung der Gleichung $u_t = \Delta u + e^u$ auf einem 3×3 Quadrat mit Rand- und Anfangswerten Null?

18. (Nick Trefethen)

Abbildung D.2 zeigt die Daubechies'sche Skalierungsfunktion $\phi_2(x)$ (siehe [Dau92]) als eine Kurve in der x–u Ebene. Angenommen wir lösen die Wärmeleitungsgleichung $u_t = u_{xx}$ auf dem Intervall $[0,3]$ mit den Anfangswerten $u(x,0) = \phi_2(x)$ und den Randwerten $u(0) = u(3) = 0$. Zu welcher Zeit hat die Länge dieser Kurve in der x–u Ebene den Wert 5.4?

19. (Folkmar Bornemann)

Es sei u eine Eigenfunktion, die zum vierten Eigenwert des negativen Laplace-Operators mit Nullrandbedingung auf einem aus drei Einheitsquadraten gebildeten L-förmigen Gebiet gehört. Welche Länge hat die Null-Höhenlinie von u?

20. (Nick Trefethen)

Die Koch'sche Schneeflocke ist ein fraktales Gebiet, das wie folgt definiert wird: Beginne mit einem gleichseitigen Dreieck der Seitenlänge 1 und ersetze das mittlere Drittel jeder Seite durch zwei Seiten eines nach außen weisenden gleichseitigen Dreiecks der Seitenlänge 1/3. Nun ersetze das mittlere Drittel jeder der 12 neuen Seiten durch zwei Seiten eines nach außen weisenden gleichseitigen Dreiecks der Seitenlänge 1/9. Dieser Prozess geht unaufhörlich so weiter. Welches ist der kleinste Eigenwert des negativen Laplace-Operators auf der Koch'schen Schneeflocke mit Nullrandbedingung?

21. *(Folkmar Bornemann)*

Betrachte die Poissongleichung $-\mathrm{div}(a(x)\mathrm{grad}\,u(x)) = 1$ auf dem Einheitsquadrat mit Nullrandbedingung. Welchen Wert hat das Supremum des Integrals von u über dem Quadrat, wenn $a(x)$ über alle messbaren Funktionen variiert wird, die den Wert 1 auf der halben Fläche des Quadrats annehmen und 100 auf dem Rest?

22. *(Dirk Laurie)*

Es sei $h(z)$ die Lösung der Funktionalgleichung $\exp(z) = h(h(z))$, die analytisch in einer Umgebung des Ursprungs ist und für reelle z eine wachsende Funktion ist. Welchen Wert hat $h(0)$? Welchen Wert hat der Konvergenzradius der Maclaurin'schen Entwicklung von h?

Bemerkung. Für die Eindeutigkeit von h werden weitere Eigenschaften benötigt. Eine einfache solche Eigenschaft sollte daher gefunden werden, bevor man die Lösung des Problems angeht; in der Literatur scheint gegenwärtig nichts darüber bekannt zu sein.

Literaturverzeichnis

[Ale00]   Gerald L. Alexanderson: *The random walks of George Pólya*, Mathematical Association of America (MAA), Washington, 2000. (Zitiert auf S. 151.)

[Apo74]   Tom M. Apostol: *Mathematical analysis*, 2. Auflage, Addison-Wesley, Reading, 1974. (Zitiert auf S. 233.)

[AS84]   Milton Abramowitz und Irene A. Stegun (Hg.): *Handbook of mathematical functions with formulas, graphs, and mathematical tables*, Wiley, New York, 1984. (Zitiert auf S. 28, 66, 126, 127, 144, 145 und 167.)

[AW97]   Victor Adamchik und Stan Wagon: *A simple formula for π*, Amer. Math. Monthly 104(9):852–855, 1997. (Zitiert auf S. VII.)

[Bai00]   David H. Bailey: *A compendium of BPP-type formulas for mathematical constants*, Manuskript, 2000. (Zitiert auf S. VII.)

[Bak90]   Alan Baker: *Transcendental number theory*, 2. Auflage, Cambridge University Press, Cambridge, 1990. (Zitiert auf S. 277.)

[Bar63]   Vic D. Barnett: *Some explicit results for an asymmetric two- dimensional random walk*, Proc. Camb. Phil. Soc. 59:451–462, 1963. (Zitiert auf S. 17, 160 und 168.)

[BB87]   Jonathan M. Borwein und Peter B. Borwein: *Pi and the AGM. A study in analytic number theory and computational complexity*, Wiley, New York, 1987. (Zitiert auf S. 168, 170, 220, 272, 274 und 329.)

[BB04]   Jonathan M. Borwein und David H. Bailey: *Mathematics by experiment: Plausible reasoning in the 21st century*, A. K. Peters, Wellesley, 2004. (Zitiert auf S. VII und 280.)

[BBG04]   Jonathan M. Borwein, David H. Bailey und Roland Girgensohn: *Experimentation in mathematics: Computational paths to discovery*, A. K. Peters, Wellesley, 2004. (Zitiert auf S. VII und 280.)

[BBP97]   David Bailey, Peter Borwein und Simon Plouffe: *On the rapid computation of various polylogarithmic constants*, Math. ComS. 66(218):903–913, 1997. (Zitiert auf S. VII.)

[Ber89]   Bruce C. Berndt: *Ramanujan's notebooks. Part II*, Springer-Verlag, New York, 1989. (Zitiert auf S. 266.)

[Ber98]   ———— *Ramanujan's notebooks. Part V*, Springer-Verlag, New York, 1998. (Zitiert auf S. 279.)

[Ber01]   Michael Berry: *Why are special functions special?*, Physics Today 54(4):11–12, 2001. (Zitiert auf S. 149.)

[BF71]   Paul F. Byrd und Morris D. Friedman: *Handbook of elliptic integrals for engineers and scientists*, 2. Auflage, Springer-Verlag, New York, 1971. (Zitiert auf S. 175.)

[BLWW04]   Folkmar Bornemann, Dirk Laurie, Stan Wagon und Jörg Waldvogel: *The SIAM 100-Digit Challenge. A Study in High-Accuracy Numerical Computing*, Society for Industrial and Applied Mathematics (SIAM), Philadelphia, 2004. (Zitiert auf S. XIII und 205.)

[Boe61]   John Boersma: *On a function, which is a special case of Meijer's G-function*, Compositio Math. 15:34–63, 1961. (Zitiert auf S. 243.)

[Bor05]   Jonathan M. Borwein: *Book review: The SIAM 100-digit challenge*, Mathematical Intelligencer 27(4):40–48, 2005. (Zitiert auf S. V, 280 und 281.)

[BR95]   Bruce C. Berndt und Robert A. Rankin: *Ramanujan, Letters and commentary*, American Mathematical Society, Providence, 1995. (Zitiert auf S. 278.)

[Bre71]   Claude Brezinski: *Accélération de suites à convergence logarithmique*, C. R. Acad. Sci. Paris Sér. A-B 273:A727–A730, 1971. (Zitiert auf S. 312.)

[Bre76]   Richard P. Brent: *Fast multiple-precision evaluation of elementary functions*, J. Assoc. Comput. Mach. 23(2):242–251, 1976. (Zitiert auf S. 36.)

[Bre88]   Claude Brezinski: *Quasi-linear extrapolation processes*, in: *Numerical mathematics, Singapore 1988*, (61–78), Birkhäuser, Basel, 1988. (Zitiert auf S. 326.)

[Bre00]   —— *Convergence acceleration during the 20th century*, J. Comput. Appl. Math. 122(1-2):1–21, 2000. (Zitiert auf S. 292 und 326.)

[BRS63]   Friedrich L. Bauer, Heinz Rutishauser und Eduard Stiefel: *New aspects in numerical quadrature*, in: *Proc. Sympos. Appl. Math., Vol. XV*, (199–218), Amer. Math. Soc., Providence, R.I., 1963. (Zitiert auf S. 81 und 326.)

[BT99]   Benedicte Le Bailly und Jean-Pierre Thiran: *Computing complex polynomial Chebyshev approximants on the unit circle by the real Remez algorithm*, SIAM J. Numer. Anal. 36(6):1858–1877, 1999. (Zitiert auf S. 147.)

[BY93]   Folkmar Bornemann und Harry Yserentant: *A basic norm equivalence for the theory of multilevel methods*, Numer. Math. 64(4):455–476, 1993. (Zitiert auf S. 193.)

[BZ91]   Claude Brezinski und Michela Redivo Zaglia: *Extrapolation methods*, North-Holland, Amsterdam, 1991. (Zitiert auf S. 285, 292 und 325.)

[BZ92]   Jonathan M. Borwein und I. John Zucker: *Fast evaluation of the gamma function for small rational fractions using complete elliptic integrals of the first kind*, IMA J. Numer. Anal. 12(4):519–526, 1992. (Zitiert auf S. 176.)

[Cau27]   Augustin-Louis Cauchy: *Sur quelques propositions fondamentales du calcul des résidus*, Exerc. Math. 2:245–276, 1827. (Zitiert auf S. 266 und 268.)

[CDG99]   David W. Corne, Marco Dorigo und Fred Glover (Hg.): *New Ideas in Optimization*, McGraw-Hill, Berkshire, 1999. (Zitiert auf S. 132.)

[CGH⁺96]   Robert M. Corless, Gaston H. Gonnet, David E. G. Hare, David J. Jeffrey und Donald E. Knuth: *On the Lambert W function*, Adv. Comput. Math. 5(4):329–359, 1996. (Zitiert auf S. 28 und 29.)

[CM01]	Nikolai Chernov und Roberto Markarian: *Introduction to the ergodic theory of chaotic billiards*, Instituto de Matemática y Ciencías Afines (IMCA), Lima, 2001. (Zitiert auf S. 53.)
[Col95]	Courtney S. Coleman: CODEE Newsletter (cover), spring 1995. (Zitiert auf S. 109.)
[Cox84]	David A. Cox: *The arithmetic-geometric mean of Gauss*, Enseign. Math. (2) 30(3-4):275–330, 1984. (Zitiert auf S. 273.)
[Cox89]	—— *Primes of the form $x^2 + ny^2$. Fermat, class field theory and complex multiplication*, Wiley, New York, 1989. (Zitiert auf S. 278.)
[CP01]	Richard Crandall und Carl Pomerance: *Prime numbers, A computational perspective*, Springer-Verlag, New York, 2001. (Zitiert auf S. 192 und 255.)
[CRZ00]	Henri Cohen, Fernando Rodriguez Villegas und Don Zagier: *Convergence acceleration of alternating series*, Experiment. Math. 9(1):3–12, 2000. (Zitiert auf S. 305 und 326.)
[Dau92]	Ingrid Daubechies: *Ten lectures on wavelets*, Society for Industrial and Applied Mathematics (SIAM), Philadelphia, 1992. (Zitiert auf S. 360.)
[DB02]	Peter Deuflhard und Folkmar Bornemann: *Numerische Mathematik II. Gewöhnliche Differentialgleichungen*, 2. Auflage, Walter de Gruyter, Berlin, 2002. (Zitiert auf S. 212, 215 und 261.)
[Dem97]	James W. Demmel: *Applied numerical linear algebra*, Society for Industrial and Applied Mathematics (SIAM), Philadelphia, 1997. (Zitiert auf S. 153 und 258.)
[DeV02]	Carl DeVore: *A Maple worksheet on Trefethen's problem 3*, 2002, http://groups.yahoo.com/group/100digits/files/Tref3.mws. (Zitiert auf S. 326.)
[DH02]	Peter Deuflhard und Andreas Hohmann: *Numerische Mathematik I. Eine algorithmisch orientierte Einführung*, 3. Auflage, Walter de Gruyter, Berlin, 2002. (Zitiert auf S. 182, 189, 190 und 196.)
[Dix82]	John D. Dixon: *Exact solution of linear equations using p-adic expansions*, Numer. Math. 40(1):137–141, 1982. (Zitiert auf S. 205.)
[DJ01]	Richard T. Delves und Geoff S. Joyce: *On the Green function for the anisotropic simple cubic lattice*, Ann. Phys. 291:71–133, 2001. (Zitiert auf S. 177.)
[DKK91]	Eusebius Doedel, Herbert B. Keller und Jean-Pierre Kernévez: *Numerical analysis and control of bifurcation problems. I. Bifurcation in finite dimensions*, Internat. J. Bifur. Chaos Appl. Sci. Engrg. 1(3):493–520, 1991. (Zitiert auf S. 106.)
[DR84]	Philip J. Davis und Philip Rabinowitz: *Methods of numerical integration*, 2. Auflage, Academic Press, Orlando, 1984. (Zitiert auf S. 81 und 83.)
[DR90]	John M. DeLaurentis und Louis A. Romero: *A Monte Carlo method for Poisson's equation*, J. Comput. Phys. 90(1):123–140, 1990. (Zitiert auf S. 253 und 254.)
[DS00]	Jack Dongarra und Francis Sullivan: *The top 10 algorithms*, IEEE Computing in Science and Engineering 2(1):22–23, 2000. (Zitiert auf S. VI.)
[DT02]	Tobin A. Driscoll und Lloyd N. Trefethen: *Schwarz–Christoffel mapping*, Cambridge University Press, Cambridge, 2002. (Zitiert auf S. 283.)

[DTW02]   Jean-Guillaume Dumas, William Turner und Zhendong Wan: *Exact solution to large sparse integer linear systems*, Abstract for ECCAD'2002, 2002. (Zitiert auf S. 204.)

[Dys96]   Freeman J. Dyson: *Review of "Nature's Numbers" by Ian Stewart*, Amer. Math. Monthly 103:610–612, 1996. (Zitiert auf S. 181.)

[EMOT53]   Arthur Erdélyi, Wilhelm Magnus, Fritz Oberhettinger und Francesco G. Tricomi: *Higher transcendental functions. Vols. I, II*, McGraw-Hill, New York, 1953. (Zitiert auf S. 167, 243 und 244.)

[Erd56]   Arthur Erdélyi: *Asymptotic expansions*, Dover, New York, 1956. (Zitiert auf S. 83 und 286.)

[Eva93]   Gwynne Evans: *Practical numerical integration*, Wiley, Chichester, 1993. (Zitiert auf S. 22.)

[Fel50]   William Feller: *An introduction to probability theory and its applications. Vol. I*, Wiley, New York, 1950. (Zitiert auf S. 155 und 156.)

[FH98]   Samuel P. Ferguson und Thomas C. Hales: *A formulation of the Kepler conjecture*, Technischer Bericht, ArXiv Math MG 9811072, 1998. (Zitiert auf S. 116.)

[FLS63]   Richard P. Feynman, Robert B. Leighton und Matthew Sands: *The Feynman lectures on physics. Vol. 1: Mainly mechanics, radiation, and heat*, Addison-Wesley, Reading, 1963. (Zitiert auf S. 291.)

[Fou78]   Joseph Fourier: *The analytical theory of heat*, Cambridge University Press, Cambridge, 1878, translated by Alexander Freeman. Reprinted by Dover Publications, New York, 1955. French original: "Théorie analytique de la chaleur", Didot, Paris, 1822. (Zitiert auf S. 211, 218 und 219.)

[Gau67]   Walter Gautschi: *Computational aspects of three-term recurrence relations*, SIAM Review 9:24–82, 1967. (Zitiert auf S. 164.)

[GL81]   Alan George und Joseph W. H. Liu: *Computer solution of large sparse positive definite systems*, Prentice-Hall, Englewood Cliffs, 1981. (Zitiert auf S. 184 und 185.)

[GL96]   Gene H. Golub und Charles F. Van Loan: *Matrix computations*, 3. Auflage, Johns Hopkins University Press, Baltimore, 1996. (Zitiert auf S. 58, 60, 62 und 63.)

[Goo83]   Nicolas D. Goodman: *Reflections on Bishop's philosophy of mathematics*, Math. Intelligencer 5(3):61–68, 1983. (Zitiert auf S. 181.)

[Gri90]   Peter Griffin: *Accelerating beyond the third dimension: returning to the origin in simple random walk*, Math. Sci. 15(1):24–35, 1990. (Zitiert auf S. 180.)

[GW01]   Walter Gautschi und Jörg Waldvogel: *Computing the Hilbert transform of the generalized Laguerre and Hermite weight functions*, BIT 41(3):490–503, 2001. (Zitiert auf S. 83.)

[GZ77]   M. Lawrence Glasser und I. John Zucker: *Extended Watson integrals for the cubic lattices*, Proc. Nat. Acad. Sci. U.S.A. 74(5):1800–1801, 1977. (Zitiert auf S. 176.)

[Hac92]   Wolfgang Hackbusch: *Elliptic differential equations. Theory and numerical treatment*, Springer-Verlag, Berlin, 1992. (Zitiert auf S. 259.)

[Had45]   Jacques Hadamard: *The psychology of invention in the mathematical field*, Princeton University Press, Princeton, 1945. (Zitiert auf S. 21.)

[Han92]   Eldon Hansen: *Global optimization using interval analysis*, Marcel Dekker Inc., New York, 1992. (Zitiert auf S. 102, 116 und 121.)

[Har40]   Godfrey H. Hardy: *Ramanujan. Twelve lectures on subjects suggested by his life and work*, Cambridge University Press, Cambridge, 1940. (Zitiert auf S. 278.)

[Har49]   —— *Divergent Series*, Oxford University Press, Oxford, 1949. (Zitiert auf S. 315.)

[Har02]   Gareth I. Hargreaves: *Interval Analysis in MATLAB*, Diplomarbeit, University of Manchester, 2002, Numerical Analysis Report No. 416. (Zitiert auf S. 345.)

[Hav03]   Julian Havil: *Gamma*, Princeton University Press, Princeton, 2003, auf S. 92 findet sich der Ausspruch von John Wallis. (Zitiert auf S. 355.)

[Hen61]   Ernst Henze: *Zur Theorie der diskreten unsymmetrischen Irrfahrt*, ZAMM 41:1–9, 1961. (Zitiert auf S. 17 und 168.)

[Hen64]   Peter Henrici: *Elements of numerical analysis*, Wiley, New York, 1964. (Zitiert auf S. 24.)

[Hen74]   —— *Applied and computational complex analysis. Vol. 1: Power series—integration—conformal mapping—location of zeros*, Wiley, New York, 1974. (Zitiert auf S. 79, 266 und 269.)

[Hen77]   —— *Applied and computational complex analysis. Vol. 2: Special functions—integral transforms—asymptotics—continued fractions*, Wiley, New York, 1977. (Zitiert auf S. 73 und 83.)

[Hen86]   —— *Applied and computational complex analysis. Vol. 3: Discrete Fourier analysis—Cauchy integrals—construction of conformal maps—univalent functions*, Wiley, New York, 1986. (Zitiert auf S. 257, 268, 270 und 283.)

[Her83]   Joseph Hersch: *On harmonic measures, conformal moduli and some elementary symmetry methods*, J. Analyse Math. 42:211–228, 1982/83. (Zitiert auf S. 269.)

[Hig96]   Nicholas J. Higham: *Accuracy and stability of numerical algorithms*, Society for Industrial and Applied Mathematics (SIAM), Philadelphia, 1996. (Zitiert auf S. 6, 47, 56, 57, 64, 186, 187, 198, 203, 204, 216, 240, 259, 262 und 319.)

[HJ85]   Roger A. Horn und Charles R. Johnson: *Matrix analysis*, Cambridge University Press, Cambridge, 1985. (Zitiert auf S. 63, 190, 202, 203 und 206.)

[Hof67]   Peter Hofmann: *Asymptotic expansions of the discretization error of boundary value problems of the Laplace equation in rectangular domains*, Numer. Math. 9:302–322, 1966/1967. (Zitiert auf S. 261.)

[Hug95]   Barry D. Hughes: *Random walks and random environments. Vol. 1: Random Walks*, Oxford University Press, New York, 1995. (Zitiert auf S. 149, 151, 161, 172 und 176.)

[IMT70]   Masao Iri, Sigeiti Moriguti und Yoshimitsu Takasawa: *On a certain quadrature formula (Japanese)*, Kokyuroku Ser. Res. Inst. for Math. Sci. Kyoto Univ. 91:82–118, 1970, englische Übersetzung: J. Comput. Appl. Math. 17, 3–20 (1987). (Zitiert auf S. 81.)

[Jac29]   Carl Gustav Jacob Jacobi: *Fundamenta nova theoriae functionum ellipticarum*, Bornträger, Regiomontum (Königsberg), 1829. (Zitiert auf S. 275.)

[JDZ03]   Geoff S. Joyce, Richard T. Delves und I. John Zucker: *Exact evaluation of the Green functions for the anisotropic face-centred and simple cubic lattices*, J. Phys. A: Math. Gen. 36:8661–8672, 2003. (Zitiert auf S. 177.)

[Joh82]   Fritz John: *Partial differential equations*, 4. Auflage, Springer-Verlag, New York, 1982. (Zitiert auf S. 220.)

[Kea96]   R. Baker Kearfott: *Rigorous global search: continuous problems*, Kluwer Academic Publishers, Dordrecht, 1996. (Zitiert auf S. 102, 113, 116 und 119.)

[Kno47]   Konrad Knopp: *Theorie und Anwendungen unendlicher Reihen*, Springer-Verlag, Berlin, 1947. (Zitiert auf S. 166 und 286.)

[Knu81]   Donald E. Knuth: *The art of computer programming. Vol. 2: Seminumerical algorithms*, 2. Auflage, Addison-Wesley, Reading, 1981. (Zitiert auf S. 35.)

[Koe98]   Wolfram Koepf: *Hypergeometric summation. An algorithmic approach to summation and special function identities*, Vieweg, Braunschweig, 1998. (Zitiert auf S. 162 und 163.)

[Kol48]   Andrey N. Kolmogorov: *A remark on the polynomials of P. L. Čebyšev deviating the least from a given function*, Uspehi Matem. Nauk (N.S.) 3(1(23)):216–221, 1948. (Zitiert auf S. 147.)

[Küh82]   Wilhelm O. Kühne: *Huppel en sy maats*, Tafelberg, Kaapstad, 1982. (Zitiert auf S. 125.)

[KW95]   Arnold Knopfmacher und Richard Warlimont: *Distinct degree factorizations for polynomials over a finite field*, Trans. Amer. Math. Soc. 347(6):2235–2243, 1995. (Zitiert auf S. 356.)

[Lan82]   Oscar E. Lanford, III: *A computer-assisted proof of the Feigenbaum conjectures*, Bull. Amer. Math. Soc. (N.S.) 6(3):427–434, 1982. (Zitiert auf S. 116.)

[LB92]   John Lund und Kenneth L. Bowers: *Sinc methods for quadrature and differential equations*, Society for Industrial and Applied Mathematics (SIAM), Philadelphia, 1992. (Zitiert auf S. 235.)

[Lev73]   David Levin: *Development of non-linear transformations of improving convergence of sequences*, Internat. J. Comput. Math. 3:371–388, 1973. (Zitiert auf S. 307.)

[Lon56]   Ivor M. Longman: *Note on a method for computing infinite integrals of oscillatory functions*, Proc. Cambridge Philos. Soc. 52:764–768, 1956. (Zitiert auf S. 22.)

[Luk75]   Yudell L. Luke: *Mathematical functions and their approximations*, Academic Press, New York, 1975. (Zitiert auf S. 144, 145 und 245.)

[LV94]   Dirk P. Laurie und Lucas M. Venter: *A two-phase algorithm for the Chebyshev solution of complex linear equations*, SIAM J. Sci. Comput. 15(6):1440–1451, 1994. (Zitiert auf S. 137 und 142.)

[Lyn85]   James N. Lyness: *Integrating some infinite oscillating tails*, in: *Proceedings of the international conference on computational and applied mathematics (Leuven, 1984)*, Band 12/13, (109–117), 1985. (Zitiert auf S. 23.)

[Mar83]   Oleg I. Marichev: *Handbook of integral transforms of higher transcendental functions: theory and algorithmic tables*, Ellis Horwood, Chichester, 1983. (Zitiert auf S. 244.)

[Men43] Luigi Frederico Menabrea: *Sketch of the Analytical Engine invented by Charles Babbage, Esq. With notes by the translator (A.A.L.)*, Taylor's Scientific Memoirs 3(29):666–731, 1843. (Zitiert auf S. 335.)

[Mil63] John Milnor: *Morse theory*, Princeton University Press, Princeton, 1963. (Zitiert auf S. 109.)

[Mil94] Gradimir V. Milovanović: *Summation of series and Gaussian quadratures*, in: *Approximation and computation (West Lafayette, IN, 1993)*, (459–475), Birkhäuser, Boston, 1994. (Zitiert auf S. 78.)

[Mol04] Cleve B. Moler: *Numerical computing with MATLAB*, Society for Industrial and Applied Mathematics (SIAM), Philadelphia, 2004. (Zitiert auf S. 5.)

[Mon56] Elliot W. Montroll: *Random walks in multidimensional spaces, especially on periodic lattices*, J. Soc. Indust. Appl. Math. 4:241–260, 1956. (Zitiert auf S. 178.)

[Moo66] Ramon E. Moore: *Interval analysis*, Prentice-Hall, Englewood Cliffs, 1966. (Zitiert auf S. 112.)

[Mor78] Masatake Mori: *An IMT-type double exponential formula for numerical integration*, Publ. Res. Inst. Math. Sci. Kyoto Univ. 14(3):713–729, 1978. (Zitiert auf S. 81.)

[MS83] Gurii I. Marchuk und Vladimir V. Shaĭdurov: *Difference methods and their extrapolations*, Springer-Verlag, New York, 1983. (Zitiert auf S. 260.)

[MS01] Masatake Mori und Masaaki Sugihara: *The double-exponential transformation in numerical analysis*, J. Comput. Appl. Math. 127(1-2):287–296, 2001. (Zitiert auf S. 236.)

[MT03] Oleg I. Marichev und Michael Trott: *Meijer G function*, The Wolfram Functions Site, Wolfram Research, 2003. (Zitiert auf S. 244.)

[Neh52] Zeev Nehari: *Conformal mapping*, McGraw-Hill, New York, 1952. (Zitiert auf S. 257.)

[Neu90] Arnold Neumaier: *Interval methods for systems of equations*, Cambridge University Press, Cambridge, 1990. (Zitiert auf S. 113 und 114.)

[Nie06] Niels Nielsen: *Handbuch der Theorie der Gammafunktion*, Teubner, Leipzig, 1906. (Zitiert auf S. 66.)

[Nik74] Sergej M. Nikolskij: *Kvadraturnye formuly*, Nauka, Moskau, 1974. (Zitiert auf S. 235.)

[NPWZ97] István Nemes, Marko Petkovšek, Herbert S. Wilf und Doron Zeilberger: *How to do Monthly problems with your computer*, Amer. Math. Monthly 104(6):505–519, 1997. (Zitiert auf S. 162.)

[Olv74] Frank W. J. Olver: *Asymptotics and special functions*, Academic Press, New York, 1974. (Zitiert auf S. 83, 178, 179, 286 und 287.)

[OM99] Takuya Ooura und Masatake Mori: *A robust double exponential formula for Fourier-type integrals*, J. Comput. Appl. Math. 112(1-2):229–241, 1999. (Zitiert auf S. 34, 239 und 240.)

[PBM86] Anatoliĭ P. Prudnikov, Yury A. Brychkov und Oleg I. Marichev: *Integrals and series. Vol. 1: Elementary Functions*, Gordon & Breach, New York, 1986. (Zitiert auf S. 174 und 244.)

[PdDKÜK83] Robert Piessens, Elise de Doncker-Kapenga, Christoph W. Überhuber und David K. Kahaner: *QUADPACK: A subroutine package for automatic integration*, Springer-Verlag, Berlin, 1983. (Zitiert auf S. 22 und 229.)

[Per29] Oskar Perron: *Die Lehre von den Kettenbrüchen*, 2. Auflage, Teubner, Leipzig, 1929. (Zitiert auf S. 205.)

[Pól21] Georg Pólya: *Über eine Aufgabe der Wahrscheinlichkeitsrechnung betreffend die Irrfahrt im Straßennetz*, Math. Ann. 83:149–160, 1921. (Zitiert auf S. 151, 166 und 176.)

[Pow64] Michael J. D. Powell: *An efficient method for finding the minimum of a function of several variables without calculating derivatives*, Comput. J. 7:155–162, 1964. (Zitiert auf S. 231.)

[PTVF92] William H. Press, Saul A. Teukolsky, William T. Vetterling und Brian P. Flannery: *Numerical recipes in C*, 2. Auflage, Cambridge University Press, Cambridge, 1992. (Zitiert auf S. 93.)

[PW34] Raymond E. A. C. Paley und Norbert Wiener: *Fourier transforms in the complex domain*, American Mathematical Society, New York, 1934. (Zitiert auf S. 83.)

[PWZ96] Marko Petkovšek, Herbert S. Wilf und Doron Zeilberger: $A = B$, A. K. Peters, Wellesley, 1996. (Zitiert auf S. 162 und 163.)

[Rai60] Earl D. Rainville: *Special functions*, Macmillan, New York, 1960. (Zitiert auf S. 167.)

[Rau91] Jeffrey Rauch: *Partial differential equations*, Springer-Verlag, New York, 1991. (Zitiert auf S. 251 und 264.)

[Rem34a] Eugene J. Remes (Evgeny Ya. Remez): *Sur le calcul effectif des polynômes d'approximation de Tchebichef*, C. R. Acad. Sci. Paris 199:337–340, 1934. (Zitiert auf S. 132.)

[Rem34b] ——— *Sur un procédé convergent d'approximation successives pour déterminer les polynômes d'approximation*, C. R. Acad. Sci. Paris 198:2063–2065, 1934. (Zitiert auf S. 132.)

[RS75] Michael Reed und Barry Simon: *Methods of modern mathematical physics. II. Fourier analysis, self-adjointness*, Academic Press, New York, 1975. (Zitiert auf S. 83.)

[Rum98] Siegfried M. Rump: *A note on epsilon-inflation*, Reliab. Comput. 4(4):371–375, 1998. (Zitiert auf S. 119.)

[Rum99a] ——— *Fast and parallel interval arithmetic*, BIT 39(3):534–554, 1999. (Zitiert auf S. 345.)

[Rum99b] ——— *INTLAB — interval laboratory*, in: Tibor Csendes (Hg.) *Developments in Reliable Computing*, (77–104), Kluwer, Dordrecht, 1999. (Zitiert auf S. 345.)

[Rut90] Heinz Rutishauser: *Lectures on numerical mathematics*, Birkhäuser, Boston, 1990. (Zitiert auf S. 132.)

[Sal55] Herbert E. Salzer: *A simple method for summing certain slowly convergent series*, J. Math. Phys. 33:356–359, 1955. (Zitiert auf S. 300 und 301.)

[Sch69] Charles Schwartz: *Numerical integration of analytic functions*, J. Computational Phys. 4:19–29, 1969. (Zitiert auf S. 81.)

[Sch89] Hans R. Schwarz: *Numerical analysis: A comprehensive introduction*, Wiley, Chichester, 1989, with a contribution by Jörg Waldvogel, Translated from the German. (Zitiert auf S. 81.)

[Sido3]   Avram Sidi: *Practical extrapolation methods: Theory and applications*, Cambridge University Press, Cambridge, 2003.   (Zitiert auf S. 292 und 326.)

[Sin70a]   Yakov G. Sinaĭ: *Dynamical systems with elastic reflections. Ergodic properties of dispersing billiards*, Uspehi Mat. Nauk 25(2 (152)):141–192, 1970. (Zitiert auf S. 53.)

[Sin70b]   Ivan Singer: *Best approximation in normed linear spaces by elements of linear subspaces*, Springer-Verlag, Berlin, 1970. (Zitiert auf S. 139 und 147.)

[SL68]   Vladimir I. Smirnov und N. A. Lebedev: *Functions of a complex variable: Constructive theory*, The M.I.T. Press, Cambridge, 1968.   (Zitiert auf S. 139 und 147.)

[Smi97]   Frank Smithies: *Cauchy and the creation of complex function theory*, Cambridge University Press, Cambridge, 1997. (Zitiert auf S. 266.)

[Sok97]   Alan D. Sokal: *Monte Carlo methods in statistical mechanics: foundations and new algorithms*, in: *Functional integration (Cargèse, 1996)*, Band 361 von *NATO Adv. Sci. Inst. Ser. B Phys.*, (131–192), Plenum, New York, 1997. (Zitiert auf S. 251 und 254.)

[SR97]   Lawrence F. Shampine und Mark W. Reichelt: *The MATLAB ODE suite*, SIAM J. Sci. Comput. 18(1):1–22, 1997. (Zitiert auf S. 213.)

[ST05]   Thomas Schmelzer und Lloyd N. Trefethen: *Computing the Gamma function using contour integrals and rational approximations*, Numerical Analysis Group Research Report NA–05/27, Oxford University, 2005. (Zitiert auf S. 144.)

[Ste65]   Hans J. Stetter: *Asymptotic expansions for the error of discretization algorithms for non-linear functional equations*, Numer. Math. 7:18–31, 1965. (Zitiert auf S. 215.)

[Ste73]   Frank Stenger: *Integration formulae based on the trapezoidal formula*, J. Inst. Math. Appl. 12:103–114, 1973. (Zitiert auf S. 81.)

[Ste84]   Gilbert W. Stewart: *A second order perturbation expansion for small singular values*, Linear Algebra Appl. 56:231–235, 1984. (Zitiert auf S. 69.)

[Ste01]   —— *Matrix algorithms. Vol. II, Eigensystems*, Society for Industrial and Applied Mathematics (SIAM), Philadelphia, 2001.   (Zitiert auf S. 202.)

[Stro5a]   Gilbert Strang: *Book review: Learning from 100 numbers*, Science 307:521–522, 2005. (Zitiert auf S. 251.)

[Stro5b]   —— *Book review: The SIAM 100-digit challenge*, Balliol College Annual Report (53–54), 2005. (Zitiert auf S. 251.)

[SW97]   Dan Schwalbe und Stan Wagon: *VisualDSolve, Visualizing Differential Equations with Mathematica*, TELOS/Springer-Verlag, New York, 1997. (Zitiert auf S. 106.)

[Syl60]   James Joseph Sylvester: *Notes on the meditation of Poncelet's theorem*, Philosophical Magazine 20:533, 1860. (Zitiert auf S. 227.)

[Sze75]   Gábor Szegő: *Orthogonal polynomials*, 4. Auflage, American Mathematical Society, Providence, 1975. (Zitiert auf S. 166.)

[Tab95]   Serge Tabachnikov: *Billiards*, Société Mathématique de France, Marseille, 1995. (Zitiert auf S. 47 und 53.)

[Tan88]   Ping Tak Peter Tang: *A fast algorithm for linear complex Chebyshev approximations*, Math. ComS. 51(184):721–739, 1988. (Zitiert auf S. 147.)

[TB97]   Lloyd N. Trefethen und David Bau, III: *Numerical linear algebra*, Society for Industrial and Applied Mathematics (SIAM), Philadelphia, 1997. (Zitiert auf S. 4, 12, 189 und 192.)

[Tho95]   James W. Thomas: *Numerical partial differential equations: finite difference methods*, Springer-Verlag, New York, 1995. (Zitiert auf S. 214 und 215.)

[TM74]   Hidetosi Takahasi und Masatake Mori: *Double exponential formulas for numerical integration*, Publ. Res. Inst. Math. Sci. Kyoto Univ. 9:721–741, 1973/74. (Zitiert auf S. 81.)

[Tre81]   Lloyd N. Trefethen: *Near-circularity of the error curve in complex Chebyshev approximation*, J. Approx. Theory 31(4):344–367, 1981. (Zitiert auf S. 142.)

[Tre98]   —— *Maxims about numerical mathematics, computers, science, and life*, SIAM News 31(1):4, 1998. (Zitiert auf S. VI, 4 und 41.)

[Tre00]   —— *Predictions for scientific computing 50 years from now*, Mathematics Today , 2000. (Zitiert auf S. 4.)

[Tre02]   —— *The \$100, 100-digit Challenge*, SIAM News 35(6):1–3, 2002. (Zitiert auf S. 2, 211 und 329.)

[Tre05]   —— *Ten digit algorithms*, Numerical Analysis Group Research Report NA–05/13, Oxford University, 2005. (Zitiert auf S. 12.)

[Tse96]   Ching-Yih Tseng: *A multiple-exchange algorithm for complex Chebyshev approximation by polynomials on the unit circle*, SIAM J. Numer. Anal. 33(5):2017–2049, 1996. (Zitiert auf S. 147.)

[TW06]   Lloyd N. Trefethen und J. A. C. Weideman: *The fast trapezoid rule in scientific computing*, 2006, Manuskript in Vorbereitung. (Zitiert auf S. 81.)

[vzGG99]   Joachim von zur Gathen und Jürgen Gerhard: *Modern computer algebra*, Cambridge University Press, New York, 1999. (Zitiert auf S. 205.)

[Wal88]   Jörg Waldvogel: *Numerical quadrature in several dimensions*, in: *Numerical integration, III (Oberwolfach, 1987)*, (295–309), Birkhäuser, Basel, 1988. (Zitiert auf S. 81.)

[Wan06]   Zhendong Wan: *An algorithm to solve integer linear systems exactly using numerical methods*, J. Symbolic Comput. 41:(erscheint), 2006. (Zitiert auf S. XIII, 205 und 333.)

[Wat39]   George N. Watson: *Three triple integrals*, Quart. J. Math., Oxford Ser. 10:266–276, 1939. (Zitiert auf S. 176.)

[Wat88]   G. Alistair Watson: *A method for the Chebyshev solution of an overdetermined system of complex linear equations*, IMA J. Numer. Anal. 8(4):461–471, 1988. (Zitiert auf S. 136.)

[Wat00]   —— *Approximation in normed linear spaces*, J. Comput. Appl. Math. 121(1-2):1–36, 2000. (Zitiert auf S. 147.)

[Web91]   Heinrich Weber: *Elliptische Functionen und algebraische Zahlen*, Vieweg, Braunschweig, 1891. (Zitiert auf S. 278 und 279.)

[Wen89]   Ernst Joachim Weniger: *Nonlinear sequence transformations for the acceleration of convergence and the summation of divergent series*, Computer Physics Reports 10:189–371, 1989. (Zitiert auf S. 285 und 292.)

[Wer05]   Dirk Werner: *Funktionalanalysis*, 5. Auflage, Springer-Verlag, Berlin, 2005. (Zitiert auf S. 56.)

[Wie86]   Douglas H. Wiedemann: *Solving sparse linear equations over finite fields*, IEEE Trans. Inform. Theory 32(1):54–62, 1986. (Zitiert auf S. 204.)

[Wim81]   Jet Wimp: *Sequence transformations and their applications*, Academic Press, New York, 1981. (Zitiert auf S. 292.)

[WW96]   Edmund T. Whittaker und George N. Watson: *A course of modern analysis*, Cambridge University Press, Cambridge, 1996, reprint of the fourth (1927) edition. (Zitiert auf S. 125, 167 und 220.)

[Wyn56a]   Peter Wynn: *On a device for computing the $e_m(S_n)$ tranformation*, Math. Tables Aids Comput. 10:91–96, 1956. (Zitiert auf S. 310.)

[Wyn56b]   —— *On a procrustean technique for the numerical transformation of slowly convergent sequences and series*, Proc. Cambridge Philos. Soc. 52:663–671, 1956. (Zitiert auf S. 311.)

[Wyn66]   —— *Upon systems of recursions which obtain among the quotients of the Padé table*, Numer. Math. 8:264–269, 1966. (Zitiert auf S. 310.)

[You81]   Laurence Chisholm Young: *Mathematicians and their times*, North-Holland, Amsterdam, 1981. (Zitiert auf S. 56.)

[Zau89]   Erich Zauderer: *Partial differential equations of applied mathematics*, 2. Auflage, Wiley, New York, 1989. (Zitiert auf S. 255 und 264.)

[Zuc79]   I. John Zucker: *The summation of series of hyperbolic functions*, SIAM J. Math. Anal. 10(1):192–206, 1979. (Zitiert auf S. 277.)

Stichwortverzeichnis

1.2345^{89}_{67} (Notation für Intervalle), XI
$\doteq$, XI

Abbruchkriterium, 190, 322
Abhängigkeitsphänomen, 101
Abschneidefehler, 222
absorbierende Randbedingung, 256
Abweichung, 150
AGM, *siehe* Arithmetisch-geometrisches
    Mittel
aktive Menge, 137
algebraische Einheit, 278
algebraische Zahl, 277
Algorithmus, *siehe* Methode
Allzweck-Quadraturprogramm, 229
Alternantensatz, 132
alternierende Reihe, 24, 34, 78, 222, 264,
    287, 297
Antigrenzwert, 314
aposteriorische Abschätzung, 191, 197,
    202, 214, 215, 260, 261
aposteriorische Rundungsfehleranalyse,
    197
Appell'scher Summationsalgorithmus,
    66
Approximation in Vektorräumen, 147
apriorische Abschätzung, 191, 259
apriorische Rundungsfehleranalyse, 186
arithmetisch-geometrisches Mittel, 168,
    272
asymptotische Entwicklung, 215, 260,
    286

asymptotische Reihe, *siehe* asymptoti-
    sche Entwicklung
Ausdruck in Radikalen, 277
Auslöschung, 141, 145, 231, 237, 241,
    247, 272, 279, 286, 322
Austauschverfahren, 132
Auswertung, opportunistische, 111
automatische Differentiation, 223

Barnes–Mellin'sches Integral, 245
Befragung siegreicher Teams, 14
Bernoullizahl, 73, 145, 287
Besselfunktion, 167, 327, 357
Beweis ohne Worte, 269
Billard, 53
    auf flachem Torus, 53
    dispersives, 47, 53
Binomialkoeffizient, 161
Bisektionsverfahren, 115
BLAS-Routinen, 189, 345
Brouwer'scher Fixpunktsatz, 114
Brown'sche Bewegung, 253, 255
    Isotropie, 269

Cauchy–Riemann'sche Gleichungen,
    134
CFL-Bedingung, 214
CG-Verfahren, 189
Chaos, 39
chinesischer Restsatz, 205
Cholesky-Zerlegung, 184, 258
Courantzahl, 215